高等农林院校系列教材

植物病害检疫学

洪　霓　高必达　主编

科学出版社

北京

内 容 简 介

　　本书是为教育部近几年新批准的"动植物检疫"本科专业、各大专院校相关专业的教学而编写的。全书共分为 3 篇,第一篇为总论,介绍了植物病害检疫的概况,病原学基础,有害生物风险分析,检验检疫技术(包括最新的实时荧光 PCR 技术),除害处理与控制。第二篇和第三篇为各论,介绍了全国植物检疫性病原物和部分省补充的植物检疫性病原物、我国进境植物检疫性病原物,包括部分林木的进境和国内检疫性病原物,对各病原物从发现历史、分布及危害、所致病害症状、病原特征、适生性、检验检疫方法和检验处理进行了详细阐述。

　　本书适合动植物检疫和植物保护专业本科及专科学生、植物病理学硕士研究生及教师使用,也可供植物检疫机构有关人员参考。

图书在版编目(CIP) 数据

植物病害检疫学/洪霓,高必达主编. —北京:科学出版社,2005
(高等农林院校系列教材)

ISBN 978-7-03-015990-8

Ⅰ.植…　Ⅱ.①洪…②高…　Ⅲ.植物病害-植物检疫-高等学校-教材
Ⅳ.S41-30

中国版本图书馆 CIP 数据核字(2005)第 083922 号

责任编辑:张静秋/责任校对:鲁　素
责任印制:张　伟/封面设计:耕者设计工作室

科 学 出 版 社 出版
北京东黄城根北街 16 号
邮政编码:100717
http://www.sciencep.com

固安县铭成印刷有限公司 印刷
科学出版社发行　各地新华书店经销
*

2005 年 8 月第　一　版　开本:787×1092 1/16
2022 年 7 月第十三次印刷　印张:18 3/4
字数:353 000

定价:**69.00** 元

(如有印装质量问题,我社负责调换)

《植物病害检疫学》编委会

前 言

植物检疫是依法防止危险性有害生物传播蔓延，保护农业生产安全的重要措施。进入 21 世纪，我国正式加入 WTO，对外农产品贸易及植物种质交换有了空前的发展，为我国农业生产的发展带来良好的机遇。同时由于危险性有害生物随之传入和扩散的可能性增加，动植物检疫所面临的任务更加繁重，对这方面专业人才的需求也十分迫切。自 2003 年以来全国先后有 10 所高等院校经教育部批准设立了动植物检疫专业。为满足该专业教学的需要，由 6 所大学长期担任"植物检疫"教学工作的老师共同编写了《植物病害检疫学》一书。

本书在真菌、细菌和病毒的分类上采用了最新公认的分类系统。真核菌类的分界依据 Agrios 著 *Plant Pathology* 第五版（2004 年）和 Bryce Kendrick 著 *The Fifth Kingdom* 第三版（2001 年），原菌物界的成员分为原生界（Protozoa）、色藻界（Chromista）和真菌界（Fungi）三个界。细菌界分门依据 *Bergey's Manual of Systematic Bacteriology Volume 1: The Archaea and the Deeply Branching and Phototrophic Bacteria* 第二版（2001 年），检疫性植物病原细菌归属普罗特斯门（Proteobacteria）、放线菌门（Actinobacteria）和厚壁菌门柔膜菌纲（Mollicutes）。病毒分类根据 ICTV 第七次报告。本书还介绍了最新研发出来的检验检疫技术，如实时荧光 PCR 技术等。各论部分参考了 EPPO（欧洲及地中海地区植物保护组织）网站的资料。

本书在编写过程中根据参编人员的特长进行了分工，由主编和副主编负责组织各部分的编写，其中第一章由洪霓和高必达共同编写，黄云编写第二章，李国庆编写第三章，王建明编写第五章，李洪连编写第六章和第十章，高必达编写第七章和第十一章，洪霓编写第八章和第十二章，廖金铃编写第九章和第十三章，邓欣编写第十四章，此外廖晓兰承担了第四章的编写任务，其他人员参加了部分章节的编写。由于编写时间仓促，书中难免存在疏漏和错误，敬请各位指正。

本书编写过程中受到了两位主编所在单位华中农业大学和湖南农业大学的领导的热情关心和大力支持，借此机会，谨致深深的谢意。

编 者

2005 年 3 月

目　　录

第二篇　国内植物检疫危险性病原物

第三篇　进境植物检疫危险性病原物

第一篇　植物病害检疫总论

第一章 绪 论

植物是人类赖以生存的重要基础，是人类、动物和许多其他生物的主要食物来源。在自然环境条件下，植物经常会遭到包括微生物在内的各种有害生物的侵袭，导致作物大幅度减产和农产品品质变劣。加强对植物的保护，确保农产品生产的安全，是满足人类日常生活需要的一项重要系统工程。植物检疫是植物保护的一个重要组成部分，它是以法律为依据、行政和技术手段相结合、防止危险性有害生物的传播蔓延、保护农林生产安全的一项重要措施。

第一节 植物检疫与植物病害

一、植物检疫的起源

植物检疫（plant quarantine）是人类在与植物病虫草害的长期斗争实践中诞生的，在方法上借鉴了预防医学中防止人类疾病流行的策略。检疫"quarantine"一词来源于拉丁文 quarantum，原意为"四十天"。14 世纪，肺鼠疫、霍乱、黄热病和疟疾等疫病在欧洲许多地方流行，为了防止这些疾病随外来人员的进入而传染给本国居民，意大利威尼斯政府规定凡外来船只到达港口后，船员必须滞留在船上，经过 40 d 的观察确认无传染病才允许上岸。这种措施对控制当时在人群中流行的疫病的传染蔓延起到了很好的效果。以后，这种措施逐步拓展用于防止动植物危险性有害生物的人为传播与蔓延。检疫引申到植物有害生物的防治中，具有"阻止"和"防范"的意义。

人类通过立法的形式控制植物有害生物的最早事例就与植物病害的防治有关。早在1660 年法国鲁里昂地区为了防治小麦秆锈病，颁布了铲除小麦秆锈病菌中间寄主并禁止输入的法令。

植物检疫作为植物保护的一项重要措施始于 19 世纪的中期，当时人们发现许多重要的植物病虫害猖獗流行与种子和苗木的调运有关。如葡萄根瘤蚜（*Viteus vitifolii*）最早发生于美国，1860 年法国因从美国引进种苗而导致葡萄根瘤蚜传入，并扩散到前苏联，很快传遍了欧洲、亚洲和澳洲，给许多国家的葡萄生产造成重大影响。我国在1892 年从法国引进葡萄种苗时也将该虫传入山东烟台。为防止葡萄根瘤蚜进一步传播蔓延，许多国家相继以立法的形式禁止可能带有危险性有害生物的植物种苗的调运。1872 年德国颁布了"葡萄害虫预防令"，禁止输入繁殖用葡萄苗木。1881 年欧洲大陆主要国家共同签订了"防治葡萄根瘤蚜的国际公约"。马铃薯甲虫（*Leptinotarsa decemlineata*）原产美国，主要取食野生的茄科植物，以后随种植业的发展，转而危害马铃薯，随种薯的调运传入欧洲并很快蔓延至其他国家。1873 年法国、德国明令禁止从美国进口马铃薯以防止马铃薯甲虫的传入。此后其他国家也相继颁布了禁止某些农产品调入的法令。

二、植物病害检疫学的性质与任务

植物病害检疫学主要研究植物检疫性病害的病原特性、发生规律、检疫检验和除害处理技术,为有效预防和控制危险性病原物的人为传播和蔓延、制定检疫措施提供理论依据和技术指导。

植物病害检疫学是植物病理学的一个分支学科,植物病理学的基础知识和相关技术是植物病害检疫的基础。二者的研究对象都是植物病害,但所涉及的范围和研究重点有所不同。在植物病理学中,主要研究对象是由各类病原物侵染引起的植物病害,尤其是那些发生普遍、对农作物危害严重的病害。研究的内容包括病害症状、病原、发病规律及防治措施等,侧重于病害的诊断和与防治密切相关的侵染过程及病害循环的研究。在防治上是以作物为中心,控制病害。植物病害检疫学研究的对象是检疫有关法律法规及双边协定等规定的实施检疫和限制的危险性病原物,通常这些病原物在本地没有分布或分布不广,并且一旦发生其防治和根除十分困难。研究内容包括这些病原物的境外及境内分布范围与特点、生物学特性、传播途径以及检验和处理技术等。在控制措施上更注重于与危险性病原物远距离传播途径有关的植物、植物产品及相关应检物的检验和监管。

在自然界中,由于地理条件的阻隔以及自然生态条件的局限和选择作用,植物有害生物的分布呈现一定的区域性特点。各种有害生物在其分布的地理区域内经过长期的选择作用而对当地的生态条件产生适应性,与其周围的生物之间形成一种相对稳定的平衡状态。植物病原物的种类复杂,包括真菌、细菌、病毒、类病毒、线虫和寄生性种子植物。与其他有害生物(如害虫等)不同,病原物与其寄主植物间关系密切,必须在其寄主植物上获取所需营养才能完成其生活史,与其寄主植物呈专性寄生或兼性寄生关系。除寄生线虫自身可在极有限的距离内移动外,病原物一般需借助外界的力量进行移动和传播,少数植物病原真菌的孢子可通过气流在较大范围传播,多数病原物在自然条件下的传播距离是极其有限的。这些病原物从其原发地传到其他区域,往往是通过人类的活动而实现的,如人类在进行农产品的交易和植物种质引进与交换过程中,很容易将病原物带到新的地区,因此人为因素是植物病原物远距离传播的主要途径。

各种病原物随寄主植物调运进行传播的方式以及到达新区后能否定殖和造成危害等,与病原物本身的生物学特性及新区的生态和环境条件是否适宜有密切的关系。有的病原物在其原产地危害严重,到达新区后可能因气候或其他生态条件不适宜而危害很轻或不能定殖。有的病原物在其原发地并未造成严重危害,而到达新区后遇到更适合的生存条件,可能导致毁灭性的灾害,如栗疫病传入美国后迅速蔓延,几乎摧毁了美国东部的栗园,其主要原因是美国栗对该病原很敏感,以后欧洲也因引入美国栗而使该病害大面积流行。因此,检疫决策的制订需要建立在有害生物的风险分析基础上才更具科学性。研究和了解这些危险性病原物的主要特点、地理分布、发生规律和传播途径,并以此为科学依据分析这些病原物传入新区后可能带来的风险性大小等,制订合理的检疫措施,防止危险性病原物的人为传播,在保护农林生产的安全和促进对外贸易的发展中具有重要的作用。

由此可见,植物病害检疫学涉及的知识面很广,与许多其他学科密切相关,如微生物学、分子生物学、免疫学等学科的理论知识和技术是了解植物病原物特性和进行病原物检疫检验的重要理论基础；植物病原物的风险分析需要大量的信息资料，除病原物本身的特性外，还涉及地理信息、生态条件、气象资料以及法律准则等，因此它还与信息学、地理学、生态学、气象学及法律学等多门学科有关。

第二节　植物病害在检疫中的地位

根据联合国粮农组织（FAO）1997年修改后的植物检疫概念，"植物检疫是一个国家或地区为防止检疫性有害生物传入和（或）传播，或确保这些有害生物得到官方控制而采取的所有措施"，植物检疫是多种措施相结合的综合措施，重点针对的是植物的流通环节。通过检疫达到阻止危险性有害生物传入、传出和扩散的目的。

植物病原物与植物关系密切，在植物及其产品的流通过程中，很容易导致病原物的扩散和病害的蔓延。从植物病害的传播特点及其远距离传播带来危害，不难理解加强植物病害检疫的重要性。

一、植物病害远距离传播的途径

自然界的各种生物相互依赖并建立一定的关系，这些关系包括：共生（symbiosis）、共栖（commensalism）、拮抗（antagonism）和寄生（parasitism）。植物病原物与其寄主植物间的关系均为寄生关系，即病原物必须从其寄主植物上获得所需的营养物质以完成其生活史。这种寄生关系决定着病原物与寄主植物存在更加密切的关系，其部分或整个发育阶段必须在寄主植物上完成。因此，植物感染病害后，随种子、苗木和无性繁殖材料的调运很容易将病原物带到新区。

在植物病害循环中，病原菌的越冬或越夏场所较复杂，主要包括种子、苗木和无性繁殖材料以及田间病株或病株残体、土壤、肥料等。少数病毒还可在昆虫介体中增殖，并经卵传至下一代。这些越冬或越夏的病原菌是植物各生长季节中病害发生很重要的初侵染源。植物病原物从其越冬或越夏场所到达植物上或在植物生长季节引起再侵染，通常需借助各种外界力量。植物病原物的传播途径有多种，如真菌的分生孢子和孢子囊等可借助风力传到新区或其他寄主植物上，有的病原菌主要通过雨水的冲刷、昆虫的活动或人类的农事操作等进行传播。植物病原物通过这些途径，除少数气流传播病害（如小麦三大锈病）的病原菌孢子可随气流在较大范围内移动外，其余传播的距离一般很有限。病原物由其原发地至新发生区的远距离传播主要是通过人为地调运带有病原物的植物种子、苗木、无性繁殖材料以及植物产品。植物病原物以休眠体混杂于调运的种子中（如真菌的菌核及菌瘿、线虫的虫瘿等）、休眠孢子附着于种子表面、菌丝体潜伏于种子的内部、病原物侵入种苗和繁殖材料、病原物在植物表面或其残体上营腐生生活等方式随种苗及植物产品传带。此外，有的病原物，如松材线虫，还可随着木质包装材料进行远距离传播。

二、植物病害随种苗及植物产品传播的普遍性

自有农业以来，便有引种，引种在增加植物的多样性、提高农产品产量与质量改善

人们的生活质量等方面起着重要的作用。如我国广泛种植的甘薯即是明朝时从菲律宾引入我国，甘薯的引进对缓解我国多次出现的饥荒起重要作用。北美是当今世界的重要粮食生产地，当地种植的许多农作物优良种质是从外地引入的，包括从欧洲引入的甜菜、麦类，从我国引入的大豆、水稻等。中国大豆引入美国后，由于生长条件优越，其产量甚至超过了原产地。近些年来，随着我国对外开放政策的落实，从国外引种和进口各种农产品数量逐年增加，不仅促进了我国的农业生产发展，对改善生态环境等也发挥了重要作用，如目前我国种植的许多花卉是通过从国外引种而来。

植物病原物除寄生性种子植物个体相对较大外，其余个体很小，肉眼观察不到。同时由于其与寄主植物的特殊寄生关系，在随同植物及其产品调运的过程中具有很高的隐蔽性。许多病毒在侵染的植物上不表现明显的症状，尤其是在调运的木本植物苗木、接穗以及种子、鳞球茎及块茎等繁殖材料上，从外观上很难判断是否受到病毒的感染。因此，相对其他有害生物而言，植物病原物通过人为途径传入和传出的概率更大，对检疫检验技术的要求更高。在检疫过程中需要采取室内检疫检验、产地检疫和隔离试种等多项措施相结合，才能防患于未然。这就要求植物检疫人员必须具有牢固的专业知识，熟悉各类危险性病原物的发生规律和引起病害的特点及相关的检疫技术。

在各种远距离传播途径中，种子、苗木和无性繁殖材料携带的病原物具有更大的风险性，随着这些材料在田间的种植，可使病原物在新区很快定殖下来，导致新病害的发生和蔓延，甚至造成毁灭性损失。

世界各国在引进种质的过程中，将新的病害传入的例子很多。如：

1942 年，番茄细菌性溃疡病菌（*Corynebacterium michiganense*）从美国传入英国，当年仅在 Sussex 的两个不同地方的温室中发生，第二年即在 10 个地点有发生。爱尔兰因引进番茄种子于 1947 年首次发生该菌引起的番茄细菌性溃疡病。

美国威斯康星州从欧洲引进种子的同时将甘蓝黑腐病菌（*Xanthomonas campestris pv. campestris*）带入了本地。葡萄牙也于 1961 年从法国调运种子时将该病菌传入本国，给甘蓝类蔬菜生产造成严重的损失。

小麦叶锈病是小麦上危害严重的一种锈病，澳大利亚因为将从墨西哥调运加工面粉用的小麦改作种子用而将该病传入本国，为此澳大利亚政府立即制订有关检疫法规以防止该病的进一步蔓延。美国也因小麦种子的调入使该病于 1919 年首次发生。

我国在 1984 和 1985 年从叙利亚国际干旱、半干旱研究所引进蚕豆种子将蚕豆染色病毒传入，后经销毁处理才得以控制。香蕉穿孔线虫也是通过引种从菲律宾传入我国福建等地的。

根据美国的统计资料，1872～1978 年的近 100 年间，通过各种途径传入美国的植物病原物有 25 种，其中有 18 种是在 1872～1910 年的近 40 年传入的，这与当时对植物病害的认识不足和检疫措施尚未建立或不完善有很大的关系。以后随着检疫制度的完善，外来病原物传入的概率明显降低。

自 20 世纪 80 年代以来，我国各口岸检疫部门从来自欧洲、美洲和亚洲的 20 多个国家的植物及其产品中截获大量的病原物，其中许多已列入我国检疫性有害生物名单。截获的病原病毒达数十种，其中包括已列入检疫性有害生物名单的南芥菜花叶病毒（ArMV）、香石竹环斑病毒（CaRSV）、烟草环斑病毒（TRSV）、蚕豆染色病毒

(BBSV)、番茄环斑病毒（ToRSV）以及列入潜在危险性有害生物名单的多种病毒和类病毒。

近些年随着我国对外贸易快速发展，各种植物及其产品的引进日益频繁，有害生物传入的概率也大幅度增加，加大了外来有害生物对我国农林生产的威胁。1999年和2000年我国多次从日美进口的机电和家电产品的木质包装材料上截获了有"松材癌症"之称的松材线虫。2002年我国在进境植物检疫中共截获的有害生物达1300多种22 430批次，分别较2001年增长1.5倍和3.4倍。其中A1类有害生物达11种287批次，A2类30种3740批次，A3类潜在危险性有害生物49种1563批次，其他有害生物1200多种16840批次。在这些截获的有害生物中，涉及植物病原物达203种5453批次。我国加入WTO后，对外贸易已出现迅猛上升的势头，加之国内正在进行种植结构的调整，进口的农产品、种子、苗木和其他繁殖材料逐年增加，检疫性病原物传入的概率及带来的风险在加大。为了适应当前发展形式的需要，必须采取有效措施，将危险性的病原物传入的风险降低到最小的限度。

三、植物病害传入新区后造成的危害

植物病害给农业及林业生产带来的严重危害是引人注目的。在菲律宾每年因椰子死亡类病毒而死亡的椰子树有20万～40万株，造成经济损失约4000万美元。仅1980年因新出现的病株引起的直接经济损失达2000万美元以上。

因种苗等的调运导致植物病害在世界各国的广泛传播和本地扩展蔓延，给农业生产造成的毁灭性损失的事例很多。最典型事例是19世纪40年代发生在爱尔兰的马铃薯晚疫病（*Phytophthora infestans*），该病随马铃薯种薯调运从拉丁美洲的墨西哥传到欧洲，1844年仅在法国、比利时和英国的局部地区发生。1845年爱尔兰的气候条件对该病的发生十分有利，致使病害大面积流行，大量的薯块因病而腐烂，近20万人因饥饿而死亡，数百万人逃荒。

20世纪30年代末因日本将"冲绳百号"引入中国并大量推广种植，将甘薯黑斑病传入我国东北地区，以后很快扩散到其他地区。据1963年的调查统计，全国20多个省市有该病发生，甘薯损失达500万吨以上。此外，用病薯喂食耕牛导致大量的耕牛死亡，造成极其严重的损失。

栗子疫病（*Endothia parasitica*）原产东亚，因本地的栗子较抗病，该病的危害很轻。20世纪初栗子疫病随栗子树苗传入美国，1904年在美国首次发现该病，由于美国当地的栗子不抗病，导致该病的大发生，并迅速扩展蔓延，仅1907年损失达1900万元，很快摧毁了美国东部地区的大部分栗树。

葡萄霜霉病（*Plasmopara viticola*）和白粉病（*Uncinula necartor*）原产北美洲。19世纪后期，法国为了控制当时已成灾的葡萄根瘤蚜，从北美引进具有抗性的砧木而将这些病害传入，并很快在欧洲扩展蔓延，使当地的葡萄生产受到严重影响，葡萄酒产业也因此而遭受极大损失。

棉花枯萎病（*Fusarium oxysporum* f. sp. *vasinfectum*）和黄萎病（*Verticillium dahliae* Kleb.）分别于1892年和1914年在美国首次发现。20世纪30年代随棉花种子从美国传入我国，并因带菌种子的调运，很快向各棉花产区扩展蔓延，目前全国已发病

面积达 133 万公顷以上，成为我国棉花上最重要的两种病害，给我国的棉花生产造成严重的经济损失。

榆枯萎病（*Ophiostoma ulmi*）最早于 1918 年在荷兰、比利时和法国发现。随着种苗的调运，在十几年后即传遍欧洲大部分国家。1930 年又通过调运榆木从欧洲传入美国，先在俄亥俄州和东部沿海一些地区发生，以后向西传播到太平洋沿岸各州。至 70 年代中期，每年因该病死亡的榆树约有 40 万株，损失近 1 亿美元。

苜蓿黄萎病（*Verticillium albo-atrum*）于第二次世界大战后，由于种子带菌从北欧传到欧洲大陆各地。1976 年又在美国华盛顿首次发现该病，很快传遍美国和加拿大所有的苜蓿生产基地，每年有大量的苜蓿因该病而死亡，大幅度降低了苜蓿草的产量。

第三节　我国植物病害检疫的进展与面临的挑战

一、我国植物病害检疫的进展

1949 年以后我国的进出境植物检疫先由中央贸易部（后改为对外贸易部）负责，1965 年改由农业部主管，现由国家质检总局主管；国内检疫工作始于 20 世纪 50 年代初期，农业植物检疫一直由农业部负责。

（一）进出境植物检疫

1. **外贸部主管时期**　1949 年中央贸易部对外贸易司设置商品检验处，负责进出境商品检验工作，并于 1951 年公布《输出入植物病虫害检疫暂行办法》、《输出入植物病虫害检验标准》及附录《各国禁止或限制中国植物输入种类表》、《世界危险植物病虫害表》，并委托原北京农业大学举办植物检疫专业培训班。

1952 年贸易部改为对外贸易部，原对外贸易司商品检验处扩大为商品检验总局，设农检处主管农产品检验和植物病虫害检疫。1953 年对外贸易部公布《输出入植物检疫操作规程》，同年商品检验总局编印《国内尚未发现或分布未广的重要病虫害杂草名录》。1954 年 1 月 3 日政务院颁布《输出输入商品检验暂行条例》，同年 2 月 22 日对外贸易部公布《输出输入植物检疫暂行办法》及《输出输入植物应施检疫种类与检疫名单》，检疫对象共 30 种，其中病害 16 种。1955 年商品检验总局补充修订《国内尚未发现或分布未广的重要病虫杂草名录》。1961 年商品检验局修订公布《输出入植物病虫害检验办法》和《农产品药剂熏蒸方法》。1963 年 12 月农业部印发《对从国外引进的种苗必须经过严格的检疫处理方可使用的通知》。

为加强旅客携带植物及其产品和邮寄植物及其产品的检疫工作，1965 年对外贸易部发布了《试办旅客携带输入植物检疫问题的通知》，1954 年对外贸易部和邮电部联合发出《关于邮寄输入植物检疫补充规定的联合指示》，1957 年对外贸易部商品检验局印发《关于旅客携带输入植物检疫问题的通知》。

1953 年至 1965 年我国先后与捷克斯洛伐克、匈牙利、保加利亚、苏联、德意志民主共和国、朝鲜、阿尔巴尼亚签订了植物检疫双边协议。

在由外贸部主管进出境植物检疫期间，各商品检验局先后截获一些重要的植物病原物，例如 1963 年 2 月大连商品检验局从进口美国小麦中首次发现小麦矮腥黑穗病菌，同年9月广州商品检验局从进口阿尔巴尼亚烟叶中首次发现烟草霜霉病菌。

20世纪60年代初期，由于国内经济状况恶化，国家需大量进口粮食、棉花、木材等农林产品，旅客携带和邮寄进口的农产品也成倍增加，因此进出境植物检疫由出口检疫为主转为进口检疫保护本国农林植物为主，为适应这一形势，国务院于1964年决定由农业部接管对外植物检疫工作。

2. 农业部主管时期 　　1964年2月国务院批准农业部、对外贸易部《关于由农业部接管对外植物检疫工作的请示报告》，同意由农业部门接管贸易部门当时担负的对外植物检疫业务，10月批准成立农业部植物检疫实验所。1965年2月同意并批准农业部在经常有进出境动植物检疫任务的国境口岸设立动植物检疫所。同年7月农业部召开全国动植物检疫工作会议，并于8月印发《关于向国外引种应严格控制的通知》。1966年9月农业部、外贸部印发《农业部关于执行对外植物检疫工作的几项规定》和《进出植物检疫对象名单》，进口检疫对象共计34种。经多次酝酿，农牧渔业部发布建国以来第四个《进口植物检疫名单》，1992年再次修订了名单，并改名为《危险性病、虫、杂草名录》和《禁止进境物名录》。危险性病、虫、杂草分两类，其中属于一类的危险性病原物有真菌13种、细菌3种、病毒6种、线虫3种，共25种。针对其中为害特别严重、检疫检验和处理难度较大的病害，规定了玉米等7种植物为禁止进境物。

从历次公布的名单来看，病原物总数呈上升趋势，其中真菌呈先升后降，细菌和线虫渐升，病毒在1980年和1992年有两次跃升，见表1-1。

表1-1　历次公布的进境植物检疫名单中病原物种类和数量的变化

年份	真菌	细菌	线虫	寄生性种子植物	病毒	合计
1954	10	2	2	0	2	16
1966	12	1	2	0	6	21
1980	20	3	3	0	5	31
1986	15	3	6	1	6	31
1992	13	6	8	2	13	42

除了公布检疫对象名单外，农业部等部门还就特定病害的检疫不定期地发出通知。1994年3月农业部等4个部联合发出《关于对阿尔巴尼亚进口的烟叶、香烟采取防病措施的联合通知》。1978年7月农林部、商业部转发《研究进口小麦带有矮腥黑穗病的检疫和去菌工作座谈会纪要》。1978年10月农业部转发新疆《关于伊犁地区发现小麦矮腥黑穗病情况的报告》，为保密对外统称小麦"一号病"。1980年10月农业部批转植检所《关于甜菜锈病问题的调查研究报告》。1985年9月农业部印发《关于禁止从日本引进樱花树苗的通知》。1988年7月农业部印发《关于福建漳州地区发现香蕉穿孔线虫疫情的通知》，为对外保密，福建农业厅暂将其定名为香蕉"烂根病"。

在国际交流方面，1990年4月联合国粮农组织第二十届亚洲及太平洋区域大会在北京召开，会议通过了亚洲及太平洋植物保护协定修订案，中国被批准为协定正式成员。在双边交流方面，自1966年以来，我国先后与罗马尼亚、南斯拉夫、澳大利亚、加拿大、荷兰、新西兰、智利等国签订了双边合作协议，与朝鲜、匈牙利、前苏联等国续签了双边合作协议。此外，我国还与一些国家就植物病害检疫技术方面开展了合作和交流。并先后派出植物检疫代表团赴美国共同就应用荧光显微技术进行小麦矮腥黑穗病菌的快速鉴别合作研究，赴希腊对香料烟霜霉病菌进行出口前活性试验，与澳大利亚合作建立和装备北京双桥植物检疫苗圃。

在体制上，由国家动植物检疫总所管理全国动植物检疫工作，在全国主要口岸设立45个动植物检疫所（局），在内地省会和自治区首府设立31个动、植物检疫所。在北京设有植物检疫实验所，负责植检科研和技术推广工作。

2001年4月国家质检总局成立，出入境检验检疫局和动植物检疫实验所归属质检总局，2004年根据国务院的批复，在中国进出口商品检验技术研究所和国家质量监督检验检疫总局（简称国家质检总局）动植物检疫实验所的基础上合并组建中国检验检疫科学研究院（简称中国检科院），隶属于国家质检总局和科技部，是专门从事检验检疫科学技术的研究机构。

（二）国内植物病害检疫

国内植物检疫始于20世纪50年代初期。1954年农业部植保局设立植物检疫处，第二年国务院批准河北等16个省、自治区建立植物检疫站，批准成立农业部植物检疫实验室，农业部函告各农业试验研究部门、良种繁育机构应建立良种繁育制度，1957年农业部正式发出《关于布置各地植物检疫站建立无危害性病虫种子繁育地或苗圃的通知》。同年国务院批准农业部公布《国内植物检疫试行办法》，并附有《国内植物检疫对象和应受检疫的植物、植物产品名单》，共32种，其中病害19种。1964年国务院批准成立植物检疫实验所。1966年农业部公布修订的《国内植物检疫对象名单》，共计29种，其中病害15种。此后，检疫工作处于瘫痪状态，检疫对象传播蔓延加快。1977年开始，国内植物检疫工作开始恢复。1978年农林部印发《口岸林木检疫工作座谈会纪要》，并附5个附件：①对外林木检疫对象名单（草案）；②我国尚未发现或分布未广的危险性林木病虫名单（草案）；③进出境木材检疫操作方法；④进出境林木种子检疫操作方法；⑤进出境苗木操作方法。1979年农林部、国家农垦总局印发《关于开展橡胶、热带作物检疫工作的通知》，并附《热带作物对外、对内检疫对象名单和检疫措施》。同年国务院正式批准恢复农业部植物检疫实验所。1983年1月国务院发布《植物检疫条例》（1992年对部分条文作了修改）。10月农牧渔业部颁发《植物检疫条例》实施细则（农业部分），1984年9月林业部发布《植物检疫条例》实施细则（林业部分）这两个实施细则均附有检疫对象名单。1984年4月农牧渔业部又印发《国内热带作物检疫名单和应施检疫植物及植物产品名单》，这三份名单共列入检疫对象32种，含病害20种，其中农业植物病害8种，林业植物病害9种，热带作物病害3种。1995年2月25日农业部第5号令发布《植物检疫条例实施细则（农业部分）》，附有植物检疫对象名单。林业部1996年1月3日发布《森林植物检疫对象和应施检疫的森林植物及其产品名单的通知》，这两份名单共列入检疫对象67种，含病原物31种，其中农业及热带植物病原物15种，林业植物病原物16种（表1-2）。

表 1-2　历次公布的对内植物检疫性病害中病原物种类和数量的变化

年份	真菌	细菌	病毒类	线虫	寄生性种子植物	合计
1957	11	2	2	3	1	19
1966	7	4	2	2		15
1983	10	4	5	1		20
1995	15	8	2	3	3	31

2005 年国家林业局公布了新的林业检疫性有害生物名单（从 2005 年 3 月 1 日起实施），共 19 种，其中病原物 7 种，含真菌 3 种，细菌 2 种，病毒 1 种，线虫 1 种。农业部 2005 年即将下发新名单。

此外，国务院办公厅和农林部门还专门就一些危险性病害的检疫工作发出通知，如 1963 年 2 月农业部印发《对柑橘黄龙病的检疫和防治的意见》和《柑橘黄龙病研究规划（草案）》，1974 年 9 月农林部印发《关于防止小麦全蚀病传播蔓延的通知》，1979 年农业部印发《关于组织小麦矮腥黑穗病普查的通知》。1982 年 2 月国务院办公厅印发《关于做好棉花枯、黄萎病检疫和防治工作的通知》；同年 9 月农牧渔业部印发《关于柑橘黄龙病检疫和防治工作的几点意见》；1983 年 1 月农牧渔业部印发《关于棉花枯、黄萎病检疫和防治工作情况和今后工作意见》；1984 年 3 月农牧渔业部又印发《关于严格控制柑橘黄龙病发展的通报》；1989 年林业部、农业部印发《关于加强松材线虫病检疫防治工作的通知》。此外，植物检疫机构自 1985 年以来先后研究和实施了柑橘苗木、棉花原（良）种、马铃薯种薯、甘薯种苗、苹果种苗、小麦种子、水稻种子、大豆种子、玉米种子等植物繁殖材料的产地检疫规程，建立了一批无危险性病虫的种苗繁育基地。1991 年 10 月《农业植物调运检疫规程》通过专家审定。

（三）检验检疫技术的进步

最初的植物检验检疫是靠直观和镜检，后来使用了常规的血清学检测技术，如玻片凝集试验、琼脂双扩散技术等，后来血清学技术与其他技术结合，发展出免疫电镜技术、免疫荧光技术、ELISA（酶联免疫吸附技术）等。所使用的抗体由多克隆抗体发展到单克隆抗体。酶标抗体和单克隆抗体可工厂化生产。

目前核酸检测技术已成为主要检测手段。其优点是快速、准确、灵敏、应用范围广泛。核酸检测方法最初是 Southern blot（DNA-DNA 杂交）或 Northern blot（DNA-RNA 杂交），即利用碱基配对原理，用标记了的探针核酸片段与待测核酸杂交。目前广泛采用的是 PCR 及其衍生出来的技术，如 rep-PCR，Nested-PCR，PCR-ELISA 以及最新的实时荧光 PCR 技术。

二、我国植物病害检疫面临的挑战

植物检疫的理想目标是：防止所有的检疫性有害生物（物质）人为跨境（国家或地区）传播，并及时地发现、限制或铲除检疫性有害生物。以前植物检疫的主要目标针对农业生态系统的有害生物，现在则进一步扩展到保护整个生态系统，这是一个非常重大的变革。

但实际上要完全达到这个理想的目标还存在着较大的困难，包括如下几个方面：首先是自然界生物种类众多，仅动物和昆虫据估计就有数百万种，而且还有许多种类还不清楚，越是不发达国家和地区则对其境内的生物种类越不清楚，因此要对全部的生物进行风险评价，并确认检疫性有害生物种类，目前是不可能的；其二，植物检疫性有害生物目前主要是根据其对农田生态系统的危害以及该检疫性有害生物的生物学特征来确定，目前已知侵染植物的病毒就有上千种，真菌、细菌、昆虫、线虫和杂草的种类则更多，即使是一些发达国家还有许多的重要病害的病原还不清楚，而一些第三世界国家连一些主要的农田生态有害生物的基本情况（种类和地理分布）都没有进行研究，更不用说对生态环境的危害；其三，检疫性有害生物存在着人文、地理、生态依赖性，即同一生物在不同地方或生态气候条件下表现出不同的特性，即在一个国家或地区不形成危害，而在另外的地区则是很重要的检疫性有害生物，这样的例子在检疫历史上很普遍；其四，一些新的检疫疫情或有害生物会随时出现，转基因产品的出现提出了新的检疫要求。继美国"9.11"事件后，出现了炭疽菌粉事件，使公众对生物恐怖密切关注。有些不是检疫对象的病原物如稻瘟病菌和水稻胡麻斑病菌有可能成为恐怖分子的武器，检疫性有害生物的名单可能更长，检疫的任务将更重。

目前世界上检疫工作思路有两种：一是实施全面检疫，即不宣布明确的检疫性有害生物名单，对符合检疫性有害生物概念的有害生物都进行检疫，这是一个开放系统，检疫性有害生物根据疫情的出现随时可以变化，目前美国和日本等国采用这一模式。这一模式更接近于理想的检疫概念，但需要检疫国有系统的有害生物生物学特征、疫情分布、检测监控等数据，工作量和所需费用大；另一种模式是根据国情和国力确定检疫性有害生物名单，这样对一些可能重要的有害生物进行检疫监控，这样操作起来更简单方便，检疫性有害生物名单越大则对有害生物的防患能力越高，但如果名单制定得过小或者长期不变，则检疫作用有限，目前中国和欧盟采用这一模式。无论哪种检疫模式，最基本的工作就是要对大量的检疫性有害生物进行检测监控，从某种意义上讲检测鉴定能力大小决定了检疫的有效性，现在检疫工作最大的矛盾之一是现有的检测鉴定技术手段不能满足检疫工作的要求。

本 章 小 结

中国加入WTO，对外贸易日益频繁，植物有害生物传入和传出的机率在不断增大，植物病原物由于其个体小、检验难度大和具有隐蔽性等特点，通过人为途径传入并带来危害的风险更大，加强对这些病原物的检疫很有必要。我国的植物病害检疫经历了半个多世纪的发展和改革已日趋完善，但仍面临严峻的挑战。

思 考 题

1. 试述植物病害检疫的重要性。
2. 植物病原物远距离传播的主要途径有哪些？
3. 植物病害传入新区可能带来的危害特点有哪些？
4. 我国植物病害检疫工作发展有哪些特点？

第二章 有害生物风险分析

我国加入 WTO 后, 除可享受 WTO 成员多年谈判所形成规范国际贸易的多边协定所带来的好处之外, 还须全面履行各种多边贸易协定。规范贸易中的植物检疫行为是《实施卫生与植物卫生措施协定》(SPS) 的宗旨。SPS 协议不仅表明为了人类和动、植物的健康和安全, 实施检疫是必须的, 同时也明确要求植物检疫措施应建立在有害生物风险分析 (PRA) 的基础之上, 以降低动、植物检疫对贸易的不利影响和不应成为对国际贸易的变相限制; 不仅要求增强透明度和遵循非歧视原则, 同时强调植物检疫的国际化、标准化和具有充分的科学依据。

为适应 SPS 协议的要求, 1997 年新修订的国际植物保护公约 (IPPC) 要求各国植检部门在拟定检疫措施时, 必须参照现有国际标准, 建立在有害生物风险分析的基础上, 具有相同的科学依据。因此, PRA (pest risk analysis) 不仅是科学决策的重要依据之一, 而且是植物检疫符合国际规则和检疫管理科学化的要求, 同时也是处理检疫和贸易关系最为有效的手段之一。

第一节 有害生物风险分析的概念及重要性

19 世纪末, "风险" 的概念始现在西方经济管理学中, 现已广泛应用于众多领域。日本学者 Saburo Ikeda 将风险定义为: "由于自然和人为行为的不利事件发生的可能性"。风险从认识和把握的角度上均具有随机性、不确定性和连带性的特点。风险分析是通过对不确定事件的识别、衡量和处理, 以最小的成本将各种不确定因素引起的损失减小到最低的科学管理方法。农业是处于自然风险和社会风险中的基础产业, 农业领域中重要组成的植物保护具有同等的风险, 而植物检疫中的有害生物风险分析对农业生产和农产品贸易至关重要。

一、有害生物风险分析的概念

联合国粮农组织 (FAO) 的《国际植物检疫措施标准第 5 号: 植物检疫术语表》(1999) 对有害生物风险分析 (PRA) 定义为: "评价生物学或其他科学、经济学证据, 确定某种有害生物是否应予以管制以及管制所采取的植物卫生措施力度的过程"。

二、零风险和可接受风险

只要农产品带有检疫性有害生物或限定的非检疫性有害生物, 除非彻底除害并绝对安全, 否则不允许进口, 即零风险 (零允许量)。其在过去有一定的合理性, 但随着农业生产的迅速发展, 农产品贸易的比重越来越大, 加之检疫技术和检疫管理水平的不断提高, 原来 "零风险" 的管理原则已成为影响贸易进行的一个重要检疫障碍。所以, 当今国际上趋向以 "可接受的风险" 来代替 "零风险", 认为坚持 "零风险" 等于禁止贸易，检疫就是在贸易的利益和有害生物传带风险之间寻找一个平衡点。

可接受风险认为，贸易存在着传播植物病虫等有害生物的危险，但可以通过一系列检疫措施来管理风险，将风险降低到可以接受的水平，确保贸易顺利进行。可接受风险的依据是建立在有害生物风险分析基础之上，这将有利于农业生产和农产品贸易。

三、有害生物风险分析的重要性

"不省事则宽严皆误"同样适用于植物检疫中。在有害生物风险分析方面，要求我们能用科学态度来审时度势，否则"宽"、"严"均会带来严重的损失和后果。一种有害生物对农业生产是否有害，其危险性多大？属检疫性有害生物，还是限定的非检疫性有害生物？在国际贸易中是否有必要采取检疫措施以及实施检疫措施的后果等，都应予以分析。只有经过充分严格的分析论证，确认其风险大小，才能确定是否有必要采取相应的检疫措施。所以，进行有害生物风险分析无论是从保护农业生产方面，还是从促进国际贸易方面考虑都是十分必要的。

据美国农业部动植物检疫局（APHIS）的资料，1985年到2000年，美国边境口岸截获的外来危害植物的有害生物总数为 7 400 种，传入的外来生物总数可能达到50 000种。而我国仅2002年在进境植物检疫中共截获有害生物1300多种2.24万批次。因此，非常有必要对可能传入的有害生物的危险性做出科学的分析，以决定是否允许其入境，以及入境后应采取的检疫措施。

各国对贸易中的植物检疫问题一向十分敏感，它既是保护本国农业所必须设置的技术性保障，往往又是各国根据政治、经济需要而设置的壁垒。在关贸总协定的最后协议中明确指出，"检疫方面的限制必须有充分的科学依据来支持，原来设定的零允许量与现行的贸易是不相容的，某一生物的危险性应通过风险分析来决定，这一分析还应该是透明的，应阐明国家间的差异"。因此，随着新的世界贸易体制的建立，开展 PRA 工作既是遵守 SPS 协议及其透明度原则的具体体现，遵守《与国际贸易有关的植物检疫原则》（FAO, 1995），又强化了植物检疫对贸易的促进作用，增强本国农产品的市场准入机会，从而可坚持检疫作为正当技术壁垒的作用，充分发挥检疫的保护功能。PRA 不仅使检疫决策建立在科学的基础上，而且是检疫决策的重要支持工具，使检疫管理工作符合科学化、国际化的要求。

以往的有害生物风险分析一般是从考虑传播途径（进口商品）和某些病虫（有害生物）开始，现在扩展到政策、法规的制定和修改以及检疫措施的实施等方面。在没有现行国际或国家标准可循时，必须先研究 PRA，将检疫决策建立在 PRA 的科学基础之上，避免决策失误或对贸易造成不必要的影响，否则在国际检疫争端仲裁时会处于被动地位。PRA 不仅服务于市场准入谈判和检疫纠纷的解决，而且服务于检疫决策。

第二节　有害生物风险分析的发展简史

在现代社会中，进行风险评估（risk assessment）对于许多行业来讲已成为惯例，以降低风险。有害生物风险分析已有百余年的历史，经过不断的发展与完善，现日臻成熟。

一、有害生物风险分析的初始阶段（1870～1920）

1872 年，俄国和法国颁布禁止从美国进口马铃薯，以防止马铃薯甲虫，及针对葡萄根瘤蚜禁止从国外输入插条的法令，这标志着有害生物风险分析的开始。即从认知植物受害是由有害生物所致、有害生物的传播途径是人类的商贸活动，到提出对传播途径进行风险管理措施，即禁止进口。这一有害生物的风险分析的成果也催生了植物检疫。

19 世纪 70 年代的有害生物风险分析，主要针对植物上可能携带的有害生物进行简单评估，即植物和有害生物的个别生物学特性、传入可能性，这种简单评估得出的结论是有无风险，采取的风险管理措施主要还是禁止进口。

1916 年和 1929 年，我国植物病理学的先驱邹秉文先生和朱凤美先生就分别撰写了《植物病理学概要》和《植物之检疫》，提出要防范病虫害传入的风险，设立检疫机构，这可视为我国 PRA 工作的开端。

二、有害生物风险分析的发展阶段（1920～1990）

1924 年，Cook 首次将气候图引入有害生物适生地，构建了最适生气候的气候图，并将不同地区的气候图与最适生气候图进行比较，确定出分布区。1931 年 Urarov 的生活史气候图和 1938 年 Bodenheimer 的生态气候图，成为早期有害生物适生地研究的经典成就。1972 年，Weltzen 第一次提出了地理植物病理学理论，认为如果一种病害及寄主的地理分布已确定，再分析其生物学资料，就可预测该病的发生区域；根据该病的发生频率、严重度和损失率，就可将该病分布区划分为主要危害区、边缘危害区和零星危害区。Bleiholder 应用地理植物病理学理论预测了甜菜褐斑病的分布，利用世界气候图获得了该病发生的生态环境。1986 年，Trione 和 Hall 利用卫星资料预测了小麦矮腥黑穗病在中国的潜在分布区。Royer 利用中期气候预报资料预测马铃薯晚疫病的潜在分布和危害程度。

我国从 1981 年起，开展了危险性病虫杂草的检疫重要性评价和适生性分析，制定了评价指标、分析办法和提出了检疫对策，并为 1986 年制定《进口植物检疫对象名单》、《禁止进口植物名单》和有关检疫措施提供了科学依据。

此阶段将"有害生物风险分析"写入 SPS 协议，并成为重要内容，FAO 制定了有害生物风险分析的植物检疫措施国际标准，并颁布和实施。标志着"风险"的概念已正式引入检疫领域，并得到较快的发展。此阶段的特征为 PRA 在方法学上的进一步深化，但未从根本上摆脱适生性研究和适生性评估。

三、有害生物风险分析的渐熟阶段（1990 至今）

1991 年，美国动植物检疫局（APHIS）和北美植保组织（NAPPO）在美国召开了"由外来农业有害生物引发的风险鉴定、评价和管理"国际讨论会。1995 年，FAO 颁布了《有害生物风险分析准则》，2001 年又颁布了《检疫性有害生物风险分析准则》。1991 年，Sutherst 等提出了有害生物风险评估专家系统（PESKY），该系统通过分析气候、植被分布、地理因子等生态因素及检疫管理和人类活动等因素，综合评估有害生物的风险。现在，地理信息系统（GIS）、全球卫星定位系统（GPS）、计算机模型和专家系统等已应用于有害生物风险分析，使有害生物风险分析向定量分析方向发展。

1990 年，我国开始引入 PRA 的概念。从 1991 年起，开始了中国的 PRA，建立了 PRA 指标体系和量化方法，为我国 1992 年制定《进境植物检疫危险性病虫杂草名录》和《进境植物检疫禁止进境物名录》、1997 年颁布《进境植物检疫潜在危险性病虫杂草名录》和修订《进境植物检疫禁止进境物名录》提供了科学依据。1993 年完成了中国第 1 个 PRA 报告。1995 年，我国正式成立了 PRA 工作组，开始制定中国 PRA 程序。2000 年，经批准在动植物检疫实验所正式设立了"PRA 办公室"，成为我国 PRA 工作的中心。2002 年，国家质量监督检验检疫总局公布《进境植物和植物产品风险分析管理规定》(2003 年 2 月 1 日施行)，由国家质量监督检验检疫总局（简称国家质检总局）统一管理进境植物、植物产品和其他检疫物的风险分析工作。截至 2001 年 10 月，动植物检疫实验所风险分析办公室共完成了 38 个进口植物及植物产品 PRA 报告。总的来说，我国 PRA 工作现处于国际领先的地位。

此阶段的有害生物风险分析是从有害生物的寄主范围、生存所需要的环境条件、扩散能力、到受威胁农作物在当地的重要性、一旦传入所带来的经济影响（包括潜在的影响）及环境影响等因素的综合考虑，并通过综合因素指标的量化和评估来确定风险的大小及合适保护水平的检疫措施。

第三节　有害生物及生物入侵

一、有害生物

根据联合国粮食及农业组织（FAO）的"国际植物保护公约"（IPPC）2002 年版《国际植物卫生措施标准（ISPM）第 5 号出版物：植物卫生术语表》的定义，有害生物是指任何对植物或植物产品有害的植物、动物或病原体的种、株（品）系或生物型。有害生物依据不同的标准，可做以下分类：

（一）生物学分类

依据生物的分类地位，植物有害生物主要包括病原真菌、病原原核生物（细菌、植原体、螺原体）、病原病毒（病毒和类病毒）、杂草、病原线虫、寄生性种子植物、软体动物和其他有害动物等。转基因生物当其对农林生产和生态环境造成危害时也属有害生物的范畴。

（二）管理学分类

根据是否需要在国际贸易中进行管制（限定），可将有害生物分为非限定的有害生物和限定的有害生物。

1. 非限定的有害生物（non-regulated pest）　　指在本国或本地区广泛分布，没有被官方控制的有害生物。

2. 限定的有害生物（regulated pest）　　指在本国或本地区没有的，或者有但尚未广泛分布，即没有达到生态学极限或正在被官方进行控制的且具有潜在经济重要性的有害生物。其包括检疫性有害生物和限定的非检疫性有害生物。

（1）检疫性有害生物（quarantine pest）一个受威胁国家目前尚未分布，或虽有分布但分布未广，且正在被官方控制的、对该国具有潜在经济重要性的有害生物。

（2）限定的非检疫性有害生物（regulated non-quarantine pest）是指存在于供种植的植物中且危及其预期用途，并将产生无法接受的经济影响，因而受到管制的非检疫性有害生物。

（三）地理学分类

根据是否在本国或本地区存在，有害生物可分为本地有害生物和外来有害生物。本地有害生物是指在本国或本地区存在的有害生物；外来有害生物（alien invasive species）是指对生态体系、生境及其他物种有破坏作用的外来生物。外来生物可以是来自国外，也可以来自同一国家不同生态区域，但通常是指前者。

二、生物入侵及其影响

（一）潜在的有害生物种类繁多

全球物种基数巨大，地球生物圈中的生物已知的有 174.4 万种，但估计总数为 1400 万种，即还有 87% 以上种类没有分类地位，或者说没有最起码的科学认识，这大大增加了控制外来生物的难度。地理隔离是维持全球生物多样性的必要条件之一。虽然在远古时就有不同地理生态环境生物的交流，即入侵，但这种自然入侵由于山地、海洋、气候等隔离，只是小概率事件。但目前任何物种都有可能被人类带到地球生物圈的任何地方，如果不对目前人类活动加以科学的限制，这对地球生物多样性的破坏将是灾难性的。

（二）生物入侵

生物入侵指任何一种生物体进入以往未曾分布过的地区，并能繁殖延续自己的种群。生物入侵是一种普遍的现象，而外来有害生物入侵则可能对农、林、牧、渔业生产带来严重的危害，对全球环境和社会发展构成严重威胁，已经成为全世界关注的焦点。

1. 十数定律　　一旦外来物种抵达一个新的环境或引种到新的地区，它可能会定殖或者逃逸到栽培、圈养、养殖环境以外的生境，变成为野化种群，进而扩散甚至成为有害生物。据经验估计，到达某一地区的外来种仅有约 10% 的物种可以发展成为偶见种群，偶见种群能发展成为定殖种群的概率也约 10%，定殖种群最终能成为外来有害生物的概率也只有 10%。可见一个地区所有外来种最终能成为有害杂草或害虫的概率只有约千分之一，这一规律即"十数定律"。它是研究生物入侵的主要参考。

要解释这一规律需要对外来物种进行长期大量的研究，需要生态人工模拟等科学实验数据，因为这是一个与入侵生物的生物学特性、入侵数量、次数、地点、生态环境、气候、人类干扰等诸多因素相关的复杂问题。目前无法预测什么样的入侵物种会成为有害生物，更不能预测入侵生物会无害。因此，国际"生物多样性公约组织"要求其成员国遵守"谨慎原则"来控制外来生物，即虽然缺乏科学数据证明外来生物有害，也要采取措施防止外来生物的入侵。这一原则，是目前控制外来生物最有效的原则。

2．阿利效应　　种群过小或种群密度过低可能使种群脆弱，称为"阿利效应"。这是绝大部分入侵物种传播到适当的生境后不能建立有效繁殖种群的原因。种群大小对引入物种种群的入侵成功起关键性的作用。"阿利效应"给我们的启示在于，在经济和贸易全球化的今天，要完全杜绝通过贸易活动、交通及旅游带进外来物种是不可能的，但是我们可以通过减少带进的个体数和带进的频度来降低外来物种入侵的成功率，所以正确地定量描述不同外来生物类群入侵成功率与繁殖体数量之间的关系应该是控制外来生物研究工作的重要任务之一，它能为生物入侵的管理及其政策的制订提供直接的理论依据。

3．时滞现象　　时滞现象是指入侵物种在一个新的地区建成种群以后，其分布区或迟或早都会开始向周围扩散。分布区的面积与时间的关系曲线均有3个时相，即初始建立相、扩散相和饱和相。初始建立相期间几乎不发生分布区的扩散，扩散相期间分布区迅速扩散，饱和相由于有效空间的限制，分布区不再扩散。

导致这一现象的因素可能很多，而且不同物种的机制可能不尽相同。时滞期可长可短，从几天到几年或更长时间不等，与物种及生境等各方面条件相关，目前很难预测。在时滞期内，入侵物种个体数量很少，分布面积有限，很难发现。因此时滞现象，是外来生物入侵很难控制的原因之一，也是外来生物入侵控制问题中有待深入研究的课题。

4．入侵速度和途径　　人类在夏威夷定居之前，维管植物和多细胞生物在那里移植速率约为每5万年1种；但第四世纪被波利西亚人殖民之后，移植率增长到每100年为三四种；而在最近的几十年里这一速率增大到每年20余种。可见人类的活动几十、上千倍地加快了生物入侵的速率。现在，每年有50亿吨的货物通过海运越洋运往世界各地，航空事业正在以空前的速度发展，每天越过国界的旅客超过200万人。我国仅2001年出入境的总人数达2亿之多，入境的外国旅客达到1100万人。这使许多生物能够到达靠自然传播无法到达的生境和极大地提高了传播的机率。人流和物流的大幅度增加无疑将使生物区系的物种交流加速。

（三）生物入侵的影响

外来入侵物种对生态系统、生境直接造成两大类经济后果：①潜在经济产出的损失，例如对作物、畜牧和林业生产的损失；②防治对植物、动物和人类健康构成威胁的入侵物种所引起的直接费用。

1．历史的教训　　19世纪，马铃薯晚疫病菌从墨西哥传入欧洲，在1846年造成严重危害，导致爱尔兰饥荒，死亡100多万人，逃荒者愈200万。1882年，法国因葡萄霜霉病菌的侵入，几乎摧毁了葡萄种植业和酿酒业！1937年，甘薯黑斑病从日本传入我国辽宁，长期受其危害，在我国一些甘薯种植区造成巨大损失。20世纪30年代，原产于美国的棉花枯萎病和棉花黄萎病传入我国，造成的后患一直延续至今，导致我国棉花产量每年都受其严重影响，成为棉花上的最重要的病害。1982年，入侵我国的松材线虫扩散迅速，到1999年已达到7.4万公顷。

2．现实的紧迫　　2000年，美国农业部动植物健康检疫局（APHIS）在全世界首次公布了限定的有害生物名录共402种。其中真菌56种、细菌16种、植原体20种、线虫2种、病毒2种、类病毒80种、杂草95种、害虫90种、螨9种、其他病原物32

种。据 APHIS 的资料，1985 年到 2000 年，美国边境口岸截获的外来危害植物的有害生物总数为 7 400 种，传入的外来生物总数可能达到 50 000 种。我国是遭受外来入侵物种危害最严重的国家之一，据统计，入侵到我国的外来生物有：植物病害 30 余种，害虫 50 余种，杂草 100 种。

2001 年美国外来生物入侵应对工作计划指出："危险性外来生物已经影响到我们生活的每一个方面、美国每一片土地、全世界每个国家。社会为外来生物入侵已付出了沉重的代价。它引起的损失绝不能仅用经济损失来衡量，它还引起失业率提高、物品及设施的破坏、动力失灵、食品及水资源短缺、环境恶化、各种自然灾害频率及严重度增加、疾病流行、甚至生命损失，随世界经济一体化进程的加快，交通、旅游业的发展，外来生物入侵对社会的破坏作用已达到警戒线水平，控制外来有害生物入侵工作的重要性怎么强调也不算过分。"

第四节　有害生物风险分析

有害生物风险分析目的是为国家植物保护组织制定检疫法规、确定检疫性有害生物及为采取必要检疫措施提供科学依据。联合国粮农组织（FAO）相继颁布了《有害生物风险分析准则》（1996）、《检疫性有害生物风险分析准则》（2001）、《限定的非检疫性有害生物：概念与应用》（2002），以规范世界各国 PRA 工作。"有害生物风险分析准则"包括检疫性有害生物的风险分析和限定的非检疫性有害生物的风险分析两个部分。为进一步规范有害生物风险分析，IPPC 组织专家组正在制定《限定的非检疫性有害生物风险分析》、《潜在的经济重要性和相关术语解释与应用指南》、《环境风险分析》等新的国际标准。

为防止外来植物检疫性有害生物传入，保护我国农、林业生产安全及生态环境，根据《中华人民共和国进出境动植物检疫法》及其实施条例，参照世界贸易组织（WTO）关于《实施卫生与植物卫生措施协定》（SPS 协定）和国际植物保护公约（IPPC）的有关规定，国家质量监督检验检疫总局于 2002 年 12 月通过了《进境植物和植物产品风险分析管理规定》，并于 2003 年 2 月 1 日施行。该规定适用于对进境植物、植物产品和其他检疫物传带检疫性有害生物的风险分析。进境植物种子、苗木等繁殖材料传带限定的非检疫性有害生物的风险分析，参照本规定执行。

一、有害生物风险分析的原则及程序

（一）有害生物风险分析须遵循的原则

开展风险分析应当遵守我国法律法规的规定，并遵循：①以科学为依据。②遵照国际植物保护公约组织制定的国际植物检疫措施标准、准则和建议。③透明、公开和非歧视性原则。④对贸易的不利影响降低到最小程度等原则。

（二）有害生物风险分析的程序

有害生物风险分析包括风险分析启动、风险评估和风险管理等 3 个阶段。

1. **风险分析启动**　　出现下列情况之一时，国家质检总局可以启动风险分析：

①某一国家或者地区官方植物检疫部门首次向我国提出输出某种植物、植物产品和其他检疫物申请的。②某一国家或者地区官方植物检疫部门向我国提出解除禁止进境物申请的。③因科学研究等特殊需要，国内有关单位或者个人需要引进禁止进境物的。④我国检验检疫机构从进境植物、植物产品和其他检疫物上截获某种可能对我国农、林业生产安全或者生态环境构成威胁的有害生物。⑤国外发生某种植物有害生物并可能对我国农、林业生产安全或者生态环境构成潜在威胁。⑥修订《中华人民共和国进境植物检疫危险性病、虫、杂草名录》、《中华人民共和国进境植物检疫禁止进境物名录》或者对有关植物检疫措施作重大调整。⑦其他需要开展风险分析的情况。

在启动风险分析时，应当核查该产品是否已进行过类似的风险分析。如果已进行过风险分析，应当根据新的情况核实其有效性；经核实原风险分析仍然有效的，不再进行新的风险分析。这一阶段主要是明确有害生物风险分析的任务、地区、类型，确定危险并列出相关的有害生物名单以及收集相关信息。随后进入 PRA 的第二阶段。

2. **风险评估**　　确定有害生物是否为检疫性有害生物，并评价其传入和扩散的可能性以及有关潜在经济影响的过程。国家质检总局采用定性、定量或者两者结合的方法开展风险评估。确定检疫性有害生物时应当考虑以下因素：

①有害生物的分类地位及在国内外的发生、分布、危害和控制情况。②具有定殖和扩散的可能性。③具有不可接受的经济影响（包括环境影响）的可能性。

评价有害生物传入和扩散应当考虑以下因素：

①传入可能性评价应当考虑传播途径、运输或者储存期间存活可能性、现有管理措施下存活可能性、向适宜寄主转移可能性，以及是否存在适宜寄主、传播媒介、环境适生性、栽培技术和控制措施等因素。②扩散可能性评价应当考虑自然扩散、自然屏障、通过商品或者运输工具转移可能性、商品用途、传播媒介以及天敌等因素。

评价潜在经济影响应当考虑以下因素：

①有害生物的直接影响：对寄主植物损害的种类、数量和频率、产量损失、影响损失的生物因素和非生物因素、传播和繁殖速度、控制措施、效果及成本、生产方式的影响以及对环境的影响等。②有害生物的间接影响：对国内和出口市场的影响、费用和投入需求的变化、质量变化、防治措施对环境的影响、根除或者封锁的可能性及成本、研究所需资源以及对社会等影响。

国家质检总局根据风险分析工作需要，可以向输出国家或者地区官方检疫部门提出补充、确认或者澄清有关技术信息的要求，派出技术人员到输出国家或者地区进行检疫考察。必要时，双方检疫专家可以共同开展技术交流或者合作研究。

3. **风险管理**　　是指评价和选择降低检疫性有害生物传入和扩散风险的决策过程。国家质检总局根据风险评估的结果，确定与我国适当保护水平相一致的风险管理措施。风险管理措施应当合理、有效、可行。

风险管理措施包括提出禁止进境的有害生物名单，规定在种植、收获、加工、储存、运输过程中应当达到的检疫要求，适当的除害处理，限制进境口岸与进境后使用地点，采取隔离检疫或者禁止进境等。

拟定风险管理措施应当征求有关部门、行业、企业、专家及 WTO 成员意见，对合理意见应当予以采纳。在完成必要的法律程序后对风险管理措施予以发布,并通报WTO;必要时,通知相关输出国家或者地区官方植物检疫部门。

风险评估是整个PRA工作中最终制定决策的关键。管理措施的备选方案有列入限定的有害生物名单、出口前检疫和检疫证书、规定出口前应达到的要求、隔离检疫如扣留、限制商品进境时间或地点,在入境口岸、检疫站或目的地处理,禁止特定产地一定商品的进境等。最后评价备选方案对降低风险的效率和作用,评价各因子的有效性;实施的效益,对现有法规、检疫政策、商业、社会、环境的影响等。同时决定应采取的检疫措施。

二、有害生物风险分析的方法

有害生物风险分析的方法有定性分析和定量分析两种。

(一)定性和定量PRA

1.定性PRA   以系统分析及建模为手段,以尽可能科学的方法米模拟现实情况,主要采用统计学原理和方法,以抽样研究为基础,用统计学的观点来对风险进行评价。一般采用非概率等数学模型来研究个别或局部的特征及对规律进行分析,其结果用风险高、中、低等类似等级指标来衡量风险大小。

2.定量PRA   是利用数学模型来描述根据时间和空间上的各个风险事件,并根据事件间的关系建立函数,通过模拟来定量描述风险。其结果采用概率值等具体数字来衡量风险大小。

(二)定量PRA的必要性和必然性

评估的结果是行政决策的主要依据,要使决策更科学、合理,使风险管理措施具有一致的保护水平,符合SPS协定的一致性原则,其依据必须是有可比性的规范信息。美国科学管理创始人弗雷得里克·泰勒曾指出,如果不能度量(风险)大小,也就不能进行管理。

1.定量PRA产生的必要性   WTO和SPS协定中明确规定:"各成员应保证任何卫生与植物卫生措施仅在为保护人类、动物或植物的生命或健康所必需的限度内实施,并根据科学原理,如无充分的科学证据则不再维持"。该协定对科学证据充分性的要求是定量分析产生的主要原因。而定性分析的结果往往具有主观性和含混性,其科学性容易受到质疑,尤其是有贸易利益冲突的双方对定性分析的结果常持有异见,进而风险管理措施也存在较大分歧。

2.定量PRA产生的必然性   定量分析的技术和方法早已在医学、管理学、工程学、金融学等领域广泛应用,这些领域中应用的方法有一部分可在定量PRA中借鉴。例如蒙特卡洛模拟,该方法在20世纪40~50年代首先应用于原子弹的威力分析和核污染风险分析,20世纪60年代后应用于其他领域,最近几年则被应用到PRA中。此外,场景分析包括事件树分析、布尔代数、概率逻辑、数据分布等,模糊数学也是很好的定量PRA方法。另外,借助数学和计算机建立模型,通过大规模的模拟运算来预测和计算风险的大小。

（三）定性与定量 PRA 的案例

1. 定性 PRA 的案例——美国对大豆锈菌的风险评估　　大豆锈病对美国农业影响的评估从 1976 年开始，经 20 多年研究，得出在流行学、产量损失、病害抗性和病害模型等方面大豆锈病对美国农业系统的影响的风险评估结果。

第一阶段，USDA-ARS 在马里兰州的隔离温室中，将来自不同国家（主要为东南亚国家）的大豆锈菌接种美国大豆品种上，在模拟东南亚国家气候条件下，观察锈病发病、流行和产量损失情况，并分析美国气候是否适合大豆锈病的发生和流行。与此同时，将美国大豆品种种植在中国的台湾省和泰国进行实地试验，分析大豆锈病的发生、流行和产量损失情况。Kingsolver 等（1983）通过比较美国气候和中国台湾省、东南亚国家气候条件，得出如果大豆锈菌传入美国，将会造成流行的结论。此阶段所得出的这一结论，为定性 PRA。

第二阶段，将实验数据结合历史资料和流行的气候条件，建立了 3 个大豆锈病流行预测模型和大豆生长模型。Yang（1991）比较 3 个大豆锈病流行预测模型在评估大豆锈病流行中的作用，其中病害模拟模型（SOY-RUST）能解释 81% 的病害流行情况。Royer（1991）利用美国气候资料和病菌与植物生理天数模型，通过地理信息系统，预测了大豆锈病在美国宾夕法尼亚州和马里兰州的潜在流行图。Yang 等利用大豆生长模拟模型（SOYGRO），根据对佛罗里达 1976～1987 年间大豆产量模拟计算，结果表明大豆锈病引起的产量损失为 5%～48%，估计对美国经济的潜在损失每年超过 7.2 亿美元。综上得出严禁大豆锈菌的入侵结论。此阶段所得出的这一结论，虽以数字形式给出了风险程度，但从严格意义上仍为定性 PRA。

2. 定量 PRA 的案例——TCK 对中国小麦生产的风险评估　　小麦矮腥黑穗病（*Tilletia controversa*，简称 TCK）是麦类黑穗病中危害最大、最难防治的一种。该病菌的冬孢子和菌瘿可随种子、粮食的调运进行远距离传播，我国尚未发现其危害。中美两国专家针对美国小麦矮腥黑穗病菌疫区小麦输往中国，开展了"中华人民共和国进口美国磨粉小麦携带小麦矮腥黑穗病菌冬孢子风险评估"研究。该 PRA 报告成为中美最终达成《中美农业合作协议》小麦条款的重要基础。

TCK 对中国小麦生产的风险评估，PRA 课题组详细分析了输华小麦中矮腥黑穗病菌冬孢子可能传入中国的各种途径，在充分搜集中国相关资料的基础上，根据植物病理学"病害三角"原理设计了 TCK 定量分析框架。利用场景分析和蒙特卡罗方法对 TCK 进入麦田的可能性进行了计算，并建立地理植病模型模拟其田间发病及定殖情况。

（1）场景分析

对于 TCK 导致的风险，其场景可按顺序分解为进入麦田、侵染发病、产量损失几个部分。

1）TCK 进入麦田　　随输华小麦进入我国的 TCK 冬孢子有多条途径到达麦田，按过程可将事件分解为运输、制粉、饲料运输及禽畜粪便处理。上述过程中，每个事件都会有不同比例的 TCK 冬孢子进入到麦田。

2）TCK 侵染小麦　　TCK 冬孢子萌发后，从尚未拔节的小麦茎基部（分蘖节）进入植株体内并到达生长锥。小麦分蘖节位于土表以下 2 cm 处。因此，土表以下 2 cm

处的环境条件（温度、湿度和光照）是 TCK 萌发、侵染的主要因素。

3) TCK 导致的产量损失　　TCK 是系统性病害，导致小麦全穗发病，其田间发病率一般即为损失率。因此，可用田间发病率来直接估算其产量损失。

（2）实施评估

1) TCK 进入麦田　　因实际情况相当复杂，仅对其中主要环节进行了试验，部分事件使用了专家估计值及一些调查数据。例如，小麦制粉后 TCK 冬孢子的存活和流向是个关键环节，美国科学家对此进行了试验。结论认为面粉中不含 TCK 冬孢子，绝大部分冬孢子存在于下脚料及饲料中。鉴于此，估计 10%～30% 孢子可以被发现并用 $\beta(4，2)$ 分布来拟合制粉后下脚料及饲料中检测到的 TCK 冬孢子机率，其范围为 0.1～0.3，均值为 0.233 33。其他事件也以类似的方法来建立统计模型。完成所有事件的建模后，将其按时空关系组织起来，再用蒙特卡洛方法模拟，即可得出输华小麦中所带 TCK 每年流入中国麦田的总量的概率分布。

2) TCK 侵染导致小麦发病　　a. 环境因素分析及建模：影响 TCK 发病的因素主要是麦田土表 2 cm 的环境，结合 TCK 的萌发侵染生埋试验，利用历史气象观测资料，可建立其地理植病模型。以下简述各因素在模型中的作用。

温度：TCK 冬孢子的萌发需要低温环境，最适温在 3～8℃ 之间，当温度在 -2～12℃ 之外时，冬孢子不能正常萌发。在最适温度下，TCK 冬孢子萌发需要 21～35 d。据此引入 Schrödter 真菌生长公式建立温度与 TCK 冬孢子萌发时间的关系模型。

湿度：适宜 TCK 萌发的土壤相对持水量范围大致在 60%～80% 之间，这一条件与温度条件相结合可评估不同地区的麦田中 TCK 萌发所需的时间。

光照：TCK 冬孢子萌发需要弱光照，这一因素与小麦分蘖节的位置决定了影响 TCK 孢子萌发和侵染的环境位于土表层 2 cm 处，因此，上述的温、湿度参数获取均以此为依据。

小麦生育期：TCK 侵入部位为小麦茎基部，菌丝在侵入小麦植株后必须到达生长点才能随生长点一起上移而导致系统发病。从田间条件来看，只有小麦出苗后到拔节前是小麦被 TCK 侵染的生育期。因此，上述 TCK 萌发模型与小麦生长模型配合才能判定在当时条件下 TCK 是否能成功侵染。

b. 计算机实现：建立上述理论模型后，将我国各气象站点多年的逐日观测数据应用到模型中，用计算机语言实现后，即可结合气象数据库逐站、逐年评估 TCK 在当地的侵染发病情况。对计算结果进行统计分析，评估出不同地点的风险。

c. 风险区划：上述的评估结果是离散点的风险值，如果要进行风险管理，还需要将其进行区域化。运用地理信息系统（GIS）可将离散点数据转为区域数据，并得到最终的风险区划图。

（3）评估结果

1) TCK 孢子量　　输华小麦中 TCK 冬孢子量是问题的本质。美方在 PRA 报告中提出的出口小麦 50 g 样品中冬孢子允许量为 43 000 个（根据试验中发病的最低接种水平来确定允许量的方法）。美方依据最低发病接种量为每平方厘米 8.8 个冬孢子，进而美国农业部（USDA）假定，如果每公顷播种小麦 100 kg，则 50 g 小麦中含有 43 000 个孢子是安全的。2001 年中美两国科学家在美国 Logan 联合试验结果为最低发病接种量为每平方厘米 0.88 个冬孢子，允许量降至每 50 g 小麦样品 4300 个孢子。签订《中美农业合作协议》时，经中美两国协商，其允许量确定为每 50 g 小麦样品 30 000 个冬孢子。

2）TCK 接种阈值　　美方 PRA 报告中提出接种量为每平方厘米 8.8 个冬孢子，经 3 年阈值研究，认为小区面积过小是导致在过去试验中最低发病接种量为每平方厘米 8.8 个冬孢子发病的主要原因之一。2000～2001 年中美双方进一步试验证明了这一推断。试验结果表明，最高接种量每平方厘米 88 448 个冬孢子的发病率高于 95%，最低接种量每平方厘米 0.88 个冬孢子的发病率为 0.21%，比美国前 3 年研究中发病的最低接种量降低了 10 倍。

3）定殖风险　　美方 PRA 报告中认为 TCK 只能在中国积雪地区才能发生，其适生面积占中国冬小麦面积的 3.8%。陈克等（2002）根据 TCK 的萌发、侵染条件，结合气象数据，利用地理信息系统分析了 TCK 在中国定殖的可能性。根据 18 年内出现适合 TCK 发生的年份，结果表明，TCK 不仅在中国积雪地区能发生，而且在中国非积雪的冬小麦地区也能发生，TCK 高、中风险区面积占中国冬麦面积的 19.3%。

三、转基因植物的风险评估

（一）转基因植物

1．转基因植物的概念　　应用重组 DNA 技术，将外源基因导入植物细胞，并在其中整合、表达和传代，从而创造出新的植物称为转基因植物（genetically modified crops, GMC）。

2．转基因植物的现状　　自 1983 年人类第一个转基因烟草在美国诞生以来，已取得了举世瞩目的成就。到 2002 年，全世界已有美国、阿根廷、加拿大、中国等 10 多个国家种植转基因植物。转基因植物种类主要有大豆、玉米、油菜和棉花等，种植面积由 1996 年的 175 万公顷增加到 2002 年的 5 870 万公顷，7 年间增长近 35 倍，以每年 10%～20% 的速度增加。2001 年销售收入达 21 亿～23 亿美元。

（二）转基因植物的安全性

21 世纪生物技术的发展日新月异，转基因植物及其产品迅速渗透到工业、农业、医药、食品等领域，对人类生活已经或正在造成不可忽视的影响，转基因植物的安全性问题在许多国家存在较大争议，其焦点主要在其对环境的影响、生态效应和作为食品的安全性。

（三）转基因植物风险评价的原则

GMC 风险评价的原则主要包括环境安全性和食品安全性两个基本原则。

1．环境安全性　　其核心问题是转基因植物释放到田间后，是否会将所转基因转移到野生植物中，或是否破坏自然生态环境，打破原有生物种群的生态平衡。

基因漂移（基因漂流）（gene flow/dispersal）是指基因通过花粉授精杂交等途径在种群之间的扩散过程。是转基因植物生态风险评估和管理的关键问题。风险并不是来自基因漂移的本身，而是基因转移到其他植物内造成的环境危害及转基因植物自身及其后代对造成的环境危害的潜在后果。这取决于基因种类、基因的表型性和其释放的环境。风险主要是：一方面，大量转基因作物在环境中释放，释放的转基因通过花粉转移到转基因作物野生种或近缘种中，使这些作物（一般为杂草）含有转基因，如抗病等基因而成为超级杂草；一些转基因植物也可自身变为杂草；抗病转基因作物可能对病原物增加选择压力，产生超级病害；转基因进入野生植物的基因库，进而扩散，并随转基因植物不断释放，大量转基因进入基因库，从而影响基因库的遗传结构，对育种和生物多样性造成危害。另一方面，转基因植物是对作物生态系统，乃至自然生态系统的直接影响及对生物多样性的影响，如用于防治害虫和杂草的转基因植物，有可能导致农业生态系统进一步单一化。上述两方面的风险对环境的危害都将是毁灭性的。

通过分析不同作物在特定地区、特定环境中的基因漂移频率，可对不同作物基因漂移的环境风险做出评价。

2. **食品安全性**　　转基因植物作为食品的安全性也是安全性评价的重要方面。欧洲经合组织（OECD）在 1993 年提出了实质等同性原则（substantial equivalence），即转基因植物生产的产品与传统产品具有实质等同性，则可认为是安全的。1996 年，FAO 和 WHO 将转基因植物生产的产品分为三类，即与市场上销售的传统产品有实质等同性；除某些特定差异外，与传统食品有实质等同性；与传统食品没有实质等同性。实质等同性原则主要指表型性状、组成成分和特定差异等方面。

转基因食品和食品成分安全性评价主要包括：转基因植物中的基因修饰导致"新"基因产物的营养学评价、毒理学评价以及过敏效应；由新基因的编码过程造成的现有基因产物水平的改变；基因改变不能导致突变；转基因食品和食品成分摄入后基因转移到胃肠道微生物中引起的后果等。

2002 年，我国卫生部制订了《转基因食品卫生管理办法》，规定转基因食品安全性和营养质量评价采用危险性评价、实质等同和个案处理原则。

（四）转基因植物的风险管理

目前，主要发达国家和一些发展中国家都已制定了各自对转基因生物（包括植物）的管理法规。一些国际组织，如 OECD、FAO、WHO 也积极组织国际协调，试图建立多数国家能够接受的统一标准，但由于分歧、争议，尚未形成统一条文。世界各国目前对转基因植物的风险管理主要有：

1. **宽松型**　　基于转基因生物及其产品与传统产品没有本质区别，故可向各国推广销售。持这种宽松型管理的国家有美国、加拿大（转基因植物的生产大国）等。

2. **严厉型**　　基于首先假定转基因生物及其产品有潜在危险，故应进行严格管理，并对基因工程技术制定新的法规。持这种严厉型管理的国家包括欧盟国家、日本、新加坡、新西兰等国。

我国于 2001 年通过了《农业转基因生物安全管理条例》，使我国对转基因植物的风险管理有章可循，以确保我国人和动物、生态及环境的安全。

第五节　有害生物风险分析的信息来源及其研究工具

信息技术在检疫中的作用日显重要，完善的资料和必要的信息系统是进行有害生物风险分析的基础。有害生物风险分析的信息包括三个方面：一是有害生物及其实际或潜在环境的事实型信息；二是解释其分布、行为、潜在损失的信息分析系统及辅助诊断系统；三是评估其扩散、定殖、经济影响的信息预测系统。有害生物风险分析的研究工具有：有害生物风险评估计算机系统、专家系统、植物检疫问题－诊断检索表等。

一、有害生物风险分析和评估的信息

有害生物风险分析需要大量的信息，包括：①有害生物的名称、寄主范围、地理分布、生物学、传播扩散方式、鉴别特征和检测方法等。②寄主植物、农产品及其地理分布、商业用途及价值的资料。③有害生物与寄主植物的相互作用，即症状、为害、经济影响、防治方法和对自然环境和社会环境的影响等。

有害生物风险评估的信息有：①有害生物分布、寄主植物、天敌、农业生产系统、土壤、环境；②适合其定殖和扩增的气候资料。

对于上述有害生物风险分析的信息和资料的搜集、获取，对进行有害生物风险分析十分必要和重要。我们可从以下途径获得相关信息。

（一）数据库

EPPO 植物检疫 PQ 数据库。该数据库包括了 EPPO 所有 A_1 和 A_2 名单中的有害生物的寄主范围、地理分布及其他详尽的目录。同时，包括每种有害生物在一个国家中发生程度的细节如温室、田间发生情况，传入日期及扑灭情况的信息。EPPO 还和 CABI 合作，为欧盟（EU）编制了植物检疫资料单的数据库，其包含有害生物（包括学名、异名、分类地位、俗名、命名和分类的说明）、寄主、地理分布、生物学、检测和鉴定、传播和扩散的方式、有害生物的重要性（包括经济影响、防治和检疫风险）和植物检疫措施及参考文献。

FAO 的全球检疫信息系统数据库，该数据库不仅提供同上述相似的数据，而且还能提供有关国家和地区植保组织的植物检疫条例摘要、检疫性有害生物名单及处理方法。亚洲太平洋地区的植物检疫中心和培训研究所（PLANTI）的植物信息数据库（PLANTINFO）。APHIS 和 ARS 的国家农业病原信息系统（NAPIS）和世界植物病原数据库（WPPD）。澳大利亚 AQIS 的病虫害信息库亦是检疫中很重要的数据库。CABI（1998）的全球植物保护手册（CPC）和我国检验检疫部门的动植物检验检疫文献题录数据库等。

核酸蛋白序列数据库有欧洲分子生物学实验室核酸序列数据库 EMBI（1988）、基因银行 Genbank（1992）、美国的核糖体数据库 RAP（Ribosomal Database Project，1993）、日本的 DNA 数据库 DDBJ（DNA Data Base of Japan）和基因序列数据库 GSDB 等。

（二）国际信息互联网

国际信息互联网可提供最新的有害生物风险分析所需的大量的信息，其主要网站有：

1. 国内信息　中国农业信息网 http://www.agri.gov.cn，中国植物保护信息网 http://www.ipmchina.cn.net，中国国家质量监督检验检疫总局网页 http://www.aqsiq.gov.cn，北京师范大学、中国检验检疫科学研究院和中国科学院植物研究所合办的"中国生物入侵网"http://www.bioinvasion.org。

2. 国外信息　美国植病学会 http://www.scisoc.org、美国农业部 http://www.usda.org、美国动植物检疫局 http://www.aphis.usda.gov、美国植保协会 http://www.acpa.org、北美植保组织 http://www.pestalert.org、英国植病学会 http://www.bapp.org.uk、英联邦农业生物研究中心（CAB International）http://www.cabi.org、欧洲和地中海植保组织（EPPO/OEPP）http://www.eppo.org、亚太植保协会（APCAP）http://www.apcpa.org、日本农林水产省 http://www.mdf.gov.jp、澳大利亚农林渔部 http://www.affa.gov.au、澳大利亚动植物检疫局（AQIS）http://www.aqis.gov.au、联合国粮农组织（FAO）http://www.fao.org、世界贸易组织（WTO）http://www.wto.org 和国际植物病理学会 http://www.apsnet.org 等。

二、有害生物风险评估的信息

（一）专家系统和专家组

专家系统（expert system）是指模拟人类决策过程的计算机程序。最近几年有大量的专家系统用于有害生物的管理及其他农业问题。有害生物管理的专家系统旨在分析有害生物的暴发，根据田间观察和气候数据，提出实际防治的措施。Sutherst 等（1991）开发了用于 PRA 的第一个专家系统 PESKY。专家组（expert panel）是指对生物系统具有丰富和渊博知识的一组专家。在缺乏必要的调查数据时，估计病虫害对作物造成的损失和进行其他决策往往采用专家组的意见。Teng（1991）提出两种风险评估方法，即非模型方法和模型方法。非模型方法即指专家组的意见，主要根据专家的知识和专业经验。目前大部分在植物检疫上进行的风险影响评估是非模型方法，而模型方法不仅能提供传入的有害生物在不同环境条件下的行为，而且能反映寄主、病原和环境的相互关系。此外，研究植物病虫害流行学的模型及专家系统和数据库均适用于有害生物风险分析。

（二）诊断检索系统

诊断检索系统（diagnostic key system）近年来亦迅速发展，用于病虫害的诊断和鉴定。诊断检索系统往往是分类信息系统的一部分。该系统指导用户通过一系列的问题，将可能种的数目降低，最后达到诊断的目的。

（三）预测信息（predictive information）

有害生物的风险评估可分为时间预测和空间预测。时间预测是指根据现有信息对将来的风险评价；而空间的预测是指根据许多点的信息，对一定区域所作的风险估计。时间和空间预测，在很大程度上取决于是否有地理型的数据库。这类数据库是进行区域性预测的关键，是包含寄主植物、病原、气候、土壤和其他反映生态系统不同属性变量的数据库，每一个变量形成该区域的一个信息层。因为生物和物理的关系往往与生态系统中的大多数变量有关联。因此，如果结合能处理这类数据的工具，如地理信息系统和地理统计学，将大大提高预测的准确性和有效性。

在植物病害的预测模型建立方面，目前最成功的是 Steiner（1990）设计的用于预测梨火疫病的 MARYBLYT™模型。利用每天的最高温度、最低温度、降水和梨、苹果物候期，结合病原菌的潜在日倍增次数的计算方法。预测 4 种不同的梨火疫病症状出现的时间及侵染危险性。目前，加拿大、意大利等国家已将该模型用于田间的调查预测和检疫监测。

（四）地理信息系统

地理信息系统（geographic information system，GIS）指基于计算机的空间数据输入、存储、检索、处理、分析、显示和绘制图表资料的数据库管理系统，是用于制定计划、进行决策和风险分析的工具。在 PRA 中，地理信息系统 GIS 是分析这类数据的有力工具。GIS 有许多类型，但都是计算机化的对地理位置数据进行储存、综合和分析的方法，大多数能处理大量数据。GIS 有不同的软件包，主要有美国的地理资源分析支持系统（GRASS）、加拿大的空间分析地理信息系统（PAMAP、SAPNS 系统）及土壤信息系统（Arc/Info）等。

GIS 于 20 世纪 80 年代开始应用于生物学领域。在有害生物生物学评估方面，Royer 等利用一个基于 GIS 的病害模型，输入相对湿度和气温图，预测马铃薯晚疫病在美国密执安州的潜在发生区。在农业病虫害监测管理方面，可用于评估某种有害生物发生环境的适生条件，监测病虫害发生的空间分布动态，种群密度的分析和发生程度的预测等。GIS 提供了生物与环境空间的数据管理、分析和显示的方法，使之成为研究环境因子如气候、植被和土壤等因子与生物地理分布间关系的有力工具。

本 章 小 结

有害生物风险分析（pest risk analysis，PRA）即"评价生物学或其他科学、经济学证据，确定某种有害生物是否应予以管制以及管制所采取的植物卫生措施力度的过程"。

一种有害生物对农业生产是否有害，其危险性多大？属检疫性有害生物，还是限定的非检疫性有害生物？在国际贸易中是否有必要采取检疫措施以及实施检疫措施的后果等，都应予以分析。

根据 FAO 的定义，有害生物是指任何对植物或植物产品有害的植物、动物或病原体的种、株（品）系或生物型。根据是否需要在国际贸易中进行管制（限定），可将有害生物分为非限定的有害生物和限定的有害生物。

有害生物风险分析其目的是为国家植物保护组织制定检疫法规、确定检疫性有害生物及采取必要检疫措施提供科学依据。开展风险分析应当遵守有关法律法规的规定，程序包括风险分析启动、风险评估和风险管理等三个阶段，类别主要有定性分析和定量分析两种。

转基因植物的安全性的争议焦点主要在其对环境的影响、生态效应和作为食品的安全性。GMC风险评价的原则主要包括环境安全性和食品安全性。目前主要发达国家和一些发展中国家都已制定了各自对转基因生物（包括植物）的管理法规。

思　考　题

1. 何谓有害生物和有害生物风险分析？有害生物风险分析的重要性是什么？
2. 何谓检疫性有害生物与限定的非检疫性有害生物，其区别是什么？
3. 简述转基因植物的风险评估及风险管理。
4. 简述如何开展有害生物风险分析？

第三章 植物病原概述

引起植物病害的病原生物包括真菌、细菌、植原体、螺原体、病毒、类病毒、线虫、寄生性种子植物等。病原生物的形态特性、生物学特性、生态学特性和遗传特性等是对其进行检疫和处理的重要基础。

第一节 植物病原真菌

真菌是最重要的一类植物病原生物，60％以上的植物病害由真菌引起。因而，在检疫性病原中真菌为最多。

一、真菌的一般性状

（一）真菌的营养体及菌组织

真菌是一类具有真正细胞核的、产孢繁殖的、没有叶绿素的生物有机体。多数真菌的营养体为长管状物，称为菌丝。在合适的基质上菌丝分枝形成菌丝体，进而发育成菌落。根据隔膜的有无将菌丝分为有隔菌丝和无隔菌丝。真菌菌丝可潜伏在种苗组织中，并可能远距离传播。

除典型的丝状营养体外，少数真菌（如酵母菌）的营养体为单细胞结构，其外形为球形或椭球形。此外，一些低等真菌的营养体是一团多核的、无细胞壁的原生质，称为原质团，其形状多变。

真菌的组织类型有两种，即拟薄壁组织和疏丝组织。拟薄壁组织的细胞近圆形、排列致密。疏丝组织细胞长条形，排列疏松。由菌组织演化出的真菌结构有菌核、子座、菌索和各种孢子器、子实体等，其中菌核常与植物种子混杂在一起。根据菌核大小、颜色和形状等特征可检验和鉴定一些病原真菌。

（二）真菌的繁殖

真菌的繁殖方式包括无性繁殖和有性繁殖，有些真菌还可能发生准性生殖。真菌繁殖产生的后代可能借植物种苗远距离传播。孢子类型及其形态是检验和鉴定真菌的重要特征。

无性繁殖指不经过核配和减数分裂，而由营养体直接产生后代的繁殖方式。无性繁殖产生的孢子称为无性孢子（asexual spore）。真菌无性孢子形态、产孢细胞形态、孢子囊或孢子器形态是检验和鉴定真菌的重要特征。常见的真菌无性孢子有游动孢子、孢囊孢子、厚垣孢子、分生孢子和芽孢子等（图3-1）。

真菌的有性繁殖是指真菌通过细胞核结合和减数分裂产生后代的生殖方式，产生的孢子称为有性孢子。真菌的有性孢子包括休眠孢子（囊）、卵孢子、接合孢子、子囊孢子和担孢子等（图3-2）。

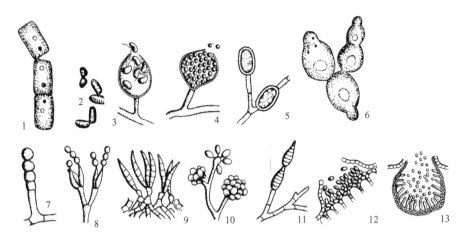

图3-1　真菌无性繁殖及无性孢子

1.节孢子；2.酵母菌裂殖；3.游动孢子囊和游动孢子；4.孢囊孢子；5.厚垣孢子；

6.酵母菌芽殖；7～13.分生孢子

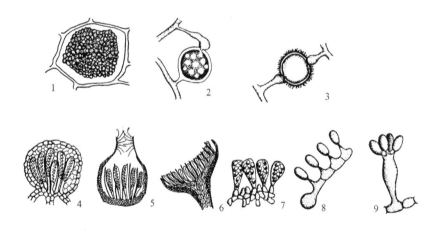

图3-2　真菌有性生殖及有性孢子

1.休眠孢子囊；2.雄器和藏卵器配合产生卵孢子；3.接合孢子；4～7.子囊孢子；

8、9.担孢子

二、真菌分类和检疫性病原真菌主要类群

在植物病理学和真菌学领域，长期采用的真菌分类系统是安斯沃司等人创立的"五个亚门"系统。这5个亚门是：鞭毛菌亚门、接合菌亚门、子囊菌亚门、担子菌亚门和半知菌亚门。其中，鞭毛菌亚门真菌包括根肿菌纲、壶菌纲、丝壶菌纲和卵菌纲。现在的真菌分类倾向于将根肿菌归于原生动物界（Protozoa），将卵菌归于假菌界（Chromista）。而真菌界（Fungi）仅包括壶菌、接合菌、子囊菌、担子菌和半知菌等类群（表3-1）。

表 3-1　植物病原真菌在新老分类系统中的位置及各类群特征

界	门	营养体	有性孢子	无性孢子	对应于安斯沃司系统中的类群
色藻界 Chromista	卵菌门 Oomycota	无隔菌丝	卵孢子	游动孢子 （1 根尾鞭，1 根茸鞭）	卵菌纲－鞭毛菌亚门
真菌界 Fungi	子囊菌门 Ascomycota	有隔菌丝	子囊孢子	分生孢子	子囊菌亚门
	担子菌门 Basidiomycota	有隔菌丝	担孢子	分生孢子 （少见）	担子菌亚门
	无性态真菌类 Anamorphic fungi	有隔菌丝	没有或不常见	分生孢子	半知菌亚门
	壶菌门 Chytridimycota	简单细胞或膨大细胞以丝状物相连	休眠孢子	游动孢子 （1 根尾鞭）	壶菌纲－鞭毛菌亚门
	接合菌门 Zygomycota	无隔菌丝	接合孢子	孢囊孢子	接合菌亚门
原生动物界 Protozoa	根肿菌门 Plasmodiophoro-mycota	原质团	休眠孢子	游动孢子 （2 根尾鞭长短不一）	根肿菌纲－鞭毛菌亚门

注：新的界、门分类系统引自 *Ainsworth & Bisby's Dictionary of Fungi*（2001）

种是最基本的分类单元。对真菌而言，形态特征、有性生殖特征和系统发育特征是建立种的基础。真菌种的命名采用拉丁文"双名制"命名法，由属名（首字母大写）和种名（首字母小写）组成。种名还需加上命名人的名字。在文字中，真菌的拉丁学名用斜体或加下划线，以与一般文字区分。例如，马铃薯癌肿病菌的学名是：*Synchytrium endobioticum*（Schilb.）Perc.。有些真菌还有两个学名，一个是有性阶段学名，另一个是无性阶段学名。例如栎枯萎病菌的有性阶段属于子囊菌，学名是 *Ceratocystis fagacearum*（Bretz）Hunt，其无性阶段学名为 *Chalara quercina* Hery。对于植物病原真菌而言，在种以下依据致病性特征还建立了一些种下分类单元。例如变种（variety，var.）、专化型（forma specialis，f. sp.）和生理小种（physiological race）。不同变种、专化型和生理小种在形态上相似，但在寄主范围或致病力方面存在明显差异。变种或专化型的命名是在种名后加上 var. 或 f. sp.（书写时用正体），后接变种或专化型名称（书写时用斜体）。如向日葵白锈菌的名称为 *Albugo tragopogi* var. *helianthi* Novotelnova。再如尖镰刀孢菌（*Fusarium oxysporum*）存在许多专化型，草莓枯萎病菌的名称为 *F. oxysporum* f. sp. *fragariae* Winks & Williams。

三、检疫性病原真菌类群

（一）根肿菌门

营养体为原质团，专性生活在寄主细胞内。原生质体割裂形成大量散生或堆积在一起的薄壁孢子囊和厚壁孢子囊。前者产生多个游动孢子，后者则是有性繁殖的产物，仅释放 1 个游动孢子。根肿菌属（*Plasmidiophora*）和粉痂菌属（*Spongospora*）是重要的植物病原菌，前者引起植物根肿病，后者引起马铃薯粉痂病。

（二）卵菌门

营养体为发达的无隔菌丝体，细胞壁含纤维素，细胞核为二倍体。有性繁殖产生卵孢子，无性繁殖产生孢子囊及游动孢子。在卵菌中，与植物病害关系密切的是霜霉目。孢子囊及孢囊梗形态、卵孢子形态是识别不同属的重要依据。腐霉属（*Pythium*）、疫霉属（*Phytophthora*）、指疫霉属（*Sclerophthora*）、霜霉属（*Peronospora*）、指霜霉属（*Peronosclerospora*）和白锈属（*Albugo*）中的一些种被列为检疫对象。

（三）壶菌门

壶菌的营养体从单细胞到发达的无隔菌丝体。无性繁殖产生孢子囊和游动孢子。游动孢子后端有 1 根尾鞭式鞭毛。有性繁殖通过两个游动孢子（配子）配合，产生休眠孢子囊。少数壶菌通过游动孢子与藏卵器配合，产生卵孢子。检疫对象有内生集壶菌（*Synchytrium endobioticum*），引起马铃薯癌肿病。

（四）接合菌门

接合菌大多数营腐生生活，少数为植物的弱寄生菌，引起植物果实或储藏器官腐烂。营养体为发达的无隔菌丝体。无性繁殖产生孢子囊和孢囊孢子。有性繁殖产生接合孢子。常见属有根霉（*Rhizopus*）、毛霉（*Mucor*）、犁头霉（*Absidia*）。这些真菌可污染植物种苗。对植物种苗进行保湿培养时可见其茂盛生长和产孢。

（五）子囊菌门

子囊菌的营养体多为发达的有隔菌丝体。菌丝体可形成菌核、子座和子囊果等结构。少数为单细胞（如酵母菌）。无性繁殖发达，产生分生孢子、厚垣孢子、粉孢子和芽孢子。有性繁殖产生子囊和子囊孢子。子囊菌产生的子囊果包括闭囊壳、子囊壳、子囊腔和子囊盘。但有些子囊菌却不形成子囊果。子囊果的有无及其形态、子囊及子囊孢子形态是子囊菌分类的重要依据。

子囊裸露的子囊菌有外囊菌属（*Taphrina*），代表种是畸形外囊菌（*T. deformans*），引起桃树缩叶病。该菌在病叶表面整齐地着生一层子囊。

第一类子囊果为闭囊壳。白粉菌产生这种子囊果。白粉菌属专性寄生菌，引起植物白粉病。其无性阶段产生粉孢子，有性阶段的子囊着生在球形闭囊壳内。闭囊壳表面着生附属丝，这是白粉菌分属的重要依据。白粉病发生普遍，未被列为检疫对象。

第二类子囊果为子囊壳。子囊壳具孔口，并着生缘丝，子囊有圆形、棍棒形、纺锤形或圆柱形；子囊孢子单细胞或多细胞，无色或有色；一般具发达的无性阶段。长喙壳属（*Ceratocystis*）、隐球丛赤壳属（*Cryphonectria*）、蛇口菌属（*Ophiostoma*）、间座壳属（*Diaporthe*）、麦角菌属（*Claviceps*）和丛赤壳属（*Nectria*）中的一些种被列为检疫对象。

第三类子囊果为子囊腔。单个子囊散生在子座组织中，或者许多子囊成束或成排着生在子座内的子囊腔中。子囊腔顶部的细胞组织消解而形成圆形的孔。子囊孢子有隔膜，双细胞或多细胞，有的甚至还形成具纵隔的砖隔胞。球腔菌属（*Mycosphaerella*）、小球腔菌属（*Leptosphaeria*）和小双胞腔菌属（*Didymella*）的一些种属于检疫对象。

第四类子囊果为子囊盘。子囊棍棒形，之间具侧丝，子囊和侧丝整齐排列成子实层。链核盘菌（*Monilinia*）中的果生链核盘菌（*M. fructicola*）属检疫对象，该菌引起核果类褐腐病。

（六）担子菌门

担子菌门真菌的共同特征是产生担孢子。营养体菌丝有明显的双核阶段和锁状联合现象。担子菌中的锈菌和黑粉菌是重要的植物病原菌。

锈菌属专性寄生菌，引起植物锈病。锈菌生活史复杂，有些种类存在转主寄生现象。在植物上产生多种类型的孢子，如性孢子、锈孢子、夏孢子、冬孢子和担孢子。柄锈菌属（*Puccinia*）、单胞锈菌属（*Uromyces*）、栅锈菌属（*Melampsora*）和柱锈菌属（*Cronaritium*）的一些种被列为检疫对象。

黑粉菌目引起植物黑粉病。这类真菌产生冬孢子（也称厚垣孢子），粉状或呈胶合状孢子堆。腥黑粉菌属（*Tilletia*）、条黑粉菌属（*Urocystis*）和黑楔孢黑粉菌属（*Thecaphora*）的一些种被列为检疫对象。具体种类有：雀麦腥黑粉病菌（*Tilletia bromi*）、小麦印度腥黑粉菌（*T. indica*）、小麦矮腥黑粉菌（*T. contraversa*）、葱类黑粉病菌（*Urocystis cepulae*）、马铃薯黑粉病菌（*Thecaphora solani*）。

（七）无性态真菌类群

这类真菌也称为半知菌或不完全真菌，其有性态不存在或不常见。已发现的半知菌有性态多为子囊菌，少数为担子菌。半知菌无性态的特征如分生孢子、分生孢子梗、分生孢子座、分生孢子束、分生孢子器和分生孢子盘的形态是半知菌分类和鉴定的重要依据。引起植物病害的半知菌种类很多。轮枝菌属（*Verticillium*）、镰刀菌属（*Fusarium*）、瘤梗孢属（*Phymatotrichopsis*）、头孢霉属（*Cephalosporum*）、长蠕孢属（*Helminthospoium*）、德氏霉属（*Drechslera*）、链格孢属（*Alternaria*）、刺盘孢属（*Colletotrichum*）、茎点霉属（*Phoma*）、拟茎点霉属（*Phomopsis*）的一些种被列为检疫对象。

四、真菌的鉴定方法

真菌的分类和鉴定以形态鉴定为主，辅以生理、生化、遗传、生态、超微结构和分子生物学等多方面的特征。

在形态方面，主要观察营养体、无性繁殖和有性繁殖特征。在植物检疫的过程中，常常从待检对象中取样，观察其中的真菌菌核和孢子形态。对纯培养物，可观察菌丝形态。要注意使用稳定的形态进行鉴定。在生理生化鉴定方面，常采用可溶性蛋白和同工酶电泳分析和血清学分析等。这对于区分属、种或种下单元往往有效。在生态性状方面，往往要考察寄主种类、发生的地域等。对纯培养物，需测定温度、湿度、光照等生态因子对孢子或菌核萌发及菌丝生长的影响。在分子特征方面，利用分子生物学方法如脉冲场电泳技术、核酸杂交技术、DNA扩增、序列测定及比较分析等。近年来，随着生物信息学的发展，许多病原真菌的特定基因序列（如核糖体转录间隔区序列）被测定出来，并收集储存在大型的公用数据库中，便于进行比对和分析。这种鉴定方法具有快速、准确的特点。

第二节 植物病原原核生物

原核生物（procaryote）是指具有原核结构的单细胞生物。原核生物包括真细菌和古细菌，其中真细菌中的一些类群引起植物病害。真细菌包括细菌、放线菌、植原体和螺原体。一些原核生物被我国列为检疫对象。

一、植物病原原核生物的一般性状

真细菌的基本形态有球状、杆状、螺旋状。植物病原细菌多为杆状，大小为 1.5 μm ×（13～14）μm，有些杆菌一端较粗，另一端较细，呈棒状。

细菌的基本结构包括细胞壁、细胞膜、细胞质、核区和质粒。细胞壁外有荚膜或黏质层，它与细菌的存活有关。采用革兰氏染色方法将细菌分成革兰氏阳性细菌和革兰氏阴性细菌。它们在细胞壁构成、厚度和生理特性等方面存在明显差异，是细菌分类和鉴定的重要依据。

细菌一般具有鞭毛。鞭毛数目和着生位置等特征在细菌属的分类上具有重要意义。着生在菌体的一端或两端的鞭毛称为极鞭，而着生在菌体侧面或四周的鞭毛称为周鞭。

细菌以分裂的方式进行繁殖，形成菌落。不同种类细菌的菌落形状、大小、光泽、颜色、硬度、透明程度和表面结构不同。在鉴定细菌时具有一定的意义。

放线菌营养体为丝状，较真菌菌丝细，没有隔膜。气生菌丝后期转变成各种形状的孢子丝，其上着生的孢子也称外生孢子。

植原体和螺原体是没有细胞壁结构的生物。其最外层是单位膜。植原体在寄主细胞内为球形或椭圆形，繁殖期为丝状或哑铃形菌体。植原体不能培养。螺原体菌体形态多变，在某一阶段为丝状或螺旋状。螺原体在特殊培养基上可以生长，形成微菌落。

二、原核生物的分类和检疫性原核生物类群

（一）原核生物分类依据

原核生物的分类依据包括：①菌体形态特征和培养性状：包括菌体形态、芽孢或外生孢子形态、鞭毛着生位置；②生理生化性状：包括细胞壁成分、营养利用特性、革兰氏染色反应、对氧气的需求等；③遗传性状：包括核酸的（G＋C）摩尔分数及 rRNA 基因序列分析等。

植物病原细菌属于细菌界中的普罗特斯门、放线菌门和厚壁菌门。普罗特斯门细菌细胞壁主要由脂多糖组成，肽聚糖含量较少，因而革兰氏染色为阴性。放线菌门细菌细胞壁中肽聚糖含量高，革兰氏染色反应阳性。厚壁菌门中的病原生物包括植原体（*Phytoplasma*）和螺原体（*Spiroplasma*）。已经描述的引起植物病害的原核生物有 28 个属，其中一些属如植原体属和韧皮部杆菌属（*Liberibacter*）为备选属。

上述依据也可用于植物病原原核生物种的划分。种是以模式菌株为基础，连同一些

具有相同性状的菌系群共同组成的群体。原核生物种的命名仍然采用拉丁双名法。在种以下，依据寄主范围、生理生化性状、血清学反应、噬菌体反应等特性进一步划分为亚种（subsp.）、致病变种（pathovar. 或 pv.）、生化变种（biovar.）、血清学变种（serovar.）和噬菌体变种（phagovar.）等。

（二）检疫性植物病原原核生物类群

1. 革兰氏阴性细菌　　多数植物病原细菌的革兰氏染色反应为阴性，包括土壤杆菌属（*Agrobacterium*）、布克氏菌属（*Burkholderia*）、欧文氏菌属（*Erwinia*）、假单胞菌属（*Pseudomonas*）、劳尔氏菌属（*Ralstonia*）、噬酸菌属（*Acidovora*）、黄单胞菌属（*Xanthomonas*）、木质部小杆菌属（*Xylella*）和韧皮部杆菌属（*Liberobacter*）。其中噬酸菌属、布克氏菌属和劳尔氏菌属是从以前的假单胞菌属中分出来的。对这些属的主要性状比较见表 3-2。

表 3-2　革兰氏阴性细菌主要属的特性比较

属名	菌落颜色	扩散色素	菌体形态/μm	鞭毛	O_2需求	代谢类型	病害症状	G+C摩尔分数
土壤杆菌属	灰白灰黄	无色-褐色	杆状 (0.6~1)×(1.5~3)	1~4 周生	好气	呼吸型	畸形	59~63
布克氏菌属	灰白	无色	杆状 (0.5~1)×(1.5~5)	1~4 极生	好气	呼吸型	腐烂/坏死	58~65
欧文氏菌属	灰白灰黄	无色	杆状 (0.6~1)×(1~13)	1~4 周生	兼性	呼吸/发酵型	腐烂/萎蔫	50~58
假单胞菌属	灰白	无色或有荧光	杆状 (0.5~1)×(1.5~5)	>4 周生	好气	呼吸型	坏死	58~70
劳尔氏菌属	灰白	褐色	杆状 (0.5~1)×(1.5~5)	1~4 极生	好气	呼吸型	萎蔫	64~68
黄单胞菌属	黄色	无色	杆状 (0.4~0.6)×(1~2.9)	1 极生	好气	呼吸型	坏死	63~70
木质部小杆菌属	黄色	无色	杆状 (0.25~0.35)×(0.9~3.5)	无	兼性	呼吸型	叶枯	50~53
韧皮部杆菌属	—	—	杆状	无	—	—	黄化/枯萎	—

注：韧皮部杆菌属不能培养，多数性状无法测定，故用"－"标注。

2. 革兰氏阳性细菌　　少数植物病原细菌的革兰氏染色反应为阳性，包括棒形杆菌属（*Clavibacter* = *Corynebacterium*）、链霉菌属（*Streptomyces*）、节杆菌属（*Arthrobacter*）、短杆菌属（*Curtobacterium*）、红球菌属（*Rhodococcus*）和芽孢杆菌属（*Bacillus*）。这些属的特性比较见表 3-3。

3. 植原体属和螺原体属　　与植物病害有关的软壁菌门病原原核生物有植原体属（*Phytoplasma*）和螺原体属（*Spiroplasma*）。由植原体引起的植物病害很多，如我国列为对外检疫性有害生物的椰子致死黄化植原体（cocconut lethal yellowing phytoplasma），以及其他限定性的植原体，苹果蕨叶植原体（*apple proliferation phytoplasma*）、杏褪

表 3-3　革兰氏阳性细菌主要属的特性比较

属名	菌落颜色	菌体形态/μm	孢子	鞭毛	O_2需求	代谢类型	病害症状	$G+C$摩尔分数
棒形杆菌属	灰白	棒形或不规则(0.4~0.75)×(0.8~2.5)	无	无	好气	呼吸型	腐烂/萎蔫	67~78
节杆菌属	黄色	球状至杆状球状直径0.6~1	无	无	好气	呼吸型	坏死	59~66
短小杆菌属	橘黄色	短杆状(0.4~0.6)×(0.6~3)	无	数根侧生	兼性	呼吸型	畸形/萎蔫	68.3~75.2
红球菌属	淡黄至橘红色	球状	无	无	好气	呼吸型	畸形	60~69
芽孢杆菌属	灰白	杆状(0.5~2.5)×(1.2~10)	内生芽孢	多根周生	好气	呼吸或发酵型	坏死	32~39
链霉菌属	灰白	无隔纤细菌丝直径0.4~1.0	外生分生孢子	无	好气	呼吸型	坏死	69~73

绿卷叶植原体（apricot chlorotic leafroll phytoplasma）、蓝莓矮化植原体（blueberry stunt phytoplasma）、榆树韧皮部坏死植原体（elm phloem necrosis phytoplasma）、葡萄金黄化植原体（grapevine flavescence doree phytoplasma）、玉米丛矮植原体（maize bushy stunt phytoplasma）、桃 X 病植原体（peach X disease phytoplasma）、梨衰退植原体（*pear dedine phytoplasma*）、马铃薯丛枝植原体（potato witches'-broom phytoplasma）等。柑橘顽固病菌（*Spiroplasma citri*）是限定性螺原体。

三、植物病原细菌的鉴定方法

鉴定细菌时首先要分离纯化细菌，获得纯培养物，再进行鉴定。

（1）观察个体形态和群体性状。个体形态指菌体形状、排列、大小、鞭毛着生情况、内生孢子产生情况、是否产生荚膜等。由于细菌个体较小，一般采用染色法观察其个体特征。针对鞭毛、芽孢和荚膜，分别有对应的特殊染色方法。群体形态指用固体、半固体和液体培养基培养的菌落形态。

（2）生理生化试验。包括革兰氏染色反应，碳源、氮源的利用情况。从利用碳源和氮源试验中可检测到细菌产生的特殊物质如 CO_2、H_2S、吲哚、酸类、碱类等。

（3）血清学试验。采用特殊的抗体与细菌的成分进行反应，从反应结果（沉淀、凝聚或颜色反应）判断待鉴定细菌的属性。近年来发展起来的单克隆抗体技术使检测结果更加灵敏和准确。

（4）对噬菌体敏感性试验。根据噬菌体专性寄生细菌这一原理，利用已知细菌的噬菌体可鉴定未知细菌种类。这一技术在水稻白叶枯病菌和柑橘溃疡病菌的检验中应用得较成功。

（5）DNA 的（G+C）摩尔分数的测定。细菌 DNA 中含有 4 中不同的碱基，即 A、T、G、C。它们在各种细菌种类中的含量和排列位置是较稳定的，一般不受外界环境因素的影响。故可以用（G+C）占四种碱基的摩尔分数来区分不同属的细菌。

（6）16S rRNA 同源性分析。核糖体 RNA 分子具有高度的保守性。在所有的细胞生物中均存在。第一，功能保守，均参与蛋白质合成；第二，碱基组成保守；第三，结构保守，rRNA 的一级结构和高级结构相似。16S rRNA 序列分析已成为原核生物快速鉴定的常规方法。首先采用通用引物扩增出 16S rRNA 基因（rDNA），再采用 DNA 测序的方法测定其序列。通过比较不同细菌菌株的 16S rRNA 序列，即可对未知细菌菌株的属性作出判断。

第三节　植物病毒和类病毒

植物病毒和类病毒是一类很重要的病原，常给农业生产带来巨大损失。在已知的 970 多种植物病毒中，260 种能通过植物种子传播，大部分能通过苗木传播。在植物检疫工作中尤为重要。

一、植物病毒的基本特性

植物病毒是一类超显微无细胞结构、具专性活细胞寄生的、由蛋白质和一种核酸（DNA 或 RNA）组成的分子生物。植物类病毒（viroid）没有蛋白质外壳包被，含有高度配对碱基的单链环状小分子 RNA。

（一）植物病毒的形态、结构和组成

构成植物病毒的基本结构称为病毒粒体（virion）。成熟的病毒粒体具有稳定的形态结构。植物病毒的基本形态可分为球状和杆状两大类。杆状形态又可细分为短杆状、弹状、杆菌状和线状。植物双生病毒是由两个不完整的球形粒体联结而成的二联体结构。一般构成植物病毒的基因组分布在一条核酸链上。这种病毒粒体大小一致，少数植物病毒的核酸存在着不同的片段，分别包被在不同的病毒粒体中，称为多分体现象。具分体现象的病毒称为多分体病毒，多分体病毒的粒体大小不同。

植物病毒的主要成分是蛋白质外壳和核酸分子，少数植物病毒含有糖蛋白和脂类构成的囊膜。病毒外壳蛋白和核酸的比例因病毒不同差异较大，外壳蛋白含量变化幅度为 60％～95％，核酸含量的变化幅度为 5％～40％。

（二）植物病毒的增殖

植物病毒没有细胞结构。由亲代病毒粒体到子代病毒粒体涉及核酸复制、外壳蛋白表达和这两种成分组装等步骤。这种特殊的繁殖方式称为复制增殖。从病毒粒体进入寄主细胞到新的子代病毒粒体形成的过程即为一个增殖过程。例如正单链 RNA 病毒的增殖过程包括：

①病毒粒体以被动方式通过微伤进入细胞，蛋白外壳与核酸分离，即脱壳。②病毒核酸复制和表达。复制是在病毒复制酶的作用下，以病毒核酸为模板，按照碱基配对的原理合成新的核酸分子。表达则是根据病毒 RNA 的信息合成蛋白质。③核酸分子和外壳蛋白组装成病毒粒体。新合成的病毒粒体不断增殖，并通过胞间连丝进行扩散转移。

二、植物病毒的分类和命名

植物病毒的分类强调稳定性、实用性、认可性和灵活性。分类依据是：①病毒形

态：如大小、形状、囊膜和囊膜突起的有无，外壳蛋白结构及其对称性。②病毒生理生化和理化性质：如相对分子质量，沉降系数，浮力密度，病毒离子在不同 pH 值、温度、Mg^{2+}、Mn^{2+}、变性剂、辐射中的稳定性。③病毒基因组：如基因组大小、核酸类型、单双链、线状或环状、正负链，G+C 所占的比例、核苷酸序列。④病毒蛋白：如结构蛋白和非结构蛋白的数量、大小及功能和活性、氨基酸序列。⑤病毒脂类含量和特性。⑥病毒中的碳水化合物含量和特性。⑦病毒基因组组成和复制。⑧病毒抗原特性：病毒血清学性质与其抗原的关系。⑨病毒的生物学特性：如病毒的寄主范围、传播与媒介的关系、地理分布、致病机理、组织专化性、病理学特点等。

植物病毒的分类单元包括目、科、属、种等。种下根据寄主范围、所致病害症状和血清学关系又可进一步划分株系（strain）。侵染植物的病毒分为 15 科 73 属。其中 RNA 病毒 13 科 62 属 834 种，DNA 病毒 2 科 11 属 105 种。

植物病毒属名为专用国际名称，常由典型种的寄主名称（英文或拉丁文）缩写＋主要特点描述（英文或拉丁文）缩写加 virus 拼组而成。如烟草（Toba-）花叶（mo-）病毒（virus）属为 *Tobamovirus*。凡经国际病毒分类委员会批准的科、属、种名要用斜体书写，暂定种或属名或未定的病毒名称暂用正体。病毒种的标准名称用寄主英文俗名＋症状英文名称＋virus。如烟草花叶病毒 *Tobacco mosaic virus*，缩写为 TMV。类病毒在命名时遵循的原则与病毒相似，规定类病毒的缩写为 Vd，如马铃薯纺锤块茎类病毒（*Potato spindle tuber viroid*）缩写为 PSTVd。

三、植物病毒的鉴定

（一）从病害症状入手进行病原鉴定

病毒病与其他病原生物引起的病害的主要区别是：病毒病害症状往往表现为花叶、黄化、矮缩、丛生等，少数出现环斑、耳突、斑驳、蚀纹等，病部没有病症。系统侵染的病毒病症状在幼嫩植物组织或器官上一般较重。

（二）室内鉴定

室内鉴定常用的方法由鉴别寄主、传染试验、电子显微镜观察、血清学检验和分子生物学检验等。

鉴别寄主是用来鉴别植物病毒或其株系的具有特定反应的植物。在鉴别寄主上特定的病毒产生特征性反应。这种方法简单易行。反应灵敏，但工作量大，而且需要较大的温室种植植物。

植物病毒的传染方法主要有汁液传染、介体生物传染、种子和花粉传染等。研究工作中最常用的传染方法是机械摩擦接种法。介体生物传染需要调查可能的介体种类，进而操作介体（如饲养介体昆虫、带毒和传毒）。种传病毒需经过严格的播种栽培试验验证。

借助电子显微镜可直接观察病毒粒体的形态。以提纯的病毒粒体和罹病组织制样均可观察到病毒粒体形态。

血清学检测是利用病毒外壳蛋白作为抗原，制备特异性抗血清，依据抗原和抗体之间的特异性反应，即可对未知病毒进行鉴定。

分子生物学鉴定是在核酸水平上对病毒进行鉴定。常用的方法有核酸杂交法、聚合酶链式反应法（PCR）和克隆测序法。分子生物学技术具有快速、灵敏的特点，在病毒鉴定中已普遍采用。

此外，为了更好地在体外操作植物病毒，还需要明确病毒的一些基本物理化学属性，如稀释限点、钝化温度、体外存活期、沉降系数和相对分子质量等。

第四节　植物寄生线虫

寄生植物的线虫称为植物寄生线虫，简称植物线虫。植物线虫的种类，估计约占线虫种类总数的十分之一。至 1990 年的统计资料显示，世界上已报道记载的植物线虫 207 属，共 4832 种。大多数植物线虫以土壤为媒界，从植物根部侵染，也有部分线虫危害植物的地上部分。植物线虫侵染植物后，引起植物产生一系列的生理病变、组织病变、形态异常，影响生长发育，导致产量和品质下降。据估计，全世界因线虫危害造成的农作物损失在 10% 以上。因此，植物线虫是一类重要的植物病原物。

一、线虫的形态结构

（一）一般形态

线虫体形呈细长的圆筒形，两端略尖，头部较平坦，尾部较尖锐，两侧对称，无节、无色。大多数种类雌雄同形均呈线状，少数种类雌雄异形，雄虫呈线状，而雌虫成熟后变成柠檬形、肾形、洋梨形或球形。线虫的卵通常为椭圆形或梭形，表面具有纹饰或附属物。植物线虫虫体很小，一般长度不超过 1~2 mm，宽度为 30~60 μm。绝大多数用肉眼看不见或很难看清楚。

（二）线虫的体壁

线虫虫体由体壁包围而成。体壁最外层是角质层，中间是下皮层，最内层是肌肉层。

角质层由下皮层细胞分泌而成，并由外表延伸形成口腔、阴道和消化道等的内壁。体表有各种纹饰，主要是横向环纹，体表环纹的粗细、数目是分类鉴定的依据之一。虫体两侧，有纵向的侧线，侧线的数目、与横纹交叉与否也是常用的分类依据。下皮层是一层界限不清的合包体或多核体细胞组织，是线虫储存营养物质的地方，新陈代谢也很旺盛。肌肉层为线虫的取食、交配和运动等提供动力。

（三）线虫的内部结构

线虫有原始的体腔，里面充满体腔液，体腔液有类似血液的功能。在体腔内有消化系统、神经系统、生殖系统和排泄系统。

线虫的消化系统自口腔前端开始，经口针、食道、肠、直肠等到达肛门。植物线虫的口腔是简单的孔口。口针是取食的工具，由锥部、杆部和基部球三部分组成。食道是口的后部到贲门这段结构。食道一般由食道体部、中食道球、峡部和后食道球（食道腺）4部分组成。食道体部位于食道的前端呈圆筒形或细管状，连接口腔和中食道球。中食道球位于食道中部，呈球状，有肌肉相连，可以扩张和收缩，像吸筒一样把食物吸入并输送到肠。峡部是一细管连接中食道球和后食道球。植物线虫的后食道球是由3个腺细胞组成的食道腺。肠、直肠呈管状，肛门开口于体部腹面末端。

线虫的食道形态变异很大，大体可分为圆柱型、小杆型、双胃型、垫刃型、滑刃型和矛线型6种，是重要的分类鉴定依据。圆柱型食道呈均一的圆柱状直管，捕食类线虫具有这种类型的食道。小杆型食道前部为宽柱状，后部变宽，中食道球没有内壁和瓣膜，为膨大或不膨大的腔。双胃型食道体部呈筒状，由肌肉组织构成，后食道球膨大呈卵状。垫刃型食道体部为细管状，中食道球肌肉发达，峡部细，背食道腺开口于口针基部球附近。滑刃型食道与垫刃型食道类似，但中食道球相对较大且背食道腺管开口于中食道球腔内。矛线型食道呈瓶状，其前部较细而薄，后部膨大呈瓶状。

线虫的雌性生殖系统由卵巢、输卵管、受精囊、子宫和阴道组成。阴道的开口叫阴门，阴门的位置是分类特征之一。雄性生殖系统由精巢、储精囊、输精管、射精囊和次生生殖器官组成，次生生殖器官包括泄殖腔、交合刺、引带和抱片等，这些器官的有无和位置在分类上有很大价值。

线虫的排泄系统十分简单仅由几个腺细胞组成，其体表的开口称为泄殖孔。神经系统由感觉器官和神经元组成，围绕食道峡部的神经环是线虫的中心神经。线虫头部有头感器，尾部有侧尾腺。它们是线虫高级阶元分类的依据。

二、植物检疫线虫的类群

线虫种类繁多，据估计全世界约有50万种，以前的分类系统将线虫列为线形动物门线虫纲。近年来人们普遍接受将线虫作为动物界的一个门，即线虫门，下设侧尾腺纲和无侧尾腺纲。植物线虫主要属于垫刃目、滑刃目和矛线目3个目。主要属的形态特征见图3-3。

（一）垫刃目

食道垫刃形，中食道球不到该部位体宽的3/4，雌虫具有卵巢1~2个。雄虫除根结线虫外，有一个精巢，多数有肛区交合伞，一般都有引带。

1.粒线虫属（*Anguina* Scopoli, 1773） 虫体较大，体长一般大于1 mm，向腹面弯曲，后食道腺膨大，与峡部之间明显缢缩。雌虫肥胖，卵巢转折，卵母细胞多行排列。雄虫细长，精巢通常转折，交合伞长，几乎到达尾端。粒线虫危害植物的地上部分形成虫瘿。

2.茎线虫属（*Ditylenchus* Filipjev, 1934） 体长多数为0.6~1.5 mm，不弯成螺旋，侧线4~6条，口针细小，7~11μm，后食道腺与峡部之间不缢缩。雌虫为单卵巢，前伸。雄虫精巢不转折，交合伞延伸到尾长的1/4~3/4处。寄主不形成虫瘿。

3.短体线虫属（*Pratylenchus* Filipjev, 1936） 虫体较小，体长为0.3~0.8 mm。虫体圆柱形，头扁平，头架骨化显著。口针粗短，基部球发达。雌虫卵巢前伸，具有后阴子宫囊。雄虫交合伞延伸到尾端，引带不伸出泄殖腔。尾长通常为肛门处体宽

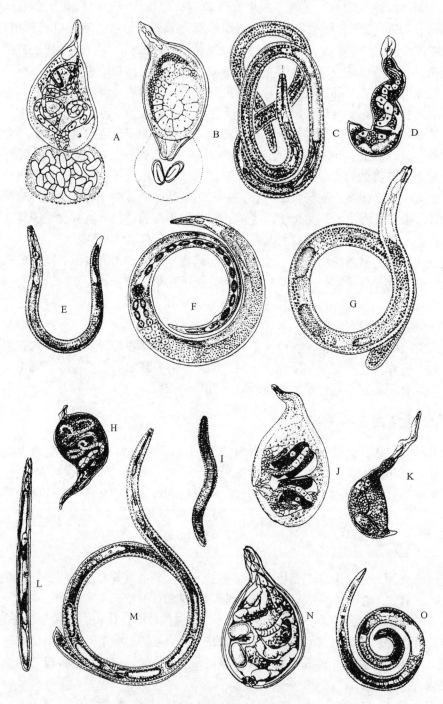

图 3-3　重要植物寄生线虫的形态

A. 根结线虫（*Meloidogyne*）；B. 胞囊线虫属（*Heterodera*）；C. 刺线虫属（*Belonlaimus*）；D. 肾形线虫属（*Rotylenchus*）；E. 短体线虫属（*Paratylenchus*）；F. 粒线虫属（*Anguina*）；G. 细带线虫属（*Hoplolaimus*）；H. 珍珠线虫属（*Nacobbus*）；I. 小环线虫属（*Criconemella*）；J. 密皮胞囊线虫属（*Meloidodera*）；K. 半穿刺线虫属（*Tylenchulus*）；L. 拟毛刺线虫属（*Paratrichodorus*）；M. 剑线虫属（*Xiphinema*）；N. 球胞囊线虫属（*Globodera*）；O. 螺旋线虫属（*Helicotylenchus*）

的 2～3 倍。

4. 穿孔线虫属（*Radopholus* Thorne, 1949）　虫体通常短于 1 mm，头架骨化显著，头部略有突出，尾部呈圆锥形，端部呈不规则钝圆，侧区有 3～6 条侧线。食道腺呈叶状，从背部覆盖肠。雌虫双卵巢，阴门位于虫体中部。雄虫口针和食道退化，交合伞延伸接近尾端。

5. 胞囊线虫属（*Heterodera* Schmidt, 1871）　成熟雌虫呈柠檬型或梨形，死亡后表皮变成褐色，阴门位于尾端的锥体上，双卵巢。雄虫蠕虫形，尾部很短，钝圆，没有交合伞。

6. 球形胞囊线虫属（*Globodera* Skarbilovich, 1959）　雌虫形成胞囊，呈球形，没有阴门锥，肛门和阴门都位于阴门盆内，很少出现泡囊，无肛门膜孔。雄虫蠕虫形，有 4 条侧线，尾短，呈半圆形，交合刺长于 30 μm。二龄幼虫蠕虫形，口针粗，尾末端有透明区。

7. 根结线虫属（*Meloidogyne* Goeldi, 1892）　寄生根部，形成瘤状肿大。雌成虫呈洋梨状，无尾，末端有指纹状花纹，卵产在体外的胶质状卵囊内。雄虫蠕虫形，食道峡部粗短，尾短，无交合刺。

8. 真珠线虫属（*Nacobbus* Thorne & Allen, 1944）　寄生根部，形成瘿瘤。头部有硬化的头架。雌成虫呈纺锤形，单卵巢，卵产在体外的胶质状卵囊内。雄虫蠕虫形，口针粗大，交合伞可达尾端。

（二）滑刃目

滑刃目线虫唇区高，缢缩明显，口针不及垫刃目发达，基部球小或无，中食道球大，等于或大于该处体宽的 3/4。雌虫只有一个卵巢，雄虫的交合伞不达肛区，多数没有引带，而有生殖乳突。

1. 滑刃线虫属（*Aphelenchoides* Fuscher, 1894）　虫体细长，中食道球大，食道腺发达，覆盖肠的背面。尾部钝圆或尖。雌虫单卵巢，阴门位于虫体中后部。雄虫尾部圆锥形，向腹部弯成钩状；缺交合伞，交合刺呈特有的玫瑰形。

2. 伞滑刃线虫属（*Bursaphelenchus* Fuchs, 1937）　虫体细长，头区较高，缢缩明显，中食道球卵圆形，占体宽的 2/3 以上。卵巢单个，前伸；阴门具阴门盖或阴门唇。雄虫尾似鸟爪，有卵状交合伞包围；交合刺弓状，远端呈盘状膨大。

3. 细杆滑刃线虫属（*Rhadinaphelenchus* Goody, 1960）　虫体十分纤细，头部较高，缢缩。雌虫有阴门悬垂物，后阴子宫囊很长，尾部指状。雄虫交合刺为玫瑰形，顶端有缺刻，交合伞端生，呈悬垂状，向前延伸至尾长的 40%～50% 处。

（三）矛线目

矛线目线虫的唇区一般很发达，具矛线型食道。雌虫单卵巢或双卵巢。雄虫有交合刺，大多缺引带，常有肛区乳突。

1. 长针线虫属（*Longidorus* Micoletzky, 1922）　虫体较大，一般长于 3 mm。头部半球形，口针长而大，基部平滑不分叉。雌虫双卵巢，折生，尾钝圆，圆筒状，有几对尾乳突。雄虫尾锥形钝圆，尾乳突数对，交合刺 1 对，弓形。

2．剑线虫属（*Xiphinema* Cobb，1913）　　虫体粗长。头圆，侧器口宽裂缝状。口针长，基部球分叉。雌虫阴道小而短，卵巢 1 对折生。雄虫双生殖腺，对伸，有引带，腹中线上有性附突。

3．毛刺线虫属（*Trichodorus* Cobb，1913）　　虫体短而宽，尾短钝圆，表皮较厚松弛。口针线状弯曲，无基部球。雌虫阴门周围有骨化的盾片。雄虫有 1 对弯曲细长的交合刺。

4．拟毛刺线虫属（*Paratrichodorus* Siddiqi，1974）　　雌虫双卵巢，阴道短，阴道骨化小而不明显。雄虫交合刺较直。

第五节　寄生性植物

寄生性植物是以其他植物为生的植物，其根系或叶片退化，或缺乏足够的叶绿素，难以进行自养生活。寄生性植物有 2500 多种，其中的一些种类被我国列为检疫对象，如菟丝子（*Cuscuta* spp.）、列当（*Orobanche* spp.）和独脚金（*Striga* spp.）。

寄生性植物一般在热带分布较多，如独脚金；也有的种类分布在温带，如菟丝子；还有的种类分布在冷凉干燥的高纬度或高海拔地区，如列当。

一、寄生性植物的寄生方式和繁殖方式

寄生性植物从寄主植物体内获得的生活物质有水分、无机盐和有机物质。根据寄生植物对寄主的依赖程度或获取的营养成分的不同可分为全寄生和半寄生。凡从寄主植物上夺取自身所需要的所有生活物质的寄生方式称为全寄生。这类寄生植物的叶片退化、叶绿素消失，根系蜕变成吸根。菟丝子、列当和独脚金属这种生活方式。凡只从寄主植物体内获取水分和无机盐，自身可进行光合作用，合成碳水化合物的寄生方式称为半寄生。这类植物的茎或叶内含有叶绿素。根据寄生部位不同又可分为根寄生和茎（叶）寄生。前者是寄生在寄主植物根上，后者则寄生在寄主的茎（叶）上。

寄生性植物以种子繁殖。与寄主植物种子可能混杂在一起，随种子调运而进行远距离传播。

二、检疫性寄生植物类群

（一）菟丝子

菟丝子（*Cuscuta*）属菟丝子科，俗称金线草，是一类缠绕在草本和木本植物茎叶，营寄生生活的一年生草本植物。除本身为害外，它还能传播植原体和病毒病害。菟丝子的主要寄主有豆科、菊科、蔷薇科、茄科、百合科、伞形科等。水稻也偶受其害。寄生时菟丝子以吸根与寄主植物维管组织相连，进而吸取营养。其叶片退化为鳞片状；茎黄色或带红色；花小，白色或淡红色，簇生；蒴果开裂，种子 2～4 粒；胚乳肉质，种胚弯曲或线状。菟丝子以种子繁殖和传播。种子小而多，寿命长，随作物种子调运而远距离传播。我国常见的菟丝子有中国菟丝子（*C. chinensis*）、南方菟丝子（*C. australis*）、田野菟丝子（*C. campestris*）和日本菟丝子（*C. japonicus*）。

（二）列当

列当（*Orobanche*）属列当科，是全寄生型的根寄生草本植物。寄主多为豆科、菊科和葫芦科等草本植物。列当以吸盘吸附在寄主的根表，以次生吸器与寄主根部的维管组织相连。列当茎肉质、直立，10~20 cm；叶片退化成小鳞片状；花瓣联合成筒状，白色、紫红色、米黄色或蓝紫色；蒴果，纵裂，内有种子 500~2000 粒；种子细小，0.2~0.5 cm，黑褐色，坚硬。种子随风飞散而黏附在作物种子表面。重要的列当有向日葵列当（*O. cumana*）和埃及列当（*O. aegyptica*）。

（三）独脚金

独脚金（*Striga*）属悬参科，俗称火草或矮脚子，是一类一年生草本寄生植物。主要寄主有禾本科植物包括水稻、甘蔗、玉米、高粱等，少数种类寄生于番茄、豌豆、菜豆、烟草和向日葵等。独脚金茎上被黄色刚毛；叶片退化为披针形、狭长；花单生于叶腋，花冠筒状、黄色、金黄色或红色；蒴果卵球形，背裂，种子极小，椭圆形，成熟后随风飞散，一株植物可产生种子 5 万~50 万粒，种子可存活 10~20 年。

第六节　植物病原生物的传播及其控制策略

植物病原生物的传播是病害循环的重要环节。越冬越夏的病原物传播到植物上引起初侵染，初侵染源在植株之间传播进一步引起再侵染。病原生物的传播归纳起来有三种方式：一是人为因素传播；二是借助自然界的外力传播，如风、雨、流水、媒体生物的携带等；三是自身扩散，如真菌孢子的放射、游动、菌丝生长等。其中以前两种传播方式为主。

一、植物病原生物的传播

（一）人为因素传播

人为因素往往可导致病原生物的远距离传播，并不受自然条件和地理条件的限制。这种传播不像自然因素传播那样有一定的规律，并且经常发生。因此，人为传播就更易造成病区的扩大和形成新病区。植物检疫的作用之一就是限制这种人为传播，避免将为害严重的病害带到无病的地区。此外，农事活动也可导致病害在植株之间传播，这对于病害流行有一定的作用。

各种病原菌都可能通过潜伏在植物种子、苗木、植物产品的内部，或黏附在外表，或混杂于其间进行传播。大多数真菌为了在植物种子上生存，必须能抵抗干燥的环境。一些病原真菌能产生耐干燥的繁殖体如厚垣孢子、分生孢子、休眠菌丝体、微菌核、菌核。在相对湿度低于 80% 时这些繁殖体不能萌动。霜霉菌一般在有水的条件下生存，在种子中的存活结构是卵孢子。一些种类真菌的菌丝体也具有耐干燥的能力，如芝麻疫霉的菌丝在芝麻胚中可存活 4 个月以上。从理论上讲所有植物病原细菌都可能通过种子传带。细菌常附着在种子表面，但也可以存活于种皮内，以及块茎组织内部。细菌在植物种子上一般存活 1~2 年。种传病毒在豆科和菊科植物种子中存在，如蚕豆染色体病毒。种传病毒一般存在于种胚内部。线虫中的粒线虫属、茎线虫属和胞囊线虫属可通过种子传播。线虫以幼虫状态潜伏在种皮内，粒线虫以虫瘿的状态混杂在种子中。

（二）自然因素传播

检疫性病原生物传入新区后，一旦成功定殖下来，则可能导致病害流行。流行程度与病原生物的自然传播因素有关。这些因素包括风、雨、流水、媒体生物和土壤或肥料等。

1. 气流　真菌产生孢子或孢子囊的数量大、重量轻，容易随气流传播。如锈菌和黑粉菌。土壤中的细菌或线虫，也可被风传播。此外，风能引起健株和病株相互摩擦和接触，进而传播病害。气流传播的距离一般比较远，如在 1 万~2 万米的高空可以检测到真菌的孢子。

2. 雨水和流水　一些真菌产生孢子的同时还产生黏液，如黑盘孢目和球壳孢目真菌。其传播主要靠雨水的溅射。还有一些真菌的孢子具有鞭毛结构，在有水的条件下，孢子可借助鞭毛运动而传播。细菌一般产生胞外多糖，且一般具鞭毛结构。因而，雨水的溅射和自身在水中的游动可导致其传播。此外，随灌溉水的流动，细菌可在田块之间传播。

3. 媒介生物　病毒、类病毒、植原体、螺原体和细菌的一些种类可借介体生物传播。蚜虫、飞虱和叶蝉是常见的病毒传播介体，同时叶蝉还可传播植原体。一些昆虫还是细菌的介体，如玉米啮叶甲（*Chaetochnema denticulata*）可传播玉米细菌性萎蔫病菌（*Pantoea stewartii*）。鸟类也可传播梨火疫病菌（*Erwinia amylovora*）。甲虫可传播荷兰榆树枯萎病菌（*Ophiostoma novo-ulmi*）。松褐天牛（*Monochamus alternatus*）传播松材线虫（*Bursaphelenchus xylophilus*）。

4. 土壤和肥料　一些土壤习居性生物如轮枝菌（*Verticillium*）和土壤杆菌（*Agrobacterium*）可在土壤中存活。带菌土壤黏附在植物根部、块茎或苗木表面而被传播。人的农事活动也可能将带菌土壤传播。迁飞的鸟类在落地取食时也可能携带病土，而传播其中的病菌。肥料传播主要是由于肥料未充分腐熟，其中的病菌未被杀死而传播。

二、控制植物病原生物的策略

植物与病原物在环境因子的作用下，相互适应和相互斗争导致了植物病害的发生和发展。植物病害的防治就是通过人为干预，改变植物、病原物与环境的相互关系，减少病原物数量，削弱其致病性，保持和提高植物的抗病性，优化生态环境，以达到控制病害和降低损失的目的。

植物病害防治的原理可区分为回避（avoidance）、杜绝（exclusion）、铲除（eradication）、保护（protection）、抵抗（resistance）和治疗（therapy）。实现这些原理的具体措施包括植物检疫、农业防治、抗病性利用、生物防治、物理防治和化学防治等。防治植物病害的流行学效应是减少初始菌量、降低流行速度或者同时作用于这两个因子。

对检疫性病原物而言，防止其传播及扩散的最根本措施是采取严格的检疫措施，即利用立法和行政干预，防止或延缓病原生物的人为传播。

本 章 小 结

本章概述了检疫性植物病原生物各类群的形态特点、分类及主要类群、鉴定依据、传播特点等。

真菌属真核生物，具丝状营养体结构，产生各种无性孢子和有性孢子，有些种类还产生菌核。真菌以菌丝、菌核或孢子的形式在种苗组织内或混杂在种子中远距离传播。

原核生物包括细菌、放线菌、植原体和螺原体，均为单细胞生物。大多数原核生物以分裂的方式繁殖，少数细菌产生内生孢子，放线菌产生外生孢子。原核生物以菌体的形式存活于植物种苗组织内或附着在种苗表面，而被远距离传播。

病毒没有细胞结构，由外壳蛋白和一种核酸（DNA 或 RNA）组成。类病毒没有外壳蛋白，为小分子环状 RNA。病毒和类病毒均为植物专性寄生物。大多数植物病毒的核酸为正单链 RNA。病毒主要通过种苗携带进行远距离传播。在疫区，昆虫、螨类、线虫和低等真菌是某些病毒的重要介体。

植物线虫是专性寄生植物的一类病原生物。幼虫和成虫一般为线形，具口针。胞囊线虫和根结线虫的成虫变成柠檬形。线虫除直接对植物造成为害外，还通过传播植物病毒或与一些真菌、细菌构成复合侵染等方式为害。线虫的卵、胞囊具有较强的抗逆性。混杂在种子中的虫瘿、种苗中的卵、胞囊或幼虫可被携带远距离传播。

多数寄生性植物产生种子繁殖。种子借鸟类取食、风力或自身弹射作用传播。寄生性植物种子混杂在栽培植物种子中被远距离传播。

思 考 题

1. 检疫性植物病原生物包括哪些类群？各有哪些主要特征？
2. 真菌分类系统发生了哪些变化？哪些植物真菌形态结构与真菌检验有关？
3. 病原原核生物有哪些类群？如何鉴定病原细菌？
4. 简述病毒的结构和鉴定方法。
5. 简述植物线虫的结构特征和为害机制。
6. 检疫性寄生植物有哪些类群？
7. 简述植物病原生物的传播及其与检疫的关系。

第四章 植物病原物检验检疫技术

检验是判断一个样品内是否存在特定的目标病原物，而病害诊断是病害发生原因和性质的鉴定。

在植物检疫中，检验技术要求快速、准确、灵敏、安全、高通量、简便、易于标准化和推广应用。我国于 2001 年 12 月 1 日正式成为世界贸易组织（WTO）成员，这意味着包括检验检疫技术在内，所有与国际贸易有关的法律法规、技术标准、技术规范，均要与国际接轨，各成员方采取 SPS 措施应该基于国际标准。以国际标准为基础制订本国标准，已成为 WTO 对各成员方的要求。

截止 2001 年年底，我国共有国家标准 19 744 项，行业标准（备案）34 000 多项，地方标准（备案）12 000 多项，企业标准（1999 年底备案）86 万多项。1995~2004 年我国已制订检验检疫国家标准 1271 项，其中植物检疫检验标准 110 项。

检验检疫的技术和方法，因有害生物的种类和不同的植物、植物产品而异。常需进行抽样，采用一种或几种方法进行检验鉴定。

第一节 植物检验检疫的抽样

需要进行植物检疫检验的货物数量通常都很大，无法全面检验，只能抽样检验，并以所抽取样本的检验结果推断货物总体的健康和安全状况（即货物所携带有害生物的状况）。抽样需有代表性和均匀性，并按照货物的种类和特性采用适当的方法进行。

植物检验检疫采用国家技术监督局 1995-06-02 发布，中华人民共和国国家标准《农业植物调运检疫规程》GB15569-1995 进行取样。

一、货物的种类和特性

货物按包装和运输的规格，通常有分立个体和散料两类。分立个体如水果、蔬菜、大蒜头、板栗、冬笋、苗木、棉花、瓜类和药材等，一般以袋、筐、箱、桶、罐等容器包装，以批或件来计算。散料（散装散料、分装散料）如小麦、大米、玉米、大豆、大麦、面粉、饼粕饲料、碎玉米等，一般散装或袋装。

二、样品量和样品数

（一）批

抽样一般是建立在"批"的基础上的，是在"批"的范围内展开抽样的。在检疫检验中，"批"的概念是：具有同一品名、同一商品标准、以同一运输工具、来自或运往同一地点，并有同一收货人或发货人，被称为同一批货物。

（二）件

在一批货物中，每一个独立的袋、箱、筐、桶、捆、托等称为"件"。散装货物不存在"件"，以100~1 000 kg为一件计算。

（三）样品

依样品提取和混合缩分制备过程，分为原始样品、复合样品、保留样品和工作样品。原始样品，是以垛为单位从各垛位（散货按扦样比例）按要求开采件数，对每件随机或等量提取的样品。复合样品，以批为单位将提取的多个原始样品在混样布上加权混合均匀称复合样品。保留样品，将全批货物之复合样品分成四份，按对角或平均棋盘格方法缩分，使复合样品最后形成2.5~3 kg左右，将此样品再一分为二，留一份作保留样品。另一份为工作样品，约1~1.5 kg，供完成植物病害检验，洗涤镜检，余下部分作昆虫、杂草籽、螨类、线虫等检查。

（四）样品量

从整批货物中抽样，一份样品的重量或体积就叫样品量。苗木的样品量为株。

（五）样品数

从一批货物中抽几份样品，就叫样品数。

三、取样方法

植物检疫中的取样方法主要根据不同有害生物的分布规律及生物学特性、货物数量、装载方式、堆放形式等因素而定，货物的上、中、下层，堆垛的四周都要兼顾到，随机取样不等于随便取样。从每批货物中抽取的样本量和样本数视货物的总数量、种类及被测的有害生物可能分布的情况而定。常用的取样方法有对角线取样法、棋盘式取样法和随机布点或分层随机取样法等几种。样品抽取后混匀装于盛器内带回。每份样品都必须附有标签，记明植物或产品的种类、品种、来自何地、批次、件数、取样日期及货物堆放（装运）场所。

（一）现场检查

1. 现场检查内容　　现场调运应检农业植物、植物产品及其包装材料、运载工具、堆放场所等，是否有检疫对象，有无病原物和害虫各虫态及其排泄物、分泌物、蜕皮壳、蛀孔等痕迹。复检时应核查调运应检农业植物及其产品与检疫证书是否相符。

2. 抽样　　根据不同应检农业植物及其产品、不同包装、不同数量，分别采用对角线五点取样或分层设点等方法取样。具体抽查件数见表4-1。

3. 检查　　对种子过筛检查，对苗木、接穗、块茎、果实等仔细检查根部、枝条、茎秆、皮层内外、叶片、芽眼和果实表面、果梗等部位有无害虫各虫态及蛀孔、虫道、虫瘿；有无病害症状、肿瘤、菌瘿、杂草籽等。

表 4-1 现场抽样件数标准表

种类	按货物总件数	抽样比例/%	抽样最低数
种子类	大于或等于 4 000 kg	2~5	10 件
	少于 4 000 kg	5~10	10 件
苗木类	大于 10 000 株	3~5	
	100~10 000 株	6~10	100 株
果实类、块根茎		0.2~5.0	5 件或 100 kg
中药材、烟草		0.2~5.0	5 件

注：①散装种子 100 kg 为一件，苗木 100 株为一件。②不足抽样最低数的全部检验。③其他类可参照表中比例抽查

（二）室内检验

1. 现场取样　对现场检查难以得出有无检疫对象，需要室内检验或认为有必要保存样品的，应结合现场抽件检查，取样带回室内检验或保存。

2. 取样方法　根据不同应检植物及其产品、不同包装、不同数量、不同检疫对象，注意货物不同部位的代表性，采用对角线、棋盘式或随机取样的方法抽取代表样品。

3. 取样工具及实验室基本设施　①现场检查工具一般应具备有规格筛、扦样铲、分样混样布、手持放大镜、刀、标签、镊子、虫样管及样品袋等。②室内检验仪器设备，按虫害、病害、杂草实验室的要求配置。③危险性有害生物的检测鉴定，应在专门的隔离室或使用专项设备进行。

第二节　植物检验检疫的范围

检验检疫的范围有进境和出境之分，进境检验检疫的范围主要包括农业部颁布的《中华人民共和国进境植物检疫危险性病、虫、杂草名录》中的一、二类危险性有害生物；原中华人民共和国动植物检疫局公布的潜在危险性有害生物；双边政府间植物检疫协定、协议和备忘录中列明禁止携带的有害生物；国家质检总局以文件形式规定的禁止进境的有害生物；预警通报中列明的有害生物；检疫审批单上列明的有害生物；合同约定以及其他关注的有害生物等。出境检疫鉴定的范围是指输入国（地区）的进境检疫要求，双方议定书和国内有关规定的有害生物。

第三节　植物病原物检验检疫常用方法

一、现场检验

（一）直接检验

直接检验适用于检验具有明显症状的植物材料，可做出初步的诊断。通过肉眼、手持扩大镜或实体显微镜，对种子、植物及植物材料等进行观察，结合症状和镜检结果，判断是否带有或混有检疫性病原物。根结线虫在根部诱发产生根结；胞囊线虫在雌虫附

着根面时，肉眼即可辨认。茎线虫群集于鳞（球）茎类植物的鳞茎或块茎内的坏死部位等，可用放大镜、显微镜辨别出虫体或由病症判断出来。此方法适用于检测真菌、细菌及线虫。

（二）过筛检验

过筛检验主要用于检验粮谷、种子、油料、干果和生药材中的真菌和线虫等。种子过筛后可检出夹杂的菌瘿、菌核、病株残屑和土壤，都需仔细鉴别。方法是将制备的代表样品，倒入规定孔径和层数的标准筛中过筛，然后检查各层筛上物和底筛的筛下物。标准筛的孔径规格及层数，依据植物籽粒的大小而定，具体标准可参见表4-2。

表4-2　标准筛的孔径规格及层数

作物名称	层 数	筛孔规格/mm
玉米、大豆、花生、向日葵	3	3.5, 2.5, 1.5
稻谷、小麦、大麦、高粱、大麻	2	2.5, 1.5（长孔网眼）
小米、菜籽、芝麻、亚麻	2	2.0, 1.2

注：引自《新编植物保护实用手册》，中国农业出版社，2003，北京

检验时，先将2层或3层标准筛按大孔径在上、小孔径在下的次序叠好，再将代表样品倒入上层筛内，用回旋法筛理。筛理后，分别将第一层、第二层或第三层的筛上物倒入白瓷盘内，摊成薄层，用肉眼或10～15倍手持放大镜检查其中较大的害虫、病原物菌瘿及杂草种子。将底筛的筛下物收集到黑底玻璃板或培养皿中，用双筒镜检查其中个体较小的害虫、虫卵、病原物及杂草种子，进而鉴定它们的种类。本方法还适用于从大量土壤中分离各类线虫。将充分混匀的土壤样品置于不锈钢盆或塑料盆中，加入2～3倍的冷水，搅拌土壤并振碎土块后过20目筛，土壤悬浮液流入第二个盆中并喷水洗涤筛上物，弃去第一个盆中和筛上的剩余物；第二个盆中的土壤悬浮液经1 min沉淀后再按上法过150目筛，从筛子背面将筛中物冲洗到烧杯中，盆中土壤悬浮液再继续过325目和500目筛。筛中物收集在烧杯中静置20～30 min，线虫沉集底部，弃去上清液，将沉积物转移到玻皿内镜检或吸取线虫鉴定。

二、实验室检验

（一）比重检验法

比重检验法一般用于检验种子、粮谷、豆类中的菌瘿、菌核和病秕籽粒等。其原理是由于菌瘿、菌核、病秕粒等比健康籽粒轻，若将其浸入一定浓度的食盐水（糖、泥土等）或其他溶液中时，就会浮于液面。捞取浮物，结合解剖镜进行检验，即可鉴定其种类。

（二）染色检验法

某些植物或植物器官被病原感染后，或用特殊的化学药品处理某些病原物，使其染上特有的颜色，帮助检出和区分病原物种类，这种方法即为染色检验法。在植物病原细

菌检验中，常用的有革兰氏染色和鞭毛染色法。此外这种方法还适于检验植物组织中的内寄生线虫，其方法是在烧杯中加入酸性品红乳酸酚溶液，加热至沸腾，加入洗净的植物材料，透明染色 1～3 min 后取出用冷水冲洗，然后转移到培养皿中，加入乳酸酚溶液褪色，用解剖镜检查植物组织中有无染成红色的线虫。

（三）洗涤检验法

检查附着在种子表面的各种真菌孢子、细菌或颖壳上的病原线虫时，由于肉眼或放大镜不易检查，一般可用洗涤检验。主要用于种子和粮谷检验，由于检疫物表面常附有的病原体个体小、数量少，肉眼观察不到，因此，可将定量的种子或原粮放在三角瓶内，再注入定量水加以振荡，将悬浮液用离心机浓缩，取沉淀液滴在载玻片上，置显微镜下观察有无病菌。该方法常用于检测种子表面附着的真菌孢子，包括黑粉菌的冬孢子、霜霉菌的卵孢子、锈菌的夏孢子以及多种半知菌的分生孢子等。

（四）解剖检验法

许多植物病害的病症在植物表面并不显著，不易诊断。有时，为了解病菌在种子内的潜伏场所，特用解剖检验。解剖检验主要是用手切片或切片机切片，再经透明染色后，在显微下检视。常用于病原线虫和真菌的检测。

胞囊类线虫和根结类线虫等雌雄异形线虫、定居性的内寄生线虫可在体视显微镜下用解剖针直接解剖病组织；对一些虫体较大的线虫，例如，茎线虫、粒线虫和潜根类线虫等，在体视镜下直接挑取即可。

（五）保温萌芽检验法

常用于检验矮腥黑穗病菌与普通腥黑穗病菌。一般种子携带的寄生菌，无论其为内在菌或外在菌，在种子发芽阶段就开始为害，因此种子发芽后即可检查其带菌情况。常用方法有保湿箱萌芽检验法、砂土萌芽检验法和土内萌芽检验法。鉴于小麦矮腥病菌和小麦普通腥黑穗病菌的生物学特性不同，将其分别置于 5℃ 有光照（自然光或日光灯）和 17℃ 无光照等两种条件下培养。一星期左右，萌发的多是普通腥黑穗病菌。因为矮腥冬孢子不能在一周左右萌发，更不能在 17℃ 无光照的条件下萌发；在 5℃、有散射光照的条件下，3 星期至 3 个月才能萌发的则是矮腥黑穗病菌。此外，矮腥黑穗病菌孢子萌发后的形态与普通腥黑穗病菌也有明显差异。

（六）吸水纸培养检验

主要用于检测在培养中能产生繁殖结构的多种种传半知菌，通常用底部铺有三层吸水纸的塑料培养皿或其他适用容器作培养床。先用蒸馏水湿润吸水纸，将种子按适当距离排列在吸水纸上，再在一定条件下培养，对多数病原真菌，适宜的培养温度为 20～30℃，每天用近紫外光灯或日光灯照明 12 h。培养 7～10 d 后检查和记载种子带菌情况。检查时，用两侧照明的实体显微镜逐粒对种子进行检查。依据种子上真菌菌落及子实体的形态，即"吸水纸鉴别特征"来区分真菌种类。检查时应特别注意观察种子上菌丝体的颜色、疏密程度和生长特点、真菌繁殖结构的类型和特征。例如，分生孢子梗的形态、长度、颜色和着生状态，分生孢子的形状、颜色、大小、分隔数，在梗上的着生特点等。

吸水纸培养检验法简便、快速，可在较短时间内检查大量种子，但不能用于检测在培养中不产生繁殖体的种类。另外，植物营养器官的发病部位未产生真菌繁殖体时，常用吸水纸保湿培养诱导孢子产生，以确切地诊断鉴定。

（七）试植检验

有些种子或繁殖材料，在检疫现场不易发现病症或病原体，只有通过在植物生长阶段进行病害检验。例如由种苗传染的病毒病就需用这种检验方法，此种检验应在检疫温室或隔离区进行试植，在生长阶段进行观察有无病害发生。又如检测种子传带的真菌可用试管幼苗症状检验法，即在试管中水琼脂培养基斜面上播种种子，在适宜条件下培养，根据幼苗症状，结合病原菌检查，确定种传真菌种类。生长检验花费时间长，使其应用受到限制。

（八）分离培养检验法

当症状不明显或多种病原物复合侵染时，对可培养的病原菌，常需要在适当的环境条件下进行人工培养，通过从组织中分离，获得纯培养，然后进一步鉴定。分离培养主要应用于潜伏于种子、苗木或其他植物产品内部的病菌检验。根据检查需要，在全批代表样品中挑取可疑病瘿或病组织部分，经表面消毒后，移于培养基上，进行分离培养或萌芽检查。适合于植物中病原真菌、细菌和线虫的检验。在检测特定种类的病原时，还可选用适宜的选择性培养基。病原线虫分离方法有4种。

1. 贝尔曼漏斗法　　此法适于分离少量植物材料中有活动能力的线虫。对于休眠期线虫以及一些在植物组织根内的定居性线虫（如根结线虫或胞囊线虫的雌虫）或迁移性、活动性很小的线虫不适用。选择口径15 cm的玻璃漏斗，漏斗颈末端接一段10 cm左右透明乳胶管，用弹簧夹将漏斗颈末端乳胶管夹住。漏斗放置在支架上，其内盛满清水。待检植物材料洗掉泥土后，切成0.5 cm长的小段，放在纱布中包起来，轻轻地浸入漏斗内。线虫从植物组织中逸出，经纱布沉落到漏斗颈底，经12 h或过夜后，打开弹簧夹使胶管前端的水流到玻璃皿内，镜检线虫。

2. 简易漂浮分离法　　本法用于分离土壤中线虫胞囊，利用干燥的线虫胞囊能漂浮在水面的特性分离土壤中的马铃薯金线虫和各种胞囊线虫。

该法用粗目筛筛去风干土样中的植物残屑等杂物，称取50 g筛底土放在750 ml三角瓶中，加水至1/3处，摇动振荡数分钟后再加水至瓶口，静置20~30 min，土粒沉入瓶底，胞囊浮于水面，把上层漂浮液倒入铺有滤纸的漏斗中，胞囊沉着在滤纸上，再镜检晾干后的滤纸上沉着物。

3. 漏斗浅盘法　　本法是一种较有效的从土壤及各组织碎片内分离线虫的方法。将土壤样品或剪碎的植物材料置于铺有线虫滤纸的浅盘中，放入盛有水的不锈钢皿内（水要浸没土样或植物材料）。放置在21~25℃温度条件下1 d后，将不锈钢皿内的线虫液依次通过20目及300目网筛，小心收集300目网筛上的线虫。

4. 过筛分离法　　主要用于分离土壤中线虫。只要按操作规范做，此法可以分离土壤中的所有类群线虫，无论是活动性大的、还是活动性小的，寄生性的、还是腐生性的。

此法的具体操作：采用一组不同孔径的分样筛（一般需 20 目、100 目、200 目、300 目 4 种型号），下层为细筛。先将土样放入一个大容器（一般用塑料桶）内，少量土可用大烧杯，向容器内加水至 4/5，充分搅动，使土壤中的线虫都悬浮在水和泥浆中，静置 0.5 min，使泥砂沉淀，线虫仍悬浮在水中。将水倾注套筛，粗筛上收集大的砂粒、根系等杂物，60～100 目筛则收集线虫胞囊、甚至大的线虫（如剑线虫等），200～300 目筛可收集一些虫体较小的大多数线虫。

（九）生理生化测定

用细菌培养物接种于特定的培养物或检测管，通过产酸、产气、颜色变化等反应，检测细菌的耐盐性、好氧或厌氧性、对碳素化合物的利用和分解能力、对氮素化合物的利用和分解能力、对大分子化合物的分解能力等，达到鉴别目的。这种传统测定方法，往往只对被认为是关键的几个项目进行测定，且较费时、费工，难以进行大批量的测定。

目前，在传统测定的基础上，发展了测定细菌多项生理生化指标，并借助于计算机统计和决策的快速测定方法。例如，生化测定试剂盒、Biolog 测定、甲基脂肪酸气相色谱分析法等。

1. 生化测定试剂盒　　用于植物病原细菌快速鉴定的商品化生化测定试剂盒，目前在发达国家已有应用。这种试剂盒主要包含鉴定某一类细菌的关键碳源、氮源、特殊酶及有机酸等，并附有比较和检索用的计算数据库。例如，法国的 API 系统，其中的 API 20 NE 是用于革兰氏阴性氧化细菌的鉴定。而 API 20 E 则偏重于鉴定大肠杆菌科的细菌。

2. Biolog 测定　　该项测定方法是 20 世纪 80 年代后期，美国 Biolog 公司研制的一种专门用于细菌鉴定的专家系统。它将大量的细菌生理生化测定参数与先进的计算机技术有机地结合起来。使用时只需将经过纯化后的病原细菌制成菌悬液，再接种到反应板上，4～24 h 后，便可得到准确的鉴定结果。该系统的使用，在很大程度上简化了传统的细菌鉴定程序。目前应用 3.70 版数据库软件可鉴定 567 种 G^- 菌和 256 种 G^+ 菌。由于它具有强大的计算机数据库，已被广泛地应用于医学、环境及农牧业细菌的快速鉴定。

3. 甲基脂肪酸气相色谱分析法（FAME）　　细菌细胞膜的类脂和脂多糖，都是由脂肪酸组成。不同种类的细菌，在脂肪酸的类型及比例上是不同的。研究表明：脂肪酸分析与核酸同源性测定结果，有很高的相关性。这一方法的研究比 Biolog 还早，目前已形成很完整的自动化鉴定系统。只要把细菌培养好，从脂肪酸提取到获得鉴定结果一般在 3 h 内完成，而且此法有准确性高、药品成本低的优点。大量数据表明应用该法鉴定细菌种，所测菌株的相似性应达到 0.60 以上。

（十）致病性测定

致病性测定是植物细菌病害鉴定的重要步骤，因为致病细菌和腐生菌是很难从其菌体、菌落形态和细菌学性状上区别。通常将从植物病部所取细菌溢脓，或分离纯化的细菌培养物制成一定浓度的稀释液，用摩擦、针刺或剪叶方法，使细菌从伤口入侵寄主植物，以细菌引起的典型症状来鉴定其致病性。

从病株上分离到线虫，有的根据其形态特征和为害植物就可确定其分类地位。对一些少见病害虽然分离到线虫，但不能确定其致病性，必须经过接种在原植物上，引起相同的症状才能确定致病线虫。

致病性测定是一种辅助鉴定方法，适合于所有病原物，多用于验证分离菌的致病性，以排除培养性状与病原菌相近的腐生菌。

（十一）过敏性反应测定

用接种寄主植物的方法测定细菌培养物的致病力要花费较长的时间，而用过敏反应鉴定，只需24~48 h，便能区分致病菌和腐生菌。烟草是最常用的测定植物。取待测细菌的新鲜培养物，制成细菌悬浮液，用注射器接种。注射针头由烟草叶片背面主脉附近插入表皮下，注入细菌悬浮液。若为致病细菌，1~2 d后，注射部位变为褐色过敏性坏死斑块，叶组织变薄变褐，具黑褐色边缘。常用于细菌和病毒的检测。

（十二）噬菌体检验

噬菌体是感染细菌的病毒，能在活细菌细胞中寄生繁殖破坏和裂解寄主细胞。在液体培养时使混浊的细菌悬浮液变得澄清；在固体平板上培养时则出现许多边缘整齐、透明光亮的圆形无菌空斑，称为"噬菌斑"，肉眼即可分辨。自20世纪50年代起，噬菌体就被用于植物细菌的检测。利用噬菌体检测植株或种子携带的目标细菌，有增殖法和间接法两类。

1. 增殖法　　加入已知的专化噬菌体，经过一定时间的培养与增殖，判断是否存在相对应的病原细菌。

2. 间接法　　测定种子是否存在目标噬菌体，从而间接证明是否带菌，此法较常用。

噬菌体法的主要优点是简便、快速，能直接用种子提取液测定。缺点是非目标菌大量存在时敏感性较差，噬菌体的寄生专化性和细菌对噬菌体的抵抗性都可能影响检验的准确性。

（十三）指示植物鉴定

种子、苗木带病毒以及在生长期检验中发现的潜伏侵染的可疑病株，常用接种指示植物的方法予以鉴定。鉴定时多用病植物汁液、种子浸渍液或种子研磨制成的提取液摩擦接种指示植物，依据指示植物症状表现鉴定病毒种类。对一种病毒有特殊反应的寄主，可以归结成一组，称为"鉴别寄主谱"。一般可以包括3~5种不同反应类型的寄主植物。这种方法被广泛应用于植物病毒的鉴定、诊断及检疫中，是植物病毒生物定性测定的一种基本方法。种传病毒的带毒率很低，对于危险性的病毒即使指示植物鉴定得出阴性结果，仍需采用血清学方法或电镜观察作进一步鉴定。使用指示植物鉴定法时要正确选择指示植物，适时接种。不同的环境条件对指示植物的症状表现有很大影响，甚至会表现隐症。该方法具有较稳定的试验结果，操作简单，但所需要的时间较长。

（十四）物理方法检测

物理方法检测是用现代化的仪器设备直接对病原物进行诊断的手段，其中包括用光学和荧光显微镜观察植物病毒内含体，以及用电子显微镜技术直接观察病原形态结构。人眼睛的分辨力大约是 0.1 mm，电镜的分辨率可达到 0.2～0.4 nm，其分辨率比最好的光学显微镜高 10 万倍。目前，电镜检验技术主要有负染法、超薄切片技术、免疫吸附电镜技术等。由于其分辨率高，因而在植物病毒、植原体和细菌等病原物的检验和鉴定中具有很大的优越性。如可利用腥黑粉菌的冬孢子自发荧光反应等对该菌进行鉴定。

（十五）血清学检验

在植物病原物的检验中应用最广的是酶联免疫吸附法（enzyme-linked immunosorbent assay，ELISA）。该方法尤其适合植物病毒和细菌的检验，其优点表现在：①灵敏度极高，可检出微量病原，其检测值可达 1 ng/ml；②所需反应物量少，每毫升抗血清可测定样品数可达 10 000 个；③方法简便，工作效率高；④稳定性高，操作简便，同时可用肉眼和简单仪器观察结果。

ELISA 法检测的关键是要制备具有专化性的抗体（抗血清），利用抗原－抗体的特异反应即可检测样品中有无目标生物存在。常用的抗体有多克隆抗体（PAb）和单克隆抗体（MAb）。多克隆抗体制备较简单，应用很普遍，但除检测目标以外，有时会与非目标蛋白产生反应；而单克隆抗体制备较复杂，但专化性较强。

目前，ELISA 法主要有 6 种方式，即直接法、间接法、夹心法、竞争法、酶抗酶法和双抗体夹心法，其中以双抗体夹心法（DAS-ELISA）在植物病原物的鉴定上应用最广泛。

目前，大多数植物病毒都有商品化抗体或试剂盒出售，并附有病毒样品的制备、血清学操作程序和结果判定及注意事项等。国内也已制备单克隆抗体，成功地用于检测水稻细菌性条斑病菌、水稻白叶枯病菌及柑橘溃疡病菌及多种植物病毒。

第四节　植物病原物分子生物学检测技术

从传统的症状观察到接种鉴别寄主以及血清学检测，都是从所表现的性状来进行判断。所有生命类型和不同物种差异的根源都是由遗传物质（DNA 或 RNA）决定的，而遗传信息又是核酸上的核苷酸序列所决定的。因此最准确的检测鉴定方法，就是一些基于核酸序列的分子生物学检测方法，如各种核酸杂交技术、PCR 技术以及基因芯片技术等。

一、核酸杂交技术

核酸的杂交是分子生物学的最基本方法，该技术是基于具有一定同源性的两条核酸单链在一定的条件下按碱基互补原则退火形成双链，即杂交。杂交的双方是待测核酸序列及探针。用于检测的已知核酸片段称为探针。为了便于示踪，探针常用放射性核素或一些非放射性标记物如生物素、地高辛等进行标记。传统的核酸分子杂交方法有膜上印迹杂交（如 Southern 印迹、Northern 印迹）和细胞原位杂交等。

膜上印迹杂交是指将核酸从细胞中分离纯化后结合到一定的固相支持物上，在体外与存在于液相中的带有标记的核酸探针杂交的过程。核酸原位杂交是指带有标记的探针与细胞或组织切片中的核酸进行杂交并对其进行检测的方法，是在细胞和组织内进行 DNA 或 RNA 精确定量的特异性方法之一。由于核酸分子杂交的高度特异性及检测的高度灵敏性，它的应用对分子生物学的迅猛发展起着重要的推动作用。但传统的核酸分子杂交方法整个过程繁杂，操作步骤多，特别是用放射性物质标记的探针，容易对人体造成伤害。

二、DNA 指纹图谱分析

RFLP（限制性酶切片段长度多态性）是一种分析鉴定 DNA 变异的常用技术，在植物病原菌的分类鉴定和亲缘关系分析等方面已有广泛的应用。由于其快速、准确的特点，在植物检疫中可用于植物病原真菌、细菌和线虫等的鉴定和分类，特别是对近似种或种下的分类鉴定上具有广阔的前景。

RFLP 分析的方法是：分别提取标准菌和待测菌的基因组 DNA 或质粒 DNA，用限制性内切酶消解，然后经聚丙烯酰胺凝胶电脉、溴化乙锭染色照相，对待测菌与标准菌的 DNA 指纹图谱进行比较分析，即可确定病原类型。

三、PCR（聚合酶链式反应）技术

PCR 技术是一种体外 DNA 扩增技术，PCR 的原理是通过引物延伸体外合成特异 DNA 片段。由模板变性、引物退火和延伸三个反应组成在酶促作用下的一个循环，通过反复循环，使目的 DNA 得以迅速扩增。理论上它可以检测到一个目标分子，是最灵敏的检测方法。此技术出现近 20 年，已广泛应用于植物病原物检验检疫中。

由于其快速、准确、所需样品量少的特点，十分符合植物检疫检验过程的要求。根据不同的检疫对象，需设计出特异性的引物，从而鉴定特定的病原菌。在 PCR 技术的基础上，发展起来许多方法，也在植物检疫上发挥作用。

例如，将免疫学和常规 PCR 技术相结合，酶学和 PCR 技术相结合，以及生物物理学和 PCR 技术相结合等，形成了以酶靶基因为基础的一系列 PCR 应用技术。对于 DNA 病毒，可以直接进行扩增。而对于大多数的 RNA 病毒，则需要先将 RNA 反转录成 cDNA 再进行 PCR 扩增，此方法称为反转录 PCR（RT-PCR）。PCR-ELISA 用 ELISA 代替琼脂糖凝胶电泳检测 PCR 产物，灵敏度高。应用常规 PCR 技术检测病毒时，必须知道目标 RNA 的核苷酸序列或部分序列，而免疫 PCR（I-PCR）技术可以在未知 RNA 核酸序列时，也能进行 PCR 检测，它是利用 A 蛋白可以与 IgG 的 Fc 片段相结合，以及 A 蛋白－抗生蛋白链素（亲和素）"嵌合体"具有对生物素（Biotin）和 IgG 的 Fc 片段双向专化性亲和的特点，把一种特定的生物素化的 DNA 分子（DNATag）作为一个标记物，使之与嵌合体相结合，再利用特定 DNA 分子的特异性引物，对 DNA 分子 PCR 扩增，从而使抗原得以检测。尽管这些衍化的方法和技术来源于基础研究，但其大部分技术已被应用到植物病毒、真菌、细菌和线虫的检测、鉴定和分子生物学的研究中。连接酶链式 PCR 技术（PCR-LCR 检测技术），是在 PCR 技术基础上发展起来的又一分子检测技术。该技术可以检测单个突变或差异的基因。DNA 连接酶的特点，是只能连接相邻的碱基间的磷酸二酯键，对于碱基缺失没有连接作用。当引物和模板 DNA 互补结合到模板链时，只有完全与模板链互补的两对引物，才能由 DNA 连接酶连接，并作为下一轮连接反应的模板链。与 PCR 原理相同，特异性片段得到对数扩增，产物经变性凝胶电泳并放射自显影后，可以得到理想结果。与 PCR 相比，LCR 灵敏度将大大提高，专一性也较强。但该技术耗时长，要求检测条件高，同时需要由放射自显影来显示结果差异。

四、探针技术

用探针法直接检测外源基因如病原体的基因，结果直观、准确、快速、灵敏，是检测人员所期盼的。常用的同位素标记、生物素或 DIG 标记的 cDNA 或 cRNA 探针仍存在着灵敏度不高的问题。目前的最新研究是分支探针和肽核酸探针。

（一）分支探针

探针的功能是识别和携带报告分子。每个探针上携带的报告分子愈多则由此而产生的信号愈强，灵敏度愈高。分支探针就是据此制成树状或梳状分支状，茎杆区与靶探针序列互补，树状或梳齿序列与酶标探针互补。由于分支很多，要结合的酶标探针也很多，所以产生的信号就很强。Chiton 公司于 1994 年推出了检测病毒的分支探针试剂盒。分支探针应用夹心杂交法不经扩增直接检测目标病毒，不仅快速、灵敏度高，而且是待检样品所含病毒真实数量检测。

（二）肽核酸探针技术

肽核酸（PNA）是以中性酰胺键为骨架的一类新的 DNA 类似物。它以甘氨酸结构单元为骨架，碱基部分通过亚甲基羰基连接于主骨架，其结构与天然核酸具有相似性，PNA 对核酸分子具有独特的序列识别能力。由于整个分子不带电，不存在静电排斥作用，因此与互补序列的 DNA 或 RNA 杂交比类似的 DNA 杂交具有更高的亲和性，其次对酶引起的降解稳定，还具有很高的特异性，使得 PNA 成为理想的杂交探针。

五、实时荧光 PCR 检测技术

1996 年由美国 Applied Biosystems 公司推出了 PCR 和核酸杂交以及荧光电信号放大结合同步的实时荧光定量 PCR 技术。由于该技术不仅实现了 PCR 从定性到定量分析的飞跃，而且与常规 PCR 相比，它结合了 PCR 技术的高灵敏度和核酸杂交技术的特异性，它具有特异性更强、有效解决 PCR 污染问题、自动化程度高、检测速度快（一般只需 $1\sim2$ h 就可完成整个检测过程）等特点。在植物病害检疫中可用于植物病原真菌、细菌、线虫、病毒等的鉴定和分类，特别是对植原体和难培养菌以及近似种或种下的分类鉴定。目前被认为是植物病原鉴定和病害诊断的革新，将对植物病害诊断产生重大影响，并将成为植物病原菌鉴定的标准方法。

（一）实时荧光 PCR 技术的原理

实时荧光 PCR 技术，是指在 PCR 反应体系中加入带有荧光基团的互补探针，如果有 PCR 反应（扩增），荧光信号就较大。这样利用荧光信号积累可以实时监测整个 PCR 进程，还可以通过标准阳性荧光信号大小对未知样品荧光信号强弱进行定量。

实时荧光 PCR 方法在扩增的过程中，连续不断地检测反应体系中的荧光信号的变化。当信号增强到某一阈值（PCR 反应的前 10～15 个循环的荧光信号为荧光本底信号，荧光阈值的设置是 3～15 个循环的荧光信号的标准偏差的 10 倍）时，此时的循环次数（Ct 值）就被记录下来。该循环参数和 PCR 体系中起始 DNA 量的对数值之间有严格的线性关系。利用阳性梯度标准品的 Ct 值，制成标准曲线，再根据样品的 Ct 值就可准确确定出起始 DNA 数量。

（二）实时荧光 PCR 技术的种类

目前应用于实时定量 PCR 检测中的探针主要有 3 种：分子信标探针、杂交探针和 TaqMan 探针，用得较多的是 TaqMan 探针。

1. 分子信标探针实时荧光 PCR 技术　　就是在同一寡核苷酸探针的 5′末端标记荧光素（FAM、TET 等）、3′末端标记淬灭基团（DABCYL、TAMRA 等）。分子信标探针两端几个碱基互补，形成发夹结构，探针的环状结构与目标 DNA 碱基互补，环两侧为与目的 DNA 无关的碱基互补的臂。当无目标 DNA 时，探针形成发夹结构，荧光素与淬灭剂接得很近，荧光素接受的能量通过共振能量转移至淬灭剂，结果不会产生荧光。在一定的条件下，当探针遇到目的 DNA 分子时，由于碱基互补配对，形成一个比两臂杂交更长、更稳定的杂交，探针自发进行构型变化，使两臂分开，荧光素和淬灭剂也随之分开。此时在紫外照射下，荧光素产生荧光。

2. 杂交双探针实时荧光 PCR 技术　　杂交双探针是两条分别带有不同标记的寡核苷酸，两条探针均与引物结合区之间的目标核酸序列发生特异性结合，且结合后的两条探针之间只相隔 1～2 个碱基。结合于靶序列 5′端上的探针在其自身的 3′端标记了一种供体荧光染料，结合于靶序列 3′端上的探针在其自身的 5′端标记了另一种受体荧光染料。当两条探针均呈游离状态时，受体荧光染料不发荧光；而在 PCR 的退火阶段，两条探针均与模板相结合时，两个荧光染料靠得很近，它们之间发生了称之为荧光共振能量转移，供体荧光染料被激发出的荧光信号可以被受体荧光染料所吸收而发出另一种波长的荧光，此时用一种特殊的检测仪器便可接收到这种荧光；随着引物介导的新链形成，两条探针被逐一从模板上取代下来，当两条探针由模板上被取代下来重新成为游离状态，仪器就不能检测到受体荧光染料所发出的荧光。

3. TaqMan 探针实时荧光 PCR 技术　　TaqMan 探针是一段 5′端标记报告荧光基团，3′端标记淬灭荧光基团的寡核苷酸。报告荧光基团如 FAM 共价结合到寡核苷酸的 5′端。TET、VIC、JOE 及 HEX 也常用作报告荧光基团。所有这些报告荧光基团通常都由位于 3′端的 TAMRA 所淬灭。当探针完整时，由于报告基团与淬灭基团在位置上很接近，导致其报告荧光的发射主要由于 Forster 型能量传递而受到抑制。在 PCR 过程中，上游和下游引物与目标 DNA 的特定序列结合，TaqMan 探针则与 PCR 产物相结合。*Taq* DNA 聚合酶的 5′～3′外切活性将 TaqMan 探针水解。而报告荧光基团和淬灭荧光基团由于探针水解而相互分开，导致报告荧光信号的增加。探针与产物的结合发生于 PCR 的每一循环，但并不影响 PCR 产物的指数积累。报告荧光基团与淬灭荧光基团的分离导致报告荧光信号的增加，而荧光信号的增加可被系统检测到，它是模板被 PCR 扩增的直接标志。

（三）实时荧光 PCR 技术的特点

从早期的斑点杂交到竞争性 PCR 及 PCR-ELISA 方法，一直面临的三大难题：①PCR的假阳性污染、定量准确性差、大样品量 PCR 产物检测困难的问题。②用这些方法进行检测，都有依赖于各种不同类型的 PCR 后处理过程，这些处理过程很容易使 PCR 产物飞散到空气中，使 PCR 产物污染，产生假阳性。③所有这些方法的定量都是针对 PCR 终产物进行的，PCR 的平台效应极大干扰了 PCR 的原始模板数量和终产物之间的相关性，使定量准确度难以提高。

实时荧光 PCR 系统采用在扩增的同时检测，PCR 反应管完全封闭，不需要 PCR 后处理，不仅避免了交叉污染机会，从检测开始到定量结束，整个过程耗时短，操作全部由仪器完成，实现自动化检测。

六、生物芯片检测技术

生物芯片检测技术可以说是目前最新的检测技术，各国都在投入巨额资金来开发这个产品。芯片检测分析的实质是在面积不大的芯片表面上有序地点阵排列了一系列固定于一定位置的可寻址的识别分子，结合或反应在相同条件下进行。反应结果用同位素法、化学荧光法、化学发光法或酶标法显示，然后用精密的扫描仪或 CCD 摄像技术记录，通过计算机软件分析，综合成可读的总信息。芯片不仅可一次检测多种病原物，而且可以鉴别菌株和亚型。

基因芯片用于检测具有高密度、快速、检测自动化等优点。但目前存在设备成本高，关键环节技术不成熟等问题，暂时应用比较困难。随着研究的不断深入，必将成为以后检测技术的主流。

七、分子生物学技术在植物病原物检验检疫中的应用

随着科学技术的不断发展，植物病原物检验检疫研究也进入了分子水平，许多病原物的检测检验及病害诊断较常规的检测方法，在特异性、灵敏度、准确性及缩短检验时间和简化检测程序等方面都有了长足的发展。

（一）在病毒检测方面的应用

1995 年朱水芳等报道用 PCR 和 Dig-cRNA 探针检测番茄环斑病毒，1996 年陈京等报道应用 RT-PCR 检测番茄环斑病毒，2000 年孔宝华用 RT-PCR 的方法对李坏死环斑病毒进行了检测，2000 年 Roberts 等采用 TaqMan 实时 RT-PCR 技术成功检测少至 500 fg 的番茄斑萎病毒，2000 年 Eun 等同时检测少至 5 fg 的剑兰花叶病毒和齿兰环斑病毒。2003 年朱建裕用实时荧光 RT-PCR 和杂交诱捕 RT-PCR-ELISA 对李坏死环斑病毒进行

了检测。

（二）在细菌检测方面的应用

早在 1989 年 Zellerh 等就建立了梨火疫病菌 DNA 杂交技术，1992 年又建立了该病菌的 PCR 反应体系。后又建立了一系列的检测技术，使检测灵敏度达到单个菌体。2003 年朱建裕等人建立了梨火疫细菌实时荧光和诱捕 PCR-ELISA 的方法。

水稻细菌性条斑病菌是国内重要的检疫性有害生物，Raymundo 等（1995）利用探针对该菌进行 RFLP 分析。姬广海等（1999）对水稻细菌性条斑病菌、稻短条斑病菌、李氏禾条斑病菌进行了 RAPD 分析，RAPD-DNA 的指纹分析和致病性测定表明稻短条斑病菌与李氏禾条斑病菌为同一菌原，与水稻细菌性条斑病菌株的 DNA 指纹图谱具有丰富的多态性。2003 年廖晓兰等应用实时荧光 PCR 建立了水稻白叶枯病菌与水稻条斑病菌两变种间区别鉴别体系。整个检测过程只需 2 h，在检验检疫中具有广阔的应用前景。

（三）在真菌检测方面的应用

分子生物学的方法解决了植物病原真菌鉴定中形态难以区分，或种苗内部少量带菌时难以鉴定的问题。

大丽轮枝菌是重要的土传病原菌，引起数十种作物的病害，由该菌引起的棉花黄萎病是全国农业植物检疫对象。用特异性引物可直接进行土壤中病菌的检测。朱有勇等（1998）在对 *Verticillium dahliac* 核糖体基因 ITS 区段测序的基础上，设计并合成了一对特异性引物，其扩增的分子片段可作为鉴定大丽轮枝菌的分子标记。

小麦矮腥黑穗病菌、印度腥黑穗病菌都是重要的检疫性有害生物，在形态特征上，它们的冬孢子与小麦普通腥黑穗病菌、稻粒黑粉病菌等同属其他病菌较相似，用形态特征进行鉴定非常困难。1996 年 Smith 等报道用 PCR 技术鉴定印度腥黑穗病菌取得成功，用冬孢子直接进行检测的最少孢子数为 1 000 个；吴新华等（1998）用特异性引物对冬孢子 DNA 扩增后，对其产物进行二次扩增，使检测灵敏度得到提高，对 100 个冬孢子即可进行稳定的检测。但对小麦矮腥黑穗病菌目前还没有稳定、有效、快速的分子生物学检测方法。

（四）在其他方面的应用

在线虫鉴定方面，张立海等（2001）对松材线虫和拟松材线虫的 ITS1 区段进行测序，经单链构象多态性（PCR-SSCP）分析，建立了鉴定这 2 种线虫的灵敏可靠的方法。2002 年廖晓兰等在国际上首次设计并合成植原体广谱荧光探针和椰子致死黄化、苹果丛生、榆树黄化三个植原体特异性荧光探针，成功地利用实时荧光 PCR 法对植原体进行了分类鉴定。2004 年廖晓兰等克隆并测定了中国柑橘黄龙病原菌 16S rDNA 基因序列，经同源性比较，表明属于柑橘黄龙病原菌亚洲种中的一个新株系（中国厦门株系）。该方法为柑橘黄龙病的检测，特别是早期诊断、检疫和病害的综合治理奠定了基础。

本 章 小 结

随着我国加入 WTO，我国在世界经济的舞台上扮演着越来越重要的角色，国际交流日趋频繁，有害生物传入传出我国的风险也加剧。因此植物病原物检验检疫的工作显得尤为重要。对检疫检验技术提出了快速、准确、灵敏、安全、高通量、简便、标准化和易于推广应用等更高要求。本章不仅介绍了一些常规的植物病原物检验检疫技术，而且介绍了分子生物学技术在植物病原物检验检疫中应用的原理及特点。重点介绍了近几年发展起来的实时荧光 PCR 等检验检疫植物病原物的新技术。

思 考 题

1. 植物病原真菌的检验方法主要有哪些？
2. 植物病原细菌的检验方法主要有哪些？
3. 植物病毒的检验方法主要有哪些？
4. 为什么说实时荧光 PCR 将对植物病害诊断产生重大影响，并将成为植物病原菌鉴定的标准方法？

第五章　检疫性病害除害处理与控制

随着我国经济的迅速发展和国际贸易往来的日益频繁，危险性有害生物伴随人类活动传播的可能性变得越来越大，通过检疫处理中断或避免有害生物人为传播而保证贸易和引种的正常进行，成为一种有效的手段。

检疫处理是指植物检疫机关对经检疫不合格的植物、植物产品和其他检疫物采取的强制性处理措施，一般是在检验不合格后，由检疫机关通知货主或其他代理人实施。但有的有害生物尚无可靠的检验方法或因故不能实施检验，则需对其寄主或来源于疫区的植物、植物产品进行预防性处理。植物检疫处理的目的是防止危险性生物随应检物的调运而传入或传出，但在一定条件下又允许这些物品自由调运，它往往作为进、出境和过境的限制性条件，有时也会成为贸易的一种技术壁垒。

第一节　检疫处理的原则和措施

一、检疫处理的原则

植物检疫是防止植物受有害生物危害的有效途径之一，但植物检疫处理措施与常规植物保护措施有许多不同，它是由植检机关规定、监督而强制执行的，而植保措施仅将有害生物控制在经济危害水平以下。植物保护需要协调使用多种防治手段，而检疫处理往往主要采用最有效的单一方法。

检疫过程中，在应检物品中未发现有害生物的物品不必处理即可放行，但经检查确定有危险性有害生物时，就应对这种物品进行适当检疫处理。为保证检疫处理达到预期目的，应遵循一些基本原则。检疫处理必须符合检疫法规的规定，在保证危险性有害生物不传入传出国境的前提下，尽量使处理所造成的损失降低到最小；检疫处理应彻底，达到完全杜绝有害生物传播的目的；检疫方法应安全可靠，不造成中毒事故，无残毒，不污染环境，不降低植物存活能力和植物繁殖材料的繁殖能力，不降低植物产品的品质、风味、营养价值，不污损其外貌；对于不能进行除害处理或除害无效的，坚决做停运、退货、或销毁处理；凡涉及环境保护、食品卫生、农药管理、商品检验以及其他行政管理部门的处理措施，应征得有关部门的认可并符合相关规定。

在确定检疫处理原则时，应考虑下列情况：

1. 植物危险性有害生物的分布、危害及传播途径等状况　①对具毁灭性或潜在极大危险性的植物有害生物，应与具有一般危险性的处理相区别。②对目前我国尚无分布的植物危险性有害生物，与国内已有局部发生的种类的处理相区别。③对通过输入植物、植物产品传带机率高的植物危险性有害生物，与传带机率低的处理相区别。

2. 传播植物危险性生物的寄主植物、植物产品状况　①对作为国家重要种质资源或主要农作物、经济作物的种子、种苗等繁殖材料与生产用种子、种苗，在处理原则上应有所不同。②对非繁殖材料（即植物产品），依产品经济价值、来源国或地区以及传带危险性有害生物的种类及其危险性等状况，在处理原则上应有所不同。

3. 有无有效的除害处理方法　　总的原则应根据危险性有害生物的 PRA 分析，并结合具体的检疫实践来确定检疫处理的原则。

二、检疫处理的措施

根据进出境或货物调运的具体要求和疫情的不同，可采取除害、停运、退货、销毁及预防控制等多种检疫处理措施，其中除害处理是检疫处理的主体。

除害处理就是通过物理、化学或其他方法直接铲除有害生物而保障贸易和引种安全，常用的方法有化学处理和物理处理。化学处理是利用熏蒸剂及其他化学药剂杀死或抑制有害生物，并保护检疫物在储运过程中免受有害生物的污染，是种子、苗木等繁殖材料病害防除的重要手段，也常用于交通工具和储运场所的消毒。物理处理是利用高温、低温、微波、高频、超声波以及核辐照等方法处理检疫物品，多兼具杀菌、杀虫效果，对处理种子、苗木、水果、食品等有较好的应用前景。

停运、退回和销毁也是重要的处理措施。当不合格的检疫物没有有效的除害处理方法，或虽有处理方法，但在经济上成本大或时间不允许的，应退回或采用焚烧、深埋等方法销毁。国际航班、轮船、车辆的垃圾，动植物性废弃物，铺垫物等均应用焚化炉销毁。

检疫处理还可通过一些有效的控制措施来达到预期目的，即不直接杀死有害生物，仅使其"无效化"，不能接触寄主或不能危害，又称为"避害措施"。避害的原理是使有害生物在时间上或空间上与其寄主或适生地区相隔离，主要方法有：①限制卸货地点和时间。热带和亚热带植物产品在北方口岸卸货、加工。北方特有的农作物产品调往南方进口加工。植物产品若带有不耐严寒低温的有害生物则可在冬季进口、加工。②改变用途。例如，植物种子改用于加工或食用。③限制使用范围和加工方式。进口粮谷可集中在少数城市采取合理工艺加工，以防止有害废弃物进入田间。种苗可有条件地调往有害生物的非适生区使用。

第二节　化　学　处　理

化学方法是检疫处理的一项重要措施，它主要是利用熏蒸剂及其他化学药剂杀死或抑制有害生物，达到杀灭、除害或消毒的目的。化学处理主要通过熏蒸和药剂处理两种方法进行。

一、熏蒸处理

熏蒸处理是指在可控制的场所，如船舱、车辆、仓库、加工厂、帐幕以及其他密闭的场所或容器内，利用熏蒸剂产生的有毒气体在密闭设施或容器内杀死有害生物，是应用最广泛的检疫除害处理措施。适于处理粮食、种子、植物无性繁殖材料、水果、蔬菜、其他动植物产品、生长期植株、工业品、土壤等。熏蒸处理可以快速集中消毒大批量物品，节省人工和费用，杀灭效果彻底，能杀死潜伏在植物体内或潜在缝隙中的病菌和线虫。熏蒸后毒气易于逸出发散，残毒问题相对较轻。

熏蒸剂虽可杀灭各种物品体内的有害生物，但若用之不当，也可杀死活植物如果树、苗木、插条、蔬菜、块茎、块根、鳞茎等。熏蒸效果除药剂本身理化性能外，也受密闭状况、温度、压力以及货物种类、有害生物类别等多种因子综合影响。另外，如不注意安全，就会发生中毒死亡事故。因此，熏蒸是一项复杂的技术工作。

（一）主要熏蒸剂的性能及其应用

用于检疫处理的理想熏蒸剂应具有以下特点：①作用迅速，毒杀有害生物效果好。②不溶于水。③有效渗透和扩散能力强，吸附率低，易于散毒。④对植物和植物产品无药害，不降低植物生活力和种子萌发率。⑤不损害被熏蒸物的使用价值和商品价值，不腐蚀金属，不损害建筑物。⑥对高等动物毒性低，无残毒。⑦不爆炸，不燃烧，操作安全简便。实际上，现有熏蒸剂很难全部具有上述特点。应根据药剂理化性质、被处理的货物类别、有害生物种类和气温条件等综合考虑选择熏蒸剂。

几种常见的熏蒸剂：

1. 环氧乙烷$[(CH_2)_2O]$　环氧乙烷低温时为无色液体，比重0.887（7℃），沸点10.7℃。常温下为气体，比重1.52。易溶于水和大多数有机溶剂。环氧乙烷易着火爆炸，因而常与二氧化碳以1:9混合使用。

环氧乙烷对真菌、细菌毒性强，渗透力高。Philips认为其灭菌的机制是它能与蛋白质上的羧基、氨基、硫氢基和羟基产生烷化作用，代替其不稳定的氢原子，而构成一个带有羟乙基根的化合物，阻碍了蛋白质的正常化学反应和新陈代谢，杀死微生物。

环氧乙烷散毒容易，适用于熏蒸原粮、成品粮、烟草、衣服、皮革、纸张、空仓等，一般用药量为$15\sim30$ g/m³，密闭48 h。该熏蒸剂对植物有药害，能严重降低小麦等禾谷类种子以及其他植物种子的发芽率，而且不适于处理萌芽和生长期的植株、水果、蔬菜等。环氧乙烷对人、畜毒性较低，当空气中含有3 000 cm³/m³时，人在其中呼吸$30\sim60$ min，就有致命危险。它与粮食中的氯离子、溴离子反应，产物毒性比环氧乙烷高。

10%的环氧乙烷和90%二氧化碳混合熏蒸粮食，在$21\sim25$℃，用药量为384 g/m³，处理24 h；干果在20℃以上，用药量640 g/m³，处理3h。国内用环氧乙烷处理小麦，在$15\sim25$℃，用药量$175\sim200$ g/m³，熏蒸$3\sim5$ d，可杀死小麦矮腥黑穗病菌，但降低种子发芽，只能用作进口粮食熏蒸。

2. 氯化苦（CCl_3NO_2）　其化学名称为三氯硝基甲烷，别名氯化苦味酸，纯品为无色油状液体，遇光变淡黄色，相对密度1.6576（20℃），低温下凝结成固体，熔点-69.2℃，沸点112.4℃，在常温下能自行挥发为气体。气体无色，相对密度为5.65，对眼黏膜有强烈刺激作用，催泪。氯化苦难溶于水，易溶于有机溶剂，易被多孔性物质吸附。化学性质稳定，不燃烧，不爆炸。

氯化苦主要用于仓库熏蒸和土壤处理，杀灭线虫和真菌等。整仓熏蒸储粮时，用药量以空间体积计算为$20\sim30$ g/m³，以粮堆体积计为$35\sim70$ g/m³。此外，还用于空仓、器材、加工厂农副产品和水分含量为14%的豆类种子熏蒸。用氯化苦处理土壤，在土温10℃和土壤含水量较高的条件下进行效果较好，用药量60 g/m³。打出20 cm深的孔后注药，每穴注药5 ml，穴间距$20\sim30$ cm，施药后用土覆盖孔穴并踏实，挥发的气体在土壤中扩散，杀死土壤线虫和某些病原真菌。

氯化苦渗透力较强，但挥发速度较慢，使用时应尽量扩大蒸发面。该剂易被多孔性物体，如面粉、墙壁、砖木、麻袋等吸附，散气迟缓，不宜熏蒸加工粮。种子含水量高时，熏蒸后发芽率降低，熏蒸能损害植物芽、叶，使果实变黑。对金属有腐蚀性，金属机件在熏蒸时应涂机油或凡士林保护。对人、畜有剧毒，轻者眼膜受刺激、流泪，重者咳嗽、呕吐、窒息、肺水肿，心律失常，虚脱以至死亡。中毒者可用硼酸水洗眼，禁止施行人工呼吸，应立即送医院抢救。

3. 溴甲烷（CH_3Br）　　　气体无色、无嗅，相对密度 3.27（0℃）。液体无色，相对密度 1.73（0℃），沸点 3.6℃，冰点 -93.7℃。溴甲烷难溶于水，易溶于有机溶剂。化学性质稳定，但在乙醇及碱性溶液中可被分解。在一般熏蒸作用浓度下，不易燃烧，不爆炸，但空气中含溴甲烷体积达 13.5%～14.5% 时，遇火花可以燃烧。溴甲烷气体对金属、棉、丝、毛织品和木材等无不良影响，液体则可溶解脂肪、橡胶、树脂、颜料和亮漆等。

溴甲烷是神经毒剂，有广谱的杀线虫作用，兼有杀菌作用。水溶性低，对植物及植物产品的危险性小。由于沸点低，气化快，在冬季气温较低时也能熏蒸。商品溴甲烷是压缩在钢筒中的无色或淡黄色液体，打开钢筒阀门，就能自动喷出并气化，气体侧向和向下方扩散快，向上方扩散较慢，熏蒸后易散毒。

溴甲烷广泛用于熏蒸粮食及其加工产品、种子、苗木、鳞茎等繁殖材料、生长期植物、水果、蔬菜和多种植物产品以及仓库、面粉厂、船只、车辆、集装箱、包装材料、木材等，也可用作土壤熏蒸。如温度 4～10℃，用药量为 100～120 g/m^3，密闭时间 2 d 以上；在温度 10～20℃，用药量为 60～80 g/m^3，密闭时间 2d 以上；在温度 20℃，用药量为 60～80 g/m^3，密闭时间 1 d 以上可有效处理病疫木中的松材线虫。

本品不适于熏蒸脂肪、骨粉、皮毛、毛织物、橡胶、大豆粉和其他高蛋白植物粉。

用溴甲烷熏蒸时，被熏蒸的生长期植物应没有机械伤，并预先在黑暗处进行，熏蒸后亦应放置暗处，每天至少喷 2～3 次水。松柏科植物只在休眠期和带土的情况下熏蒸。国内试验表明，高粱、红豆、番茄、花生和苜蓿种子熏蒸后发芽率可能有所降低。根据对熏蒸水果和瓜果的安全范围测定结果，21～24℃ 时，CT 值在 130～150 范围内，28～30℃ 时，CT 值 90～120 范围内。仅菠萝和库尔勒香梨不能用溴甲烷熏蒸，芒果需慎用。

溴甲烷剧毒，且无警戒性，一旦中毒，不易恢复，需严格实施防毒措施。当空气中含 50～170 cm^3/m^3 时，对人产生轻微中毒；当含 3000 cm^3/m^3 时，如果停留 30 min，可引起严重中毒以致死亡。溴甲烷熏蒸食品也有残毒问题，需严格按全国规定的标准操作。

溴甲烷在使用时应注意以下几点：①溴甲烷没有特殊气味，不容易被人觉察，虽在工业产品中加进了 2% 氯化苦做警戒剂，但在使用时必须戴防毒面具，以防中毒。②熏蒸时必须严密。③熏蒸时在仓库四周用测溴灯检查有无漏气现象。

鉴于溴甲烷对大气臭氧层有破坏的作用，1997 年 9 月 17 日在加拿大蒙特利尔召开的第九次《蒙特利尔议定书》缔约国大会上，对溴甲烷的限制做出了规定：发达国家 2005 年停止使用，发展中国家 2015 年停止作用。

4. **磷化氢** 商品片剂是用磷化铝、氨基甲酸铵、硬脂酸镁及石蜡等混合压制的，黄褐色、圆形，每片直径 20 mm，厚 5 mm，重 3 g，内含磷化铝 52%～67%。磷化铝片吸收水分后分解，放出磷化氢（H_3P）。

磷化氢为无色气体，具大蒜气味，气体相对密度 1.183，沸点 -87.5℃，在空气中浓度达 26 mg/L 即能自爆，但因氨基甲酸铵分解产生二氧化碳和氨气，控制磷化氢自燃，使用上较安全，但仍需注意防火。磷化氢微溶于水，易溶于有机溶剂，对铜、铁金属有腐蚀作用。

磷化铝用于仓库和帐幕熏蒸，防治多种有害生物。磷化铝熏蒸不受气温影响，磷化氢气体在空气中上升、下沉、侧流等方向的扩散速度差异不大，渗透力强，适用范围广，既能熏蒸原粮、成品粮，又能熏蒸种子和仓储器材。仓库内熏蒸每立方米用药 1～4 片或每吨粮食用 3～10 片，露天囤粮每吨用 4～12 片；散装粮食可分层均匀分散施放药片；袋装粮可将药片放置袋的中部粮内或粮袋之间，药片要分散放置，以免药片分解时产生的热量引起自燃。万一着火应使用干沙压盖，严禁用水。12～15℃时密闭熏蒸 5 d；16～20℃ 时 4 d；20℃ 以上时 3 d。熏蒸结束后通风散气 5～6 d。

磷化氢对人畜高毒，主要作用于神经系统。当空气中浓度 2～4 mg/m³ 可嗅到其气味；9.7 mg/m³ 以上浓度，可致中毒；550～830 mg/m³ 接触 0.5～1.0 h 发生死亡；2 798 mg/m³ 可迅速致死。熏蒸时操作人员不能在库内停留太久，必须戴防毒面具和胶皮手套，做好安全防护。

磷化氢一般不降低干燥种子发芽率。但若气温高，熏蒸剂量高，时间长时，也能使棉花、三叶草、绿豆、甘蓝等作物的种子发芽率降低。磷化氢可严重损伤生长中的植物。

5. **硫酰氟（SO_2F_2）** 气体、无色、无臭，常压下沸点为 -55.2℃，不燃烧，化学性质稳定，难溶于水。蒸气压力高，渗透力强，气体相对密度 2.88，液体相对密度 1.342（4℃）。该剂为广谱性熏蒸杀菌剂。对植物有药害，不能熏蒸活植物、水果和蔬菜等。对大多数植物种子萌发力无不良影响。熏蒸时不需加热设备，货物吸附量比溴甲烷少，熏后废气散发快，对多种货物安全，对人、畜毒性比溴甲烷低。美国用于熏蒸木材、木制品等，21℃ 以上用药量 64 g/m³，10～15℃ 时用药量 80 g/m³，熏蒸 24 h。国内试验，处理玉米、小麦、水稻、豆类、蔬菜种子，温度为 25～30℃、20～24℃、15～19℃ 和 11～14℃ 时，用药量分别为 30 g/m³、35 g/m³、40 g/m³、50 g/m³，皆熏蒸 24 h。真空熏蒸时，在真空度 99 750～94 430 Pa，温度 11～12℃ 条件下，用药量 70～90 g/m³，熏蒸 3h。

（二）熏蒸方式

有常压熏蒸和真空减压熏蒸两种方式。

1. **常压熏蒸** 在帐幕、仓库、船舱、筒仓以及其他可密闭的设施或容器内于正常大气压下熏蒸。帐幕熏蒸时地面需铺垫塑料布或挂胶布，放上货物，再覆塑料布或挂胶布，接口处卷折夹紧，四周用泥土、沙袋压紧。仓库、船舱均应糊封，防止漏气。熏蒸剂用量根据熏蒸设施容积比例、对熏蒸剂的吸附量以及可能的漏气程度确定。然后严格按照操作规程安放施药设备和虫样管，进行施药。施药后按时测定设施内熏蒸剂浓度，并全面查漏，发现漏毒要及时采取补救措施，熏蒸达到规定时间后，实施散毒，检查虫样的熏蒸效果，并安全处理残留熏蒸剂和熏蒸用具。

2. 真空熏蒸　　货物装入真空熏蒸室后，抽气减压，达到设定的真空度，施入药剂进行熏蒸。真空减压有利于熏蒸剂气体分子的扩散和渗透，可大大缩短熏蒸时间，杀虫效果好。熏蒸结束后，抽出熏蒸剂气体，反复通入空气冲洗。

熏蒸处理必须严格按各种药剂的使用方法和操作规程进行，切实采取各项防护措施，严防中毒。

（三）影响熏蒸效果的因素

熏蒸效果主要受药剂的物理化学性质、熏蒸条件、熏蒸物体的性质、环境因素、有害生物的种类、密闭程度等因素的影响。

1. 药剂的物理化学性质　　药剂的渗透性强，易于进入物品内部，杀虫灭菌效力高。沸点较低，相对分子质量较小的药剂渗透性较强。有毒气体浓度越高，物品透入空隙越大，渗透量也越高。熏蒸物品对气体分子的吸附作用阻碍气体的渗透。物体温度高时吸附作用较弱，低温时较强，因而温度较低时，需要增加药量，才能保持毒气有效浓度。熏蒸物体所占体积越大，吸附量也越大。物体的密度和孔隙度等物理性质不同，吸附量也有差异。水稻和麦类种子吸附量中等，荞麦籽、面粉和小麦麸皮等吸附量较高。吸附量高，可降低种子发芽率，使植物遭受药害，使面粉和其他食物营养成分变劣。人畜皮肤对毒气的吸附可导致中毒。被熏蒸的物体释放所吸附气体的过程称为解吸。温度越高，气体放出的速度越快。通风充分，解吸作用也较强。

2. 熏蒸条件　　熏蒸剂的挥发性和渗透性强，能迅速、均匀地扩散，使熏蒸物品各部位都接受足够的药量，熏蒸效果较好，所需熏蒸时间较短。溴甲烷、环氧乙烷和氢氰酸等低沸点的熏蒸剂扩散较快，二溴乙烷等高沸点的熏蒸剂，在常温下为液体，加热蒸发后，借助风扇或鼓风机的作用，方能迅速扩散。植物检疫中应用的多数熏蒸剂，气体比重大于空气，向上方扩散慢，多积聚下层，需由货物顶部施入，鼓风扩散。

3. 熏蒸物体的性质　　任何一种固体表面都有对气体的吸附性能。物体表面积越大，吸附性能就越强。例如：细微的面粉颗粒，因为表面积大，所以是粮食中吸附能力最高的物质，能使大量毒气吸附在面粉表面，阻碍了毒气的渗入，因此熏蒸时间需要较长，同样也需要较长通风散气时间，才能把毒气散尽。由于物体表面吸附性能，所以熏蒸的毒气必须先被熏蒸的物体和墙壁吸附饱和后，才能扩散到空气中，而达到一定的浓度。为了缩短熏蒸时间，往往采用减压熏蒸，但由于减压使物体表面吸附力增加，则需要消耗较多的药剂。

4. 环境因素　　以气温对熏蒸效果的影响最大。温度升高，药剂挥发性增强，熏蒸效果好。温度降低，需增加药量或延长熏蒸时间。空气湿度对熏蒸效果的影响较小，但对某些药剂可能有所影响。例如，相对湿度大或谷物含水量较高时，可促使磷化铝分解。熏蒸需在密闭环境或容器中进行，毒气泄漏，降低熏蒸效果，还可能发生中毒。

5. 密闭程度　　熏蒸容器要求越密闭越好，尤其是在施药期间，容器内的压力增加很大，稍有漏气就会损失大量毒气。

二、药剂处理

药剂处理即使用杀菌剂、抗菌素、除草剂、杀线虫剂以及其他类型的化学药剂进行处理。该方法设备简单、操作方便、经济、快速，但难以取得彻底的铲除效果，所用药剂可能有较强的毒性和残留。化学药剂主要用于种子、无性繁殖材料、运输工具和储运场所的消毒处理，不适于处理水果、蔬菜和其他食品。

（一）种子处理

药剂种子处理可以抑制或杀死种传病原菌，并保护种子在储运过程中免受病原菌的污染。处理方法有拌种法、浸种法、包衣法等。

1. **拌种法**　简便易行，适于处理大批量种子。在植物检疫中常用福美双（拌种双）、克菌丹等低毒、广谱保护性杀菌剂在种子出境前或进境后拌药。但是，保护性杀菌剂只对种子表面和种皮中的病菌有效，与内吸杀菌剂复配使用，可以增强对种胚和胚乳病菌的防除效果。苯菌灵由内吸杀菌剂苯菌灵与福美双复配而成，是应用范围较广的拌种剂。其他常用拌种药剂还有内吸杀菌剂多菌灵、硫菌灵、甲基硫菌灵、萎锈灵、三唑酮、三唑醇、甲霜灵（瑞毒霉）等，五氯硝基苯（PCNB）兼用于拌种和土壤处理。

2. **浸种法**　药效优于拌种法，但操作麻烦，浸后需立即干燥。豆类种子浸后膨胀，表皮破裂。抗菌素多用浸种法施药。例如，用 500 $\mu g/ml$ 剂量的金霉素、链霉素或土霉素浸渍十字花科蔬菜种子 1 h，再用 0.5% 次氯酸钠溶液浸渍 30 min 可防除黑腐病。水稻种子用 800 $\mu g/ml$ 氯霉素浸渍 48 h，可有效地防除白叶枯病和细菌性条斑病。

（二）无性繁殖材料处理

在植物检疫中，多采用杀菌剂或抗菌素浸渍处理苗木、接穗、球根、块茎等无性繁殖材料。柑橘接穗用链霉素（1 000~2 000 U/ml）与 1% 乙醇混合液浸 1~3 h，可治疗溃疡病。用金霉素、土霉素或四环素药液（1 000~2 000 U/ml）浸泡柑橘接穗 2 h，可治疗黄龙病。

（三）运输工具及储运场所的消毒

车辆、船舶、飞机等运输工具凡不能熏蒸处理的，可喷洒杀菌剂消毒。

第三节　物 理 处 理

物理处理主要是利用热力、微波、核辐射、气调等杀灭有害生物，需根据处理要求，有害生物种类、检疫物种类和设备条件等选用适宜方法。植物病原真菌、细菌、病毒和线虫的处理多选用热力和微波处理。

一、干热处理

主要用于处理蔬菜种子，对多种种传病毒、细菌和真菌都有除害效果（表 5-1），但处理不当可能降低种子萌发率。不同作物的种子耐热性有明显差异。据 70℃ 干热处理 4 d 后种子萌发率测定结果，耐热性强的有番茄、辣椒、茄子、黄瓜、甜瓜、西瓜、白菜、甘蓝、芜菁、韭菜、莴苣、菠菜、豌豆等；耐热性中等的有萝卜、葱、胡萝卜、欧芹、鸭儿芹、瓠子、牛蒡等；耐热性较弱的有菜豆、花生、蚕豆和大豆等。豆科作物种子不宜干热消毒。含水量高的种子受害较重，应先行预热干燥。干热处理后的种子应在 1 年内使用。

表 5-1　干热处理实例

对象	目标有害生物	温度和处理时间
黄瓜种子	黄瓜绿斑花叶病毒（CGMMV）	70℃，2~3 d
莴苣种子	莴苣花叶病毒（LMV）	50~52℃，3 d；78~80℃，1 d；75℃，2 个月；80℃，3 d
辣椒种子	烟草花叶病毒（TMV）	70℃，5 d
番茄种子	溃疡病菌 （*Clavibacter michiganense* subsp. *michiganense*）	68℃，1 d；70℃，4~6 d；85℃，1 d；85℃，1.5 d
番茄种子	枯萎病菌（*Fusarium oxysporium* f. sp. *Lycopesici*）	40℃，1 d+75℃，7 d
黄瓜种子	黑星病菌（*Cladosporium cucumerinum*）	70℃，2 d
番茄种子	黄萎病菌（*Verticillium tricor pus*）	75℃，6 d；80℃，5 d
小麦原粮、麦麸皮、饲料、面粉等	矮腥黑粉菌（*Tilletia contraversa*）	130℃，30 min；125℃，60 min；82.2℃，7 min
甘薯块根	根瘤线虫（*Meloidogyne* spp.）	39.4℃，30 h
土壤	多种有害生物	121℃，2 h

干热法还用以处理原粮、饲料、面粉、包装袋、干花、草制品和土壤等，以杀死线虫、病菌以及其他有害生物。我国用干热法处理小麦原粮和加工后的下脚料杀死小麦矮腥黑穗病菌的厚垣孢子。使用滚筒式烘干机结合保温塔处理原粮时，滚筒内温度 110℃以上能在 25 min 内将原粮加热到 82~85℃，滚筒出口粮温不低于 95±5℃，保温塔出口粮温 85±5℃，塔中心处不低于 80℃，处理后小麦含水量降低 1%，品质也可能有所降低。

二、热水处理

用于处理植物种子和无性繁殖材料，杀死病原真菌、细菌和线虫。热水处理利用植物材料与有害生物耐热性的差异，选择适宜的水温和处理时间以杀死有害生物而不损害植物材料。使用热水处理方法必须系统研究各处理温度和时间组合对植物和有害生物双方的影响，制定严格的操作规程。热水处理法在检疫上的应用实例见表 5-2。

表 5-2　热水处理法的应用实例

	对象	目标有害生物	处理水温和时间
植物种子	水稻	白叶枯病病原菌 （*Xanthomonas campestris* pv. *oryzae*）	45℃，3 min＋58℃，10 min
		条斑病原细菌（*X. campestris* pv. *oryzicola*）	45℃，3 min＋58℃，10 min
		茎线虫（*Ditylenchus angustus*）	53℃，15 min
		干尖线虫（*Aphelenchoides besseyi*）	51～53℃，15 min
	小麦	散黑穗病菌（*Ustilago tritici*）	44～46℃，180 min
		粒瘿线虫（*Anguina tritici*）	52℃，10 min；53～54℃，5 min
	珍珠稗	霜霉病菌（*Sclerospora graminicola*）	55℃，10 min
	十字花科蔬菜	黑腐病菌（*Xanthomonas campestris* pv. *campestris*）	50℃，30 min
	花椰菜	黑胫病菌（*Phoma lingam*）	50℃，20～30 min
	番茄	溃疡病菌（*Clsvibacter michiganense* subsp. *michiganense*）	50℃，60 min；54℃，60 min； 55℃，25～30 min；57℃，20 min； 59℃，10 min
无性繁殖材料	马铃薯块茎	金线虫（*Globodera rostochiensis*）	55℃，5 min
		爪哇根结线虫（*Maloidogyne javanica*）	45.5℃，120 min
	甘薯块根	黑斑病菌（*Ceratocystis fimbriata*）	50～54℃，10 min
		南方根结线虫（*Meloidogyne incognita* var. *acrita*）	46.7℃，65 min
		相似穿孔线虫（*Radopholus similis*）	44℃，240 min
	百合鳞茎	滑刃线虫（*Aphelenchoides fragariae*）	41.1℃，120 min（白皮品种） 38.9℃，90 min（红皮品种）
	鸢尾鳞茎	茎线虫（*Ditylenchus dipsaci*）	43℃以下，180 min

用热水处理种子，即温汤浸种是铲除种子内部病菌的主要方法。我国在清朝乾隆年间就已广泛使用热水处理棉花种子。温汤浸种的主要操作程序如下：

1. 选种　选择饱满、成熟度高、无破损的种子进行处理。

2. 预浸　先用冷水浸渍 4～12 h，排除种胚和种皮间的空气以利热传导，同时刺激种内休眠菌丝体恢复生长，降低其耐热性。

3. 预热　把种子浸在比处理温度低 9～10℃的热水中预热 1～2 min。

4. 浸种　根据寄主和病原菌组合选定水温和浸种时间。由于杀菌温度与引起种子发芽率下降的温度很接近，必须严格控制处理条件，注意不同成熟度，不同贮藏时间和不同品种种子间耐热性的差异。

5. 冷却干燥　将浸过的种子摊开晾晒或通气处理，使之迅速冷却、干燥以防发芽。

有时温汤浸过的种子再用杀菌剂处理，增强防治效果并保护种子免受其他来源的病原菌污染。

大豆和其他大粒豆类种子水浸后能迅速吸水膨胀脱皮，亚麻种子表面胶质物遇水后黏化、溶解，均不适于用热水处理。用植物油、矿物油和四氯化碳（CCl₄）代替水作导热介质处理豆类种子已取得成功。大豆种子用 70℃的大豆油处理 5 min 或 140℃处理 10 s，杀菌效果和种子发芽率均很高。

三、蒸气热处理

蒸气热处理可用于处理种子和进行苗木消毒。杀菌有效温度与种子发芽受害温度的差距较温汤浸种和干热灭菌大，对种子发芽的不良影响较小。柑橘种子用 54～56℃ 湿热空气处理 10～60 min，能杀死种子内部带有的黄龙病病原、溃疡病和疮痂病病原等。柑橘苗木和接穗用 49℃ 温热空气处理 50 min 对黄龙病的防治效果也较好。蒸气热处理在检疫上的应用实例见表 5-3。

表 5-3　蒸气热处理法的应用实例

类别	作物	防治对象	处理（温度和时间）
蔬菜	甘蓝	菌核病	60℃，90 min；65.5℃，40 min
	莴苣	斑点病	54.4℃，20 min
果树	柑橘	病毒病、黄龙病	48～51℃，45～60 min

四、微波处理

微波是波长很短的电磁波，微波加热也是一种快速处理植检材料的有效方法，其除害原理与高频介质加热相同，也是介质本身加热。

用 ER－692 型微波炉以带盖瓦罐作容器，处理玉米种子，在 70℃ 下处理 10 min 就能杀死玉米枯萎病病原细菌，但种子发芽率有所降低。对稻干尖线虫的试验表明，处理温度为 63.4℃，病原线虫的死亡率达 100%；处理温度在 49.8～64.1℃ 的范围内，对种子的发芽率无不良影响；只有温度高达 69.4℃ 以上时，种子的发芽率才明显下降。

微波处理快速、安全、效果可靠，处理费用较低，尤适于旅检、邮检部门处理旅客携带或邮寄的少量非种用农、畜产品。

本 章 小 结

检疫处理是指植物检疫机关对经检疫不合格的植物、植物产品和其他检疫物采取的强制性处理措施。根据进出境或货物调运的具体要求和疫情的不同，可采取除害、停运、退货、销毁及预防控制等多种检疫处理措施，其中除害处理是检疫处理的主体。

除害处理就是通过物理、化学或其他方法直接铲除有害生物而保障贸易和引种安全，常用的方法有化学处理和物理处理。化学方法是检疫处理的一项重要措施，它主要是利用熏蒸剂及其他化学药剂杀死或抑制有害生物，达到杀灭、除害或消毒的目的。物理处理主要是利用热力、微波、核辐射、气调等杀灭有害生物，需根据处理要求，有害生物种类、检疫物种类和设备条件等选用适宜方法。植物病原真菌、细菌、病毒和线虫的处理多选用热力和微波处理。检疫处理还可通过一些有效的控制措施来达到预期目的，即不直接杀死有害生物，仅使其"无效化"，不能接触寄主或不能危害，又称为"避害措施"。

思 考 题

1. 检疫处理的基本原则有哪些?
2. 如何根据不同的情况采取不同的植物检疫处理措施?
3. 试述熏蒸剂的主要种类及使用范围?
4. 影响熏蒸效果的主要因素有哪些?
5. 试述热力处理的方法及步骤?
6. 试述微波处理在植物检疫中应用前景?

第二篇　国内植物检疫危险性病原物

第六章　国内植物检疫性真菌

第一节　棉花黄萎病菌

一、历史、分布及危害

黄萎病是棉花生产中最重要的病害之一。该病从 1891 年美国首次发现至今，已遍布世界各主要产棉区。我国于 1935 年由美国引进斯字棉时传入，后随棉种调运不断扩大。截至 20 世纪 80 年代末，棉花黄萎病已遍及全国 18 个省、市、自治区的 478 个县（市）。进入 90 年代，黄萎病扩展速度更快，尤其 1993、1995 和 1996 年连续 3 年在全国范围内连续大发生，有些重病田病株率高达 80％～90％，并出现成片病株落叶成光秆的棉田，损失相当严重。据估计，我国棉花黄萎病的发生面积每年大约为 266.7 万公顷，重病田 133.3 万公顷，每年损失皮棉约为 200 万担（注：1 担＝50kg）。黄萎病为害棉花造成的损失程度因症状类型、发病早晚及受害程度而不同，现蕾开花期发病损失率可达70.9％～88.8％；盛花期发病损失率为41.6％～48.6％。落叶型和急性萎蔫型黄萎病株易死亡，损失更重。

二、所致病害症状

棉花从苗期至收获期均可受害，一般在现蕾后才开始表现症状，开花结铃期达高峰。其症状主要分为如下类型。

（一）普通型

病株症状自下而上扩展。发病初期在叶缘和叶脉间出现不规则形淡黄色斑块，病斑逐渐扩大，从病斑边缘至中心的颜色逐渐加深，而靠近主脉处仍保持绿色，呈"褐色掌状斑驳"，随后变色部位的叶缘和斑驳组织逐渐枯焦，呈现"花西瓜皮"症状；重病株到后期叶片由下向上逐渐脱落、蕾铃稀少，后期常在茎基部或落叶的叶腋处长出细小新枝。开花结铃期，有时在灌水或中量以上降雨之后在病株叶片主脉间产生水渍状褪绿斑块，较快变成黄褐色枯斑或青枯，出现急性失水萎蔫型症状，但植株上枯死叶及蕾多悬挂并不很快脱落。

（二）落叶型

这种类型症状在长江流域和黄河流域棉区都已发现，危害十分严重。主要特点是顶叶向下卷曲褪绿、叶片突然萎垂，呈水渍状，随即脱落成光秆，表现出急性萎蔫落叶症状。叶、蕾，甚至小铃在几天内可全部落光，后植株枯死，对产量影响很大。

上述不同症状的黄萎病株，其根、茎维管束均变为褐色，但较枯萎病变色浅。

维管束变色是诊断棉株是否发生黄萎病的最可靠方法，也是区分枯、黄萎病与红（黄）叶枯病等生理病害的重要标志。对病株怀疑时，可剖开茎秆或掰下空枝（或叶柄）

检查维管束是否变色，一般红（黄）叶枯病等生理病害植株维管束不变色；枯萎病病株维管束变色较深，呈深褐色或墨绿色；黄萎病病株维管束变色较浅，多为黄褐色或浅褐色。

三、病原特征

引起棉花黄萎病的病菌有两个种，即大丽轮枝菌（*Verticillium dahliae* Kleb）和黑白轮枝菌（*Verticillium albo-atrum* Reinke et Berthold），均属于真菌门中半知菌亚门丝孢纲轮枝菌属。经研究，我国棉花黄萎病菌以大丽轮枝菌为主。

两种病原菌的主要区别是：①大丽轮枝菌形成各种形状的黑色微菌核，而黑白轮枝菌产生黑色休眠菌丝。②大丽轮枝菌在 30℃ 下能生长，而黑白轮枝菌则不能生长。③大丽轮枝菌分生孢子梗基部是透明的，而黑白轮枝菌分生孢子梗基部暗色。这一特点在寄主组织上明显，而人工培养时容易消失。④大丽轮枝菌的分生孢子较小，而黑白轮枝菌较大，特别是先长出的第一个分生孢子较大，有时带一个隔膜。较长时间培养后大丽轮枝菌菌落正反两面均呈黑色，而黑白轮枝菌的菌落正面为鼠灰色，而背面几乎为黑色。⑤大丽轮枝菌生长最适 pH 值为 5.3～7.2，而黑白轮枝菌 pH 值为 8.0～8.6。大丽轮枝菌在 pH 值为 3.6 时生长明显好于黑白轮枝菌（表 6-1）。

表 6-1　两种轮枝菌的形态比较

繁殖体	大丽轮枝菌	黑白轮枝菌
菌丝体	初白色，后许多厚壁细胞组成黑色的近球形、长条形或不规则形的微菌核，大小（50～200）μm×（15～50）μm	开始白色，后形成粗而壁厚、分隔较密的暗褐色休眠菌丝，并可集结成暗色菌素
分生孢子梗	轮状枝 1～4 层，每层 3～4 个分枝，全长 110～130μm	轮状枝 2～4 层，偶有 7～8 层，每层 1～7 个分枝，多为 3～5 枝，长 100～300 μm 或更长
分生孢子	单胞无色，椭圆形或长椭圆形，大小（2.3～9.1）μm×（1.5～3.0）μm	单胞无色，卵圆形或长椭圆形，大小（3～10）μm×（2.5～5）μm

病菌在 PSA 培养基上生长缓慢，长出白色或淡白色菌丝体。根据培养基中的菌落特点，可将菌落分为 3 种类型，即菌核型、菌丝型和中间型。菌核型：在菌落上产生菌丝和大量的微菌核，菌落中间常为白色气生菌丝团，基质内布满黑色微菌核。菌丝型：菌落上气生菌丝发达，呈绒毛状，培养 2 周后仍未出现黑色微菌核。中间型：菌落上气生菌丝少，产生少量微菌核。菌落类型与致病性强弱有一定的相关性，一般菌丝型菌株的致病性较弱或属致病性中等的类型，而菌核型和中间型菌株致病性较强，无论美国的落叶型 T$_9$，还是我国的落叶型 VD$_8$ 在培养性状上均为菌核型。

四、适生性

（一）寄主范围

大丽轮枝菌的寄主范围广，可为害 38 科 660 种植物，其中农作物 184 种，杂草 153 种。大田作物包括向日葵、茄子、辣椒、番茄、烟草、马铃薯、甜瓜、西瓜、黄瓜、花生、菜豆、绿豆、大豆、芝麻、甜菜等，一般禾本科作物如水稻、麦类、玉米、谷子和高粱等不受危害。

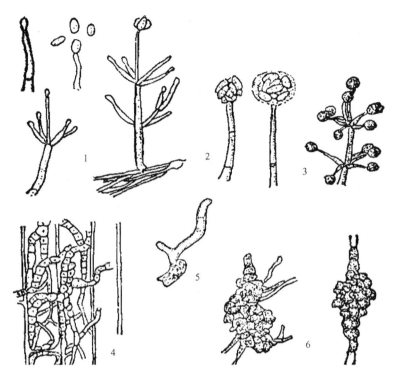

图 6-1 棉花黄萎病菌（大丽轮枝菌）（仿董金皋等《农业植物病理学》）
1.分生孢子梗及分生孢子；2，3.分生孢子团；4.膨胀菌丝；5.厚垣孢子；6.微菌核

（二）生物学

大丽轮枝菌在 10～30℃ 均可生长，生长的最适温度为 20～25℃，33℃ 绝大多数菌株不生长，但有些菌株耐高温的能力较强，在 33℃ 下仍能缓慢生长。由于微菌核具有厚壁，其内又含有大量脂肪，故对不良环境的抵抗力较强，能耐 80℃ 高温和 -30℃ 低温，所以一旦定殖下来，很难根除。微菌核萌发适温为 25～30℃，在磷酸缓冲液中微菌核萌发的 pH 值为 4.2～9.2，在察氏培养基上培养 18 h 后，微菌核的萌发率接近 90%。土壤含水量为 20%，有利微菌核形成；40% 以上则不利其形成。

（三）生理分化

棉花黄萎病菌变异性较大，常因环境条件影响而产生新的生理分化类型。在美国加利福尼亚圣金峡谷棉区发现的 T-9 落叶型菌系，其毒力大于该地采集的 SS-4 非落叶型菌系 10 倍，是现今世界上毒力最强最危险的菌系。我国黄萎病菌存在 0、1、2 号 3 个生理小种，0 号小种致病力弱，2 号致病力强，1 号致病力中等。根据 10 个菌系在海岛棉、陆地棉和中棉三大棉种 9 个棉花品种上的致病力不同，划分为 3 个不同的生理型：

生理型 1 号：致病力最强，如陕西泾阳菌系，对所有鉴别品种都严重侵染。

生理型 2 号：致病力最弱，如新疆和田及车排子菌系，对所有品种侵染都很轻。

生理型 3 号：致病力中等，如河南安阳、河北栾城和永年、辽宁辽阳、江苏丰县、四川南部和云南宾川等菌系。

（四）侵染循环

棉花黄萎病菌主要在土壤、病残组织、带菌的棉籽、棉籽饼、棉籽壳和未经腐熟的土杂肥中越冬。另外由于病菌的寄主范围很广，田间带病作物也是重要的初侵染来源。种子带菌主要是短绒带菌，内部带菌率很低，但对病害的传播仍起重要作用。病菌所产生的微菌核待病残体分解后，便释放到土壤中。病残体和土壤中的微菌核是主要的侵染来源，它们主要存在于耕作层（0～40 cm 的土层中）。在病残体未腐熟以前，菌丝一直可在病残组织内存活并产生微菌核，在病残体分解后，部分微菌核仍能存活 8～10 年之久。在低温、高湿和 50℃ 的高温下仍可存活半年以上，遇到适宜环境便可萌发侵染寄主。

在适宜条件下黄萎病菌的微菌核或分生孢子萌发产生的菌丝可直接从棉花根毛细胞、根表皮细胞或根部伤口侵入，经过皮层进入导管，通过纹孔由一个导管进入另一个导管，并在导管内繁殖产生大量的菌丝和分生孢子，分生孢子随导管中的液流上升。接种后 3 d 内病菌即可扩散到全株。对棉黄萎病株进行解剖观察证明，棉株不同部位的导管内都有病菌侵入，但导管被侵数量不一，从不同部位来看，以叶片导管侵染率最高，果枝最低，根、茎导管侵染率次于叶片。黄萎病菌主要以初侵染为主，再次侵染作用不大。

（五）影响发病的因子

棉花黄萎病的发生与土壤菌量、气候条件、病菌的致病性变异、品种抗病性和耕作栽培措施密切相关。

土壤中菌源数量是黄萎病能否流行的先决条件。每克土壤只需含有 0.03 个棉花黄萎病菌繁殖体微菌核就可造成发病。连年种植棉花或与其寄主作物轮种，使土壤含菌量逐年增加，发病日趋严重。

适宜的气候条件是黄萎病能否发生流行的重要因素。温度在 25℃ 左右，相对湿度高于 80% 是该病大发生的关键因子。

棉花不同种和品种间对黄萎病的抗病性存在明显差异，以海岛棉抗病性最强，陆地棉次之，亚洲棉较弱。

病菌致病性变异及强致病力落叶型菌系的出现是近年来我国棉花黄萎病严重发生的重要因素。棉花黄萎病菌存在异核现象，群体内也存在不同的致病类型，当致病性强的小种或致病类型占据优势时，就有利于病害发生和流行。

耕作栽培措施与病害发生具有密切关系。连作地块病重，病田连作年限越长，土壤内病菌积累越多，发病越重。与非寄主作物轮作发病轻，特别是水旱轮作防病效果更好。

五、检验检疫方法

（一）产地田间检查

一般每年进行 2 次检查，即花铃期和吐絮后期进行。要求全面调查，一株不漏。后期剖秆数，株行圃查 50%，株系圃查 10%。原种圃和繁殖基地可根据上段检查疑点进行抽样剖查。隔离观察圃的新材料要求全部剖秆检查。

（二）室内检查

1. 保湿培养　　取可疑病株的枝、茎一小段，清洗干净后，剥去表皮，用 70% 乙醇表面消毒 3 min 或 0.1% 升汞液（升汞 1 g，浓盐酸 2.5 ml，水 1000 ml 配制）消毒 1～3 min，并用无菌水冲洗 3 次。再将木质部削成 3～5 cm 长的小块，放在滴有无菌水滴的载玻片上，每片放 3～4 块，将玻片放入垫有双层吸水纸或脱脂棉的培养皿内，盖好皿盖置于 20～22.5℃ 或 27～30℃ 温箱诱发黄萎病和枯萎病，或直接放在房间进行保温培养。2～5 d 后，长出白色菌丝体时，直接用显微镜检查，鉴定是否为黄萎病病菌。

2. 组织分离　　组织分离要在无菌室（超净工作台）或接种箱乙醇灯火焰无菌条件下进行。将病株茎秆剥去表皮洗净，用 0.1% 升汞液表面消毒 1 min 或 10% 漂白粉溶液表面消毒 3 min，用灭菌水冲洗 3 次，然后用灭菌剪取长约 5 mm 的小块，置于马铃薯琼脂培养基平板上，每皿放 5～6 块，在 24～26℃ 温箱中培养 5～15 d，先用肉眼检查菌落，然后进行镜检。

3. 种子检验　　将应检种子置于三角瓶中，在流水下冲洗 24 h，或将棉籽放入 75% 乙醇中浸 2～3 s 除去气泡，然后置于 0.1% 升汞液中消毒 2 min，再用灭菌水冲洗 2～3 次。或将棉籽放在 20% 漂白粉溶液中浸 3～5 min，无需冲洗。然后将冲洗或消毒过的种子，用灭菌镊子移放在分离黄萎病菌的琼脂培养基和分离枯萎病菌的马铃薯蔗糖琼脂培养基平板上，每皿放 5 粒，置 22～25℃ 左右的温箱培养 10～15 d，用低倍镜检查每粒棉籽周围有无黄萎病菌，并用高倍镜检来确定是否为黄萎病菌，记载带菌率。

六、检疫处理

（1）对发现有黄萎病菌的种子进行禁运，或通过硫酸脱绒、多菌灵浸种等方法处理种子。对未发现检疫对象的基地棉籽可签发"棉种产地检疫合格证"。

（2）经田间检查发现零星病株在 0.1% 以下的种子田，拔除病株，土壤消毒处理后，对同一地块的种子签发"棉种消毒处理通知单"，在植物检疫部门监督下进行种子消毒处理后，限制在病区内使用，不得调入无病区。

（3）消灭病点，严格封锁病田。拔除并集中销毁病株及病残体。对个别零星病区特别是落叶型黄萎病的零星病区，除拔除病株烧毁外，可采取氯化苦土壤熏蒸。

第二节　十字花科黑斑病菌

一、历史、分布及危害

黑斑病是十字花科作物中常见的病害之一，在世界各地分布比较广泛，我国十字花科作物种植区均有一定程度的发生。该病在白菜、甘蓝、花椰菜、油菜等十字花科作物上比较常见，以春秋两季发生普遍。一般可减产 10% 左右，流行年份可减产 30%～50%。植株感病后，易造成叶片早枯，影响产量和品质。蔬菜作物茎叶变苦，品质低劣，不堪食用。自 20 世纪 80 年代末期以来，黑斑病在我国北方蔬菜产区频频流行，已成为白菜等蔬菜作物生产上的重要病害之一。

该病属世界性病害，在世界各国均有发生。

二、所致病害症状

十字花科作物苗期即可受害，但以中后期受害最重。种子带菌可造成种子腐烂和死苗。在生长期，该病主要危害十字花科作物的叶片和叶柄，也可危害花梗和种荚。在不同作物上病斑大小有所差异。叶片受害时，多从老叶开始发病，初为近圆形褪绿斑，以后逐渐扩大，发展成灰褐色或暗褐色病斑，且有明显的同心轮纹，病斑周围有时产生黄色晕圈，在适宜条件下病部易穿孔。通常白菜上病斑比花椰菜和甘蓝上的病斑小，直径2~6 mm，甘蓝和花椰菜上的病斑直径可达5~30 mm。后期潮湿时病斑上产生黑色霉状物，为病菌的分生孢子梗及分生孢子。发病严重时，多个病斑汇合成大斑，常导致叶片变黄枯死，全株叶片自外向内干枯。叶柄和花梗上病斑长圆形或梭形，暗褐色，稍凹陷；油菜或十字花科蔬菜留种株上叶柄与主茎交接处染病，形成椭圆形至梭形轮纹状病斑，环绕侧枝与主茎一周时，可引致侧枝或整株枯死。种荚上的病斑近圆形或长圆形，中央灰色，边缘褐色，外围淡褐色，有或无轮纹，潮湿时病部产生黑褐色霉层，与霜霉病的白色霉层有明显区别。

三、病原特征

十字花科蔬菜黑斑病由半知菌亚门丝孢纲链格孢属真菌所致。其中白菜黑斑病菌为芸薹链格孢［*Alternaria brassicae* (Berk.) Sace.］，甘蓝和花椰菜黑斑病菌为芸薹生链格孢［*A. brassicola* (Schw.) Wiltshire］（异名为 *Alternaria oleracea* M. Ibrath）。萝卜黑斑病菌除芸薹链格孢外，还有萝卜链格孢（*Alternaria raphani* Groves et Skoloko）。

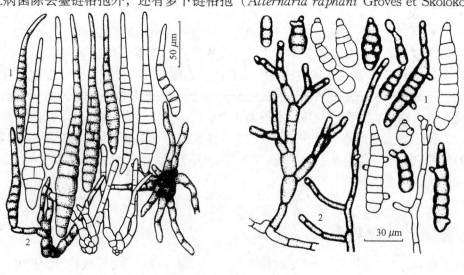

图6-2　十字花科蔬菜黑斑病菌（仿吕佩珂等，中国蔬菜病虫原色图谱）

A. 芸薹链格孢（*Alternaria brassicae*）；B. 芸薹生链格孢（*A. brassicola*）

1. 分生孢子；2. 分生孢子梗

A. brassicae 和 *A. brassicola* 两者分生孢子形态相似，倒棍棒状，有纵横分隔，分生孢子 3~10 个横隔，深褐色。两种病菌的主要区别是：*A. brassicae* 分生孢子梗单生或 2~6 根丛生，分生孢子多单生，较大，（42~138）μm×（11~28）μm，淡橄榄色，喙长，顶端近无色，喙具 1~5 个隔膜。*A. brassicola* 分生孢子常 8~10 个孢子串生，分生孢子较小，（50~75）μm×（11~17）μm，色较深，无喙或喙短。萝卜链格孢 *A. raphani* 菌丝灰绿色至暗橄榄色，分生孢子梗长 29~160 μm，分生孢子橄榄褐色至黑色，倒棍棒状，单生或 6 个孢子成链串生，喙短或无喙，孢子体长 45~58μm，喙长 10~25 μm，具横隔 6~9 个（图6-2）。

四、适生性

（一）寄主范围

十字花科黑斑病菌可侵染多种十字花科作物，如白菜、甘蓝、花椰菜和油菜等。三种病原菌的寄主范围有所差异。*A. brassicae* 和 *A. brassicola* 都能侵染白菜、油菜、甘蓝、花椰菜、芥菜、芜菁和萝卜等。但 *A. brassicae* 多危害白菜、油菜、芥菜和芜菁，而 *A. brassicola* 主要危害甘蓝和花椰菜，二者均可产生毒素。*A. raphani* 则以危害萝卜为主。

（二）生物学

在高温高湿条件下，黑斑病菌产孢量大。芸薹链格孢在 1~35℃均能生长发育，最适温度 17~20℃，孢子萌发适温为 17~22℃，菌丝和分生孢子 48℃时处理 5 min 可被致死；芸薹生链格孢在 10~35℃都能生长发育，菌丝生长适温为 25~27℃，孢子萌发温度范围是 1~40℃。分生孢子萌发要有水滴存在。

病菌以菌丝体、分生孢子在田间病株、病残体、种子或冬储菜上越冬。种子是病菌的主要越冬场所之一，据检测，种子带菌率可达 60% 以上。该病在南方周年均可发生，辗转为害，无明显越冬期。在北方主要靠病残体上的菌丝和孢子进行初侵染，以后产生大量的分生孢子，产孢持续超过 80 d。分生孢子在土壤中一般能生存 3 个月，遗留在土表的孢子有的可存活 1 年。第二年环境条件适宜时，病菌产生分生孢子，从气孔或直接穿透表皮侵入，潜育期 3~5 d，分生孢子随气流、雨水传播，进行多次再侵染。在生长季节，病菌可连续侵染当地的采种株及油菜、白菜、甘蓝等十字花科蔬菜，使病害不断扩展蔓延。

（三）影响发病的因素

1. 气候条件 黑斑病发生的轻重及早晚与连阴雨持续的时间长短有关，多雨高湿有利于黑斑病发生。发病温度范围为 11~24℃，最适温度是 11.8~19.2℃。孢子萌发要有水滴存在，在昼夜温差大，湿度高时，病情发展迅速。病情轻重和发生早晚与降雨的迟早、雨量的多少成正相关。黑斑病都是在高湿条件下发病最盛，但白菜黑斑病菌要求较低的温度；甘蓝黑斑病菌要求高的温度。所以，白菜黑斑病多发生在气温较低的季节（17℃左右），在连续阴雨或大雾的条件下，极易流行成灾；而甘蓝黑斑病则发生在气温较高的季节。

2. 栽培条件　　田间密植和连作地块有利于发病；大水漫灌，地势低洼，底肥不足或偏施氮肥的地块发病重。

3. 品种抗性　　品种间抗病性有一定差异，但未发现免疫品种。据调查，油菜品种中白菜型品种最感病，甘蓝型品种较抗病，芥菜型品种中植株矮、分枝低、生长茂密、叶面蜡层薄的品种易感病，反之，则比较抗病。同一品种早播的发病重，晚播的发病轻。

五、检验检疫方法

十字花科黑斑病病斑呈黑褐色，病斑上有明显的同心轮纹，潮湿时易产生黑褐色霉层，刮取少许霉层制片观察，很容易发现病菌的分生孢子梗和分生孢子。可根据孢子特征如形状、大小、隔膜多少、喙细胞特点等进行种类鉴定。

种子带菌情况检验可采用洗涤法和组织分离法。

六、检疫处理

1. 种子处理　　可用种子重量的 0.2% 的 40% 福美双拌种，也可用种子重量的 0.2%～0.3% 的 50% 扑海因拌种。

2. 选用抗病品种、加强栽培管理和药剂处理均可减轻病害的发生　　常用药剂有 70% 代森锰锌 600 倍液，或 50% 扑海因可湿性粉剂 1000 倍液，或 50% 甲基托布津、75% 百菌清 600 倍液等。

第三节　黄瓜黑星病菌

一、历史、分布及危害

黄瓜黑星病是一种世界性病害，境外分布于北美、欧洲、东亚、南亚和非洲等地。20 世纪 70 年代前我国仅在东北地区温室中零星发生，80 年代以来，随着保护地黄瓜的发展，这种病害迅速蔓延和加重，目前已扩展到了黑龙江、吉林、辽宁、河北、北京、天津、山西、山东、内蒙古、上海、四川、河南和海南等省市区。目前此病已成为我国北方保护地及露地栽培黄瓜的常发性病害，一般损失可达 10%～20%，严重可达 50% 以上，在温室和塑料大棚中病株率可高达 90% 以上，减产 70% 以上，病瓜受损变形，失去商品价值，甚至绝收。

二、所致病害症状

黄瓜整个生育期均可发病，主要危害嫩叶、嫩茎及幼瓜。子叶受害，产生黄白色近圆形病斑，发展后引致全叶干枯；嫩茎发病，初呈现水渍状暗绿色梭形斑，后变暗色，凹陷龟裂，湿度大时病斑上长出灰黑色霉层（病菌分生孢子梗和分生孢子）；生长点附近嫩茎被害，上部干枯，下部往往丛生腋芽。成株期叶片被害，开始出现褪绿的近圆形小斑点，干枯后呈黄白色，容易穿孔，孔的边缘不整齐，略皱，且具黄晕；叶柄、瓜蔓被害，病部中间凹陷，形成疮痂状病斑，表面生灰黑色霉层；卷须受害，多变褐色而腐烂；生长点发病，经 2～3 d 烂掉形成秃顶；瓜条受害，向病斑侧弯曲，病斑初流半透明胶状物，以后变成琥珀色，渐扩大为暗绿色凹陷斑，表面长出灰黑色霉层，病部呈疮痂状，并停止生长，形成畸形瓜。

三、病原特征

病原学名为（*Cladosporium cucumerinum* Ell. et Arthur），属半知菌亚门丝孢纲丝孢目暗色菌科枝孢属真菌。异名有（*Scolicotrichum melophthorum* Prill. & Delacr）。菌丝白色至灰色，具分隔。分生孢子梗细长，丛生，褐色或淡褐色，顶部、中部稍有分枝或单枝，大小（160～520）μm×（4～5.5）μm。分生孢子圆柱状、近梭形至长梭形，形成分枝的长链，单生或串生，单胞、双胞、少数 3 胞，褐色或橄榄绿色，光滑或具微刺。单胞孢子大小平均为（11.5～17.8）μm×（4～5）μm；双胞平均为（19.5～24.5）μm×（4.5～5.5）μm（图6-3）。

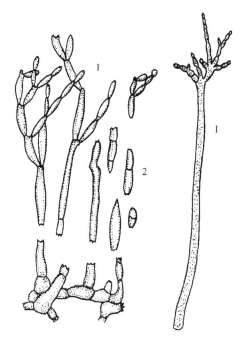

图 6-3 黄瓜黑星病菌
1. 分生孢子梗；2. 分生孢子

四、适生性

（一）寄主范围

该病除危害黄瓜外，还侵染笋瓜、葫芦、南瓜、冬瓜、甜瓜、节瓜、佛手瓜和其他葫芦科植物。据报道，人工接种可侵染茄科的番茄、茄子以及豆科的芸豆。

（二）生物学和生化特性

病菌对碳源的利用以葡萄糖、麦芽糖和乳糖最好，利用淀粉及山梨糖的能力较差。该菌在 pH 值为 2.5～11.0 范围内均可生长及产孢，最适 pH 值为 6.0。病菌对光照反应不敏感，单色光处理有利于孢子产生。生长发育温度范围 2.5～35℃，适温 20～22℃。52℃处理 45 min 可使孢子及菌丝死亡。分生孢子在 12.5～32.5℃之间均能萌发，最适为 20℃；碱性条件下孢子发芽受抑制，以 pH 值为 5.5～7.0 对孢子发芽最好，最适 pH 值为 6.0。黑暗处理有利于孢子萌发；碳源可促进孢子萌发，其中以麦芽糖、乳糖和木糖为佳；几种氨基酸中以天门冬氨酸有利于孢子萌发，孢子在无机盐中不萌发。孢子萌发对湿度反应敏感，相对湿度 90% 以上孢子萌发率较高，81% 以下则较低，66% 以下孢子不萌发。

病菌存在明显的生理分化现象，有人研究认为，该病菌可能存在 2 或 3 个生理小种。

（三）影响发病的因素

病菌以菌丝体在田间的病残体内或土壤中越冬，也可以菌丝潜伏在种子内越冬，引起次年初侵染。病部产生的分生孢子随气流、雨水、灌溉水或农事操作传播，引起再侵染。种子带菌可造成远距离传播。病菌也可随病苗移栽传播。

一般幼嫩叶、茎和果发病严重，而老叶和老瓜发病轻。幼苗带病率高则后期发病重。潜育期随温度而异，一般棚室为 3～6 d，露地 9～10 d。该菌在相对湿度 93% 以上，平均温度 15～30℃之间较易产生分生孢子；分生孢子在 5～30℃均可萌发，最适温度 15～25℃，并要求有水滴和营养。

该病属于低温、耐弱光、高湿病害。当棚内最低温度超过 10℃，相对湿度从下午 4 时到次日 10 时均高于 90%，棚顶及植株叶面结露，是该病发生和流行的重要条件。研究表明，5～30℃均可发病，最适温度为 20～22℃。当寄主处于 15～25℃范围内低温 - 高温交替的环境时，病害发生非常严重。据报道，在 22～24℃以上的较高温度下，所有黄瓜品种均表现出抗性；而在 17～20℃下，感病品种才能表现感病。露地发病与雨量和雨日数多少有关。如遇降雨量大、次数多，田间湿度大及连续冷凉条件发病重。黄瓜品种间抗性差异显著，抗病品种抗性相当稳定，有的品种保持抗性长达 30 年之久。

五、检验检疫方法

（一）症状观察

在产地检疫时，对于田间病株和病瓜，主要依据病害症状特点和病原菌镜检观察结果，进行病害诊断和病原鉴定。

（二）培养检验

种子样品可用常规吸水纸培养法或琼脂培养基培养法检出带菌种子。

（三）洗涤检验

对于调运的种子也可采用常规的洗涤检验法，检查种子表面是否带有病菌的孢子。

六、检疫处理

1. 加强检疫　严禁在病区繁种或从病区调种，做到从无病地留种。可采用冰冻滤纸法检验种子是否带菌。

2. 种子除害处理　据报道，种子用 70℃干热处理 3 d，可完全控制该病。病区种子播种前消毒，可采用温汤浸种法，即 50℃温水浸种 30 min，或 55～60℃恒温浸种 15 min，取出冷却后催芽播种。也可用种子重量的 0.4% 的 50% 多菌灵或克菌丹可湿性粉剂拌种。

3. 药剂处理　①药剂浸种：50% 多菌灵 500 倍液浸种 20～30 min 后，冲净再催芽或用冰醋酸 100 倍液浸种 30 min。直播时可用种子质量 0.3%～0.4% 的 50% 多菌灵或 50% 克菌丹拌种，均可取得良好的杀菌效果。②熏蒸消毒：温室和塑料棚定植前 10 d，每 55 m^3 空间用硫磺粉 0.13 kg 和锯末 0.25 kg 混合后分放数处，点燃后密闭大棚，过夜熏蒸。

第四节　苹果黑星病菌

一、历史、分布及危害

苹果黑星病又称疮痂病，世界各国苹果产区均有发生。如美洲的墨西哥、美国、加拿大、阿根廷、巴西和智利；欧洲的芬兰、英国、法国、奥地利、德国、前苏联、前捷克斯洛伐克、波兰、保加利亚、匈牙利、罗马尼亚、前南斯拉夫、比利时、意大利、丹麦、荷兰、挪威、瑞典、瑞士和土耳其；亚洲的印度、日本、朝鲜、阿富汗、叙利亚和塞浦路斯；非洲的南非、肯尼亚和利比亚；大洋洲的澳大利亚和新西兰等国家。该病在我国主要发生在黑龙江和吉林两省，辽宁、河北、河南、山东、陕西、甘肃、宁夏、新疆、云南和四川等地也有发生。

该病菌主要为害小苹果，西洋苹果如国光、印度、祝光、元帅等品种也较感病。花朵和幼果果梗受害，直接造成花朵的枯萎和落果，使当年的产量直接受到影响，受害重者，可以造成早期完全落果。叶片受害，促使早期落叶，落叶过多就会影响花芽的分化，影响第二年结果，并造成树势衰弱，诱发其他病害的发生。果实受害，影响产量和品质，使商品价值降低。病果常有裂口，利于其他病菌的侵入，引发其他病害发生。在欧美危害严重，美国部分果园果实发病率高达 70%～80%，国内部分地区危害也较严重。

二、所致病害症状

该病主要危害叶片和果实，也可危害叶柄、果柄、花芽、花器和新梢。从落花期到苹果成熟期均可危害。

叶片受害，初现黄绿色圆形或放射状病斑，后变为褐色至黑色，直径 3～6mm，病斑周围有明显边缘，老叶更明显。后期病斑稍隆起，背面凹入。受害严重时，多数病斑连在一起，叶片变小，变厚，呈卷曲或扭曲状，上生黑褐色绒毛状霉层，即病菌分生孢子梗及分生孢子。叶柄上的病斑呈黑色长条状，若有几个病斑时，会使叶片变黄和脱落。

果实受害，初生淡绿色斑点，圆形或椭圆形，渐变褐色至黑色，表面也产生黑色绒状霉层。随着果实生长，病斑逐渐凹陷、硬化，常发生星状开裂。后期病斑上常有其他颜色的腐生菌。幼果发病常致畸形。

枝条不常发病，但在适宜条件下，一年生枝梢也可被侵染，侵染常发生于离枝端十几厘米的部位，枝梢上的病斑很小，黑褐色长圆形，凹陷，当枝条长大后，病斑会很快地消失。在某些特别易感品种上，病斑并不消失，有时能使枝条形成泡肿状，但这样的症状很难认识，容易与长大的皮孔或其他畸形相混淆。接近枝端保护幼芽的鳞片也常受害，在裂芽前，鳞片有小的病斑，能产生大量的分生孢子，是菌源之一。花瓣受害后出现褪色。萼片受害，在尖端产生灰色病斑。花梗受害后变为黑色，造成花和幼果脱落。

三、病原特征

病原有性阶段为［*Venturia inaequalis* (Cke.) Wint.］，属子囊菌亚门腔菌纲格孢腔菌目黑星菌属真菌。无性阶段为［*Fusicladium dendriticum* (Wallr.) Fuck.］，属半知菌亚门丝孢纲丝孢目真菌。也有报道其无性世代为（*Spilocaea pomi* Fr.）。菌丝初无色，后变为青褐色至红褐色，在培养基上灰色，分枝，有隔。分生孢子梗丛生，短而直立，不分枝，深褐色，0~2 个隔膜，屈膝状或呈结节状，孢子梗上部有环痕，孢子梗大小为 (24~64) $\mu m \times$ (4~6) μm；分生孢子单生，梭形至长卵圆形，基部平截，顶部钝圆或略尖，初生时无色，后变为褐色，多单胞，少数双胞，大小为 (14~24) $\mu m \times$ (6~8) μm。

秋冬季在落叶病斑周围可产生子囊腔，子囊腔很小，肉眼几乎看不见，部分埋生于叶片组织中，球形或近球形，褐色至黑色，直径约 90~100 μm，有孔口，孔口处稍有乳状突起，并有刚毛，刚毛长 25~75 μm。子囊平行排列于子囊腔基部，子囊长棍棒形或圆筒形，具短柄，大小为 (55~75) $\mu m \times$ (6~12) μm，内含 8 个子囊孢子，排列成两行。子囊孢子卵圆形，青褐色至黄褐色，大小为 (11~15) $\mu m \times$ (6~8) μm，双胞，上面的细胞较小而稍尖。

四、适生性

(一) 寄主范围

苹果黑星病菌的寄主为苹果属果树，如苹果、沙果、海棠和山定子等。

(二) 生物学及生化特性

苹果黑星病菌具有生理分化现象，不同的单一分生孢子株系，在形态、培养性状和致病性上都有差异，形成不同区系的群体。

适合病菌生长的培养基有：苹果叶汁、苹果果汁、麦芽浸渍物、PDA、PSA 和 V8 等。适合产孢的培养基有：苹果叶汁、PSA 和 V8 等。菌落生长和产孢适宜 pH 值为 5.0~6.5。温度为 15~20℃，20℃ 时，光周期为 12 h，光照强度为 600 lx 条件下，有利于病菌在 PSA 培养基上生长和产孢。分生孢子在 2~30℃ 之间均可萌发，最适温度为 20~25℃，最适 pH 值为 5.0~6.5。子囊孢子萌发适温为 15~21℃，分生孢子侵染温度为 8~10℃，子囊孢子则为 19℃。子囊腔发育适温 13℃，子囊孢子成熟适温 20℃，在 10℃ 以下和 24℃ 以上子囊孢子成熟延迟。

(三) 影响发病因子

病菌主要以菌丝体在病枝和芽鳞内或以子囊腔在病叶中越冬。翌年 5~8 月释放子囊孢子，借风雨传播，进行初侵染，潜育期 9~14 d。叶片和果实发病 15 d 左右即可产生分生孢子，靠风雨或蚜虫传播，进行再侵染。9 月末病害停止扩展。

苹果黑星病的发生和流行主要取决于品种抗病性、降水、气温、果园管理水平和初侵染菌源数量等因素。早春多雨发病较早；夏季阴雨连绵，病害流行快。子囊孢子的释放多在雨后有水滴或雨量大于0.3 mm的条件下。分生孢子必须在有雨水的条件下才能脱落和传播。子囊孢子侵染的潜育期在19℃时为9~14 d,分生孢子为8~10 d。苹果树生长季节若遇低温、降雨量大持续时间长和叶面湿度大时病害就会大发生。苹果各品种间感病性存在一定差异。管理粗放,树势衰弱的果园易发病。

五、检验检疫方法

(一)田间调查

生长期间的产地检疫是苹果黑星病菌的主要检验途径,主要根据症状特点,特别是叶片或果实症状进行诊断,发现可疑症状进行室内检验。

(二)室内检验

(1)保湿培养:症状不十分明显时,可将叶片在16~20℃下保温,促使其产生分生孢子,然后镜检,春秋两季检查较为明显。现蕾开花期间,可以检查萼片,早春也可以捡取苹果落叶,经保湿后,检查有无子囊座和子囊孢子。

(2)分离培养:采用马铃薯蔗糖琼脂培养基或马铃薯葡萄糖琼脂培养基,pH 5.6~6.0,孢子划线分离或常规组织分离,在16℃下培养,10~15 d后可长出菌落,根据病原形态进行诊断。

六、检疫处理

(1)加强植物检疫,严格执行检疫制度,谨防带病苗木、接穗和果实从病区传入无病区。

(2)发病严重果园选栽抗病品种,搞好果园清洁。秋末冬初,结合修剪,彻底剪除病枝;清除落叶、病果,集中烧毁或深埋,或在地面喷洒5%二硝基邻甲酚钠或碳:硫酸铜:水的波尔多液,以杀死病叶内的子囊孢子。

(3)喷药保护。早熟品种(如黄太平)于5月中旬开花期开始喷洒1:2~3:160的波尔多液,以后隔15 d喷1次,共喷5次。也可用10%世高4 000~5 000倍液、77%可杀得可湿性微粒粉剂500倍液、70%代森锰锌可湿性粉剂500倍液等。

第五节　香蕉枯萎病菌

一、历史、分布及危害

香蕉镰刀菌枯萎病又称香蕉巴拿马病、黄叶病,是一种分布广泛的维管束萎蔫类的毁灭性病害。此病1874年澳大利亚首次报道,现在该病在大多数香蕉生产国都有发生,在美洲的美国、墨西哥、哥斯达黎加、巴拿马、危地马拉、尼加拉瓜、古巴、洪都拉斯、波多黎各、牙买加、巴巴多斯、特立尼达和多巴哥、圭亚那、哥伦比亚、苏里南、厄瓜多尔等一些国家发病严重。印度、新加坡、加那利群岛、塞拉利昂、莫桑比克、前苏联、大洋洲等国家和地区都有发生。中国台湾1967年首次发现该病危害,目前广东、广西、海南、云南等香蕉产区都有枯萎病发生。

受害品种主要为粉蕉,亦可侵染香蕉。除我国台湾地区较严重危害外,内陆各省区以往零星发生，但近年有逐步加重扩大危害的趋势，局部地区更由次要病害上升为威胁性的主要病害。

二、所致病害症状

香蕉幼株感病后除了生长不良外无显著症状。但成株期尤其是接近抽蕾结实时，下部叶片及靠外的叶鞘呈现特异的黄色。叶片的黄色病变最初发生在叶缘，后渐向中肋扩张。病叶下垂，其后上部叶片相继发病下垂。病叶由黄色变为褐色，直至干枯。少数叶片未变黄即已倒垂，但也有个别病株叶片黄化后并不倒垂，也不迅速枯萎，尤其是隐蔽的环境下更为明显。病株最后一张顶叶迟伸出或不抽出。病株多数于抽苔结实前枯死，少数尽管在抽苔结实后不枯死，但果实发育不良，而且质量低劣。一般母株地上部发病以至枯死后，其根茎仍能长出吸芽，虽受病菌侵染，但仍能继续生长，在生长中、后期才表现病状。

本病是一种维管束病害，根茎和假茎内部症状表现明显。在发病初期观察植株下部根茎的横切面，中柱髓部和皮层薄壁组织间可看到黄色或红棕色斑点，若纵向剖开病株根茎，可看到黄红色病变的坏死维管束，由茎基部开始向上病变部位颜色从深变浅；病株根部木质部导管常出现红棕色病变，后期大部分根变成褐色或干枯。发病严重的病株，其假茎横切面可看到内层幼嫩叶鞘的维管束变黄色，外层老叶鞘的维管束变赤红色。在这些变色维管束内及附近组织中，很容易检察到病菌的菌丝体和分生孢子。

三、病原特性

香蕉枯萎病菌属于半知菌亚门镰孢霉属尖刀镰孢菌古巴专化型 [*Fusarium oxysorum* Schl. f. sp. *cubense* (E. F. Smith) Suyder. et Hansen.]。

病菌可产生 3 种类型的孢子，即大型分生孢子、小型分生孢子和厚垣孢子。大型分生孢子形成于分生孢子座内，多数有 3 个隔膜，偶有 4~5 个隔膜，大小(17~51) μm×(3.5~4.5)μm；有 5 个隔膜的孢子大小为 (36~57) μm×(3.5~4.7) μm。小型分生孢子多散生于气生菌丝间，单孢或双孢，卵形或圆形。小型分生孢子中单孢的大小为 (4.5~10) μm×(4~8) μm，双孢的 (9~18) μm×(4.5~7.2) μm。厚垣孢子椭圆形至球形，顶生或间生。菌核深蓝色直径为 0.5~1 mm，最大的达 4 mm (图 6-4)。

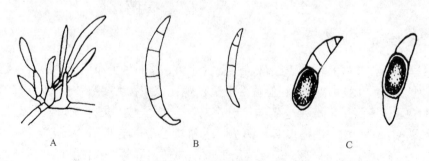

图 6-4　香蕉枯萎病菌
A. 分生孢子梗及分生孢子；B. 大型与小型分生孢子；C. 厚垣孢子
(引自中国农科院果树所等《中国果树病害志》，1992)

在马铃薯培养基上，菌丝生长浓密，菌落白色至桃红色或淡紫色，菌丝体为白色絮状，气生菌丝不多，基质反面因病菌分泌色素呈各种颜色，后产生暗蓝色至蓝黑色的菌核。

本病菌共有 4 个小种，小种 1 和小种 2 使香蕉产生萎蔫，而小种 3 可侵染野生的海里康（*Heliconia*），小种 1 号广泛生长于全世界，侵染许多国家的商业性香蕉品种，造成的经济损失非常严重，其中蓝田蕉（*Cross Michel*）最感病，而青芽蕉（*Cavendish*）抗病，我国广东报道的主要是 1 号小种。目前在大陆多数省区小种 1 号主要为害粉蕉、西贡蕉以及含有粉蕉基因的香蕉，而青芽蕉比较抗病。小种 2 仅侵染杂交 3 倍体 Bluggoe（ABB），是中美洲的地方性病害。小种 4 能侵染现存的所有栽培香蕉品种。台湾主要是 4 号为害严重。据台湾橡胶研究所试验，从世界各国引进的 150 个香蕉栽培品种对小种 4 多数很敏感。小种 4 可侵染碎米莎草（*Cyperus iria* L.）、香附子（*C. rotundus* L.）、匙叶鼠麴草（*Gnaphalium purpureum* L.）与柯氏飘拂草（*Fimbristylis koidzumiana* Ohwi.）。因此，在未种植香蕉的土壤中，小种 4 可能在某些杂草的根上生存。

四、适生性

香蕉枯萎病菌在田间可侵染粉蕉、龙芽蕉、青芽蕉，以及其他含有粉蕉亲缘的香蕉。

该病菌是一种普遍存在于土壤中的习居菌，在缺乏寄主时能在土壤中存活 3~5 年或更长。带菌植株或吸芽、病株周围的病土都是本病的初侵染来源。因此，病菌和沾有病土的种苗以及香蕉园灌溉水、地表水是本病传播的主要途径。如果种植带菌吸芽或在带菌土壤中种植香蕉苗时，病菌首先从幼根侵入。成株期经伤口侵入，经根系木质部扩展到球茎，再经过维管束向假茎蔓延扩展，或通过带菌球茎萌发的吸芽的导管延伸至繁殖用的吸芽苗内。当母株发病枯死后，病菌随病残体遗留在土壤中营腐生生活。在田间主要通过流水和农事操作传播。潜育期一般长达 1 个月或更长，但在 25~30℃ 条件下人工伤口接种幼苗时，7 d 即可出现症状。

病原菌主要分布在病园土壤中深 20 mm 内的表土层。土质黏重、酸度大、透水和透气性差、缺肥、排水不良的香蕉园发病较重。发病率与温度的关系密切，高温有利发病。在台湾南部，4~5 月种植的香蕉吸芽，通常于 10 月开始表现叶片黄化症状。12 月花序形成后，黄化植株数猛增，2~3 月香蕉成熟时，发病率达到高峰。根部受伤的植株发病率高。再植前犁地和种后锄地发病多。此外，根结线虫数量多或其他因素造成伤根多的场合下，促进本病发生。发病高峰期出现于每年的 10~11 月份。

不同品种抗病性有差异，粉蕉、西贡蕉以及含有粉蕉亲缘的香蕉较感病，其他类型的香蕉较抗病。

五、检验检疫方法

横切植株下部根茎，可发现中柱髓部和皮层薄壁组织间具有黄色或红棕色斑点，若纵切病株根茎，可看到坏死的维管束有黄红色病变；病株根部木质部导管常出现红棕色病变，后期大部分根变成褐色或干枯。严重发病的病株，可看到其假茎横切面内层幼嫩叶鞘的维管束也变黄色，外层老叶鞘的维管束则变赤红色。在这些变色维管束内及附近组织中，很容易检察到病菌的菌丝体和分生孢子。

六、检疫处理

(1) 严禁从国外病区输入感病和带病的香蕉类植物。输入香蕉苗必须来自无病区，并执行严格检疫检验，若发现有可疑的镰刀菌时，用粉蕉和西贡蕉苗进行接种试验。输入的种苗应在隔离区种植观察2年，确保不带有该菌，方可推广种植。

(2) 选用无病的繁殖材料。供种植的吸芽必须取自无病区，或用分生组织培养技术繁殖无病香蕉苗，供大田商业性种植。

(3) 隔离病区、毁灭病株和处理病土。香蕉园或香蕉种植区发现病株后，应实行隔离封锁措施，禁止疫区香蕉苗、土壤、农具进入无病区。

此外，对发病区选用抗病品种、加强栽培管理及使用药剂防治可减轻病害的危害程度。

本 章 小 结

本章讲述了棉花黄萎病菌、苹果黑星病菌、十字花科黑斑病菌、黄瓜黑星病菌和香蕉枯萎病菌共5种全国植物检疫性真菌，分别介绍了这些真菌所致病害的发生历史、分布及危害、症状特点、病原特征、适生性、检验方法和检疫处理措施。

这些检疫性真菌都可引起严重植物病害，造成巨大经济损失，在我国都有不同程度的发生，但均处于零星发生或局部发生阶段。

思 考 题

1. 分析本章中真菌病害的传播方式有哪些？
2. 真菌的检验方法有哪些？
3. 怎样识别和检验棉花黄萎病菌？
4. 怎样识别和检验苹果黑星病？
5. 怎样识别和检验黄瓜黑星病菌？
6. 检疫性真菌病害的防治与一般真菌病害的防治有何不同？
7. 根据香蕉枯萎病菌的适生性，分析该病菌在我国香蕉产区是否适宜其发生？

第七章　国内植物检疫性细菌

第一节　水稻细菌性条斑病菌

一、历史、分布及危害

莱因金（Reinking）最早于1918年报道菲律宾水稻上一种细菌性叶条纹病，其症状描述与细菌性条斑病相符，不过他未鉴定病原。范怀忠（1957）在广东三角洲发现"水稻白叶枯病产生条斑病"，并认为该病的发生与李氏禾（一种禾本科杂草）有关。同年，方中达等进一步研究，根据病原细菌的特征，将此病与稻白叶枯病区分开来，并首次称之为细菌性条斑病。

此病主要分布在亚热带和亚热带地区。亚洲：孟加拉、柬埔寨、中国、印度、印度尼西亚、老挝、缅甸、尼泊尔、巴基斯坦、菲律宾、泰国、马来西亚、越南。非洲：马达加斯加、尼日利亚、塞内加尔。大洋洲：澳大利亚。国内广东、广西、海南、福建、浙江、上海、江西、湖南、湖北、四川、云南、贵州等省、自治区、直辖市已发现此病。

水稻感染此病后，光合作用减弱，导致光合产物的合成和积累减少，从而导致产量降低。不过，品种感病性不同，产量损失也不一样。据菲律宾所做的研究，感病品种染病后，雨季产量损失为8.3%～17.1%，旱季产量损失为1.5%～2.5%，而抗病品种产量不受影响。在印度，损失一般在5%～30%，感染品种得病后千粒重下降28.6%～32.2%，而抗病品种千粒重不受影响。

二、所致病害症状

此菌所致典型症状为最初在叶脉间出现暗绿色水渍状短条斑，后纵向扩展为浅褐色细条状病斑，局限于叶脉之间，病部对光看呈半透明状，病斑多时可相互愈合，感病品种病斑周围常带有黄色晕圈。潮湿条件下，病斑上产生许多黄色珠状菌脓，干燥时菌脓干硬，蜡黄色，不易脱落。该病与水稻上另一种细菌性病害白叶枯病的症状相近，可按表7-1所列3点区分。

表7-1　水稻细菌性条斑病与水稻白叶枯病症状比较

特征	细菌性条斑病	白叶枯病
发病部位	主要从气孔侵入，病斑可在叶脉间任何部位发生	主要从水孔侵入，病斑多在叶尖、叶缘首先发病
病斑特点	细条形短斑，其扩展受叶脉限制，对光半透明	长条形枯死斑，其扩展不受叶脉限制，对光不透明
菌脓	菌脓多而小，蜡黄色，不易脱落	菌脓少而大，蜜黄色，易脱落

三、病原特征

此菌为稻黄单胞菌稻生致病变种（*Xanthomonas oryzae* pv. *oryzicola*）。为单细胞杆状，单极鞭，革兰氏反应阴性；菌落黄色、圆形、光滑、黏滑状；液化明胶，不凝固牛奶，但可胨化牛奶，石蕊牛奶反应呈微碱性，不还原硝酸盐，产生 H_2S 和 NH_3，不产生吲哚，不水解淀粉。细菌性条斑病菌与白叶枯病菌在细菌学性状上的主要区别见表 7-2。

表 7-2　细菌性条斑病菌与白叶枯病菌在细菌学性状比较

细菌性条斑病菌	白叶枯病菌
可液化明胶	不能液化明胶
可胨化石蕊牛奶	不能胨化石蕊牛奶
阿拉伯糖发酵产酸	阿拉伯糖发酵不产酸
在含 2% 葡萄糖的培养基上可生长	在含有 2% 葡萄糖的培养基上不生长

四、适生性

（一）侵染循环

病菌在杂草、病残体和种子上越冬，翌春细菌经气孔或伤口侵入稻苗，引起发病，然后借风、雨、露水、灌溉水及农事操作传播。

（二）寄主范围

除水稻外，还侵染几种野生稻（*Oryze spontanea*、*O. perennis*、*O. nivara*、*O. breviligulata*、*O. glaberima*）以及假稻属（*Leersia* spp.）植物。

（三）对环境的适应性

病菌生长最适温度 25～28℃，最低温度 8℃，最高温度 38℃，致死温度 51℃（10 min）。高温高湿和多雨有利于发病，一般热带和亚热带湿润气候最适合本病发展。

（四）传播能力

田间传播靠风雨、露、叶片接触和流水。远距离传播靠病种调运。

五、检验检疫方法

（一）病原菌分离和致病性测定

最好从初期水渍状病斑分离病原物。如病斑太老，可将病组织加磷酸缓冲液捣碎，过滤后滤液经离心浓缩，接种于感病品种秧苗叶上。待初见病斑时取病组织进行稀释分离或平板划线分离培养，在此介绍笔者自创的一种分离方法：

制备 1 L 加一片制霉菌素的胁本氏培养基 ——→ 剪取水渍状病斑 ——→ 表面消毒 ——→ 无

菌水洗 3 次——1 ml 无菌水中捣碎病组织——移植环移取一环菌液在已固化的胁本氏培养基平板上划线分离——余下的菌液进一步稀释分离——3 d 后在培养平板上挑取单个淡黄色菌落于斜面培养基上,供鉴定用。致病性测定一般采用喷雾法接菌于感病水稻品种叶片,接种菌液浓度以 1×10^9 cfu/ml 较好,喷后保湿 1 d,28℃,5~7 d 后观察有无典型症状出现。

(二)噬菌体检测法

噬菌体检测法是检测种子等材料中细菌的一种常用方法,其特点是快速、简便。下面介绍笔者实验室用噬菌体法检测水稻种子中细菌性条斑病菌步骤。

稻种 5~10 g——牛皮纸包好,锤碎——加 25~50 ml 无菌水,20~25℃浸泡 30 min——取上层清液,在每个灭菌的培养皿内加 0.5~1 ml 上清液,另加细菌性条斑病菌(指示菌)悬浮液 1 ml,混匀——制成培养平板,28℃放 12~24 h 后检查溶菌斑。

使用噬菌体法有时会遇到问题,例如噬菌体寿命长于细菌,噬菌体检测结果阳性并不能反映被测细菌的存活情况。不过,阳性结果可反映出种子产于病区,应按病区种子对待。另外,最近发现细菌性条斑病菌存在着溶原性分化。

(三)血清学检测

1. 玻片凝集试验　　这是一种快速的初步鉴定方法。目前我国细菌性条斑病菌的血清型分化不明显,因此可以用纯培养菌的抗血清对分离菌做玻片凝集试验。

2. 葡萄球菌 A 蛋白共凝聚法　　葡萄球菌 A 蛋白(SPA)是金黄葡萄球菌细胞壁上具有的无特异性抗原成分——A 抗原,SPA 能与人和某些动物的免疫球蛋白分子(IgG)上的 Fc(可结晶段,fragment crystallizable)部位结合,其 Fab(抗原结合段,fragment of antigen binding)部位仍保持活性。用特异性抗血清(IgG)包被这种葡萄球菌,使之致敏成为吸附抗体的载体,每个葡萄球菌表面约有 8 万个 A 蛋白分子,可结合大量的 IgG 分子,且抗体活性部位 Fab 端均外,更易于捕捉到相应的抗原,检测精度更高。

3. PAS-ELISA(A 蛋白夹心-酶联免疫吸附法)　　PAS-ELISA 利用市售的 A 蛋白纯品和 A 蛋白酶标物,只需制备一种动物的特异性抗血清即可检出相应抗原,操作简便,结果准确,重复性好,特异性强。

4. 单克隆抗体 ELISA　　国际水稻研究所的 Benedict 等(1989)报道了用致病变种特异的单克隆抗体区分细菌性条斑病菌和白叶枯病菌,条斑菌单克隆抗体 Xcocola 只与细条菌呈阳性反应,而与所有的白叶枯菌株均呈阴性反应;白叶枯菌单克隆抗体 Xco-1 与来自不同地区的 178 个白叶枯菌株呈阳性反应,与细条菌株呈阴性反应,因此可明显区分这两个致病变种。

有人利用水稻细菌性条斑病菌的单克隆抗体以间接 ELISA 法对 30 份人工接菌的种子进行检测,结果 28 份呈阳性反应,检出阳性率达 93.3%;对 46 份病田稻种进行检测,结果 36 份呈阳性反应。灵敏度为 0.001 25~0.012 5 mg/ml(蛋白浓度)。

（四）核酸检测技术

廖晓兰等（2003）根据含铁细胞接受子基因设计了通用引物 PSRGF/PSRGR（扩增一个 152 bp DNA 片段）和特异性探针（Baiprobe 和 Tiaoprobe），分别对自然感染条斑菌和白叶枯菌的叶片 DNA 提取液和种子浸泡液进行实时荧光 PCR，特异性检测目标菌并将两种病原细菌区分开来，只需 0.3 g 叶片和 10 g 种子。检测的绝对灵敏度是质粒 DNA30.6 fg/μl 和菌悬浮液 10^3 cfu/ml，相当于 1 个细菌细胞的基因，比常规 PCR 检测灵敏度高约 100 倍，相对灵敏度为 10^5 cfu/ml。整个检测过程只需 2 h。

六、检疫处理

（1）保护无病区。切实搞好产地调查，对无病区要加强保护。水稻种子调运必须要有检疫合格证，严禁病区种子调入无病区。

新发病的地区，若为点片发生，应采取果断措施毁种，如发病面积较大，要严格限制其扩大，病田不留种。

（2）控制病区。病区要积极采取措施，封锁、限制和缩小发病范围。使用无病种子，选无病田作秧苗，防止病田水流入。

（3）选用抗病品种、搞好田间卫生、及时处理病田稻草和田间施药等可减轻发病。

第二节　柑橘溃疡病菌

一、历史、分布及危害

柑橘溃疡病最初可能在东南亚的马来西亚地区和南亚的印度发生，以后传到亚洲其他国家。再从日本传到美国、南非、澳大利亚、新西兰等国。有关我国柑橘溃疡病的最早报道是莱因金（Reinking）（1919）在菲律宾《农业研究》上发表的，指出中国南部有此病发生，戴芳澜先生 1922 年也报道广东发生此病。

目前此病已在亚、非、美等地区发生。亚洲：阿富汗、孟加拉国、柬埔寨、中国、印度、印度尼西亚、伊朗、伊拉克、日本、朝鲜、韩国、老挝、马来西亚、马尔代夫、缅甸、尼泊尔、阿曼、巴基斯坦、菲律宾、沙特阿拉伯、新加坡、斯里兰卡、泰国、阿拉伯联合酋长国、越南、也门。非洲：科摩罗群岛、象牙海岸、加蓬、马达加斯加、毛里求斯、莫桑比克、留尼旺、塞舌尔、南非、刚果（金）。美洲：墨西哥、美国、阿根廷、巴西、巴拉圭、乌拉圭。大洋洲：澳大利亚、圣诞岛、科科斯群岛、斐济、关岛、北马里亚纳群岛、密克罗尼西亚、新西兰（已根除）、帕劳、巴布亚新几内亚。

在中国此病分布于江苏、浙江、福建、江西、湖南、湖北、广东、广西、四川、贵州、台湾等省。

幼树受害，导致落叶、枯梢、树势削弱，甚至全株枯死。成年树受害，造成落叶落果、树势衰弱，产量降低、品质变劣、影响外销。且一旦传入新区，根除费用十分惊人。

美国在 1910 年从日本引进枳苗时，传入了此病，1912～1913 年在佛罗里达州苗圃发现此病，流行于该州 26 个县和墨西哥海湾其他 6 个州。美国自 1915 年开始采取销毁病树和病圃的根除措施，共耗资 600 万美元，于 1933 年宣布佛州消灭溃疡病。但 1984 年美国又发现一种由 E 型菌系引起的新的溃疡病，为根除此病毁树 2200 万株，耗资 9400 万美元。1985 年 A 型菌系引起的溃疡病在佛州再现，州和联邦再次发起根除运动，共耗资 2500 万美元，1987 年的损失估计为10 600万美元。

二、所致病害症状

典型症状为病斑褐色，隆起或突出，海绵质或木栓质，具一圈水渍状或油渍状边缘，后期病斑变为火山口状有黄色晕圈。病斑可发生在枝条、叶片和果实上。抗病品种在病健交界处形成愈伤组织，用刀削去外部软木塞状物质，从留下的粗糙表面可看到浅褐至暗褐病斑。初期病斑仅为针头大小的黄色或暗绿色油渍状斑，此时可用玻片溢菌法检验，如有细菌从组织溢出，可以认为是柑橘溃疡病，不过要注意区分柑橘油腺分泌物与菌溢的区别。

E 型菌系引起的症状明显不同于其他菌系，叶斑呈不规则至圆形，扁平水渍状，常有坏死中心，且周围有褪绿晕圈；嫩梢和枝条上的病斑常为扁平长形水渍状具坏死中心，老病斑扁平状并坏死，具一狭窄的水渍状边缘。

柑橘溃疡病与真菌引起的柑橘疮痂病的症状有时容易相混，可按表 7-3 区分。

表 7-3　柑橘溃疡病与柑橘疮痂病的区别

部位	柑橘溃疡病	柑橘疮痂病
叶片	病斑穿透叶正反面，中间稍凹陷，边缘明显隆起，外圈有黄色晕环，中间呈火山口状开裂，病叶不变形	病斑及周围组织向叶背面凹陷，从叶背看呈圆锥形，病斑只发生在叶背浅层，不穿透叶正反面，病斑无黄色晕环，不呈火山口状开裂，病叶常畸形
果实	病斑不呈圆锥状突起	病斑呈圆锥状突起

三、病原特征

柑橘溃疡病菌为地毯草黄单胞菌柑橘致病变种 *Xanthomonas axonopodis* pv. *citri*，异名 *Xanthomonas citri* 和 *Xanthomonas campestris* pv. *citri*。

柑橘溃疡病菌共分 A～E 5 个菌系。

A 型菌系也称亚洲菌系，是最重要的，大多数国家的柑橘溃疡病是由 A 型菌系引起。

B 型菌系分布在阿根廷、乌拉圭、巴拉圭，为害柠檬和墨西哥来檬，致病力弱。

C 型菌系仅在巴西发生，主要侵染墨西哥来檬、酸橙，致病力弱，仅形成小病斑。

D 型菌系发生在墨西哥，主要为害墨西哥来檬，病斑发生在叶片和嫩梢上，自然情况下未见果实发病。后来有人报道这种病是由链格孢菌引起的，因此 D 型菌系的身份和致病性仍然是未定的。

E 型菌系只在美国佛罗里达州苗圃中枳、柚砧木上发现。

B、C、D 这 3 个菌系曾被划归一个新的致病变种即 *Xanthomonas axonopodis* pv. *aurantifolii*，而 E 菌系曾被定名为另一个新的致病变种 *Xanthomonas axonopodis* pv.

citrumelo，但在国际植物病理学会网站的细菌名称网页上注明这两个致病变种学名均为无效学名。

四、适应性

（一）侵染循环

柑橘溃疡病菌在柑橘枝、叶、果实等病组织中越冬，春季病斑中细菌溢出，随风雨传播，从气孔、皮孔或伤口侵染柑橘春梢，并成为夏、秋梢的病源。

（二）寄主范围

亚洲菌系（A菌系）寄主范围很广，可为害芸香科多种植物，包括墨西哥来檬、酸橙、墨西哥来檬×指橘、温州蜜柑、菲律宾柠檬、柚、柚×枳壳、马蜂橙、*Citruis. latifolia*、来檬、柠檬、枳壳、四季橘、*C. myritifolia*、夏橙、葡萄柚、椪柑、椪柑×柚、椪柑×枳壳、甜橙、美国脐橙、酸橙、温州蜜柑、*C. webberi*、*C. medica*、木橘、集中酒饼簕、香胶橘、香果肉、*Chaetospormum glutimosa*、东非樱桃橘、黄皮、*C. inaequalis*、沙橘、*Erodia latifolia*、*E. ridleyei*、*Fagara caponsis*、爪哇克拉商果、克拉商果、宁波金橘、山橘、金橘、牛奶橘、柑果子、木苹果、三叶蜜茱萸、指橘、红皮指橘、圆果指橘、九里香、菲律宾藤橘、枳壳×甜橙、飞龙掌血、美国南部刺椒、耳翼花椒等。

最感病的是甜橙类，其次是酸橙类、柚、柠檬类、枳橙，轻微发病的有蕉柑、椪柑、瓯柑、温州蜜柑、香橼等，抗病力最强的是金柑。在甜橙类中脐橙比其他甜橙更易感病，在引种脐橙的果园，尤其要防止溃疡病传入。

（三）对环境的适应性

溃疡病菌发育温度范围为5~36℃，发病适温为20~30℃，最低10℃，最高38℃，致死温度55~60℃（10 min）。酸碱度适应范围为pH 6.1~8.8，最适pH为6.6。

溃疡病菌抗寒力极强，冻结24 h不影响其生活力。耐干燥能力也很强，室内玻片上可存活121 d，在日光下曝晒2 h才死亡。在自然条件下，病菌在活的寄主组织中可存活数月（在夏橙根部可存活300 d），在病株残体上和土中，溃疡病菌群体迅速变小，在杂草根围和叶表存活时间最高可达62 d。

（四）传播能力

溃疡病菌主要在病株组织中越冬，翌春从病组织溢出后，借风雨、昆虫、人畜活动和树枝接触传播。远距离传播主要靠带菌苗木、接穗等繁殖材料和果实，种子除外部沾染病菌外，一般内部不带菌。

五、检验检疫方法

一般在春、夏、秋生长旺季检查果园中一定数目柑橘树的叶片、果实和枝条，根据症状进行肉眼观察。在缺乏症状的情况下，取疑似的叶或枝，用1%蛋白胨磷酸缓冲液洗涤，洗液在室温下放数小时，然后用细菌滤器过滤或离心机离心浓缩，浓缩液用于分离或接种、酶联检测或免疫荧光检验。

（一）病菌分离和致病性

分离时选初期病斑的病健交界处，取小块组织置 0.5～2 ml 无菌水中，室温下浸 15～20 min 后，浸提液在培养平板（胁本半合成马铃薯培养基加春雷霉素 16 μg/ml）上划线，3～5 d 后挑取淡黄色圆形黏滑菌落。如果症状不明显或病斑太老，可用间接分离法。取感病品种嫩梢幼叶，自来水冲洗 10 min，1% 次氯酸钠表面消毒 1～4 min，无菌条件下彻底冲洗，然后针刺叶片下表面造成伤口（每叶 5～10 个针眼），下表面朝上摆在 1% 水琼脂表面，每叶加 10～20 μl 病叶或病斑抽提液，在 25～30℃ 及光照条件下放置 5～7 d，然后按上法分离。可将分离菌接种在感病品种上以确定其致病性。

（二）血清学检验

可采用玻片凝集试验和 ELISA 法。

（三）核酸检测技术

以前曾尝试根据溃疡病菌的质粒 DNA 序列设计引物进行 PCR 检测。现已研究出更为灵敏的根据此菌核糖体 DNA 序列设计引物的 PCR 技术。此外，还可以用免疫荧光法、实时荧光 PCR 法和基因 DNA 指纹图谱法。

六、检疫处理

（1）保护无病区。严禁病区苗木接穗等繁殖材料及病果运往无病区，以防病区扩大。

（2）控制病区。①建立无病苗圃，从无病区取接穗和砧木繁殖菌木。②搞好田间卫生，对于只有个别树发病的果园，应挖掉病树烧毁，发病普遍的果园应清除病株残体。③加强栽培管理减少菌源或药剂防治减轻发病。可供选用的药剂有 77% 可杀得可湿性粉剂 800 倍、72% 农用链霉素15 000倍、3% 克菌康可湿性粉剂 800 倍等。

第三节　柑橘黄龙病菌

一、历史、分布及危害

柑橘黄龙病是一种重要的柑橘病害，在亚洲和非洲的柑橘产区造成重大损失。此病在境外亦称立枯病（likubin，中国台湾省），梢枯病（dieback，印度），叶斑驳病（leaf mottle，菲律宾），叶脉韧皮部退化病（citrus vein phloem degeneration，印尼），黄枝病，斑驳病，青果病（南非）。此病以前在国外一般采用"青果病"（greening）这个名称，现在国际上通用名为黄龙病的中文拼音 Huanglongbing。

黄龙病在我国发现最早，20 世纪 20 年代在华南地区即为人们所知，因广东潮汕地区称梢为"龙"而得名于黄龙病，莱因金（Reinking）（1919）记述了华南柑橘上的一种黄叶斑驳病。

印度在 18 世纪即对梢枯病有文字记录，但不能确定由黄龙病病原引起，至 1929 年才首次有准确的记录。台湾省在 20 世纪 60 年代以前曾认为与线虫有关。1921 年 Lee 描述了菲律宾的叶斑驳病，认为是一种缺锌病。1957 年此病成为该国柑橘主要病害。印尼于 20 世纪 40 年代记述此病。南非在 1928~1929 年首次观察到此病，1937 年首次报道，不过是另外的症状，即青果病。

分布于亚洲：菲律宾、印度尼西亚、泰国、马来西亚、孟加拉国、印度、巴基斯坦、尼泊尔、越南、日本、中国、沙特阿拉伯、也门。非洲：布隆迪、喀麦隆、中非、科摩罗、埃塞俄比亚、肯尼亚、马达加斯加、马拉维、毛里求斯、留尼旺、卢旺达、索马里、南非、斯威士兰、坦桑尼亚、津巴布韦。美洲：巴西。

黄龙病已在我国广东、广西、海南、福建、四川、云南、贵州、江西、湖南、浙江、台湾等省发生。

黄龙病在柑橘产区可造成严重损失，新树感病后 1~2 年内死亡。老树感病后 3~5 年内死亡或丧失结果能力。严重流行时造成毁园，如广西 2 个国营农场 1956~1960 年种植的 5 000 株柑橘于 1964~1968 年几乎全部毁灭。广东某农场原有柑橘 3 万多亩，因黄龙病挖掉一半。据统计，1957~1958 年黄龙病在柑橘产区摧毁了约 600 万株柑橘树。

菲律宾 1962 年有病树 700 万株，致使 60 年代柑橘种植面积减少 60% 以上。1971 年菲律宾 1 个省死树 100 万株。泰国北部和东部省份 95% 的柑橘树严重受害。印度尼西亚 1960~1970 年至少因此病毁树 300 万株，1983 年爪哇和苏门答腊大多数地区柑橘园被弃。南非 1932~1946 年是重病年，至 1958 年再次猖獗，一些地区损失 30%~100%。

病树即使结果，果实小、皮硬、果皮不易剥离、早熟、汁少味酸、有的果畸形，商品价值低。

二、所致病害症状

黄龙病枝叶症状有 3 种类型，即黄化型、斑驳型和类缺素型。

1. **黄化型**　开始发病时，在绿色树冠顶部部分新梢的叶片不转绿，均匀黄化，直立。

2. **斑驳型**　叶片转绿后黄化，多数从主、侧脉附近和叶片基部开始黄化，黄化部分逐渐扩散形成黄绿相间的斑驳，最后亦可全叶黄化脱落。

3. **类缺素型**　主侧脉附近保持绿色，而脉间叶肉组织黄化，类似于缺锌缺锰症状。

非洲青果病症状可发生在柑橘各个部位，病树或病枝大量落叶，非正常季节萌芽现蕾，严重时梢枯。一般而言，叶部症状有两种，主要症状为沿叶脉黄化或斑驳，其次为叶小、直立，呈现多种多样的褪绿图案，类似于缺锌和缺铁诱发的症状（病叶经分析发现钾含量高，钙、镁、锌含量低）。病果小、偏斜、味苦（可能是由于高酸低糖），许多果实在成熟前脱落，而留在树上的果实着色不正常，遮阴面一直保持绿色，柑橘青果病便由此而得名。重病果的种子通常畸形。病树根系发育不正常，细根少，新根生长受遏制，动根即开始腐烂。

三、病原特征

1995 年才将柑橘黄龙病病原归为韧皮部杆菌属（*Liberibacter*）。该属分为 2 个种：

亚洲韧皮部杆菌（*Liberibacter asiaticus*）（又称亚洲种，耐热型），引起柑橘黄龙病。可由柑橘木虱传播，也可嫁接传染。适应较高温度，主要为害甜橙和宽皮橘。

非洲韧皮部杆菌（*Liberibacter africanus*）（又称非洲种，温敏型），引起青果症状。由非洲柑橘木虱传播，适应较低温度，主要为害甜橙。

此外，最近巴西圣保罗州柑橘上发现黄龙病，但用黄龙病菌通用引物做 PCR 检测为阴性，认为是一新种，命名为美洲韧皮部杆菌（*Liberibacter americanus*），也是柑橘木虱传播。南非最近从一种芸香科观赏植物上通过 PCR 发现一种新的韧皮部杆菌，此菌与非洲型更为接近，定名为非洲韧皮部杆菌的一个亚种 *L. africanus* subsp. *capensis*。

柑橘黄龙病原寄居于植物韧皮部，有较薄的细胞壁，对青霉素和磺胺嘧啶敏感。在电镜下看到其形态为梭形或短杆状的细菌，革兰氏染色反应阴性。目前还不能人工培养。

四、适生性

柑橘黄龙病菌的亚洲种和非洲种及两种传播介体木虱的适应性不一致。

（一）侵染循环

黄龙病初次侵染来源主要是田间病株、带菌苗木和带菌木虱。远距离传播主要通过带菌的接穗和苗木，而果园近距离传病则是带菌的柑橘木虱，木虱 3 龄以上若虫及成虫都能传病，而 1 龄和 2 龄若虫不具有传病能力。此病除由木虱传播外，也可通过嫁接传染，在实验室内，可通过菟丝子传到草本寄主长春花上，但是不能由汁液摩擦和土壤传病。病原物侵染后潜育期一般 3～12 个月。

（二）寄主植物

南非的青果病（非洲型）主要是一种甜橙病，瓦伦西亚甜橙比脐橙病症更明显，血红甜橙比哈姆林橙更感病；宽皮橘发病特别重；柠檬上发病轻，发病最轻的是酸来檬。

在香港、印度和菲律宾，甜橙和宽皮橘最易感染黄龙病（亚洲型），来檬、柠檬、甜橙和葡萄柚较耐病，枳壳相当耐病。

黄龙病菌经人工接种可侵染柑橘属多种植物，以及芸香科其他属如金柑属、九里香属、酒饼簕属、木橘属的植物。黄龙病菌可经菟丝子传到草本的长春花上，为提取病原制备抗血清提供了条件。

（三）对环境的适应性

亚洲型菌系的介体木虱耐极端温度，但对多雨高温敏感，喜欢干热天气而不适应湿冷条件，早春和夏季虫口高，而在春季多雨期虫口明显降低。此介体可耐受短期低温，在自然条件下 −3℃，24 h 有 45% 存活；在实验条件下 −5℃，24 h 有 36% 存活。亚洲黄龙病在冷凉和炎热条件下症状明显，但较高温度似更有利发病。

非洲青果病在冷凉条件下（晚上 22℃ 8h，白昼 24℃ 16 h）症状更重，而在 27～30℃ 不显症状；温度更高，持续时间更长可以完全钝化病原物。在南非，冷凉地区比低洼炎热地区的叶部症状更明显，冬季症状更明显，海拔 900 m 处症状最重，而在海拔 360 m 处一般不显症状。在肯尼亚（该国在赤道上），青果病仅在海拔 700 m 以上发现。非洲型菌系的介体木虱对热敏感，在室内试验条件下，高温（32℃）可杀死各虫态木虱；27℃ 使木虱快速发育但死亡率达 50%；而在 21℃ 有 90% 存活。在南非，冷湿高地果园，木虱的寄主植物发芽时间长，对木虱取食有利。

在留尼旺岛和毛里求斯，两种木虱都有，非洲型介体木虱分布在海拔 51 m 以上，而亚洲型介体木虱分布在较热的 400 m 以下；同样，在阿拉伯半岛，前者发生在也门海拔 2000 m 以上，而后者发生在沙特阿拉伯低洼柑橘产区。

柑橘黄龙病菌在病组织韧皮部中越冬，47℃ 处理芽条 2 h 可减轻发病，处理时间延长（4 h 以上）可消除病原；该病菌对四环素族抗菌素和青霉素敏感。冬季低温可杀死越冬的传毒木虱（越冬成虫寿命长达 260 d，若虫和成虫的致死"温/时"分别为 −3℃/h 和 −10℃/h）。

（四）传播能力

柑橘黄龙病在田间主要由木虱传染，柑橘上有 10 多种木虱，但只发现 2 种木虱可传黄龙病。

在我国只有柑橘木虱（*Diaphorina citri*）传病。柑橘木虱成虫在 15～30 min 内即可获取病原、潜伏期 8～12 d，取食 1 h 以上可 100% 传病，若虫不传病，但 4、5 龄若虫可获病菌，发育成成虫后传病。在印度所做的试验中，柑橘木虱亦可传非洲型菌系。

传染非洲型菌系的木虱为非洲柑橘木虱（*Trioza erytreae*），其成虫取食 1 d 后才获得病菌，7 d 后传病，在健树上取食不到 1 h 即可传染。在冬季因在病树上取食时间长而传病率特别高，其若虫也可获病原。

在实验室内这两种木虱都可兼传亚洲型和非洲型菌系。

菟丝子也可传病，大花菟丝子（*Cuscuta reflexa*）可在柑橘树间传病，田野菟丝子（*C. campestris*）还可将黄龙病菌从柑橘传至长春花（*Catharanthus roseus*）。

嫁接和田间病、健树根系接触也可传病。远距离传播靠带病苗木和接穗调运。

五、检验检疫方法

（一）产地检验

识别黄龙病的主要依据是黄化和斑驳症状。一般始病期仅有 1～2 个新梢的叶片停止转绿，逐渐变黄变硬，失去光泽，有革质感，常发生于夏梢和秋梢。叶转绿后着重调查斑驳型症状。此症状多发生在长势旺的柑橘树。发病后期注意调查类缺素型症状。

黄龙病症状易与缺素、淹水、树干或枝条受天牛为害或机械损伤、脚腐病等引起的黄化相混，但黄龙病叶小、狭尖、质硬，可与缺素症区分。缺氮引起的均匀性黄化和缺锰锌引起的叶脉间黄化都是全株性的，而黄化病最初发生时仅个别梢的叶片黄化，另外前者追肥后可恢复，而追肥对黄龙病无显著影响，更无法使其恢复正常。虫伤和机械损伤引起的黄化可在树干或枝条上发现蛀口、孔或伤口。脚腐病引起的黄化症可根据茎基部树皮是否变褐腐烂、发臭、流胶而与黄龙病区分。淹水引起的黄化在搞好排水工作之后可恢复正常，而黄龙病树不能恢复正常。水淹造成的黄化叶质软。

调查的重点应放在易感品种上，例如焦柑、椪柑、茶枝柑和福橘。传病虫媒柑橘木虱也是田间调查的项目之一。对一些怀疑的病树，可将其重修剪，并加强肥水管理，促使萌发新梢，若为黄龙病，新梢叶片往往表现明显的斑驳或黄化。

（二）指示植物鉴定

现有的某些栽培品种，本身是良好的指示植物。对于一些新柑橘园，可对怀疑树用指示植物确定。常用的指示植物有蕉柑、椪柑、芦柑、甜橙等。作鉴定用的指示植物必须采用实生苗，以确保无黄龙病原，砧木种子事先用 55～56℃ 温水处理 50 min，用含有 2～3 个病芽的枝段嫁接，潜育期 4～12 个月。嫁接接种后，如将指示植物重新修剪，每株只剩下 2～3 片叶，并加强肥水管理，促使新梢发生，可大大缩短潜育期，二个月左右可发病。

每株怀疑的病树至少要嫁接 10 株实生苗，接种后实生苗保持在 32℃（亚洲型）或 24℃（非洲型），症状通常在 4～5 个月后出现。

（三）药物诊断

黄龙病菌对四环素族抗菌素和青霉素都很敏感，故可用这些抗菌素处理可疑树的枝条，根据症状是否恢复而与其他原因引起的黄化症区分开来。

鉴定时可从可疑树采病芽条数十枝、分为二组，一组用清水浸泡 2 h；另一组用适当浓度的抗菌素溶液浸泡 2 h。水洗后，分别用含 2～3 个芽的枝段腹接于椪柑实生苗上。设阳性对照（未经抗菌素处理的典型黄龙病接穗）和阴性对照（无病实生苗接穗）。若被鉴定的接穗用抗菌素处理后不发病，而用清水浸泡的发病，症状与阳性对照相同，则证明该树为感染黄龙病的病株。

（四）电镜检查

黄龙病的病原多寄生于韧皮部薄壁细胞和筛管细胞内。检查时，多取病叶侧脉，切成 1 mm 大小的细条，常规方法固定、脱水、包埋、超薄切片后用醋酸铀和柠檬酸铅双重染色。在电镜下，病原体多呈球形，椭圆形及香肠形，个体大小有差异。病原具有三层膜，外层和内层为电子致密层，中间一层为电子透明层，膜厚约 25 nm。由于病原体在植株体内浓度较低，分布不均匀，病株的检出率较低，因此，未检出病原的不一定是无病的。此外，被检细胞中的质膜体和空胞不可误认为是黄龙病病原。

（五）荧光显微镜检查

根据最近的研究，用荧光显微镜检查病材料，在韧皮部可发现多个特异性的黄色荧光团块，而在健康材料和其他原因引起的黄叶中无此现象，这是一种较快速的检验方法。

（六）GeA 含量检测

GeA 是二羟基苯甲酸苷经酸解后生成的二羟基苯甲酸，在 302 nm 紫外光照射下呈蓝色荧光。根据 USDA-ARS（美国农业部农业服务署）果树研究所的测定，GeA 在柑橘老组织中的含量依是否染病和染何种病而异。在感染 CTV（柑橘衰退病毒）的老组织中 GeA 含量为 30~268 μg/g 组织，在 CTV 与青果病复合感染的老组织中 GeA 含量为 32~274 μg/g，而在青果病单独感染的老组织中为 128~474 μg/g，健组织中为 10~38 μg/g。因此他们认为当 GeA 水平在每克干树皮 300 μg 以上时可以确认患有青果病。不过此法应与其他方法结合使用。其步骤为：0.5 g 干树皮——加 2 mol HCl 煮沸 1 h 酸解——加 0.5 ml 乙酸乙酯萃取——高速离心（13 000 g）——有机相——薄层层析——UV302 nm 检查蓝荧光斑。

（七）血清学检测

由于黄龙病菌难以大量提纯，多克隆抗体中可能含有植物成分的抗体，在检测时可能出现假阳性，所以目前许多国家都在发展单克隆抗体检测技术。法国的加尼尔（Garnier）和波武（Bove）首先用长春花病株组织制备了印度分离菌和非洲分离菌的单克隆抗体，在 ELISA 试验中可识别印度、菲律宾、留尼旺岛以及非洲的分离菌。这几个单克隆抗体与中国、泰国、马来西亚和印度某些地区的分离菌不反应，也不与印度青果病病原起反应。

（八）PCR 检测技术

利用已知的 16S rDNA 碱基序列设计引物做 PCR 检测，最近有人利用 β-操作元的核糖体蛋白基因碱基序列设计引物，不仅可检出黄龙病菌，还可区分亚洲型和非洲型。

六、检疫处理

（1）严格实行检疫。一方面要杜绝病区苗木输出，另一方面要防止传入新的株系。据报道，非洲型青果病原和亚洲型青果病原在耐温性（前者喜凉爽天气，后者在凉爽和高温下均引起明显症状）、传病介体（前者为非洲木虱，后者为柑橘木虱）方面不同，若传进了非洲型青果病原，可能会增加防治的复杂性。

（2）培育无病苗木。无病苗木所用接穗应采自 3~5 年间未发现病状的母本树，嫁接前用 50℃ 的 1000 ppm 四环素溶液浸泡 10 min 消毒。砧木种子也要消毒。可用茎尖嫁接获得无该病菌的植株。无病苗圃应选择没有木虱发生的无病区，周围 5~10 km 没有柑橘树，最好有自然隔离带（高山或湖泊）。

此外，挖除病树，消灭侵染源，用四环素化学治疗和防治木虱等可以减轻发病。

第四节　番茄溃疡病菌

一、历史、分布及危害

此菌引起的番茄溃疡病于 1909 年在美国密执安州首次发现，目前在非洲、北美洲、南美洲、亚洲、欧洲、大洋洲许多国家发生，几乎所有产番茄的国家都有此病。此病在我国发生历史不长，分布也不广。1954年在大连市场上看到2个番茄果实症状颇似溃疡病，但未能经分离证实。1981年在北京市延庆县大伯老公社首次发现此病（也有人认为1985年在北京市平谷县发现）并鉴定为番茄溃疡病。

亚洲：中国、印度、伊朗、以色列、日本、黎巴嫩；非洲：埃及、肯尼亚、马达加斯加、摩洛哥、南非、多哥、突尼斯、乌干达、赞比亚、津巴布韦；欧洲：土耳其、奥地利、比利时、保加利亚、芬兰、法国、德国、希腊、匈牙利、爱尔兰、意大利、立陶宛、荷兰、挪威、波兰、葡萄牙、罗马尼亚、西班牙、瑞士、英国、乌克兰、亚美尼亚、俄罗斯、白俄罗斯；大洋洲：澳大利亚、夏威夷、新西兰、汤加；美洲：加拿大、墨西哥、美国、伯利兹、哥斯达黎加、古巴、多米尼加、巴拿马、阿根廷、巴西、智利、哥伦比亚、秘鲁。

国内已分布于北京、黑龙江、辽宁、内蒙、山东、河北、山西、上海等省、自治区和直辖市。

此病是一种危害性很大的病害，在北美历史上曾于20世纪30年代（美国中西部）、60年代（加拿大安大略省，美国北卡罗来纳州）和80年代（美国中西部、加拿大安大略省）大流行，个别农场损失达80%，产区损失平均5%～10%。除影响产量外，果实发病形成鸟眼状斑点，降低商品价值。国内山西省雁北各县一般病株率48.3%，减产39.7%，严重地病株率79.5%，减产69.1%；北京轻病地减产17.3%～31.8%（保护地）和43.9%（露地），重病地减产53%～79.3%（保护地）和73.5%～74.3%（露地）。呼和浩特市1989年有80多亩番茄发病，其中20多亩绝收。

二、所致病害症状

番茄溃疡病可以引起不同类型的症状。种子带菌或病菌从伤口直接侵入维管组织时，通常首先出现系统侵染症状，尤其是萎蔫症状。但若病菌从自然孔口如水孔或表皮毛侵入，则先出现局部症状，如叶缘坏死、叶斑。局部侵染区内的细菌一旦进入维管束，亦可导致系统症状。症状类型还与株龄、侵染位点、品种感病性和环境条件有关，因此单凭症状还不能确诊此病。

（一）局部侵染症状

叶缘坏死是局部侵染的早期症状，常发生在下部叶片上，叶缘变褐，干焦，界限分明，有时在枯缘与绿色组织之间有一窄条黄色组织，坏死区渐变宽，可造成小叶、叶和全茎枯萎。在温室幼苗上喷雾接种，可在子叶和小叶上产生白色小疱状斑，但此症状在田间少见，不过有些年份在田间植株茎上出现白色至褐色斑点。

果实上出现鸟眼状斑，中间褐色，外有白晕，直径大于0.3 cm，这种特殊病斑常被认为是田间诊断最可靠的依据，但辣椒疮痂病菌侵染番茄幼果时，初期也有类似的变白症。

番茄溃疡病的斑点老化时也转褐，看上去像辣椒疮痂病老病斑。而且，并非所有病地都可发现病果，所以番茄青果上的白斑并非是溃疡病存在的有力佐证。在粉红至红色的果实上，带晕白斑很可能是由溃疡病引起，经维管系统侵入果实引起的症状有时表现为果实维管束变黄或变褐。

（二）系统侵染症状

最早可以看到的明显系统侵染症状为萎蔫，幼苗时系统感染的番茄植株可较快萎蔫崩溃，而成株系统感染时病情发展慢，是渐进式的。有时小叶一侧萎蔫，但整叶最终枯死。病茎维管组织带黄色，以后变为褐色，纵切病茎在茎节处表现特别明显。

此病因在特定条件下形成茎溃疡症而得名。当病菌从木质部蔓延到邻近韧皮部和薄壁细胞时，沿病茎形成淡黄至褐色条斑，叶柄下侧也可形成此症。这些条斑颜色渐深，有时开裂，导致暗褐色溃疡斑，从斑点处切开可见对应于病斑处的皮层和髓部广泛坏死。

（三）辣椒上的症状

辣椒叶片初出现灰绿色隆起区域，后形成不规则形、木栓质疱疹，中央褐色，这些疱疹往往崩溃，成为不规则形褐斑，叶片脱落。田间病株上未观察到维管束变色。果实上形成鸟眼状斑，与番茄果实上的症状类似。

三、病原特征

本菌为密执安棒形杆菌密执安亚种（*Clavibacter michiganensis* subsp. *michiganensis*）。以前曾归于棒杆菌属（*Corynebacterium*）。病原菌棒杆状，无鞭毛，无芽孢，大小为（0.3~0.4）μm×（0.6~1.2）μm，革兰氏染色阳性，严格好氧。在523培养基上28℃培养，菌落黄色，圆形，略突起，边缘整齐，光滑，不透明，黏稠状，直径2~3 mm。

能利用葡萄糖、蔗糖、阿拉伯糖、甘露糖、麦芽糖和甘油，不能利用鼠李糖、棉子糖、松三糖、甘露醇、山梨醇，而对乳糖、木糖、纤维二糖的利用在各菌株间或同一菌株重复时结果不一致。此外，供试菌株能利用苯甲酸、柠檬酸、延胡索酸、丁二酸和苹果酸，不能利用甲酸、丙二酸、草酸、酒石酸、丙酸及半乳糖酸，乙酸和乳酸在各菌株之间或不同重复实验时结果不一致。供试菌株不产生果聚糖，不能以天冬酰胺为唯一碳源和氮源。供试菌株能液化明胶，不产生吲哚，但产生 H_2S，不还原硝酸盐，石蕊牛乳还原不产生氨。其尿酶、苯丙酸脱解氨酶、氧化酶、色氨酸脱解氨酶反应为阴性，过氧化氢酶反应为阳性。

四、适生性

（一）侵染循环

病菌随带病种子、病苗、病残体及土壤传播，形成初侵染，再以飞溅的水滴（如灌溉、雨水）等为载体，从修剪造成的伤口、毛孔或水孔等自然孔口侵入，完成再侵染。

（二）寄主植物

侵染番茄、树番茄、心叶烟、乳茄、马铃薯、*Solanum muricatum*、龙葵、裂叶茄。人工接种侵染小麦、大麦、黑麦、燕麦、向日葵、西瓜、黄瓜、辣椒、茄子、*Browallia*、*Brunfelsia*、*Cestrum*、*Datura*、*Physalis*、*Salpiglossis*、*Schizanthus*、*Streptosolen* spp.

（三）对环境的适应性

番茄溃疡病菌的最适生长温度是 24～27℃，最高 35℃。喜偏碱土壤（pH＞8）。在土壤中的病残体上，病菌量随天数增加逐渐减少，但 850 d 后仍可分离到病菌，若病残体分解，则病菌迅速减少。种子带菌率可达 53.4％。

（四）传播能力

在田间，雨水溅射、农事操作等可传播溃疡病。远距离传播靠种子调运。

五、检验检疫方法

果实上鸟眼斑的存在是检验的一个重要依据，此外还可采取以下检验程序。

（一）病菌分离和致病性测定

1. 病菌分离　　从病果斑点和果内变色维管组织分离病原菌的成功率高。从辣椒叶斑和果斑分离也较容易成的。分离时将果斑变色维管组织切成小片，在 9 ml 灭菌蒸馏水中浸泡 30 min，或在几滴灭菌蒸馏水中浸解，用移植环沾菌液划线分离。

现在一般采用选择性培养基分离。迄今为止，已发展多种选择性培养基，如 SCM 培养基和 mSCM 培养基（是在 SCM 基础上改良），这两种培养基都是半选择性培养基。番茄溃疡病菌在几种选择性培养基上的培养性状如表 7-4。

表 7-4　番茄溃疡病菌在不同选择性培养基上的培养性状

培养基名称	菌落色泽和形状	培养天数	分离材料	备注
SCM	小，暗灰黏滑中央暗灰、橄白或红色	9～12	种子	非典型菌落可能是圆形、平、隆起或凸起、全缘
m SCM	清晰、黏滑、中央黄色	7～9	种子	污染更少，菌落易识别
CNS-LIClPBS	黄色、有光泽、凸起	6	种子植株	CNS 去 LiCl 和多霉素 B
KBTS	黄色、中央深绿至黑色；有两类，大的易流动，小的黏滑	6	种子	假单胞菌有一些干扰
D₂ANX	黄色	6～10	种子植株	青枯菌一个菌株有干扰
D₂	淡黄色，凸起有光泽	3～4	植株	灵敏度和选择性不好
SMCMM	黄色	3～4	叶、土	

种子带菌检测可将种子在缓冲液中研磨，悬浮液稀释后涂布在选择性培养基上，再根据菌落特征等判断。幼苗带菌检测只需将茎切断，切口在选择性培养基平板上盖印即可检测。

2．致病性测定　　用致病性测定法来鉴定分离菌最可靠。但有一个缺陷，即接种后要经较长时间（少则 3 d，多则几周）才可观察到症状。最近发现了一个很好的指示植物，叫做紫莱莉，接种后 48 h 内可产生独特的类似过敏反应症状，这已成为美国佐治亚州及一些种子检测机构的标准检测方法。国内现用浸根法、刺茎法、土壤接菌法、浸种法和果实摩擦接种法检测。

（二）血清学检测技术

ELISA 检测限为 10^4 cfu/ml 或 10^3 cfu/孔，可用手挤压茎的切口，使汁液流入反应板上的小孔内（事先包被有抗血清）。此法可检测出无症植株中的溃疡病菌，且专一性好。但不能判断细菌是否具有活性。

将血清学技术与分离培养技术结合起来的方法叫免疫分离法，有望提高检测灵敏度和选择性。做法是，将玻棒或塑料棒包被特异性抗体，在样品提取物中俘获细菌，吸附的细菌涂布在合适的培养基上，此法大大减少了污染。

（三）核酸检测技术

提取溃疡病菌 DNA，用限制性内切酶消化之后，进行电泳分析，发现 13 个供试菌株的 DNA 都有 5.6 kb 的片段，当用一个菌株近似该大小的 DNA 片段（5 kb）做探针检测时，可将番茄溃疡病菌致病菌系与无毒力菌系以及所有其他细菌区分开来。用 rep-PCR 技术可区分番茄溃疡病菌与其他亚种。

（四）脂肪酸甲酯分析

此法是提取细菌脂肪酸甲酯，用气相色谱法分析其组成，准确性好，鉴别结果与致病性测定结果一致，缺点是检测无症带菌植株的灵敏度不如选择性培养基。

六、检疫处理

（1）严格检疫。严格控制境外公司来内地进行番茄制种，进口或从外省调番茄种子一定要检疫合格。一旦发现病株，应全田销毁，并在几年内不在发病地种植此菌的寄主植物。

（2）种子处理。将果实堆在缸中发酵产酸 96 h 后捞起种子晾干，注意发酵温度不应高于 24℃，发酵过程中不加水，对灭菌有一定效果。也可用 8％盐酸浸种处理 24 h，冲洗晾干后播种；53℃温水浸种 60 min 或 55℃浸 30 min；种子在 45℃预烘几小时，使含水量低于 10％，在 70±1℃烘 96h，处理后的种子发芽要迟 2～3 d，但不影响发芽率。

轮作和大田药剂防治可减轻危害。

第五节　番茄细菌性斑点病菌

一、历史、分布及危害

此菌引起的番茄细菌性斑点病 1929 年首次在台湾报告，1933 年在美国发现，20 世纪 70 年代在世界各地传播开来。孙福（1991）首次报道了该病在国内发生。

国外分布：美国、英国、前苏联、加拿大、法国、南非、澳大利亚、印度等 26 个国家。

国内分布：新疆、北京、黑龙江、辽宁、吉林、天津、山东、山西、贵州、台湾。

此菌造成的经济损失为 5%～75%。1999 年吉林长春郊区齐家乡种植的吉粉 2 号番茄发病率 15%～56%、L409 发病率 58%～95%、利生 7 号发病率 91%；1999 年辽宁盘锦市大棚番茄上也发现同类症状的病害，20% 的大棚番茄发病，发病株率达 50% 以上，甚至毁棚。

二、所致病害症状

叶片上病斑圆形或不规则形。边缘暗褐色，稍隆起。中部色淡，稍凹陷，表面粗糙。叶背早期出现水渍状小斑，逐渐扩展，近圆形或连结成不规则形黄色病斑，隆起较明显。病斑周围有黄色晕圈，后期干枯质脆。茎秆先在茎沟处出现褪绿水渍状小斑点，然后沿茎沟上下扩展，形成长椭圆形短条斑，中间稍凹陷，褐色，以后木栓化隆起，可以裂开呈溃疡状。果实表面先出现水渍状褪绿斑点，逐渐扩大，病斑褐色到黑褐色，初期带有油渍亮光，后呈现黄褐或黑褐色木栓化、直径约 0.2～0.5 cm 的近圆形粗糙枯死斑，带有黄绿色晕圈，病斑稍隆起成疮痂斑。有的病斑相互连结成不规则形大斑块，若果柄与果实连接处受害，易引起落果。幼苗发病时，子叶上产生银白色小斑点，水渍状，后变为暗色凹陷病斑，常落叶，植株死亡。

病斑周围有黄色晕圈，病组织只在番茄组织浅层发展是识别细菌性斑点病的一个重要特征。

番茄细菌性斑点病与番茄细菌性疮痂病症状相似，其区别是细菌性斑点病的病斑一般较小，病斑周围组织不隆起，色泽较黑。

三、病原特征

此菌为丁香假单胞菌番茄致病变种（*Pseudomonas syringae* pv. *tomato*），菌体杆状，大小为（0.5～0.7）μm×（0.9～1.7）μm，单极生 1 根鞭毛，革兰氏染色阴性，好气性。在含蔗糖的培养基上能产生绿色荧光，可使明胶液化，蔗糖产酸。在 NA 和 PDA 培养基生长良好。菌落为圆形、浅黄色、黏稠、边缘整齐，表面微隆起，有光泽。

四、适生性

（一）侵染循环

此菌主要在种子表面或随病残体在田间越冬，带菌种子是最主要的初侵染来源，翌春经风、雨或昆虫传播到小叶片、茎或果实上，从伤口或气孔侵入。高温、高湿、阴雨天是发病的重要条件。因此，7～8 月份雨后高温季节，病害易发生流行。

（二）寄主范围

寄主为番茄和辣椒，接种寄主为茄子和马铃薯。

（三）对环境的适应性

病菌在田间病残体上至少可存活 6 个月，在干种子上可存活 20 年。病菌发育适温 27～31℃，最高 40℃，最低 5℃，致死温度 56～59℃ 10 min。耐盐浓度为 4%～5%。

（四）传播能力

田间病害传播主要借雨水反溅或昆虫传播蔓延。病菌随种子远距离传播。

五、检验检疫方法

（一）病菌分离和致病性测定

取病健交界部位组织，用 75% 乙醇消毒 2 min，经无菌水冲洗后置于小瓷皿中研磨，加无菌水浸 20～30 min，然后用接种环蘸取该组织液在 KB 培养基上划线。长出单菌落后用该培养基再划一次线使细菌纯化。再将各菌株配成新鲜菌悬液，喷雾接种到 6～7 叶期的番茄叶片上，以无菌水喷雾作对照，保湿 3 d，第四天揭盖，夜间保湿，温度在 15～30℃ 之间，接种后 15d 调查发病情况。

（二）分子检测

可根据已报道的此菌 *avr*Pto 基因的保守序列设计引物进行 PCR 检测。

六、检疫处理

（1）加强检疫，防止带菌种子传入非疫区。
（2）种子消毒。55℃ 恒温浸种 30 min 或农用链霉素浸种 30 min。
（3）建立无病种子田，种子田选在无病区，采用无病区种子，播前进行种子消毒，采种时进行全田检查，确保产出的种子不带此菌。
（4）选用抗病品种、轮作、加强栽培管理和化学防治减轻病害的发生。

第六节　瓜类细菌性果斑病菌

一、历史、分布及危害

西瓜细菌性果斑病最早于 1969 年在美国佛罗里达州被发现。但因发生并不严重，一直未引起注意。直到 1989 年才真正受到重视。目前，美国许多西瓜栽培地区都有发病记录。

我国从 1986 年开始，就不断有人发现和报道该病在国内的发生和为害情况。1998 年张荣意对海南省病瓜进行了病原鉴定，认为是细菌性果斑病。我国的果斑病菌估计是由境外种子公司在中国繁种时传入的。

据报道，1998 年在台湾西部有些地区种植的西瓜出现果皮水渍状斑块，台东地区有些瓜田受害率接近 20%，而虎尾、宜兰地区种植的蜜露洋香瓜上也零星发生类似病害，经鉴定，确认这些西瓜及洋香瓜病害就是细菌性果斑病。

国外分布：美国、印度尼西亚、土耳其。

国内分布：新疆、内蒙古、海南、辽宁、吉林、陕西、河北、山西、台湾。

1989年，美国佛罗里达、南卡罗莱纳、印第安纳等州以及关岛、提尼安岛（Tinian）等地区普遍发生此病，导致了严重的经济损失，80%的西瓜不能上市销售。新疆生产建设兵团农六师103团1999年由于细菌性果斑病造成经济损失3 000万～4 000万元。内蒙古巴盟1996开始发生此病，2002年有1.02万公顷哈密瓜普遍发生该病，发病率达20%～100%。发病重的地块全田毁种。

二、所致病害症状

病菌感染西瓜子叶，产生水渍状病斑，并沿主脉逐渐发展为黑褐色坏死病斑。随后感染真叶，形成不明显的褐色小斑，周围有黄色晕圈。通常沿叶脉发展，对植株的直接影响不大，但却是感染果实的病菌的重要来源。植株生长的中期，叶片上的病斑很少，通常不显著，暗褐色，略呈多角形，病叶很少脱落。开花后14～21 d的果实容易感染。果实上症状随西瓜品种不同而异。典型的症状是在西瓜果实朝上的表皮，首先出现水渍状小斑点，随后扩大成为不规则的大型橄榄色水渍状斑块。发病初期病变只局限在果皮，果肉组织仍然正常，但将严重影响西瓜的商品价值。发病中期以后，病菌可单独或随同腐生菌蔓延到果肉，使果肉变成水渍状。发病后期受感染的果皮经常龟裂，并因杂菌感染而向内部腐烂。有些品种果实受感染后，仅出现龟裂的小褐斑，而无明显的橄榄色水渍状斑块，但病菌已侵入果肉组织，造成严重的水渍状病症。病斑上常有黏稠、褐色的菌脓溢出。接触地面的果面无病斑。瓜蔓、叶柄和根部通常不被侵染。

三、病原特征

此菌1988年首次被鉴定为类产碱假单胞菌西瓜亚种（*Pseudomonas pseudoalcaligenes* subsp. *citrulli*），后来根据病菌的rRNA-DNA和DNA-DNA分子杂交研究结果，将其更改为燕麦食酸菌西瓜亚种（*Acidovorax avenae* subsp. *citrulli*）。

菌体呈短杆状，大小为（2～3）μm×（0.5～1.0）μm；极生鞭毛1根，鞭毛长4～5 μm，无芽孢，革兰氏染色阴性。在KB培养基上28℃培养2 d，菌落乳白色、圆形、光滑、全缘、隆起、不透明，菌落直径1～2 mm。无黄绿色荧光。对光观察菌落周围有透明圈。在YDC培养基上菌落白色。

四、适生性

（一）侵染循环

本菌可附着在西瓜种子表面，也可能侵入种子的内部组织，带菌的种子为主要的初侵染源。带病菌的种子散落田间后长出的瓜株、残留在田间的染病瓜皮以及田间可能带菌的葫芦科杂草，都是感染下茬西瓜的重要菌源。种子发芽后病菌可以感染幼苗的子叶和真叶，子叶背面呈现黑色水渍状病斑，病斑很快坏死。在温室中，由于人工灌溉等原因，可使病菌自然传播到其他叶片或邻近的幼苗上。幼苗下胚轴发病可导致幼苗猝倒。病菌可经由果实上的伤口或气孔感染果实。幼果感染后病斑不明显，但到果实将成熟前病斑迅速扩大。病菌也可以直接感染中、后期果实，在28~32℃的适温条件下，3~5 d 就可形成明显的斑块。病斑有时龟裂，并分泌出淡褐色的菌脓，成为重要的再次侵染源。高温、高湿的环境易发病，特别是炎热季节伴之暴风雨的条件下，叶片和果实上的病斑迅速扩展。在凉爽、阴雨气候条件下，病害一般不会明显发展。

（二）寄主范围

寄主主要有西瓜、罗马甜瓜、哈密瓜、蜜露洋香瓜和网纹洋香瓜等。该病菌人工接种可感染其他葫芦科植物（黄瓜、甜瓜、节瓜、瓠瓜、南瓜、丝瓜、苦瓜、西葫芦）及番茄、胡椒、茄子等。

（三）对环境的抵抗力

病菌耐盐性为3%。最适生长温度为24~28℃，41℃能生长。低温下在种子上可存活相当长的时间。带菌种子储存在12℃下1年，传病率也不降低。

（四）传播能力

病菌在田间借雨水或喷灌而传播感染。病害的远距离传播靠带菌种子，种子表皮和种胚均可带菌。

五、检验检疫方法

果实和子叶上初期呈现暗绿色水渍状病斑，后病斑表面溢出大量乳白色菌脓（或用溢菌法检出菌溢），最后全果腐烂，是本病的典型特征。无法确诊时要用如下方法检验。

（一）病菌分离和致病性测定

一般采用平板划线分离法，对病原菌进行分离和纯化，将获得的菌株在30℃条件下培养24~48 h，配成108 cfu/ml的菌悬液，采用高压喷雾法、针刺法接种到健康无病西瓜苗和果实上，28℃保湿24~48 h。同时将菌悬液用灭菌注射器注入到成熟的烟草叶片内，48 h后观察是否有过敏性坏死反应发生。

（二）分子检测

任毓忠等（2004）采用PCR技术，用分别对应于西瓜果斑病菌标准菌株16S rRNA的293~310碱基和652~669碱基的2个特异性引物（预期扩增出长度为360 bp的特异性片段），用水或PBST浸泡哈密瓜带菌种子的浸提液直接作模板，对市售的11个哈密瓜品种的种子带菌情况进行检测，结果检测出8个品种携带瓜类果斑病菌。种子的浸提时间对检测结果的影响不大，种皮是种子带菌的主要部位；病瓜种子只有在2粒以上才能检测。

有人用温室育苗、室内分离和PCR技术对哈密瓜种子带菌情况和主要带菌部位进行了检验，结果3种方法都可以对种子带菌情况进行准确检测。分离检测和PCR检测还可以确定种子的带菌部位。

六、检疫处理

（1）严把种子关，加强西瓜等葫芦科作物种子的进口检疫，阻止带菌种子进入我国和传播蔓延。对要求来内地制种的境外公司必须严格把关。应从无病区采种。种苗生产过程中应避免污染病菌。生产的种子应进行种子带菌率测定。采种时种子与果汁、果肉一同发酵 24～48 h 后，随即以 1% 的盐酸浸渍种子 5 min，或以 1% 次氯酸钙浸渍 15 min，接着水洗、风干，都可以有效去除种子携带的病菌，大幅度降低田间发病率，对种子发芽无不良影响。

（2）加强田间管理，采用合理的灌溉方式。喷灌会传播病菌且造成果实上积水，有利于病菌侵入，应尽量改用滴灌或降低水压。及时清除病苗、病果和彻底清除田间杂草减少再侵染源。

（3）选育和种植抗病品种、轮作倒茬和选用适当的药剂减轻发病。铜制剂（铜锌锰乃浦、氢氧化铜、嘉赐铜）及抗生素如四环素、多保链霉素、链四环霉素，在培养基上都可以显著抑制病菌的生长，新植霉素在田间有很好的防病效果。

第七节　根癌土壤杆菌

一、历史、分布及危害

此菌引起的病害称为根癌病。1897 年 DelDott 和 Cavara 首次从葡萄病株肿瘤上分离到该菌，Smith 和 Townsend 于 1907 年最早发现针蘸培养菌液接种可传染此病。

根癌病分布于全世界。亚洲：阿富汗、中国、印度、印度尼西亚、伊朗、以色列、日本、朝鲜、黎巴嫩、马来西亚、沙特阿拉伯、斯里兰卡、叙利亚、土耳其。非洲：阿尔及利亚、埃及、埃塞俄比亚、肯尼亚、利比亚、马拉维、摩洛哥、莫桑比克、罗得西亚、塞舌尔、索马里、南非、坦桑尼亚、乌干达、赞比亚。欧洲：俄罗斯、奥地利、比利时、英国、保加利亚、塞浦路斯、捷克斯洛伐克、丹麦、芬兰、法国、德国、希腊、匈牙利、意大利、荷兰、挪威、波兰、罗马尼亚、西班牙、瑞典、瑞士、爱沙尼亚、乌克兰、前南斯拉夫、百慕大。大洋洲：澳大利亚、夏威夷、新西兰、亚速尔群岛。美洲：加拿大、墨西哥、美国、古巴、法属安的列斯群岛、瓜德罗普、牙买加、波多黎各、阿根廷、玻利维亚、巴西、哥伦比亚、智利、圭亚那、秘鲁、乌拉圭、委内瑞拉。

在国内发生还不普遍，已确认的有北京、河北、山西、辽宁、吉林、浙江、福建、山东、河南、陕西、甘肃等地，所以定为国内森林植物检疫性有害生物。

病菌寄生于寄主植物根部，形成肿瘤，干扰了正常的水分运输和养分供应，削弱树势，严重时也常常导致果树死亡。病株更易受冻害。据山东枣庄市调查，树莓一般发病株率为 5.6%～10.5%，严重地块发病株率为 34.4%。造成减产 10% 左右，较重的地块减产 30% 以上。

二、所致病害症状

根癌病主要发生在根颈部，也发生于侧根和支根，在嫁接处较为常见。北方在葡萄蔓上也有发生。根部被害形成肿瘤，其形状、大小质地因寄主不同而异。一般木本寄主的瘤大而硬，木质化；草本寄主的瘤小而软，肉质。瘤的形状一般为球形或扁球形，也有互相愈合成不规则形的。瘤的数目少的1~2个，多的达10余个不等。瘤的大小差异较大，小如豆粒，大如核桃和拳头，最大的直径可达数厘米或数十厘米。苗木上的癌瘤一般只有核桃大，绝大多数发生在接穗与砧木的愈合部分。根癌初生处为乳白色，光滑柔软，以后渐变褐色到深褐色，质地变硬，表面粗糙，凹凸不平，小的仅皮层稍突起，大的形状不规则。受害病株发育受阻，叶片变小变黄，植株矮小，果实变小，产量下降。

三、病原特征

根癌土壤杆菌（*Agrobacterium tumefaciens*）属于普罗特斯门的土壤杆菌属。为革兰氏阴性，好气性，菌体短杆状，大小为 (0.4~0.8) μm×(1.0~3.0) μm，具有1~4根周生鞭毛。以前根据此菌不同菌系的表现型分3个生物型，生物型Ⅰ产3-酮糖，寄主范围广；生物型Ⅱ主要是产生毛根症状的菌系；生物型Ⅲ主要为害葡萄，利用葡萄糖产L-酒石酸，且产多聚半乳糖醛酸酶。后来根据DNA同源性研究，将生物型Ⅲ再次划为一个种，即葡萄土壤杆菌（*Agrobacterium vitis*）。另有悬钩子土壤杆菌（*Agrobacterium rubi*）为害悬钩子属（*Rubus*）植物如黑莓和悬钩子。

四、适生性

（一）侵染循环

根癌土壤杆菌在肿瘤组织的皮层内越冬，或在肿瘤破裂脱皮时，进入土壤中越冬（在土壤中存活一年以上）。病菌通过伤口侵入寄主。嫁接口、气孔、昆虫或人为因素造成的伤口，都能成为病菌入侵的途径。当细菌入侵后，会引起寄主细胞异常分裂，形成肿瘤。当寄主细胞一旦发生分裂，即使去除病原菌也不能阻止肿瘤的发展和增大。从病菌侵入到显现病瘤所需的时间，一般由几周到一年以上。林、果苗木与蔬菜重茬或果苗与林苗重茬一般发病重，特别是核果类果树苗与杨树苗、林地重茬根癌病发生明显增多、加重。

（二）寄主范围

寄主范围非常广，包括61个科至少142个属的植物。不仅为害木本植物，也为害草本植物。苹果、梨、桃、扁桃、樱桃、油桃、核桃、胡桃、猕猴桃、李、杏、梅、葡萄、黑莓、树莓、甜菜、芜菁、白杨、三叶杨、柳、卫矛、无花果、金银花、玫瑰受害尤重。

（三）对环境的适应性

病菌在土壤中可存活数月至1年多，一般在2年内如果遇不到寄主即丧失生命活力。病菌最适温度为22℃，致死温度为51℃，耐酸碱范围为pH 5.7~9.2，最适为pH 7.3，当pH达到5或更低时，带菌土壤即不能引致植物发病，同时也不能从此病土中分离到有致病力的土壤杆菌。

（四）传播能力

雨水和灌溉水是传病的主要媒介，地下害虫如蛴螬、蝼蛄、线虫等在病害传播上也起一定的作用。调运带菌苗木是远距离传播的重要途径。

五、检验检疫方法

（一）症状诊断

主要检验苗木上有无肿瘤，但要注意与受伤诱导的愈伤组织区别，根癌病苗生长不良，但受伤苗生长一般正常；而且肿瘤一般肉质，老化时常有空洞，易脱落，可以与愈伤组织区分。无法确诊时要用分子检测方法。

（二）病菌分离和致病性测定

可用 Schroth 培养基（病菌在此培养基上形成全缘淡黄色或棕色菌落）或 Kerr&Brisbane 培养基（病菌培养 4 d 后形成白色、圆形、凸起、并有光泽的菌落）。分离应选用白色细嫩瘿瘤，洗净取表面组织切成 2 mm^3 大小的小块，无菌水洗 3 次后压碎静置 30 min 再划线分离。分离到的菌再次划线纯化，接种到番茄植株上看是否引起瘿瘤。此菌接种到烟草上可引起过敏性反应。

（三）分子检测

土壤杆菌有诱导肿瘤的质粒（tumor inducing plasmid, Ti 质粒），在质粒上存在一段能自主转移到植物染色体的 DNA，叫做转移 DNA（transfer DNA, T-DNA），T-DNA 上有生长素和细胞分裂素合成基因，这些基因在植物细胞内的表达不受调控，因而植物细胞内大量积累激素，导致细胞过度分裂和增大，形成肿瘤。丢失了 Ti 质粒的菌系不能引致肿瘤，因此以该质粒上的碱基序列为基础设计引物进行 PCR 检测，既方便又准确。波兰学者曾以 T-DNA 区上生长素合成第二步的吲哚乙酰胺酰胺水解酶的编码基因 tms2 保守区 220 kb 片段碱基序列为基础设计引物进行 PCR 检测，后来发展出更为灵敏的检测土样中根癌土壤杆菌的半巢式 PCR 技术，只要将土壤悬浮液在选择性培养基上培养，提取 DNA，再做 2 轮半巢式 PCR 即可得到准确结果。

六、检疫处理

（1）引种检疫。无病区从外地引种，要确保苗木产地无根癌病，产地不能确定时，要进行上述检验，一经发现带有土壤杆菌，应采取退货、销毁等措施。

（2）建立无病苗圃。选择无病土壤作苗圃，避免重茬。老果园，特别是曾经发生过根癌病的果园和老苗圃地不能作为育苗基地。对实生砧木种子进行消毒可用 5% 次氯酸钠处理 5 min。

（3）使用抗病砧木。国外抗病砧木有桃砧 S-37、日本杏（Prunus mume）。中国樱桃作砧木很少发病。葡萄砧木河岸 2 号、河岸 6 号、河岸 9 号、S04 等砧木对根癌病的抗性较强。

（4）生物防治。生防菌放射农杆菌（*Agrobacterium radiobacter*）K84 菌株（商品名 Galltrol-A、根癌宁等）浸根、浸种或浸插条可以有效地防止根癌病的发生。用根癌宁 30 倍稀释液对桃树进行浸桃核育苗、浸根定植、切瘤灌根等防治措施，均能有效地控制根癌病的发生，防治效果可以达到 90% 以上；而且对核果类的其他树种和仁果类果树的根癌病也有明显的防治效果。

第八节　猕猴桃溃疡病菌

一、历史、分布及危害

猕猴桃原产中国，后来被新西兰旅游者将枝条带回新西兰种植，并选育出果实味美个大的商业品种。猕猴桃溃疡病最早于 1973 年在新西兰报道。1980 年在美国加利福尼亚州和日本静冈县发现。1988 年湖南农学院方炎祖等报道在湖南省石门县东山峰林场人工栽培的猕猴桃上发现此病。但以前在野生猕猴桃上是否发生未引起人们重视。

日本、新西兰、美国、意大利等栽培猕猴桃的国家都有此病。国内已报道发生猕猴桃溃疡病的省份有福建、湖南、四川、陕西、江西、安徽。

该病主要在栽培猕猴桃上危害严重，1986 年在湖南东山峰农场人工栽培基地首次发现溃疡病，发病面积为 13.3hm^2，造成猕猴桃植株成片死亡。到了 1990 年，133hm^2 猕猴桃人工栽培基地濒于毁灭。四川省昌溪县三溪口林场，1989 年栽培猕猴桃大面积遭受猕猴桃溃疡病的危害，当年被害面积达 5.93hm^2，数月内挂果树死亡约 6 000 多株，产量由 1988 年的 15 万公斤以上猛跌到约 5 万公斤。因当时无法有效地控制该病害，只得挖砍病树，至 1990 年产量仅有 2.5 万公斤左右。病害大发生时，整株枯死，造成果园毁灭，完全无收。安徽省岳西县双丰猕猴桃园，1991 年春的病株数目由 1990 年的 12 株发展到 880 株，其中病死株 350 株，占病株的 32%，到 1992 年病害大规模暴发成灾，造成大量死株和成片果园毁灭，经济损失惨重。

二、所致病害症状

国内报告该病在猕猴桃枝干、新梢、叶片、花蕾及花上均可发生。枝干发病初期首先浸出黏质的细丝状液体，进而变成暗红色的树液淌出，患病枝不易发芽，即使发芽不久便枯萎。新梢顶部感染病菌后变成水渍状直至变成黑褐色，发生龟裂、萎缩枯死。新梢长 10～15 cm 左右时，叶片上产生 2～3 mm 的不规则形状褐色斑点，其周围伴有明显的黄色伞形病斑，梅雨季节是叶片发病盛期，梅雨过后不再发病。蕾外侧变成褐色，严重时脱落；花瓣变成褐色，不开放，即使开花，花朵形状也不完全。

美国加州报道流胶型溃疡症状始见于早春新叶长出后不久。幼藤末端处呈钩状、叶枯萎、溃疡。

藤条外部症状包括树皮干皱；感染组织内部红褐至锈褐色。茎部各处都可发生溃疡，而以修剪伤口处常见。主干受害时植株可被杀死，受害较轻的植株可在晚春恢复生长，但从溃疡边缘流出大量锈红色分泌物（流胶），常导致树皮组织变色。受害植株的根砧发出许多根出条。

三、病原特征

新西兰最初报道病原菌为绿黄假单胞菌（*Pseudomonas viridiflava*）。1989 年日本人鉴定为普罗特斯门的丁香假单胞菌猕猴桃致病变种（*P. syringae* pv. *actinidae*），王忠肃等（1992）和承河元等（1995）通过对中国猕猴桃溃疡病菌的鉴定认为病原与日本报道的一致。朱晓湘等（1993）根据病原菌的生理生化特性的测定，认为猕猴桃溃疡病病原菌属于丁香假单胞菌（*P. syringae*）。福建农业大学胡方平根据中国与新西兰两国猕猴桃溃疡病菌 DNA 杂交和 rep-PCR 的检验结果，发现两国的菌系 DNA 同源性很高，且都与齐墩果癌肿病菌（*P. savastanoi*）参照菌系有更高的同源性，而与绿黄假单胞菌参照菌系的同源性较低，认为新西兰猕猴桃上的病菌是经由枝条从中国传入的。但该论文未说明所使用的菌系是来自栽培猕猴桃还是野生猕猴桃，如果只是采自栽培猕猴桃，则有可能是从新西兰引种时从新西兰传入。

本菌为好气菌，菌体短杆状，革兰氏染色阴性，无荚膜，不产芽孢，鞭毛极生 1～3 根。

四、适生性

（一）侵染循环

病原菌在病组织上越冬，从伤口及气孔、皮孔和水孔等自然孔口侵入寄主，主要危害地上部分的茎蔓和叶片。一般于 2 月下旬至 3 月初发病，4 月下旬最为严重，其后又随气温升高发病逐渐减缓，高温期停止发展。9 月份又开始少量扩展。

（二）寄主范围

丁香假单胞菌猕猴桃致病变种（*P. syringae* pv. *actinidae*）的自然寄主仅限于猕猴桃属植物。

日本对中华猕猴桃园内外生长的杂草等 35 科 82 种植物刺伤接种，菊科，茄科、旋花科、豆科、蓼科、罂粟科等 6 科的 13 种植物可发病。但这些植物在中华猕猴桃溃疡病发病园内不自然发病。

在日本各地采集的包括软枣猕猴桃在内的野生猕猴桃植物 90 个点的被害叶中，除去北海道的软枣猕猴桃及狗枣猕猴桃 6 个点的褐色病斑外，均得到与中华猕猴桃溃疡病菌相同血清学性质的软枣猕猴桃溃疡病菌，这种细菌的 22 个菌株发病程度虽有差异，但对猕猴桃属植物显示了致病性。软枣猕猴桃与中华猕猴桃溃疡病菌在自然环境下相互感染。

（三）对环境的适应性

猕猴桃溃疡病菌对高温适应性差，低温、强光照及高湿适于该菌生长。生长最适温度为 25～28℃，最高温度为 35℃，最低温度为 -12℃；致死温度为 55℃，10 min，30℃短时间也可繁殖，但经过 39 h 即死亡。风可使病菌飞散 100～300 m。该菌不通过土壤传染。

（四）传播能力

病菌在田间借风雨、昆虫和农事操作传播。远距离传播是通过带菌营养繁殖材料传播。

五、检验检疫方法

从叶片病斑的边缘切取小块组织，经 70％的乙醇表面消毒后置于无菌水中；主干及藤蔓先除皮层组织，然后切取变色边缘的导管组织小片，浸泡在灭菌水中，将浸提液划线接种于蛋白胨蔗糖琼脂平板上，置于 27℃下培养 24～48 h。或收集藤蔓上的新鲜渗出物，用 10 ml 无菌水制成悬浮液，划线接种到 PSA 平板上，在同样的条件下培养，待 PSA 平板上出现白色、有光泽的圆形菌落后，移至 PSA 斜面上再培养。对所获得的菌株进行致病性测定，将 PSA 平板上培养 48 h 的细菌用无菌水稀释至 $2～5×10^8$ cfu/ml，接种于 3 年生猕猴桃幼苗或未成熟的新梢上，叶片接菌 5 d 后可见症状。

六、检疫处理

（1）引种检疫。参照土壤杆菌。

（2）控制病区。无病区一旦发现病田，应小心挖除并烧毁所有病株，并改种猕猴桃属以外的非寄主植物。该菌致病力较弱，主要从伤口侵入，因此应避免植株受伤。加强管理，提高树势和化学防治具有一定的防病效果。

本 章 小 结

1994 年公布的《植物检疫条例实施细则（林业部分）》中列入了 3 种危险性细菌，即柑橘溃疡病菌、猕猴桃溃疡病菌和根癌病菌；1995 年公布的《植物检疫条例实施细则（农业部分）》中列入了 5 种危险性细菌，即水稻细菌性条斑病菌、柑橘溃疡病菌、柑橘黄龙病菌、番茄溃疡病菌和木薯细菌性枯萎病菌。2005 年，林业部下达的从 5 月开始执行的检疫性有害生物新名单减去了与农业部检疫对象重复的柑橘溃疡病菌，而农业部即将公布的检疫性有害生物新名单拟减去木薯细菌性枯萎病菌，而新增番茄细菌性斑点病菌和瓜类角斑病菌。目前国内检疫性细菌共 8 种，这些检疫性细菌分布在国内的个别省份的个别地区，在发生地曾经或正在引起重大损失，而在其他省份或地区未发生或未被发现，因此必须采取有力的检疫措施来阻止其进入无病区，同时缩小病区。

这些检疫性细菌一般在种子、植株、病株残体、土壤、昆虫体上越冬，从伤口和自然孔口侵入植物，沿维管束系统侵染。在田间由风雨、昆虫、鸟类、农事操作等途径传播。远距离传播分别由种子、苗木和营养繁殖材料。在种子上存活时间一般较长。

在检验上一般都可凭其所致典型症状来判断，难以确定的可用噬菌体法和血清学方法诊断，对于微量存在的检疫性细菌可用 PCR 系列技术检测。

在检疫上要严格限制自病区引进种苗和营养繁殖材料，搞好产地检疫特别是制种基地检疫和关卡检疫。由于目前还没有十分有效的除害措施，对于检查出带有检疫性细菌的种苗和营养繁殖材料只能采取销毁的措施。病区检疫性病害防治的重点是选用无病种子、种苗和种植抗病品种，以及采取轮作的方法。

思 考 题

1. 为什么要把本章所介绍的这些细菌列为国内植物检疫对象？
2. 本章所介绍的这些检疫性细菌引起的症状各有何特点？
3. 本章所介绍的这些检疫性细菌的分类地位如何？
4. 国内检疫以产地检疫最重要，你对这句话怎样理解？
5. 关卡检疫时检查的重点是什么？有哪些好的检验方法？
6. 对种子、苗木上的检疫性细菌进行除害处理是否可行？为什么？

第八章　国内植物检疫性病毒

第一节　番茄斑萎病毒

一、历史、分布及危害

1919 年在澳大利亚首次描述了该病毒引起的番茄斑萎病，1930 年确定其病原为病毒。

番茄斑萎病毒广泛分布于世界各地，包括欧洲和美洲的大部分国家，亚洲的阿富汗、印度、日本、尼泊尔和土耳其等，非洲的马达加斯加、毛里求斯、塞内加尔、南非、坦桑尼亚、乌干达、津巴布韦及大洋洲的澳大利亚、新西兰等。我国广东和广西、珠江三角洲和台湾等地也有该病毒病发生的报道。

番茄斑萎病毒能侵染 800 多种植物，对许多农作物和园艺作物的生产造成严重的经济损失。该病对花生生产具有严重的威胁，引起花生芽枯病，美国于 1971 年在得克萨斯州南部种植的花生上发现该病毒，但直至 1984 年危害加重，1986 年该地一个县的花生生产受到严重影响，损失近 300 万美元。在法国和西班牙等欧洲地区，由于介体的定殖和扩散，该病毒引起番茄、辣椒等作物的严重病害，造成毁灭性损失，重病地块损失达 100％。

二、所致病害症状

在不同的寄主及品种上产生的症状各不相同，常见的为黄色或褐色的环斑或线纹斑，在叶柄或茎干上产生黑色条纹，叶片坏死斑或顶枯。当多个株系复合侵染时引起症状类型和严重度的变化。

1. 番茄　幼叶上产生小的黑褐色斑，病株叶片褪绿为明亮黄色，茎干和叶柄上产生暗褐色的条纹。发病植株严重矮化、叶片下垂和萎蔫，生长点因系统性坏死而受严重影响，有时植株萎蔫死亡。早期侵染不能结果。开始结果后被感染的植株，幼果产生浅色的环斑，未成熟的绿色果实果面局部隆起，形成斑驳、淡绿色环纹，成熟果实出现橘黄色和红色斑，有的果实畸形。果实的典型症状为果皮出现白色至黄色的同心环纹，环的中心突起而使果面不平，在红色的成熟果实上明亮的黄色环纹很明显，很容易诊断为斑萎病。

2. 辣椒　病株矮化，幼叶黄化、褐变，有的叶片产生褪绿线纹或花叶，并伴有坏死斑。茎干上坏死条纹可直达生长点。果实上产生大的坏死条纹和斑点，成熟果实黄化。

3. 花生　出苗约 21 d 后即开始表现症状，在第一叶的背面产生褐色斑，正面产生褪绿的黄色环斑和斑驳。在叶柄和茎干上可见褐色的坏死斑或条斑，有时在顶芽也可见该症状。这些病斑的进一步发展可形成顶端枯死，最终导致植株的死亡。新叶可产生各种不同症状，如褪绿、褪绿环斑、褪绿线纹及斑驳等，这时可见叶柄向下扭曲。被侵染植株的老叶上产生大量具有坏死中心的环斑或线纹斑。生长后期病株出现长势衰退、叶片黄化、茎干崩溃而植株死亡。早期侵染的植株明显矮化，严重矮化的植株由于藤蔓的向上生长受到抑制而呈丛生状。病株种子小、不足健康种子的1/2，种皮为斑驳的红色至褐色（健康为粉红色），常有裂纹，发芽率低。

三、病原特征

番茄斑萎病毒（tomato spotted wilt virus, TSWV）属布尼亚病毒科（Bunyaviridae），斑萎病毒属（*Tospovirus*），为该属代表成员。

病毒粒子近球形，直径80～120 nm。外面具有明显的囊膜，膜的外层由5 nm的刺状物组成。表面含2种糖蛋白G1和G2。病毒粒子由5%核酸、70%蛋白、5%碳水化合物和20%脂类组成。基因组由3种负链、双义ssRNAs组成，即S（2.9 kb）、M（4.8 kb）和L（8.9 kb），基因组两端序列重复可形成非共价的闭合的环状RNA。基因组RNA均由核衣壳蛋白（N）所包被，每一双层膜结构内包被3个核衣壳（图8-1）。

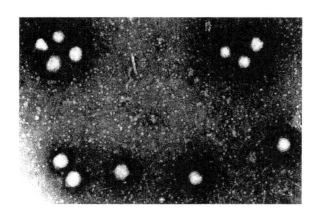

图8-1 番茄斑萎病毒（TSWV）粒子电镜照片
（引自 ICTVdB description）

沉降系数为550 S，热钝化温度（TIP）为45℃，体外存活期（LIV）为5 h，稀释限点为10^{-3}。

四、适生性

（一）寄主范围

该病毒的寄主范围很广，包括温带、亚热带和热带的80多个科约800多种双子叶和单子叶植物，可引起许多重要园艺植物和农作物的严重病害。对该病毒敏感的重要植物有番茄、辣椒、马铃薯、花生、瓜类、莴苣、茄子、烟草、菊花、风信子、海棠花等。

（二）株系分化

已报道的至少有6个株系，其中莴苣株系常发生于蔬菜上，凤仙花株系主要侵染观赏植物。

（三）传播途径

番茄环斑病毒是已知唯一可通过蓟马以持久方式传播的植物病毒。目前报道有 9 种蓟马可以传播该病毒，包括西花蓟马（*Frankliniella occidentalis*）、烟蓟马（*Thrips tabaci*）、*F. schultzei*、*F. fusca*、*T. setosus*、*T. moultoni*、*F. tenuicornis* 等。西花蓟马在世界各地都有分布，是该病毒的主要传播介体。仅蓟马若虫能获毒，若虫和成虫均能传毒。若虫获毒时间仅需 15 min，若虫获毒后不能立即传毒，需经 3～10 d 的孵育期才能传毒，病毒可在蓟马体内复制，其传毒能力可保持 22～30 d，但不能经卵传至后代。在花生种植地，春季蓟马先在杂草上繁殖，再转移到花生。蓟马可能是 TSWV 的初侵染源，带毒蓟马成虫在土壤或植物残体上越冬，花生出苗后转移到花生上并传染病毒。

该病毒可通过汁液机械传播。有报道称千里光属（*Cineraria*）植物和番茄的种子带毒。

该病毒的世界范围发生与西花蓟马的广泛分布和带病毒植物材料的调运有关。

五、检验检疫方法

（一）鉴别寄主检测

可通过汁液摩擦接种以下草本鉴别寄主进行检测。

1. 黄瓜（*Cucumis sativus*）　　接种 4～5 d 后，子叶产生具有坏死中心的褪绿斑，一般不产生系统性症状。

2. 矮牵牛（*Petunia hybrida*）　　局部坏死斑，无系统症状。

3. 克利夫兰烟（*Nicotiana clevelandii*）、心叶烟（*N. glutinosa*,）和普通烟（*N. tabacum*）　　局部坏死斑，系统性坏死纹和叶片畸形。

4. 长春花（*Vinca rosea*）　　接种 1～2 周后，产生局部的深色斑，有时叶片黄化，后期产生系统性花叶和畸形。

5. 旱金莲（*Tropaeolum majus*）　　接种 8～12 d 后，产生系统性花叶和坏死斑点。

（二）血清学检测

已制备出 TSWV 的抗体，可采用多种 ELISA 技术检测各种寄主植物和介体蓟马中的该病毒及其不同株系。

（三）PCR 检测

目前该病毒的基因组 RNA 的多个片段序列已经测定，因此可以设计引物采用 RT-PCR 技术进行检测。

六、检疫处理

该病毒的寄主范围广泛，且传毒介体在世界各地都有分布，因此防治十分困难。无病区要加强检疫，严禁带有该病毒的繁殖材料调入。已有该病毒病发生的地区，对带病毒植株的早期准确诊断和减少介体数量是该病毒病控制的关键。采用健康植株的种子和早期拔除病株可减少田间毒源达到防病的目的。目前已获得转 TSWV N 基因的番茄、菊花等多种转基因植株，有的表现出良好的抗性，可能为该病毒病的控制提供一条有效途径。

第二节　杨树花叶病毒

一、历史、分布及危害

杨树花叶病毒由 Atanasoff（1935）首次在保加利亚报道，发生在香脂杨（*Populus balsamifera*）上。目前已发现该病毒在荷兰、英国、保加利亚、加拿大、捷克斯洛伐克、丹麦、波兰、意大利、德国、朝鲜、前南斯拉夫、奥地利、澳大利亚、比利时、法国、匈牙利、爱尔兰、日本、西班牙、瑞士、土耳其、坦桑尼亚、美国和委内瑞拉等28 个国家和地区有分布。在我国北京、天津、河北、江苏、山东、河南、湖南、四川、陕西、甘肃、青海等省区有该病毒病发生。

杨树花叶病发生普遍，病树的生长严重衰退。1996 年，中华人民共和国林业部将其列为森林植物检疫对象。

二、所致病害症状

该病毒可在多种杨树上产生明显的症状，如在香脂杨、黑杨（*P. nigra*）、美洲黑杨（*P. deltoides*）的多个亚种（*angulata*，*monilifera* 和 *missouriensis*）、*P. trichocarpa*、*P. candicans* 和 *P. canadensis* 等上表现为小叶脉产生黄色星状斑，枝条基部老叶产生褪绿斑、花叶。在高度敏感的品种上甚至可见树皮、叶柄和叶脉坏死斑，有的叶柄基部膨大，导致杨树生长严重受阻，但这些症状表现有时是由多种病毒复合侵染引起的。该病毒在辽杨（*Populus maximowiczii*）上不产生明显症状。

三、病原特征

杨树花叶病毒（poplar mosaic virus，PoMV）又称为加拿大杨树花叶病毒（Canadian poplar mosaic virus）和杨树潜隐病毒（poplar latent virus）。PoMV 属 Flexiviridae 科，香石竹潜隐病毒属（*Carlavirus*）。

病毒粒子长线形，无包被、稍柔软，长 675 nm，宽 13 nm，螺距为 3.5 nm。粒子形态及沉降系数与马铃薯 S 病毒属（potato virus S）病毒相似，病毒提纯物含单个沉降成分，沉降系数为 165S。但在血清学反应上 PoMV 与马铃薯 S 病毒属及其他线形病毒均不相关。

基因组为单链 RNA，大小为 6.48 kb，无多分体现象，其复制不依赖辅助病毒。用苯酚或去污剂处理后失去侵染能力。病毒外壳蛋白分子质量为 40 kDa。

在野生种烟草（*Nicotiana megalosiphon*）汁液中，该病毒热钝化温度（TIP）为 74℃，稀释限点（DEP）为 10^{-5}，体外存活期在室温和 4℃ 时分别为 2 d 和 6 d。提取液中加入非水溶性聚乙烯吡咯烷酮（1 g/ml）可明显提高杨树病毒提取液的侵染活性。

PoMV 的株系分化不明显，但 Blattny（1965）从 *Populus euramericana* cv. *robusta* 上分离出一个强致病力的分离株。

病毒粒体分布于叶肉、薄壁组织、栅状组织的细胞和细胞质，偶尔在胞间连丝中发现类似病毒粒体，侵染细胞无内含体。病毒侵染可引起杨树的细胞壁增厚，但不引起野生种烟草的细胞壁结构改变。在被侵染的杨树和野生种烟草植株中可见内质网聚集。

四、适生性

（一）寄主范围

杨树是目前已知的唯一自然寄主。人工汁液接种可侵染 20 个科的双子叶植物，接种可侵染的草本寄主植物有心叶烟（*Nicotiana glutinosa*）、碧冬茄（*Petunia hybrida*）、辣椒（*Capsicum frutescens*）、黄瓜（*Cucumis sativus*）、普通烟草（*N. tabacum*）等。野生种烟草（*Nicotiana megalosiphon*）是该病毒最适宜的保存和繁殖寄主。

我国向玉英等（1984，1990）对该病毒进行了生物学鉴定和电镜观察，证实该病毒可通过嫁接传染，汁液摩擦接种可使健康杨树新叶显现花叶。还发现在表现花叶症状的杨树上存在另外两种病毒，一种为球状病毒粒子，另一种为杆状病毒粒子，但有关这些病毒对杨树的危害性不清楚。鲁瑞芳（1993）对采自哈尔滨的表现斑驳花叶症状的杨树叶片，用 CMV 抗血清检验，8/10 为阳性反应，再接种苋色藜（*Chenopodium amaranticolar*），证明为 CMV。

直接将 PoMV 从杨树转接到昆诺藜上，不能诱导症状的产生，但先接种到野生种烟草后再转接昆诺藜可产生局部病斑，并对昆诺藜产生适应性，以后再接种可产生大量的局部病斑和系统性花叶。

（二）传播途径

尚未发现该病毒的传播介体，在自然条件下，主要通过带病毒接穗大范围和远距离传播。此外，还可以通过机械接种和嫁接传染，病株花粉携带病毒可使授粉树感染该病毒病。有证据表明该病毒可通过根部交接传播，但通过放射跟踪，根部交接的几率极少，不能反映出病毒的传播速率。

五、检验检疫方法

（一）生物学鉴定

汁液摩擦接种草本鉴别寄主植物，常用鉴别寄主及症状特点如下：

1. 野生种烟草（*Nicotiana megalosiphon*）　　褪绿或局部坏死斑、系统明脉和叶片卷曲，偶尔可见叶脉坏死。

2. 心叶烟（*Nicotiana glutinosa*）　　叶片局部褪绿斑、系统性叶脉褪绿和卷叶，偶尔叶脉坏死。

3. 豇豆（*Vigna unguiculata*）　　局部产生红色或褐色病斑。

4. 菜豆（*Phaseolus vulgaris*）　　局部坏死斑。

5. 花葵（*Lavatera trimestris*）　　初期产生小的局部坏死斑，以后产生系统性的明脉和叶脉坏死。

6.印度豇豆（*Vigna sinensis*）　初期形成红色的局部病斑，并沿叶脉扩展，后期形成系统性明脉，逐步扩展成叶脉变红和叶片畸形。

（二）血清学检测

采用 ELISA 法及其他血清学方法进行检测。PoMV 与金银花潜隐病毒（honeysuckle latent virus）在血清学上相关，但 PoMV 在接种的菜豆（*Phaseolus vulgaris*）和豇豆（*Vigna unguiculata*）叶片上出现局部坏死症状，而这两种鉴别寄主对金银花潜隐病毒则不敏感。

（三）PCR 检测

由于 PoMV 在杨树植株中浓度低、不均匀分布以及酚类化合物的影响，常规的 PCR 检测相对较困难，采用免疫捕捉反转录 PCR（IC-RT-PCR）可以明显提高检测灵敏度，能检测到少量样品中的微量病毒。

六、检疫处理

因极少发现该病毒可自然传播，使用健康的植物材料进行繁殖和根除病株可以起到有效的防治作用。通过热处理，即 37～39℃ 下处理 4～10 周后，取 1 cm 的茎尖进行嫁接或离体培养可获得无病毒原始材料。

第三节　葡萄扇叶病毒

一、历史、分布及危害

早在 200 多年前欧洲就有葡萄扇叶病的记载，葡萄扇叶病毒是该病的重要病原。
目前该病毒在世界各葡萄产区都有分布。

感病葡萄树势衰退，果穗减少，穗粒松散，大小不齐，成熟期推迟，产量明显降低，一般减产 25%～30%，重病地减产可达 80%。病株所结果实含糖量明显降低，品质变劣。发病植株的寿命明显缩短。

二、所致病害症状

在葡萄上引起的症状表现因病毒株系、葡萄品种及环境条件而异。根据在叶片上的症状可分为扇叶、黄花叶和镶脉 3 种类型。

1.扇叶　一般在春季出现，病株叶片畸形、不对称，叶缘齿尖，主脉集中而呈扇状，常伴有褪绿斑驳。病株一般节间缩短，枝条呈"之"字形生长和带化。叶片症状可持续整个生长季节，但夏季有时出现隐症。着果数量减少、体积变小、成熟期不一致，果粒不均匀。

2.黄色花叶　在早春与扇叶症状并存，初期叶片上产生黄色斑点，偶尔可见环斑或线纹斑，之后形成黄绿相间的花叶，有时整个叶片变黄。病株的叶片、枝蔓和果穗均黄化，因此发病田间可见黄绿相间的植株。

3. 镶脉　　春末夏初成熟叶片沿主脉产生褪绿黄斑，逐渐向脉间扩展，形成铬黄色带纹，生长季节后期，叶脉逐渐变黄，叶片小，但不出现畸形。病株果穗稀少，重病株颗粒无收。

三、病原特征

葡萄扇叶病毒（grapevine fanleaf virus，GFLV）属豇豆花叶病毒科（Comoviridae），线虫传多面体病毒属（*Nepovirus*）。

病毒粒体为等轴对称多面体，直径约 30 nm，为二分体基因组病毒。基因组为线性单链 RNA，全基因组大小为 11.1 kb，由两部分组成，大小分别为 7.3 kb 和 3.8 kb。具有一种外壳蛋白，相对分子质量为 54 kDa。

病毒致死温度（TIP）60~65℃，体外存活期（LIV）15~30 d，稀释限点（DEP）为 10^{-4}~10^{-3}。用蛋白酶处理可降低其侵染活性，而用苯酚或去污剂作去蛋白剂处理不影响侵染活性。提纯病毒含 3 种沉降组分，沉降系数分别为 120 S（B）、86 S（M）和 50 S（T）。其 A_{260}/A_{280} 为 1.67（B）、1.58（M）和 0.73（T）。在氯化铯（CsCl）梯度离心中的等密度点分别为 1.49 g/cm^3（T）、1.41 g/cm^3（B）和 1.31 g/cm^3（M）。

四、适生性

（一）寄主范围

该病毒的寄主范围较窄，葡萄是该病毒的唯一自然寄主，尚未发现其自然杂草寄主。人工接种该病毒可以侵染 7 个科约 50 种双子叶草本植物，如昆诺藜、苋色藜、千日红和多种烟草植株。

（二）株系分化

根据在葡萄上的症状表现，GFLV 可分为 3 个株系，即扇叶株系（fanleaf strain）、黄色花叶株系（yellow mosaic strain）和镶脉株系（veinbanding strain）。不同株系在血清学上密切相关，所有株系与拟南芥花叶病毒（ArMV）血清学远缘相关。

（三）传播途径

在自然条件下主要通过土壤中的剑线虫（标准剑线虫 *Xiphinema index* 和意大利剑线虫 *X. italiae*）传播，单个线虫在病株根部短时间取食即可获毒，线虫获毒后可保持较长时间的传毒能力，传毒与获毒时间相同。病毒存在于线虫的食道腔中，介体线虫的成虫和幼虫均可传毒。在田间线虫的传毒效率随饲毒时间和线虫数量的增加而明显提高。

该病毒还可通过嫁接、机械摩擦接种及种子进行传播，但植株间相互接触不能传播该病毒。已发现昆诺藜、苋色藜和大豆的种子可以传播该病毒，但不经花粉传播。也有报道 GFLV 可通过葡萄种子传播。

葡萄扇叶病毒主要是通过葡萄苗木和接穗的调运进行远距离的传播，当苗木根部携带的土壤中有介体线虫时也可以将病毒传到新种植区。

五、检验检疫方法

（一）电镜观察

该病毒为二分体基因组，在电子显微镜下观察，病毒粒子为等轴对称多面体，直径约 30 nm。病毒粒子存在于葡萄或草本寄主植物的根部、叶肉维管束薄壁组织。组织切片观察可见不同类型的内含体，为不定形体，结晶状聚集在细胞质中或为管状，内含体中含有病毒粒子。

（二）生物学鉴定

可通过嫁接传染到木本指示植物或汁液摩擦接种草本鉴别寄主进行鉴定。常用的鉴别寄主及其症状表现如下。

1. 沙地葡萄（*V. rupestris*）和多种其他葡萄（*Vitis* spp.）及其种间杂种　　产生系统性黄色花叶、环状和线纹斑及斑点，叶片和节间畸形。

2. 苋色藜（*Chenopodium amaranticolor*）和昆诺藜（*C. quinoa*）　　顶端叶片出现褪绿斑、明脉和系统性斑驳及叶片畸形。

3. 黄瓜（*Cucumis sativus*）　　初期接种叶产生淡绿色局部病斑，后期出现系统性花叶或斑驳。

4. 菜豆（*Phaseolus vulgaris* cv. *bountiful*）　　初期接种叶局部褪绿斑，后期系统性褪绿或坏死、花叶、斑驳或形成环斑。

5. 千日红（*Gomphrena globosa*）　　初期局部褪绿斑，以后变为红色。后期系统性褪绿斑，叶片扭曲。

6. 本氏烟（*Nicotiana benthamiana*）　　系统性斑驳，叶片畸形，植株矮化。

7. 克利夫兰烟（*Nicotiana clevelandii*）　　系统性斑驳和植株矮化。

（三）血清学检测

是该病毒检测最简便快速的方法，最常用的是 ELISA 技术。采用该技术时，葡萄的叶片、休眠枝条韧皮部组织和幼根等均可作为检测材料。该病毒与 ArMV 血清学远缘相关，二者可同时侵染葡萄，因此采用血清学方法不能将其区分，需借助分子生物学的方法。

（四）分子杂交和 PCR 技术

已制备出该病毒的 RNA1 和 RNA2 及卫星 RNA 相应的 cDNA 探针，可以成功用于 GFLV 检测。此外，根据报道的序列设计引物采用 RT-PCR 和 IC-RT-PCR 也已广泛用于该病毒检测。

六、检疫处理

选择不带有该病毒的健康繁殖材料或通过热处理脱除病毒是防止新建果园该病毒病发生的最有效措施。因此在对外引种或地区间种苗和繁殖材料调运过程中要加强检疫，避免将病毒或带病毒介体传入新区。

本 章 小 结

番茄斑萎病毒广泛分布于世界各地，其寄主范围广泛，引起许多重要的农作物病害。为我国对外双边协定及国内限定性的植物病毒。该病毒存在许多的株系分化，是目前已知唯一可通过蓟马以持久方式传播的植物病毒。杨树花叶病毒是我国森林植物上的检疫性病毒，杨树是目前已知的唯一自然寄主，病毒粒子长线形，在自然条件下，主要通过带病毒接穗大范围和远距离传播。葡萄扇叶病毒可引起葡萄的衰退，在葡萄叶片上表现镶脉、黄色花叶和扇叶等症状，在自然条件下可通过土壤中的剑线虫传播蔓延，远距离的传播主要是通过葡萄苗木和接穗的调运。

针对这些病毒的检验方法很多，包括常规的生物学、血清学和分子生物学方法等，在实际应用中可根据具体情况选择合适的方法。

思 考 题

1. 番茄斑萎病毒的分类地位如何？引起的病害症状有哪些特点？
2. 杨树花叶病毒的自然寄主主要有哪些？其传播方式如何？
3. 葡萄扇叶病毒在葡萄上引起的病害症状有哪些特点？其传播方式如何？
4. 本章所介绍病毒的分布有何特点？常用的检疫处理方法有哪些？

第九章　国内植物检疫性线虫

第一节　水稻干尖线虫

一、历史、分布及危害

水稻干尖线虫又称白尖线虫（*Aphelenchoides besseyi* Chistie, 1942），Kakuta 于 1915 年在日本九州首次发现，1943 年在印度中部各省水稻区流行，以后在日本和美国都造成较大为害。

目前在匈牙利、意大利、前苏联、保加利亚、法国、印度、孟加拉国、日本、韩国、菲律宾、斯里兰卡、马达加斯加、中西部非洲、美国、古巴、萨尔瓦多、巴拿马、澳大利亚等国家有分布。

国内最早在 1933 年发现，20 世纪 50 年代曾经流行，80 年代蔓延各主要水稻产区。目前发病有所控制，但仍有零星发生，在北方粳稻种植区和太湖稻区则属常发病害。在广东、广西、海南、湖南、湖北、浙江、江苏、安微、山东、上海、辽宁、陕西、贵州、四川各省（区、直辖市）时有发生。该线虫侵染水稻后，一般可引起水稻减产 10%～30%，重病田水稻减产高达 44.2%。粟线虫病在华北地区时有发生，在适宜发病年份，重病田损失严重，甚至绝产。

二、所致病害症状

水稻整个生育期都可以受害，典型症状表现在叶部。苗期症状不明显，从分蘖后期开始，叶片上症状明显。病株叶片顶端 2～5 cm 处首先变成浅黄色，发展后呈灰色、褐色，最后变成枯白色，故称为白尖病。白尖部分常扭曲、折断脱落。孕穗到抽穗期，症状最明显。剑叶或者上部第二、第三片叶的尖端 2～8 cm 处变成黄褐色或褐色，略为透明，并枯黄扭曲，最后变为灰白色。叶尖扭曲严重的植株剑叶会明显缩短，植株矮小，有时抽穗困难，穗短，粒少，秕谷率大，千粒重下降。有些植株已感染线虫却不显白尖症状，但检验穗部发现有大量线虫，因此引种时应注意检验。

三、病原特征

该病原线虫属滑刃目、滑刃科、滑刃属（*Aphelenchoides*）。

测量值：①雌虫（根据 Christie 1942，$n=10$）：$L=66～750\ \mu m$；$a=32～42$；$b=10.2～11.4$；$c=17～21$；$v=68～70$。②雄虫（$n=10$）：$L=540～620\ \mu m$；$a=36～39$；$b=8.6～8.8$；$c=15～17$。L，体长；a，体长/最大体宽；b，体长/体前端至食道与肠连接处距离；c，体长/尾长；v，体前端至阴门的距离×100/体长。

雌虫细小，杀死后直或稍向腹面弯曲。体环细，不明显，近体中部环宽约 0.9 μm。唇区圆，无环纹，较高而且宽，稍缢缩。侧带区为体宽的 1/4，侧线 4 条。口针锥部略短于杆状部，基部球处稍膨大，约 1.75 μm 宽。中食道球卵形，大，瓣膜明显，食道

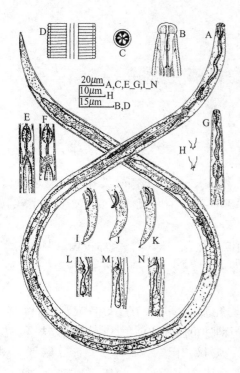

腺呈长叶状覆盖肠前端背面和背侧面4～8倍体宽长。排泄孔位于中食道后方约1倍处。半月体在排泄孔后方11～15 μm处。单卵巢，较短，不伸至食道区；受精囊长卵形，其长度可达到体宽8倍；卵母细胞2～4列。后子宫囊窄而且不发达，一般为肛径的2.5～3.5倍长，短于1/3肛阴距离。尾圆锥形，长度为肛径的3～5倍，末端具有1个具3～4个突起的尾尖突。雄虫体形与雌虫相似。圆锥形的尾末端有具2～4个突起的尾尖突（图9-1）。

图9-1 水稻干尖线虫
A. 雌虫；B. 雌虫头端；C. 雌虫顶面观；D. 侧区；E, F. 神经环的位置变化；G. 雄虫前端；H. 雌虫尾端，示尾尖突的变异：I～K. 雄虫尾端；L～N. 后阴子宫囊的变异
（引自 C. I. H. Description of plant-parasitic nematodes）

四、适生性

（一）寄主范围

干尖线虫的寄主植物较多，最重要的寄主是水稻、粟、草莓。寄生粟，引起夏谷线虫病，该病害在我国北方造成损失。为害草莓属（Fragaria）内的植物，引起草莓夏矮病。此外，还可寄生多种植物，包括玉米、甘薯、大豆、蔬菜、麻类作物、观赏植物（兰花、大丽花、菊花、橡树、木槿、晚香玉、非洲紫苣苔）和杂草（黍、狗尾草、鼠尾草、鼠尾粟）。

（二）侵染循环

该线虫危害水稻时，以幼虫和成虫潜在谷粒的颖壳和米粒间越冬。次年春天，稻种浸种催芽时，线虫首先从谷壳内移到水中，并随着谷粒发芽，又重新进入稻株内。进入植株内的线虫被正生长的水稻向上带动并移到叶鞘内。虫体附在生长点、叶芽及新生嫩叶的细胞外部，以口针吸取植物汁液，营细胞外寄生生活，随植株生长不断向上移动。在水稻分蘖后期，线虫数量大量增加，至开花前，线虫侵入小穗和叶鞘内，在子房、雄蕊、鳞片和胚上外寄生取食。开花前，颖片外表面线虫最多，当颖壳裂开时线虫侵入；当谷粒处于灌浆和成熟过程时，线虫停止繁殖；在坚熟期和糊熟期前，3龄幼虫可以继续发育为成虫。随着谷粒水分的减少，谷粒内的线虫进入休眠状态。每粒种子内的线虫数目不尽相同，有的没有，有的含几十条乃至上百条。饱满的谷粒比瘪粒含较多线虫。稻穗中部的小穗受害较多。

（三）传播途径

水稻干尖线虫病是典型的种子传播病害。即使在病区，初次侵染也只来源带线虫的种子。试验表明，水稻开花时，花粉表面带有线虫，因此人工杂交时可以传播病害。在1个生长季节中，田间流水可以传播线虫。有些种子带有大量线虫而不表现症状，但使

用这样的种子，很可能导致病害的大发生。

（四）对环境的适应性

水稻干尖线虫在干燥的种子内可以存活 23 个月至 3 年。20～25℃是其生长发育的最适温度。在 21℃ 条件下，它完成 1 个生活周期需要 10 d，23℃ 时只需 8 d。4.5℃ 时线虫开始活动，13℃ 时可以开始发育，49℃ 条件下，10 min 全部死亡。该线虫耐低温力比较强，2～4℃ 条件下，悬浮液中的线虫可以存活 53 d。

水稻干尖线虫病发生程度与温湿度的关系最密切。高温、少雨天气极不利于线虫的生存侵入。因为线虫移动需要高湿度甚至有水。一般晚稻在播种后 10～15 d 内，平均温度 19～25℃，多雨，极有利于线虫的存活、游动和入侵稻苗，造成晚稻受害重。另外，过量氮能提高线虫的侵染力，也会造成发病重。

五、检验检疫方法

水稻生长前期全分蘖期，由于线虫寄生于稻秆基部和叶鞘间，可将植物材料剪碎，用漏斗法或浅盘法分离，也可在水中解剖植物组织直接检查。开花期可将小穗或谷粒浸于 25～30℃ 中 24～48 h 检查。

口岸检验种子的方法是，按常规抽样法，取种子 1000 粒，研缸内研脱种子的颖壳，20～25℃ 条件下，冷水浸种 3～24 h，然后用双层纱布过滤。滤液以 1000 r/min 的速度离心 5 min，取沉淀物在解剖镜下观察有无线虫。如果发现有线虫，需要在显微镜下鉴定线虫种类。

六、检疫处理与疫区防治

（1）选用无病种子。病区要选用无病田块作留种田；有条件的地方要建立无病留种田；在晒谷时，要去掉空瘪粒。

（2）温水浸种。常用的方法是将种子在冷水中浸泡 24 h，再转移到 45～47℃ 温水浸种 5 min，进而在 54℃ 水中浸 10 min，最后移入冷水中冷却后，就可以催芽播种。

（3）药剂处理。比较好的药剂和方法有：①线菌灵 600 倍液浸晚稻种子 48 h。②92% 巴丹可湿性粉 6 000～8 000 倍液，加入适量洗衣粉，或者 0.5%～1% 的石灰水浸 48 h。③40% 醋酸乙酯 500 倍液，浸 24 h。④25% 杀虫双 500 倍液，浸种 24 h；80% 敌敌畏 1 000 倍液，浸种 48 h；0.5% 盐酸液浸种 72 h。

第二节　小麦粒线虫

一、历史、分布及危害

1743 年罗马天主教牧师 Turbevill Needhan 首先发现了该线虫。后来此线虫在世界各小麦种植区都相继报道。我国发生也比较普遍，河北、山东、山西、内蒙古、宁夏、甘肃、青海、新疆、陕西、四川、安徽、湖北、江苏等局部山区高寒地，春麦造成一定减产，建国前全国产麦区均有发生，减产 10%～50%。1964 年普查 26 省市有分布，组织防治和检疫，危害逐步得到控制，1980 年以来，这一线虫已很少在我国主要小麦产区发现。这一线虫曾列为国内的检疫对象。

二、所致病害症状

　　线虫主要为害小麦植株的地上部分，从幼苗到成株期都可以受害。由于小麦生育期不同，引起的症状在不同部位出现。幼苗期主要表现为叶片常从叶鞘侧向长出，皱褶、蜷缩、失去正常绿色，严重的枯萎死亡。麦苗在近地面的茎基部常出现肿大，新叶扭曲。

　　抽穗前的感病植株，叶片皱缩、卷曲呈畸形，叶鞘松弛，茎秆肥肿变曲。有时在幼叶上有突起的虫瘿。孕穗以后症状更为显著，麦株矮、颜色失常。病穗短于健穗，并且维持较长时间的绿色，在花器内形成虫瘿。虫瘿开始为绿色，以后变为褐色到黑色，圆形，比健粒短、硬，常使小穗颖壳张开。在水滴中切开虫瘿，可见白色絮状物，即为病原线虫的幼虫。

三、病原特征

　　小麦粒线虫〔*Anguina tritici* (Steinbuch) Chitwood〕属垫刃目、粒科、粒属（*Anguina*）。

　　测量值（根据 Souther, 1972）：①雌虫（$n=22$）；$L=2640\sim4360\ \mu m$（$3240\pm370\ \mu m$）；$a=13.2\sim22.7$（17.98 ± 8.10）；$b=9.80\sim19.40$（13.98 ± 2.50）；$c=24\sim63$（36.4 ± 9.12）；$V=70.4\sim89.8$（80.7 ± 6.84）。②雄虫（$n=18$）；$L=2040\sim2400\ \mu m$（$2190\pm320\ \mu m$）；$a=21.2\sim30.0$（26.58 ± 2.05）；$b=6.30\sim11.00$（9.29 ± 0.91）；$c=17.0\sim23.8$（19.70 ± 1.55）；$T=66.70\sim81.40$（75.40 ± 3.18）。

　　雌虫体肥大，温热杀死后常向腹面弯曲呈螺旋形。体环很细，一般只有食道区才能借助光学显微镜观察到。侧带区有 4 条或更多的刻线，很细，难以观察。唇区低，前缘平，微缢缩。食道前体部肿粗，到中食道球处突然缢缩，显出与中食道球界线明显。食道狭部常肿大，后食道球细。食道腺形似一个梨形球，且形状常稍有变异，有时为不规则的裂片状，不覆盖肠前端。贲门很小。单卵巢，前伸，很发达，一般回折 2～3 次，卵母细胞多列，排成轴状。受精囊近梨形，较宽的末端由一种括约肌与输卵管分开，较窄的末端与子宫合并。后阴子宫囊短，简单，阴门唇显著。子宫内可能同时存在若干粒卵，尾圆锥形，逐渐变细，末端钝或圆。雄成虫体形圆筒状，比雌虫细小，温热杀死后有时向后弯曲。精巢 1 条，前伸，回折 1～2 次，输精管约 200 μm 长。交合刺 1 对，强壮，有引带，

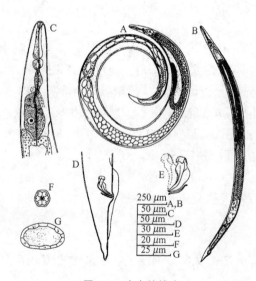

图 9-2　小麦粒线虫
A. 雌虫；B. 雄虫；C. 雌虫食道区；D. 雄虫尾；
E. 交合刺和引带；F. 唇区顶面观；G.T.S. 卵巢
（引自 C.I.H.Description of plasitic nematodes）

交合伞包到近尾末端。成熟虫瘿内的线虫是 2 龄幼虫。幼虫细长，圆筒形，800 ~ 1 000 μm长（图 9-2）。

四、适生性

（一）寄主范围

此线虫主要危害小麦。斯佩耳特小麦（*Triticum speltum*）和黑麦也可以受害，大麦和燕麦能轻度感染。

（二）侵染循环

雌虫在虫瘿内产卵，1 条雌虫约产卵 2 000 粒。1 龄幼虫在卵壳内度过，不久脱皮成为 2 龄幼虫孵出。小麦收获时，虫瘿内的线虫全部是 2 龄幼虫。混在小麦种子里的虫瘿，秋季随种子播入土壤。虫瘿在土壤中吸水，内部的线虫逸出瘿粒进入土壤，营自由生活，待小麦发芽后，线虫由芽鞘间隙侵入寄主，初期在小麦苗生长点附近营外寄生生活，并随麦苗生长而上升，同时获得个体发育，取食为害，引起小麦叶片、幼茎扭曲。当花序形成时，线虫进入花器，营内寄生生活，破坏花器，并刺激周围组织，形成虫瘿，这时幼虫最后一次脱皮，成为成虫。每个初形成的虫瘿内有雌雄性成虫 40 多条，交配后在其中雌虫产卵总量可达 3 万粒或者有同数量的幼虫。在小麦的生长季节中，线虫只发生 1 代，田间不发生再侵染。

（三）传播途径

病原线虫以虫瘿的形式混在小麦种子中，落入土壤和混在肥料中越夏。田间传播主要是搬动混有虫瘿的病土，流水也能传带病土中的虫瘿，远距离的传播是调运混有虫瘿的麦种。

（四）对环境的适应性

由于 2 龄幼虫受虫瘿的保护，因此有很强的抗逆能力，混在小麦种子内，贮存 28 年后仍有活力。虫瘿内的幼虫抗干燥力很强，但在潮湿的土壤中，如果幼虫离开瘿粒后不遇寄主，最多活几个月，12℃ 时只能活 7 ~ 10 d。吸水后的虫瘿在 50℃ 下 30 min、52℃ 下 20 min 或 54℃ 下 10 min，内部的幼虫死亡率可达 100%。但干燥的虫瘿在 54℃ 下 10 min 后，仍有 24% 的幼虫活着。幼虫耐低温，−8 ~ −7℃，1 ~ 2 d 后被冻死；−18 ~ −15℃，5 h 后仍存活。

五、检验检疫方法

用多点取样法检查粒线虫虫瘿。取平均样品 1000 g，混匀后倒入白瓷盘内或白纸上，用 4 分法取 2 份小样，用肉眼检查虫瘿有无及数量；也可将种子倒入 20% 的盐水中用漂浮法检查虫瘿。

六、检疫处理与疫区防治

（1）汰除虫瘿。用小麦线虫汰选机汰除虫瘿。我国朱凤美教授根据麦粒与虫瘿形状、大小差异设计和创制了这种机器。一台铁制的汰选机 1 h 可以处理麦种 500 kg，汰除率达 95%～99%。也可用清水、泥水或盐水选，或用风选机械汰除混于种子中的虫瘿。

（2）建立无病留种地。杜绝携带线虫的种子、土壤和肥料等传入。

（3）热水处理。根据线虫与种子的耐热性差异，采用可使线虫致死而种子仍是安全的温度达到防治目的。方法是先在室温下将混有虫瘿的种子预浸于清水中 4～6 h，再在 50℃温水中浸 30 min，或在 52℃温水中浸 20 min。

（4）药剂处理种子。用 40% 甲基异柳磷乳油 1 000～1 200 倍，浸种 2～4 h 杀线虫效果可达 92%～100%；用甲基异柳磷作拌种使用也可达到好的防效。

本 章 小 结

1995 年的《全国农业植物检疫对象名单》将鳞球茎茎线虫列入国内检疫的名单。1996 年的《全国森林植物检疫对象名单》则列出了松材线虫、菊花叶枯线虫。各地还根据实际制定当地的检疫名单。由于松材线虫、鳞球茎茎线虫和菊花叶枯线虫又是进境检疫线虫，前两种线虫在进境植物检疫线虫部分作了较详细介绍，而菊花叶枯线虫则在草莓滑刃线虫部分作了简单的形态学比较。由于水稻干尖线虫、和小麦粒线虫曾经是国内重要检疫线虫，是重要的种子传带病害，目前在国内的局部分布。因此，本章对它们进行详细介绍。总的说来，国内检疫性线虫的检验检疫和防治工作仍有较大差距。

思 考 题

1．请阐述种子传带线虫病害的发生特点、检验检疫技术和检疫处理技术要点。
2．如何建立和健全国内植物检疫性线虫的检验检疫体系？

第三篇　进境植物检疫危险性病原物

第十章　进境植物检疫性真菌

第一节　栎枯萎病菌

一、历史、分布及危害

由栎枯萎病菌引起的栎枯萎病1944年首先在美国的威斯康星州被认识，目前该病只发生在美国东部和中西部的20多个州（阿肯色、印第安纳、伊利诺伊、艾奥瓦、堪萨斯、肯塔基、马里兰、密歇根、明尼苏达、密苏里、内布拉斯加、北卡罗来纳、南卡罗来纳、俄亥俄、俄克拉荷马、宾夕法尼亚、田纳西、得克萨斯、弗吉尼亚、西弗吉尼亚、威斯康星）。栎枯萎病是栎树的毁灭性病害，可引起大量栎树死亡，难以防治。

二、所致病害症状

栎枯萎病的症状在不同种类的栎树上存在一定差异，在红栎类栎树上症状特点是叶片迅速变色和萎蔫。一般树冠顶部和周围的叶片先发病，向大枝和内膛发展，变褐枯萎，最终全株落叶枯死。老叶发病最初轻微卷曲，水浸状暗绿色，从叶尖向叶基发展，逐渐变黄或变褐，在叶基部中脉周围有绿色岛状斑，最后叶片枯萎脱落。幼叶发病后呈黑色，卷曲下垂，多不脱落仍留在枝条上。红栎类发病快，几周至1年后病树枯死，白栎类抗病性强，病势发展慢，1年中只有少数枝条发病死亡。2～4年后，病株死亡，或者恢复健康。

病树死亡后，在树皮和木质部之间，可形成菌丝垫，垫上生分生孢子梗和分生孢子。后来菌丝垫中心长出1对厚的圆形或长形垫状结构，一个附着于树皮内侧，一个连接于木质部外侧，相对生长，不断加厚，使树皮破裂。剥去病皮，边材部位有褐色条纹。早期的菌垫有水果气味，能吸引昆虫传病。

三、病原特征

病原有性态为 *Ceratocystis fugacearum*（Bret）Hunt，属子囊菌亚门、核菌纲、球壳目、长喙壳属，异名有 *Endoconidiophora fugacearum* Bretz。该菌为异宗配合。子囊壳单生或丛生，黑色瓶状具长颈，基部球形，直径为240～380 μm，埋于基物内。子囊壳的颈长250～450 μm，颈部顶端有一丛无色丝状物。子囊球形或近球形，最大直径7～10 μm，子囊壁易胶化消失，子囊内含有8个子囊孢子，子囊孢子单胞，无色，椭圆形，稍弯曲，大小为（2～3）μm×（5～10）μm，成熟后从孔口排出，聚集在子囊孔口顶端的乳白色黏液滴中，这种黏性液滴在水中不易分散。

该菌无性态为 *Chalara quercina* Henry，属半知菌亚门、丝孢纲、丝孢目、暗色菌科、内串生孢霉属。分生孢子梗分枝或不分枝，淡色至黑色，有分隔，向顶端逐渐变尖，（20～60）μm×（2.5～5）μm；产孢瓶体顶生，圆筒形，大小为（20～40）μm×（2.5～5）μm；分生孢子内生，单胞，圆柱形，二端平截，大小（4～22）μm×（2～

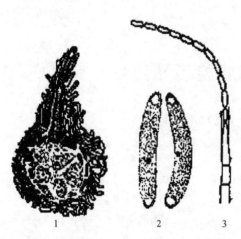

图 10-1 栎枯萎病菌

1. 子囊壳；2. 子囊孢子；3. 分生孢子梗及分生孢子

（仿上海科技出版社《植物检疫》）

4.5）μm，有时很多孢子连接成链状（图 10-1）。

在人工培养基上，菌落绒毛状，厚 1～3 μm，初为白色，后变为灰色至黄绿色，常混杂有褐色斑块。菌落上除形成分生孢子梗和分生孢子外，有时还产生菌核。菌核茶褐色至黑色，质地疏松，形状不规则，直径可达 2.5 μm。此外，还可形成一种橄榄色厚垣孢子。

四、适生性

该病可危害各种栎树，其中以红栎类最感病，如红栎（*Quercus borealis*）、北方红栎（*Q. borealis*）、南方红栎（*Q. falcata*）、得克萨斯红栎（*Q. buckleyi*）、北方针栎（椭圆果栎）（*Q. ellipsoidalis*）、美洲黑栎（*Q. velutina*）、大红栎（*Q. coccinea*）、复瓦状栎（*Q. imbricaria*）、沼生栎（*Q. palustria*）等。白栎类感病较轻，其中包括：白栎（*Q. alba*）、山栎（*Q. montana*）、二色栎（*Q. bicolor*）、大果栎（*Q. macrocarpa*）、黄栗栎（*Q. muhlenbergii*）和星毛栎（*Q. stellata*）。此外，还可侵染中国板栗（*Castanea mollissima*）、欧洲板栗（*C. sativa*）、美国板栗（*C. dentata*）、常绿锥栗（*Castanopsis sempervirens*）和密花石柯（*Lithocarpus densiflorus*）。

子囊孢子和内生分生孢子的萌发适宜温度 21～32℃，最高温度 33～38℃，最低为 3℃。分生孢子的致死温度是 40～42℃，子囊孢子的致死温度是 42～44℃。该菌的培养温度最适为 24℃，最高为 32℃。发病最适温度为 28℃，低于 16℃或高于 32℃均不显症。

栎枯萎病通过苗木、木材和原木的运输作远距离传播，在栎树林中的短距离传播主要靠昆虫。此外，也可通过病根与健根的接触发生自然嫁接而传播。传病的介体昆虫主要有两类，一类是露尾甲科的昆虫，如微暗露尾甲（*Carpophilus lugubris*）和 *Glischrochilus* 属的露尾甲昆虫，如 *G. sanguinolentus*、*G. quadrisiguatus*、*G. fasciatus*、*G. siepmanni* 等，这类昆虫被病树菌垫产生的香味所引诱，到菌垫上活动，体外沾上孢子，再飞到健树伤口上就造成新的侵染，且利于不同交配型相遇，产生有性世代。另一类传病昆虫是小蠹虫，如弓隆鬃额小蠹（*Pseudopityopthorus minutissimus*）和（*P. pruinosis*）等。在美国的阿肯色州和密苏里州，栎枯萎病菌很少产生菌垫，但病害仍能传播蔓延，这主要是由栎小蠹传播的。从虫体排出的内生分生孢子，仍具有活力。

栎枯萎病是典型的维管束病害，病菌从伤口入侵，进入导管，在导管内生长繁殖，形成分生孢子，沿导管蔓延。病菌在病树内以菌丝体越冬，在枯死的病树内以菌垫越冬，春季菌垫产生大量分生孢子。在菌源多，树种不抗病，夏季凉爽，传病昆虫多的情况下，病害易发生流行。夏季炎热，病害的发生受抑制。

五、检验检疫方法

（一）观察症状

首先从苗木和原木的横断面和纵剖面检视有无变色条纹，若有变色条纹即可做出初步诊断。要进一步确诊，需做分离培养检验。

（二）分离培养检验

切取一小片靠近树皮的边材，或在树上取已萎蔫但尚未枯死的细枝，带回室内分离培养，所用培养基的配方如下：葡萄糖 3 g，硫酸锰 0.2 g，硫酸锌 0.2 g，硫酸镁 0.5 g，硫酸铁 0.2 g，苯丙氨酸 0.5 g，磷酸二氢钾 1 g，维生素 H 5 μg，琼脂 20 g，蒸馏水 1 000 ml，调 pH 6。采用常规的组织分离方法，在 24℃ 温度条件下，培养 5 d 左右，即能产生菌丝和孢子，然后制片镜检，根据病原形态确诊。

也可将样品切成小块，放入盛有马铃薯培养液或麦芽汁培养液的试管中，在 25℃ 下培养 5 d，即可产生典型的分生孢子梗和分生孢子。为减少污染，可将样品在固体培养基上培养 4~5 d 后，将具有该菌特征的菌落转入盛有液体培养基的试管，在 25℃ 下培养 2 d，即可产生典型的分生孢子梗和分生孢子，在培养液中产生的分生孢子梗 20~40 μm，稍短于气生菌丝上产生的分生孢子梗。

六、检疫处理

（1）禁止从美国的疫区引进栎树苗木及栎木制品。许多国家规定，进口的栎树木材和原木必须来自发病地区 80 km 以外的栎树。

（2）对原木所带的病菌可用溴甲烷熏蒸，按每立方米 240 g 的量，在 0℃ 以上熏蒸 3 d，可杀死边材内部的病菌。

（3）新区发现病树后立即砍伐并烧毁，并将病树周围 15 m 以内的健树清除掉，以杜绝传染。为消灭传病介体，除了喷洒杀虫剂外，还可向树干内注射卡可酸（cacodylio acid）等药剂杀死传病昆虫，防止病害通过昆虫传播。

第二节　榆枯萎病菌

一、历史、分布及危害

榆枯萎病又称榆荷兰病，1918 年首先发现于荷兰、比利时和法国。1921 年后陆续在德国、英国、奥地利发现。1930 年通过调运榆木从欧洲传入美国，先在俄亥俄州和东部沿海一些地区发生，以后向西传播到太平洋沿岸各州。1959 年亚洲部分国家，如伊朗、印度、土耳其、乌兹别克斯坦、塔吉克斯坦也发现该病。20 世纪 40 年代，病害蔓延速度逐渐平缓，后来由于出现致病性强的侵染亚群，再度在欧、美和西亚引起流行。

现分布于印度、前苏联（塔吉克、爱沙尼亚、立陶宛、摩尔达维亚、北高加索、萨拉托夫、乌克兰、乌兹别克）、伊朗、土耳其、丹麦、挪威、瑞典、波兰、捷克斯洛伐克、匈牙利、德国、奥地利、瑞士、比利时、英国、法国、西班牙、葡萄牙、意大利、前南斯拉夫、罗马尼亚、保加利亚、希腊、加拿大、美国等。

榆枯萎病是一种能导致榆树迅速枯萎死亡的毁灭性病害。20世纪70年代中期，美国每年死亡榆树达40万株，损失1亿美元。1971~1978年间在英国南部有70%以上的榆树死亡。1979年，葡萄牙因该病流行造成80%的榆树死亡。20世纪该病在欧美引起两次大规模流行，造成大面积榆树死亡，不仅给经济上造成损失，而且破坏了公园、道路等地区的绿化。

二、所致病害症状

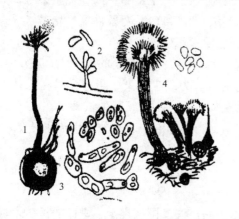

图10-2　榆树枯萎病菌
1.子囊壳及子囊孢子；2,3.Sporothrix 分生孢子
及酵母状芽孢子；4.Graphium 孢梗束及分生孢子
（仿中国农业出版社《植物检疫》）

各龄榆树均可受害。症状首先出现在病株树冠上部的一个或几个枝条上，叶片发黄，卷曲、萎蔫，以后变褐早落，病情发展快时，枯叶仍保持绿色不脱落。大部分受侵染枝条落叶后立即死亡。病害由小枝向大枝蔓延，数年后整树枯死。发病严重时，有的病株数周内即可整株死亡。一般春季或初夏受侵染的病株死亡较迅速。在抗病树种上病害发展较慢，有时病树还可康复。

剥去受侵染枝条的树皮，在木质部外层可见褐色条纹或斑点。树干或枝条横切面，接近外侧的年轮附近有深褐色条纹或斑点，有的斑点密集，可看到连续或不连续的深褐色环；纵剖面具深褐色纵向条纹。这种变色症状可延伸到叶柄和根部，内部输导组织也变色。切开枝杈处可见许多小蠹虫为害造成的坑道。

三、病原特征

榆枯萎病菌有性态为 *Ophiostoma ulmi*（Buisman）Nannf.，属子囊菌亚门、核菌纲、蛇口壳目、蛇口壳属。该菌为异宗配合，有A、B两种交配型结合，产生有性世代。在美国极少产生有性世代，在欧洲则较普遍。子囊壳黑色，烧瓶形，具长颈，基部球形，宽 100~150 μm，颈长 280~510 μm，颈长度与基部球宽度之比为 2.4~3.5，子囊壁薄，易消解，子囊孢子单胞，橘瓣形，成熟后从孔口排出，聚集在孔口外乳白色的黏液中（图10-2）。

无性世代归属于半知菌亚门的发簇孢属（*Sporothrix*）和榆黏束孢菌属（*Graphium*）。发簇孢属的孢子直接产生在菌丝上，具双态型。一种分生孢子生于菌丝分支端部有小刺的梗上，形成典型的孢子簇，单胞，无色，丝状，（4.5~14）$\mu m \times$（2~3）μm，常聚成黏性的微滴；另一种酵母状的孢子，菌丝体以类似酵母菌芽殖方式增殖。*Graphium* 的分生孢子着生在孢梗束上。

英国 Braser 通过长期研究认为，引致榆枯萎病的病菌有致病性强的侵袭性亚群和致病性弱的非侵袭性亚群。两种菌在菌落的培养性状，生物学特性，子囊壳形态，致病性和分子生物学特性上有诸多差异。1991 年他将致病性强的侵袭亚群上升为新种，即 *Ophiostoma novo-ulmi*；而原来的种 *Ophiostoma ulmi*，则为致病力弱的非侵袭性亚群。致病性强的 *O. n. ulmi*，菌丝在培养基上生长快，生长最适温度为 20～22℃，33℃ 时生长极慢，菌落为绒毛型；致病性弱的 *O. ulmi*，菌丝在培养基上生长慢，生长适温为 30℃，33℃ 条件下生长速度相对较快，菌落蜡质光滑，白色酵母状。

四、适生性

该病主要危害榆属树木，美洲榆（*Ulmus americana*）、山榆（*U. glabra*）、糙枝榆（*U. fulva*）和翼枝长序榆（*U. alata*）高度感病；荷兰榆（*U. hollandica*）中度感病；榔榆、白榆、光叶榆、英国榆等较抗病。人工接种还可危害榉属（*Zelkova*）和水榆属（*Planera*）树木。此外，病菌还可在 20 种其他植物材料（小枝和茎干）上生长，产生菌索。

病菌孢子的存活期很长，在伐倒的感病原木上可存活 2 年之久。病菌在衰弱的病株内或被砍伐的病树、死树内的虫道和蛹室中越冬。病害通过带菌的榆属苗木、原木、木制品和包装箱垫的榆木进行远距离传播。田间短距离传播的主要侵染源是昆虫介体。欧美传病的昆虫介体已证实有 18 种，其中重要的有欧洲榆小蠹（*Scolytus multistriantus*）、欧洲大榆蠹（*S. scoytus*）、短体边材小蠹（*S. Pygmaeus*）和美洲榆小蠹。小蠹于夏、秋两季喜在因榆枯萎病菌而导致衰弱或濒于死亡的植株树皮内造穴产卵，因此在树内幼虫通道和蛹室中常有大量的无性孢子和有性孢子，次年春季从虫道羽化的成虫体外带菌，带菌成虫需要补充营养，在健康的榆树上取食时，病菌通过虫伤侵入。菌丝进入木质部导管后，通过纹孔从一导管传入另一导管，导管内发簇孢属菌的菌丝产生酵母状芽殖孢子和分生孢子，随树液的流动而扩展，贯穿木质部，病菌可产生大量植物毒素，快速传导，导致树木在数月内死亡。在病死树、濒临死亡的病树和伐倒的病树上，能产生各类子实体，它们主要在树皮下小蠹虫的虫道或蛹室内。在病害循环中，子囊孢子的作用很小。另一种传播方式是通过树根接触传染。

不同种的榆树抗病性存在差异。以美洲榆、荷兰榆、英国榆、山榆较为感病，亚洲榆如中国大叶榆和小叶榆为高抗类型。寄主不同生育阶段感病性不同，春季和夏初是最感病的阶段，春季木质部导管大而无分隔，有利于病菌扩展；仲夏至初秋时期寄主导管较小且有分隔，不利于病菌扩展。另外，炎热干旱的年份病情发展也快。

五、检验检疫方法

（一）外观症状检验

对来自疫区的榆属苗木、原木和木制品，检疫时首先查看树皮上有无虫孔或蛀孔屑，然后再剥去树皮或解剖观察木质部外侧有无褐色条斑，或从纵剖面和横断面靠近外侧的年轮附近有无褐色长条纹或连续圆环。与此同时，在枝杈纵面注意有无小蠹的蛀食坑道。

（二）病原菌鉴定

1.无性阶段病原菌形态观察　　对可疑病木从变色部位取样，表面消毒后，置麦芽浸膏培养基上，或榆树汁培养基（在健康榆树上，取直径2～3 mm的枝条，切成碎片，称取400 g，于蒸馏水煮沸30 min，然后在80℃保持2h，最后加蒸馏水到3 000 ml，过滤，加2%琼脂，灭菌），在22～25℃黑暗条件下培养，榆枯萎病菌一般4～6 d后产生菌索。也可待病菌长出子实体后进行镜检，鉴定发簇孢属和 *Graphium* 的分生孢子形态。酵母状芽殖孢子的形成需要在有特定营养的培养液中培养方可获得。

2.两个种病原菌的菌落形态观察　　将新分离的纯培养物，接入有麦芽浸膏的培养基内，每种设置20℃和33℃两种温度，黑暗培养，2 d、5 d、8 d分别测量菌落生长速度。然后，分别再置于20～25℃散射光下培养10 d，观察菌落性状。*O. ulmi* 在33℃条件下生长速度快，20℃生长慢，菌落蜡质光滑，白色酵母状，具弱晕环；*O. novo-ulmi* 在20℃条件下生长速度快，33℃生长慢，菌落为绒毛型，晕环明显。

3.子囊孢子的获得　　在选择培养基上用标准菌株，A型和B型两种不同交配型的孢子进行异宗配合，方可获得子囊壳。

（三）单克隆抗体检测

目前，国外已筛选出对病菌产生的毒素有特异性的单克隆抗体，可检测和定位出植物组织中的毒素，是一种很灵敏的鉴定手段。

六、检疫处理

（1）禁止从欧洲、美国和加拿大输入榆属树苗、插条等，凡从疫区输入的榆属苗木、原木、木制品、包装箱和垫仓的榆木都要严格执行检疫程序。严防病菌和传病昆虫介体传入我国境内。

（2）用溴甲烷对有病的土壤和木材进行熏蒸消毒处理，切断传播源。

（3）化学及生物防治，喷施杀虫剂防治介体昆虫，也可给病树注射二甲胂酸等药剂，杀死树体内的传病昆虫。春季苗圃榆苗萌发前，对树干或干基部注入多菌灵、苯来特等内吸杀菌剂有一定预防效果。绿色木霉、丁香假单孢、荧光假单孢等对榆枯萎病菌均有抑制作用，并已用于生产上防治。此外镰刀菌、菊属植物提取物对病菌也有抑制作用。

第三节　橡胶南美叶疫病菌

一、历史、分布及危害

该病目前仍局限在拉丁美洲北纬18度（墨西哥的埃尔巴马）至南纬24度（巴西）之间的广大地区，在巴西、玻利维亚、委内瑞拉、哥伦比亚、厄瓜多尔、秘鲁、特立尼达和多巴哥、圭亚那和法属圭亚那危害严重，在哥斯达黎加、危地马拉、洪都拉斯、尼加拉瓜、墨西哥、巴拿马和苏里南也有发生。

该病是中、南美橡胶树的毁灭性病害。引起落叶、枝条干枯，甚至整株死亡，曾多次摧毁热带美洲橡胶园，致使亚马逊河流域的天然橡胶业一直不能发展。如圭亚那到1917年共种植橡胶2080hm^2，但因该病危害失去商业价值，被迫改种咖啡。美国福特财团于1927年在巴西购地100万公顷，试图建立西方天然橡胶基地，因该病危害数次被毁，不得不放弃植胶计划，在橡胶原产地巴西不能成功种植橡胶。1917年引种到马来西亚后，摆脱了叶疫病的为害，才在马来西亚和东南亚其他国家成功地建立了橡胶栽培业，使橡胶栽培的中心转移到了亚洲热带地区。

二、所致病害症状

主要危害叶片，叶柄、茎、花和幼果也可受害。新叶最易感病，不同叶龄的嫩叶感病后症状有差异。古铜色嫩叶感病，初在叶背面出现透明斑点，迅速变为橄榄色或青灰色，覆有绒毛状物（分生孢子层）。病斑少时，仅叶缘或叶尖向上卷曲，未感病部分继续生长，致使叶片畸形；病斑多时，整叶蜷缩、变黑、落叶或挂在枝条上呈火烧状。淡绿色嫩叶感病，生橄榄绿色或灰绿色的病斑，直径可达1～5 cm，上密生分生孢子层，病斑中部常脱落穿孔，病斑周边密生黑色小粒点（分生孢了器）。不脱落的叶片后期病部生暗色子座和闭囊壳。叶柄感病后呈螺旋状扭曲，病部形成疮痂状斑。花序感病，卷曲枯萎和脱落。感病的小胶果变黑、皱缩，稍大的胶果受害，形成疮痂状斑。感病嫩枝暗色、萎缩，在病部形成干癌状斑。病斑也出现在叶柄、绿茎、花和幼果上，发病严重时，导致幼树和成树死亡。

三、病原特征

病原有性态为 *Microcyclus ulei*（Henn.）Arx.，属子囊菌亚门、腔菌纲、座囊菌目、小环腔菌属真菌；异名有 *Aphosphaeria ulei* Henn.、*Dothidella ulei*、*Melanopsammopsis ulei* Stahel 和 *Fusicladium ulei*。无性态为 *Fusicladium macrosporum* Kuyper，属半知菌亚门、丝孢纲、丝孢目、黑星孢属。

该菌可产生3种孢子，即分生孢子、性孢子和子囊孢子。分生孢子梗簇生，橄榄褐色，长40～70 μm，宽4～7 μm，有的长达140 μm，其产孢部位合轴式延伸，循序产生孢子，分生孢子单生，椭圆形或长圆形，孢基平截，多数双胞，无色至淡橄榄褐色，大小（25～65）μm×（5～10）μm，单胞型分生孢子（15～34）μm×（5～9）μm。该菌可在老叶上产生性孢子器。性孢子器黑色炭质，球形至椭圆形，直径120～160 μm。性孢子无色透明，哑铃形，（12～20）μm×（2～5）μm，在侵染中的作用不明，人工接种未获成功。

子囊座小、垫状、球形或扁球形，炭质，常集生于叶斑穿孔的边缘，直径200～450 μm，壁厚，有乳头状突起的孔口。子囊棍棒状，双层壁，大小（50～80）μm×（12～16）μm，有8个排成两列的子囊孢子，子囊孢子椭圆形、无色、双胞，2个细胞大小不等，隔膜处有缢缩，大小（12～20）μm×（2～5）μm。

该菌有生理分化现象，目前已知至少有9个生理小种，它们对不同遗传背景的橡胶品系侵染性不同，对某些内吸杀菌剂的敏感性也不同。

四、适生性

寄主仅为三叶胶属植物，主要寄主是巴西橡胶（*Hevea brasiliensis*）、边沁橡胶

（H. benthaminan）和圭亚那橡胶（H. guianensis）。

分生孢子耐干燥，在干燥载玻片上 16 周后或相对湿度 65% 下 4 周后仍然存活。分生孢子耐 0℃ 低温，在 70℃ 干热 30 min 仍有部分孢子发芽。在紫外光下照射 5~15 min 不能完全杀灭分生孢子。在水中于 12~34℃ 都能发芽，在 pH 为 7~8 时发芽率最高。在湿润条件下，5~6 h 内孢子萌发并经表皮侵入，萌芽最适温度 24~28℃，侵染最适温 24℃，光照和黑暗下均可发芽。侵染后 1 周内产生分生孢子。分生孢子在离体病叶上可存活 1 个月以上。成熟的子囊孢子在 18~28℃ 下发芽。子囊孢子和性孢子在侵染中的作用不明。

病菌通过橡胶芽、胶苗、胶籽传播。来自疫区的土壤、包装材料、行李物品、货物、邮件等也可能带有病菌孢子。在发病地区，分生孢子随气流传播，侵染致病。分生孢子的产生具有明显的日周期性，通常上午 10 时出现最多，黄昏、夜间和清晨产孢很少，雨后分生孢子数量剧增。

橡胶叶片感病性随日龄增长而减弱。日龄 8~10 d 以上抗侵染的能力逐渐增强。降雨量多发病严重。连续 4 个月的旱季，可明显抑制病害发生。旱季不明显，年降雨量 2 500 mm 以上的地区发病严重。

五、检验检疫方法

（一）症状观察

对于胶苗、田间植株，可根据症状初步诊断，镜检病原确诊。

（二）分离培养检验

对于可疑植物材料可进行分离培养，用 PDA 培养基 24℃ 下培养，叶疫病菌菌落小，球形，浅灰绿色。10~12 d 后产生孢子，根据病原孢子形态确诊。

六、检疫处理

（1）禁止由中美、南美各国直接引进三叶胶属各种栽培材料。因科研需要少量引入的，须申请办理特许进口审批并行检疫处理，严禁引进带土植物。

（2）来自疫区的包装材料、行李物品、货物、邮件等可能带有病菌孢子，需采取紫外光照射消毒，湿热处理（饱和湿度下，55℃ 湿热处理 30 min），百菌清等杀菌剂处理。用 35% 甲醛以 50 ml/m³ 药量熏蒸，并辅以紫外光照射，效果也很好。来自疫区的旅客不得直接进入橡胶种植区。

（3）在亚洲尚未发生该病的地区应注意病情监测，一旦发现可疑病株应立即上报，组织有关专家鉴定，确诊后要立即采取化学脱叶，并用强力杀菌剂喷洒落地病叶，并对病区采取隔离封锁等控制措施。

第四节　咖啡美洲叶斑病菌

一、历史、分布及危害

咖啡美洲叶斑病分布于美国（佛罗里达、夏威夷）、墨西哥、危地马拉、萨尔瓦多、洪都拉斯、尼加拉瓜、哥斯达黎加、巴拿马、古巴、牙买加、海地、多米尼加共和国（首都圣多明各）、波多黎各、瓜德罗普岛、多米尼加（首都罗索）、马提尼克岛、特立尼达和多巴哥、委内瑞拉、圭亚那、苏里南、法属圭亚那、秘鲁、巴西和玻利维亚。

咖啡树因病落叶，咖啡豆减产 20%～30%，严重的减产 75%～90%。该病为我国进境植物检疫一类危险性对象，禁止由疫区引进咖啡种苗。

二、所致病害症状

咖啡美洲叶斑病主要危害咖啡叶片，也可危害嫩枝和果实。侵染叶片初期，先产生一个直径约 1 mm 的黑色圆形斑点，中间可见一小而圆的黄色侵染体，以后斑点逐渐扩大，并带有不清晰的边缘，后期病斑颜色逐渐变浅，但侵染体仍保留在病斑中部不易脱落。一般情况下，病斑大小在 3～10 mm 之间，多数病斑为 4～6 mm，其典型的病斑为圆形，黄褐至浅红褐色，病部正面稍凹陷，病健交界明显，形状如鸡眼，也称此病为"鸡眼病"。有的情况下，病斑变为奶白色或保持黑色不变。在干旱季节，病部的坏死组织会脱落，在叶片上留下空洞。发生在叶脉上的病斑向两边稍微伸长，凹陷，浅灰色，病部有散生的乳黄色晕圈，晕圈外多有狭窄的暗色边缘。如果近叶基部的中脉发生侵染，就会造成嫩叶叶柄脱离，并在叶片将要成熟时落叶。叶片如果没有大的叶脉被害，它在脱落前可承受较大数量的侵染，也就是说，落叶主要取决于其侵染的位置，而不是取决于病叶上的病斑数。该病害还可侵害嫩枝造成病痂，易被风折断。病害也可危害果实，在果实上产生浅色褪绿近圆形斑点，后期病部变奶白至浅红褐色，被害果实不易脱落。在非常潮湿的情况下，病斑表面生出许多细小的浅黄色毛发状菌丝体（1～4 mm长），背面也偶尔产生。病害侵染严重时，可造成咖啡树叶片几乎落光。

三、病原特征

病原学名为 *Mycena citricolor* (Berk. & Curt.) Sacc.，异名有 *Stilbum flavidum* Maubl & Rangel.。分类地位为担子菌亚门、层菌纲、伞菌目、小菇属（小菌属）。

此菌为新热带潮湿山区和森林地区的习居菌，常以营养菌丝体存在，双核菌丝具有明显锁状联合结构。在自然界中，病菌可产生两种孢子，一种是无性阶段的芽孢，橘黄色扁球形；另一种是有性阶段的担子果。病菌无性阶段的侵染体是橘黄色芽孢，一般 6～10 d 内可从病斑上产生。有性阶段为黄色伞菌，在菌瘤上着生少数担孢子。孢梗很小，黄色。菌盖薄，膜质，半球形到钟形，下陷或在中心具脐状突起，后略呈扁平，光滑无毛，有辐射状条纹，直径 1.5～2.5 mm，边缘很尖。菌柄呈直刚毛状，约 0.1～1.5 cm 长。担子呈棍棒状，（14～17）μm×（4～5）μm。担子体小、椭圆形或卵圆形，下部细尖、透明、无水滴或仅有（4～5）μm×2.5μm 的小油滴，产芽体有黄色实心的小柄，上着生芽孢。小柄细长，0.2 mm，圆柱形，成熟时弯曲，基部直径 0.12 mm，芽孢头下直径 0.05 mm。芽孢直径平均 0.36 mm，实心，革质、坚硬，扁球形或椭球形，芽孢外生，有气生辐射状的丝状体。

四、适生性

病菌寄主包括咖啡（包括阿拉伯种咖啡、小粒咖啡和其他咖啡种）、可可、金鸡纳树、柑橘、茶、桑、番石榴、枇杷、荔枝、香蕉、桃、核桃、葡萄等 50 余科 500 种以上的多种植物。该菌还可侵染苔藓类和欧龙芽草等。

咖啡美洲叶斑病的侵染主要靠无性阶段的芽孢来完成。芽孢借气流和雨滴飞溅传播，落在叶片上产生菌丝体，穿过叶表皮角质层侵染寄主植物。病原有性阶段的担子果，在自然条件下极少产生，因此它在病害传播中的作用并不重要。该病流行取决于初侵染源和高湿度，降雨量和相对湿度与病害的发生和危害程度呈正相关。温度对病害的发生和流行影响并不明显，光照能限制病斑的大小，但不影响芽孢的形成。病害通过繁殖材料与病残体进行远距离传播，但种子不传病。

五、检验检疫方法

根据症状鉴定，检查有无典型的鸡眼状病斑。

六、检疫处理

（1）我国应严格进行检疫，禁止从疫区引进咖啡种苗。因科研需要少量引入的，须申请办理特许进口审批并行检疫处理。

（2）化学防治。喷施磷酸盐、丙环唑、氯氧化铜等药剂，可抑制芽孢，减轻该病的为害。但是，迄今为止，尚未寻找出一种防治咖啡美洲叶斑病的高效化学药剂。

（3）生物防治。在哥斯达黎加采用木霉或寄生细菌对病菌芽孢进行防治，有一定效果。这种方法受自然环境中存在的各种因子的影响较大，防治效果有时难以得到有效的保证，因此并未能够在大田中普遍推广。

第五节　玉米霜霉病菌

一、历史、分布及危害

霜霉病是热带、亚热带玉米的毁灭性病害。能侵染玉米的霜霉病菌有 3 属 9 种，以指霜霉属的玉米指霜霉、菲律宾指霜霉、甘蔗指霜霉和高粱指霜霉最重要（图 10-3）。

（一）玉米指霜霉（或称玉蜀黍指霜霉）

玉米指霜霉在 1897 年由 Raciborski 发现，在印度尼西亚爪哇岛为害玉米，故也称爪哇霜霉病，其发病率 20%～30%，年损失 40%。该病分布在印度、印度尼西亚、索马里、刚果（金）、刚果、澳大利亚、前苏联和中国。20 世纪 60～70 年代，在国内广西、云南造成严重为害，当地称之为"白菌病"。

（二）菲律宾指霜霉

1912 年 Butler 在印度首先记载了玉米的菲律宾指霜霉。该病分布在印度、印度尼西亚、尼泊尔、巴基斯坦和泰国。除玉米外还为害甘蔗、燕麦、高粱和甘蔗属、蜀黍属其他植物。1974～1975 年，该病在菲律宾的发病率一般在 80%～100%，导致产量损失 40%～60%。1966 年尼泊尔首次发现该病，1967 年和 1970 年病害流行，产量损失 50%。在印度，流行年份产量损失达 60%。

（三）甘蔗指霜霉

1909 年 Miyake 在我国台湾省首次发现了甘蔗指霜霉危害玉米，而后才在甘蔗上发现该菌。1954 年和 1964 年在玉米上严重流行，直到 1967 年以后才被控制。该病分布在印度、尼泊尔、印度尼西亚、菲律宾、泰国、日本、巴布亚、新几内亚、澳大利亚、斐济和中国（台湾省）。

（四）高粱指霜霉

1961 年首先在美国发现，60 年代至 70 年代扩展很快。该病分布在菲律宾、泰国、巴基斯坦、印度、孟加拉、尼泊尔、伊朗、意大利、澳大利亚、墨西哥、埃及、苏丹、加纳、尼日利亚、刚果（金）、肯尼亚、埃塞俄比亚、索马里、坦桑尼亚、赞比亚、乌干达、津巴布韦、马拉维、博茨瓦纳、南非、以色列、也门、危地马拉、洪都拉斯、萨尔瓦多、巴拿马、委内瑞拉、巴西、秘鲁、玻利维亚、阿根廷、乌拉圭、美国等国家。除为害玉米外，还为害高粱、墨西哥类蜀黍、黄茅和其他植物，近年来美国南部发现它也为害苏丹草和约翰逊草。印度有些地方，感病玉米发病率 30%～70%，病株几乎绝产，按最低发病率计算，产量损失也在 30%。泰国 1968 年发病仅 80 公顷，1974 年发展到 10.2 万公顷，产量损失由 10%～l00%。美国的得克萨斯州，发病率一般在 25%～30%，严重的达 80% 以上。

以上 4 种指霜霉菌都引起玉米的系统侵染，在流行条件下可造成毁灭性损失。流行区域扩展很快，有由热带、亚热带向暖温带发展的趋势。

二、所致病害症状

玉米霜霉病菌为局部和系统侵染，病叶色泽苍白，形成初期黄白色、后期颜色变深，潮湿时长出白色霜霉状物。有时病菌在坏死组织里产生卵孢子。病株生长缓慢、矮化、不结果穗或穗小粒瘪。症状因病原菌种类，玉米株龄和环境条件不同而有所变化。

（一）玉米指霜霉

引起局部和系统侵染。玉米幼苗全株呈淡绿色，逐渐变黄枯死。成株发病，常从中部叶片的基部开始，产生淡绿色条纹，逐渐向上发展，成为黄白色条斑，而后互相联合，叶背产生白色霉状物。后条斑变褐，病叶枯死，病株矮化。

（二）菲律宾指霜霉

侵染幼苗引起系统发病，最初的 3～4 个叶片不发病或者仅部分发病，在这个高度以上的各叶片均生淡黄色或苍白色条斑，叶鞘呈黄白色条斑，茎秆弯曲，叶卷曲。雄穗畸形，花粉少，雌穗败育。有时第 2 个分蘖或从病株上产生的根蘖苗也很快发病。早期发病导致株矮枯死。

（三）甘蔗指霜霉

引起局部侵染时，侵染 2～4 d 后，在叶上开始呈现小的圆形褪绿斑。系统侵染主要在 3~6 片老叶的基部出现淡黄色至白色的条斑或条纹，条斑宽，长几乎可延伸至玉米叶尖。尚未展开的心叶，常均匀地变黄。再侵染形成的病斑，最初短而窄，颜色苍白或淡黄色，后联合成不规则的长条斑。3 周或 1 个月后黄白色的条斑变为黄褐色枯死。

（四）高粱指霜霉

局部侵染发生在大约 3 周龄的玉米植株上，叶片末端背面产生逐渐扩展的褪绿病斑。系统侵染时，最初表现症状的叶片基部失绿黄化，褪绿的下半叶和正常的上半叶之间有明显的界限，形成"半叶发病状"，后期褪绿条纹扩展到叶片的上部。被害植株叶片异常狭窄、直立，雄花常变为叶状体，茎常破裂，露出灰褐色斑驳状的髓部，重病株不结果穗，在果穗部位可能长出雄花。卵孢子埋藏在病叶和雄花组织的叶脉间。

三、病原特征

（一）学名、分类地位

玉米霜霉病菌属卵菌纲（Comycetes）、霜霉目（Peronosporales）。其病原菌有以下 4 种：

1. 玉米指霜霉（*Peronosclerospora maydis*（Racib.）Shaw）　　导致爪圭玉米霜霉病。
2. 菲律宾指霜霉（*P. philippinensis*（Weston）Shaw）　　导致菲律宾玉米霜霉病。
3. 甘蔗指霜霉（*P. sacchari*（Miyake）Shaw）　　导致甘蔗或玉米霜霉病。
4. 高粱指霜霉（*P. sorghi*（Westonet et Uppal）Shaw）　　导致高粱或玉米霜霉病。

（二）形态特征

1. 玉米指霜霉　　病菌孢囊梗无色透明、基部细，有一分隔，上部肥大呈二叉状分支 2~4 次。末次小梗近于 3 分叉状，孢囊梗长 150~300 μm，小梗近圆锥形弯曲，顶生一个孢子囊。孢子囊无色，长椭圆形或近球形，着生部略圆或稍突起，大小为（28~45）μm×（16~22）μm，未发现卵孢子（图 10-3）。

2. 菲律宾指霜霉　　病菌孢囊梗无色透明、长 150~400 μm，基部具细圆稍弯的足细胞，分枝粗壮，端部呈二叉状分支，小梗圆锥形，端尖圆。孢子囊卵圆形至长椭圆形，大小为（14~44）μm×（11~27）μm。未发现卵孢子。

3. 甘蔗指霜霉　　病菌孢囊梗无色透明、基部较细，上部较粗，约为基部的 2~3 倍，长 190~280 μm，有足细胞，二叉状分支 2~3 次，树枝状张开，顶部簇生短枝。孢子囊长圆形至椭圆形，大小为（24~35）μm×（11~23）μm。卵孢子球形、直径 40~50 μm，黄色、壁厚。

4. 高粱指霜霉　　病菌孢囊梗无色透明、基部与梗等粗，长 100~150 μm，端部二叉状分支，分枝短而粗，常呈半球形，小梗尖，长 13 μm，顶生一个孢子囊。孢子囊近圆形，顶端圆，无乳突，大小为（15~26.9）μm×（15~28.9）μm。卵孢子球形、淡黄色、直径 31~36.9 μm。

高粱指霜霉有两个小种，即高粱小种和玉米小种。高粱小种侵染高粱和玉米，能在高粱上大量产生卵孢子，在玉米组织中也产生卵孢子，使玉米果穗和雄花畸形，分布在墨西哥、美国、以色列和印度。玉米小种不侵染或很少侵染高粱，使玉米明显黄化、矮

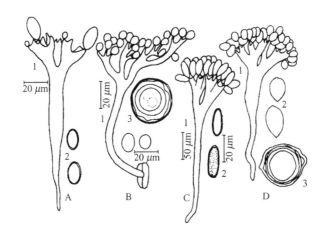

图 10-3 玉米霜霉病菌

A. 玉米指霜霉；B. 高粱指霜霉；C. 菲律宾霜霉；D. 甘蔗指霜霉

1. 孢囊梗　2. 孢子囊　3. 藏卵器和卵孢子

(仿余永年，1998)

化，不产生卵孢子，分布在泰国和印度。

四、适生性

(一) 玉米指霜霉

1. **寄主种类**　病菌的寄主有玉米，甜根子草（*Saccharum spontanesm*）、墨西哥假蜀黍（*Euchlaena mexicana*）、羽高粱（*Sorghum phumosum*）、摩擦禾属（*Trpisacum*）和 *Pennisetum*。

2. **生物学特性**　植物表面有露水覆盖时，温度 24℃ 以下，适于孢子囊产生，夜间 3~4 时为产孢高峰。孢子囊在培养皿内保湿 10 h，即失去侵染力，但是在幼嫩的玉米叶上，20 h 后仍有侵染力。孢子囊在植物吐水中萌发率最高。种子含水量在 18% 以上时，病菌可存活 30 d。种子干燥后（含水量在 9% 左右），其内部菌丝全部失活，不再传病。病菌繁殖力强，据估计，菲律宾指霜霉在叶面保持湿润 12 h 后，每平方厘米病斑面积最多可产生 20 160 个孢子囊。一个病株在一夜间可产生 7.58~59.466 亿个孢子囊，因而在环境条件有利时易爆发流行。

3. **生态习性**　玉米幼苗期潮湿多雨，是病害流行的关键因素。高温多雨、土壤黏重、排水不良、施氮过量，利于发病。温度在 24℃ 以下，叶表有露水时适于产孢，孢子囊在植物吐水中萌发率最高。凌晨 3~4 时为产孢高峰。我国广西龙津县，春玉米在清明后播种，玉米霜霉病重，秋玉米在立秋后播种发病多，也主要与当地的雨水分布有关。

病菌在玉米植株、甜根子草（印尼）、羽高粱（澳大利亚）上越冬，翌春产生孢子囊经气流传播，传播距离 40 m 之内。在田间，玉米指霜霉在各季玉米间辗转危害，或由野生寄主提供侵染玉米的菌源。虽种子带菌但不能远距离传播（含水量为 9% 左右的干燥种子）。孢子囊经气流传播进行再侵染。病菌孢子囊经幼苗叶片气孔侵入，菌丝在叶肉细胞间隙扩展，并通过叶鞘进入幼茎生长点，引起系统发病。夜间叶面结露，最适于侵染，侵染可在几小时内完成。侵染适温依菌种不同而略有差异。

（二）菲律宾指霜霉

1. 寄主种类　病菌寄生在玉米、甘蔗、甜根子草、燕麦及假蜀黍属（*Euchlaena*）和高粱属（*Sorghum*）、摩擦禾属（*Trpisacum*）、芒属（*Miscanthum*）、须芒草属（*Andropogon*）、金茅属（*Eulalia*）、孔颖草属（*Bothriochloa*）和裂稃草属（*Schieachyrium*）。

2. 生物学特性　夜间温度 21～26℃，有游离水是孢子囊形成、萌发的必须条件。相对湿度 90% 以上至少保持 3 h，才能大量产孢。孢子萌发适温为 19～20℃，夜间 8 时至凌晨 4 时为产孢高峰期。

3. 生态习性　昼夜相对湿度及降雨量与病害发生呈正相关，与昼夜温度及日照持续时间呈负相关。病菌在多年生甜根子草（在印度）、甘蔗、甜根子草、拟高粱（在菲律宾）上越冬，并成为初侵染源。在甘蔗受侵染地区，可随甘蔗插条远距离传播。孢子囊萌发产生芽管，从气孔侵入，在叶肉细胞间扩展，经叶鞘进入茎，使下部叶片产生褪绿条斑。田间叶病部的孢子囊借风雨传播引起再侵染。

（三）甘蔗指霜霉

1. 寄主种类　病菌寄主有玉米、甘蔗、苏丹草、约翰逊草及稗属（*Echinohloa*）、蟋蟀草属（*Eleusine*）、假蜀黍属（*Euchlaena*）、芒蜀黍属（*Panicum*）、棒头草属（*Polypogon*）、甘蔗属、狗尾草属（*Setaria*）、高粱属（*Sorghum*）、摩擦禾属（*Trpisacum*）、须芒草属（*Andropogon*）、孔颖草属（*Bothriochloa*）、裂稃草属（*Schieachyrium*）和金茅属（*Eulalia*）。

2. 生物学　孢子囊形成的最适温度为 22～26℃（范围 13～31℃），夜间湿度在86% 以上（范围 95%～100%）或植物表面有水滴是形成孢子囊的必要条件。孢子囊产生多在夜间 1～4 时。白炽灯光可促进孢子囊的产生，在玉米上产孢需要 200 lx 光照，在甘蔗叶上要求 600 lx 光照，光照持续时间要求 3～12 h。孢子囊对干燥、阳光敏感，仅能存活几小时。孢子囊萌发适温 19～28℃。病菌在甘蔗上比在玉米上产生卵孢子快且多。

3. 生态习性　玉米幼苗期潮湿多雨是病害流行的关键因素。我国黄淮平原为零星发病，长江以南湿热地区发病可能性大，热带、亚热带地区为适发病区，长城以北春播玉米不发病。

病菌主要以菌丝体在甘蔗上越冬，并作为初侵染源。随甘蔗插条远距离传播，甘蔗上形成孢子囊萌发侵染玉米，在 25～28℃，且叶面有水膜的情况下 2 h 即完成侵染。在甘蔗上虽可产生卵孢子，但在自然条件下的作用不明。玉米种子不能传病。受侵染的玉米产生孢子囊进行再侵染。玉米幼苗期感病，侵染成功率与株龄关系密切。只有株龄10 余天至几周的幼苗受侵袭发生系统侵染，老叶片仅发生局部侵染。

（四）高粱指霜霉

1．寄主种类　　病菌寄生在玉米、高粱及假蜀黍属、狗尾草属、高粱属、黍属、玉蜀黍属、须芒草属、双花草属和管草属。

2．生物学特性　　孢子囊形成温度为20～40℃，因地区而不同。孢子囊萌发适温差异较大。在美国得克萨斯州为10～19℃，而印度为21～25℃。孢子囊产生时间，在夜间12时至5时，高峰在2～3时。产孢要求89%以上的相对湿度。在各种作物上，产生孢子囊都需要5～6 h的光照。新形成的孢子6 h内即能萌发。孢子囊的寿命仅1 d。卵孢子存在于土壤和作物残体中，抗逆力强，结冰时也能存活。在美国，早春土温，达10～13℃卵孢子才萌发。在印度，土壤有效含水量44%～47%利于卵孢子萌发，而76%～79%则抑制萌发。

3．生态习性　　土壤中的卵孢子和病叶上的孢子囊均可为初侵染源，一些地区带病的多年生高粱属杂草也是早春玉米、高粱的侵染源。在高粱叶片中产生有大量卵孢子，可黏附在种子表面或随病残体混杂在种子中，但种传率低。高粱种子颖壳中有卵孢子可以传病。在玉米种子中未能检出卵孢子。因此可以认为该菌以卵孢子随高粱种子，尤其是带颖壳的种子远距离传播。在高粱种子、土壤和病残体中的卵孢子以及附近作物或杂草上的孢子囊都是玉米的初侵染源。高粱指霜霉在印度南部以卵孢子存活，而在美国则侵染多年生的约翰逊草、假约翰逊草和野生高粱等植物，病菌在这些寄主上周年存活，产生孢子囊，在早春成为玉米的初侵染菌源。发病玉米和其他寄主产生的孢子囊经风雨传播，引起再侵染。

高粱指霜霉孢子囊侵染玉米的适温为21～24℃。在结露4 h的情况下，温度10～33℃都能侵染，完成整个侵染过程约需10 h；土壤中高粱指霜霉的卵孢子萌发后通过玉米根部侵入，但只有接近植物根部特别是生长着的根尖时才能萌发。卵孢子萌发率低，土壤湿度低（大约44%～47%），土温高（接近26.7℃）有利于萌发和侵染。

五、检验检疫方法

（一）产地检疫

在发病期对产地幼苗和成株的症状进行诊断，并对病部病原菌进行镜检。症状诊断时注意与玉米病毒病（呈褪绿或黄绿色条斑，株矮化、节间短）、生理性病害或遗传性病害（白色条斑从叶尖至基部，单株发生）和萎缩病（紫红色或褐色条斑）等病害的区别。

（二）室内检验

1．保湿培养检验法　　用吸水纸保湿培养玉米种子，诱导出病菌繁殖体后镜检。将来自疫区的高粱、玉米包装材料，将其保湿1周或埋在灭菌土壤中1周，使组织腐烂分解，然后镜检。

2．洗涤检验　　检验种子外部是否附着卵孢子。

3．种子部分透明染色检验　　检查种子的种皮和种胚等部位是否带有菌丝体和卵孢子。霜霉菌菌丝长而分枝，粗壮，无隔多核。本法只能检查种子是否带有霜霉菌，不能确定是何种霜霉菌，也不能确定其侵染性。

4．种植检验　　将种子播于灭菌土壤中，观察幼苗的系统症状，直至出苗 5 周以后。

六、检疫处理

（1）禁止从东南亚国家和美国等疫区进口玉米种子。

（2）种子处理。收获后晒种，降低种子含水量，并储存 40 d 以上，使种子内菌丝体死亡。用 25% 瑞毒霉（metalaxyl）可湿性粉剂，以每 100 kg 种子用 200 g 药（有效成分）拌种防治玉米的菲律宾指霜霉，以每 100 kg 种子 100 g 药（有效成分）拌种防治玉米高粱指霜霉效果均好；而每 100 kg 种子用有效成分 400 g 或 600 g 拌种，对种子萌发和幼苗生长有轻微的抑制作用。

第六节　烟草霜霉病菌

一、历史、分布及危害

烟草霜霉病于 1891 年首次在澳大利亚报道，1921 年在美国佛罗里达烟草苗床发现此病，但很快得到控制。然而，10 年后该病突然再次暴发流行，并在其后的 5 年间，蔓延到美国东部所有烟草种植区，并且传播至中部、南部和西部烟区。1938～1957 年间先后传播到加拿大、巴西、阿根廷、智利、古巴等国。1960 年在欧洲暴发流行，发病中心在德国和比利时发现，很快波及到法国、东欧，几乎遍及整个欧洲。1961 年后病害向南蔓延到北非、中东、近东。目前，已广泛分布于世界各大洲 65 个国家。如欧洲的英国、荷兰、德国、比利时、卢森堡、法国、奥地利、瑞士、西班牙、意大利、前苏联、捷克斯洛伐克、前南斯拉夫、波兰、匈牙利、罗马尼亚、保加利亚、阿尔巴尼亚、希腊、葡萄牙、瑞典；美洲的美国、加拿大、墨西哥、危地马拉、萨尔瓦多、洪都拉斯、哥斯达黎加、古巴、牙买加、海地、巴西、智利、阿根廷、乌拉圭；非洲的阿尔及利亚、摩洛哥、突尼斯、利比亚、埃及、卢旺达、刚果（金）、莫桑比克、埃及、阿尔及利亚；大洋洲的澳大利亚、新西兰；亚洲的土耳其、黎巴嫩、叙利亚、伊朗、也门、伊拉克、巴勒斯坦、以色列、塞浦路斯、约旦、缅甸、柬埔寨。中国尚未发现。

该病蔓延速度很快，可引起大量植株枯死，是烟草的毁灭性病害，严重降低烟叶的产量和品质。在病害流行年份烟草可减产 10%～60%。1960 年烟草霜霉病在欧洲流行，使法国和比利时的烟草损失达 80%～90%，相当于 2.5 亿美元。1961 年全欧洲（不包括前苏联和罗马尼亚）损失干烟叶 10 万吨，仅法国损失干烟叶 1 万吨，约 900 万美元。20 世纪 90 年代以来，美国烟区不断受到霜霉病的侵袭，造成严重的经济损失。

二、所致病害症状

该病苗期到成株期均可发生，但早期幼苗症状不甚明显，通常叶尖变黄，叶片背面有不定型的淡黄色小病斑，直径约 1～2 mm，逐渐变深呈水渍状，并可相互愈合。有时病叶皱褶扭曲。叶背面生蓝灰色的霉层（即病菌的孢囊梗和孢子囊），故又称"蓝霉病"。气候适宜时，病叶迅速变黄，凋萎，甚至整株死亡。

大田期局部侵染症状主要表现在叶部，叶片上生淡黄色近圆形病斑，边缘不明显，可相互愈合。湿度大时，病斑背面有茂密的灰白色至蓝灰色霉层，病斑逐渐坏死，变褐色。病斑薄而脆，易脱落，留下不规则的空洞。病斑也可产生在芽、花及蒴果上。发病严重时，病原菌能沿主脉蔓延到叶柄和茎秆上，产生黑色凹陷斑痕，形成局部性系统侵染。系统侵染植株矮化，叶片狭小，有黄绿斑驳，叶脉和茎深褐色，茎部维管束常有褐色条斑，病重时根部也可受害，病株有时枯死，但大多生长缓慢，发育不良，烟草品质低劣。

在欧洲普遍种植的抗病品种上，植株低层叶片产生有孢子的褪绿斑点，中部叶片上产生坏死病痕，无孢子，有时顶叶畸形。

三、病原特征

病原学名为 *Peronospora hyoscyami* de Bary f.sp.*tabacina*（Adam）Skalicky，异名有 *Peronospora tabacina* D. B. Adam；*P. hyoscyami* de Bary 和 *P. nicotianae* Spegazzini。卵菌纲、霜霉目、霜霉属。

孢囊梗从气孔生出，无色，主轴较粗壮，连续 5～8 次二叉状分枝，梗长 400～750 μm，基部分枝呈锐角，上部呈直角，分枝顶端尖削微弯，其上着生孢子囊。孢子囊卵圆形、柠檬形，无色或淡黄色，内含多个淡黄色油球，其大小受温度影响变异较大，为（15～25）μm×（10～17）μm，孢子囊含有 8～24 个核。卵孢子主要产生在植株下部老叶上，垂死病叶的病斑周围，叶脉附近组织内卵孢子最多。卵孢子球形，直径在 24～75 μm 之间，初黄色，后黄褐色至红褐色。卵质被两层膜所包围，内壁薄，颜色淡，外壁红褐色有条纹，最外面包围着皱纹的藏卵器膜（图 10-4）。

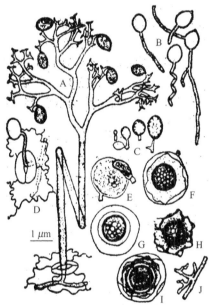

图 10-4 烟草霜霉病菌

A. 孢囊梗由气孔伸出；B. 孢囊萌发；

C. 孢囊形成过程；D. 芽管侵入气孔；

E～I. 卵孢子形成过程；J. 菌丝上形成的吸器

（仿 Wolf, F. A. Tobacco diseasea and decays）

四、适生性

该病可危害多种烟草属植物，红花烟草（*Nicotiana tabacum*）和黄花烟草（*N. rustica*）受害最重。其他易于感病的烟草包括 *N. glutinosa*、*N. glauca*、*N. pauciflora*、*N. nudicaulis*、*N. longiflora*、*N. plumbaginifolia*、*N. repanda*、*N. miersii*、*N. coryabosa*、*N. arentsii*、*N. otophora*、本氏烟（*N. benthamiana*）、*N. goodspeedii*、*N. umbratica*、*N. maritima* 和 *N. excelsior* 等。某些茄科植物，如茄子、番茄、辣椒幼苗也能被自然侵染。人工接种还能侵染矮牵牛、酸浆、灯笼果、甜椒等。

孢子囊产生的温度范围为 1～30℃，最适温度为 15～23℃，必须保持 95% 的相对湿度 3 h，持续黑暗至少 1.5 h。孢子囊萌发适温为 14~21℃，最低为 3.5℃，最高为 35℃，萌发对湿度条件要求很高，相对湿度低于 97% 时萌发率很低，保持饱和相对湿度时间越长萌发和侵染率越高。

卵孢子通常在坏死组织内产生，并需要高的湿度。卵孢子越冬后不萌发，第二年越冬后有少量萌发，第 3~4 年越冬后萌发增多。卵孢子抗逆力强，病叶在 80℃下烘烤 4 d 后，再在 50%~60% 相对湿度和 35℃温度下发酵，卵孢子仍有侵染能力。

该菌存在生理分化现象，有多个生理小种。澳大利亚型小种能为害幼苗和成株，并能造成系统侵染。美洲型小种多在苗期为害，很少侵染成株。欧洲烟草霜霉菌的毒性高于澳大利亚和美国的菌株。

病菌可随烟叶和烟叶制品作远距离传播。澳大利亚和前苏联报道种子可传病，在种皮内发现了卵孢子，但对种子的传病作用尚有争论。卵孢子的田间传病作用，在不同国家可能有所不同。在澳大利亚卵孢子并不经常起作用，而在美国发病的老苗床中，部分侵染是由卵孢子引起的。卵孢子在欧洲的作用，尚不明确。

在生长季节中孢子囊随气流传播，反复再侵染，也可随气流远距离传播。孢子囊可上升到 2 000 m 高空，传播到 240 km 之外。

烟草霜霉病既可在春夏冷凉潮湿的西欧发生蔓延，又可在夏季干旱炎热的北非定殖，说明病菌对环境的适应性很强。我国大部分烟草种植区的气候条件也在烟草霜霉病菌的适生范围之内，加之我国有大量的粉绿烟、新毛烟（心叶烟）、浅波烟、裸茎烟等中间寄主和感病的烟草品种。所以，应特别加强对该病害的检疫工作。

五、检验检疫方法

（一）干烟叶或烟制品检验

1. 症状检查　　对进境干烟叶，用肉眼逐片检查烟叶，对光透视，可见明显病斑，或将烟叶样品适当回潮，使叶面舒张，在白色荧光灯照明下检查病斑。病斑淡黄褐色，常受叶脉限制，呈不规则圆形，透光，病斑背面有霉层。

2. 检查孢囊梗和孢子囊　　用体视显微镜直接观察孢囊梗与孢子囊，也可挑取霉状物制片，镜检病原菌的孢囊梗和孢子囊的形态。对未发现有霉状物而仍又可疑的病叶，将其剪碎进行洗涤、离心，镜检沉淀物中有无病菌的孢囊梗或孢子囊。

3. 检查卵孢子　　选颜色暗绿的病叶，取老病斑周围的组织，剪成 0.5 mm 的小片，置小烧杯中，加适量 10% 氢氧化钾（或乳酚油）煮沸 5~10 min，使叶组织完全透明，用棉蓝染色，镜检卵孢子。小片组织或烟丝，也可直接放在玻片上，按上法处理后观察。也可将病斑或烟丝捣碎或研成粉末，用 160 目筛去掉残渣，取筛下物，用乳酚油透明后制片，镜检有无卵孢子。

（二）种子检查

1. 洗涤检验　　取 1~10 g 种子样品，加水振荡 5 min，离心全部洗涤液，向最终沉淀内加数滴席尔氏液，调节至 1 ml，浸泡 4 h 后镜检。

2. 种植检验　　种子表面消毒后播于 2% 琼脂培养基，或营养液栽培，在 20℃和正常光照下培养，出苗 2 周后，观察烟苗有无症状，如有霉层，可镜检确定。

（三）种苗检查

观察种苗叶片上有无霜霉病的症状，症状明显的可镜检病原菌形态。症状不明显的可疑烟苗，取叶片置铺有 3 层湿滤纸的培养皿中，保湿（18℃、黑暗条件）24 h 后检查有无霉层产生。

六、检疫处理

（1）禁止由疫区输入烟属植物繁殖材料和烟叶。对于因科研需要从疫区引进的烟属植物，要严格进行隔离试种。发现带病种子做销毁处理，带病烟叶要严格进行检疫监管。

（2）任何新区，一旦发现烟草霜霉病，应立即采取封锁病区、根除发病点的措施。

（3）病区主要采取选育种植抗病品种、种子播前消毒、病苗床土壤消毒、发现病株及时拔除、喷洒瑞毒锰锌等药剂的综合防治措施。

第七节　大豆疫霉根腐病菌

一、历史、分布及危害

该病菌于 1948 年发生在美国印第安纳州。现分布于美洲的美国（24 个州）、加拿大、巴西、阿根廷；欧洲的俄罗斯、白俄罗斯、乌克兰、匈牙利、德国、英国、法国、瑞士、意大利；非洲的埃及、尼日利亚；大洋洲的澳大利亚、新西兰；亚洲的中国、印度、日本和哈萨克斯坦。

1989 年在我国东北大豆产区第一次分离到大豆疫霉，现国内分布于黑龙江（佳木斯、桦川、孙吴、黑河等）、吉林、安徽（蒙城、怀远等）、河南（郑州）、江苏（南京）和浙江（杭州）等省区的局部地区。

大豆疫霉病在大豆各生育期均可发病，苗期较成株期易感病。该病引起根腐、茎腐、植株矮化、枯萎和死亡。一般发病田减产 30%～50%，高感品种减产 50%～70%，严重地块绝产，为毁灭性病害。被害种子大多是不成熟的青豆，蛋白质含量明显降低。

二、所致病害症状

（一）苗期症状

播种后引起种子和幼芽出土前腐烂和出土后幼苗猝倒。病苗主根变深褐色，侧根腐烂。病茎由地表到第一分枝处出现水渍状病斑，以后因腐生菌侵染，茎部溃烂而倒伏。感病植株叶片黄化。

（二）成株期症状

成株受害，初期下部叶片叶脉间和叶缘变黄，上部叶片失绿，随后整株枯萎死亡，凋萎叶片常不脱落。主、侧根腐烂，茎基部出现黑褐色溃疡病斑，病变部位向上扩展，有的在茎部断续出现，发病节位高达 11～12 节。病茎髓部变黑，皮层和维管束组织坏死。靠近病斑的叶柄基部变黑、凹陷，叶片下垂凋萎，呈"八"字形，但不脱落。受害植株叶片由下而上发黄，随即整株枯萎死亡。侵染较晚的植株可以结实，但豆荚基部呈水渍状，病部逐渐向端部扩展，整个豆荚变褐干枯。病荚中豆粒表面淡褐色、褐色至黑褐色，无光泽，皱缩干瘪，部分种子表皮皱缩后网纹状，豆粒变小。根部被侵染，主根生长缓慢衰弱，呈黑褐色腐朽。

三、病原特征

该病原菌属卵菌纲（Comycetes）、霜霉目（Peronosporales）、腐霉科（Pythiaceae）、疫霉属（*Phytophthora*）大雄疫霉大豆专化型 *Phytophthora megasperma*（Drechs.）f.sp.*glycinea* Kuan & Erwin。

该病菌致病性分化明显，1997 年美国已报道了 45 个小种。国内李长松（2001）利用国际上的 13 个单基因抗病的大豆品系，对来自黑龙江的 18 个菌株进行分析，鉴定出 5 个小种，其中 12 个菌株为 1 号小种，占 66.7%。

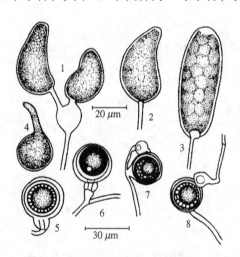

图 10-5 大豆疫霉病菌
1～3. 孢子囊；4. 孢子囊萌发；
5～8. 雄器、藏卵器和卵孢子
（仿余永年 1998）

病菌在 PDA 培养基上生长缓慢，气生菌丝致密，幼龄菌丝体无隔多核，分枝大多呈直角，在分枝基部稍有缢缩，菌丝老化时产生隔膜，并形成结节状或不规则的膨大。膨大部球形、椭圆形，大小不等。菌丝宽 3～9 μm。在利马豆培养基和自来水中可以形成大量孢子囊。孢囊梗单生，无限生长，多数不分枝。孢子囊顶生，初梨形，顶部稍厚，乳突不明显。新孢子囊在旧孢子囊内以层出方式产生，孢子囊不脱落，大小为（23～89）μm×（17～52）μm，平均为 58μm×38μm。游动孢子在孢子囊里形成，卵形，一端或两端钝尖，具两根鞭毛，尾鞭长为茸鞭的 4～5 倍（图 10-5）。用胡萝卜或利马豆固体培养基培养，一周后可产生大量卵孢子。该菌同宗配合。雄器侧生，偶有穿雄生。藏卵器壁薄，球形至扁球形，直径 29～46 μm。卵孢子球形，直径 19～38 μm，有内壁和外壁，壁厚 1～3 μm，成熟和休眠态卵孢子细胞质呈颗粒状，中心有折光体，边缘有一对透明体。在白芸豆琼脂培养基平板上，菌落边缘整齐，菌丝致密，气生菌丝白色，菌落前沿有环形半透明带（淀粉利用带），菌落上可大量产生卵孢子。

四、适生性

（一）寄主范围

大豆疫霉病菌寄生专化性较强，主要侵染大豆。此外，还可为害羽扇豆、菜豆、豌豆、双花扁豆、红花、欧芹、甜菜、菠菜、胡萝卜、马铃薯、番茄、甘蔗、紫苜蓿、低地三叶草等。

（二）生物学

菌丝生长最适温度 20～25℃，最高 32～35℃，最低 5℃。孢子囊直接萌发产生芽管的最适温度为 25℃，产生游动孢子或小型孢子囊的温度为 14℃，卵孢子的萌发适温为 23～27℃，且需光照。卵孢子的抗逆性强，可在土壤中存活多年。

（三）生态习性

土壤湿度是影响大豆疫病严重发生的关键因素。卵孢子在土壤相对含水量为 40%、70% 和 90% 的条件下，无论常温或低湿保存一年后，均有 80% 以上的存活率。在常温下的卵孢子，一般有 2～3 个月的休眠期；在 6℃ 下，卵孢子的休眠期可达 4 个月，有的甚至 1 年以上。土壤水膜及游离水，有利于游动孢子的形成和传播。淹水或暴雨后，排水不良的田块，游动孢子大量形成并释放，有利于病害大发生。土壤黏重、板结的田块，往往发病严重。病菌菌丝生长和侵染适温与大豆根系生长的适温 25～30℃ 相近。但冷凉潮湿条件，也有此病发生；土温高达 35℃ 时，植株很少出现症状。高肥的土壤条件，有利发病，若施用 2，4-D、氟乐灵或磷酸甘氨酸等除草剂，都可加重发病。菌根真菌可减少侵染，而高密度的其他土传病原真菌，如 *Fusarium*、*Pythium*、*Rhizoctonia* 等，均可加重病害。

五、检验检疫方法

（一）种子带菌检验

大豆种子表面带菌采用常规洗涤检验。带菌种子表皮上有大量卵孢子，肉眼可见灰白色霉层。检查种皮里的卵孢子，可将豆粒放在 10% KOH 水溶液中处理，取出后剥下种皮，制片镜检。判断大豆疫霉菌卵孢子死活，可用 0.05% MTT 染色，在显微镜下观察卵孢子颜色，被染上蓝色的为已打破休眠、可以萌发的卵孢子，玫瑰红色的表示处于休眠中的卵孢子，黑色的和未染上颜色的表示已死亡的卵孢子。须注意严格区分疫霉菌和霜霉菌的卵孢子。

（二）病残体检验

将大豆根、茎、叶、荚病部用乳酚油透明后，镜检卵孢子。

（三）土壤诱集检验

将风干的土壤，加蒸馏水湿润，使土壤接近或达到饱和状态，光照条件下培养 4～6 d，加适量蒸馏水浸泡，使土表距水面不超过 15 mm，加感病大豆品种的 5 mm 叶碟诱集 6～24 h，取出叶碟用蒸馏水培养，1～3 d 后检查叶碟边缘有无孢子囊。获得单游动孢子菌株后，以形态特征和致病性作为最终鉴定结果。

（四）血清学检验

将可疑病根或诱集后的叶碟磨碎（抗原）后进行 ELISA 检测。

（五）分子生物学检验

制作 DNA 探针或利用 mtDNA 的 RFLP 技术，可鉴别病原菌。

六、检疫处理

（1）种子处理。对发现带有病菌的种子或可疑种子，可用甲霜灵、杀毒矾等杀菌剂按种子量 0.4% 拌种进行种子处理。

（2）使用抗病品种和栽培控病。大豆不同品种对该病菌的抗病性差异很大。国外针对病菌不同小种、选育出许多抗病品种和耐病品种。国内抗病品种有九农 9 号、合丰23、东农 76-943、丰收 3 号等。避免在低洼、排水不良和土壤黏重的地块种植大豆。

（3）化学防治。甲霜灵处理土壤沟施可用每公顷 113.4 g 的药量，施成 18 cm 宽的药带，用药量为每公顷 454 g，还可用种子重量 0.4% 的杀毒矾闷种。

（4）生物防治。有的地方用拮抗真菌（*Micromonospora*）和放线菌（*Actinomyces missouriensis*）处理种子和土壤，具有较好的防效。

第八节　马铃薯癌肿病菌

一、历史、分布及危害

马铃薯癌肿病最初于 1888 年在匈牙利发现，后来在英国和德国相继出现。目前该病已在欧洲、南北美洲的其他许多国家蔓延开来，如芬兰、罗马尼亚、瑞典、比利时、挪威、葡萄牙、奥地利、法国、西班牙、德国、荷兰、卢森堡、瑞士、爱尔兰、冰岛、丹麦、捷克斯洛伐克、匈牙利、意大利、前南斯拉夫、罗马尼亚、保加利亚、希腊、突尼斯、前苏联、美国、加拿大；南美的墨西哥、厄瓜多尔、秘鲁、巴西、玻利维亚、智利、阿根廷、乌拉圭等；非洲的肯尼亚、坦桑尼亚、津巴布韦、南非；亚洲和澳洲的日本、缅甸、尼泊尔、印度；中东的巴勒斯坦、黎巴嫩、以色列；澳大利亚、新西兰也有发生。

20 世纪 80 年代以来，马铃薯癌肿病已在我国四川和云南两省发生。其中四川分布在凉山州、甘孜州、雅安地区和乐山地区共 17 个县；云南分布在昭通地区的 5 个县。

癌肿病对马铃薯的产量和品质影响极大，比如 1981 年四川凉山州发病面积 4.16 万公顷，因病损失原粮 180 万公斤。此病不仅在田间影响产量，而且冬季贮藏期间在窖内也极容易引起腐烂。此外，严重影响薯块的品质，多数病重的薯块完全不能食用，轻病薯块也难以煮烂。

二、所致病害症状

病菌为害马铃薯的地下部分，块茎、匍匐枝和茎上形成癌肿是马铃薯癌肿病最初的明显特征。癌肿症状一般不发生在根和叶上。

（一）地下部分的症状

受害的地下茎基部、块茎、匍匐茎等部位的寄主细胞增殖，长出肿大畸形的癌瘤。癌瘤初为淡白色，后逐渐变为粉红到黄褐色，最后变黑褐腐烂，腐烂的癌瘤流出褐色黏液，并有难闻的气味。

1. 地下茎基部的症状　　常形成较大的，甚至包围整个茎基部的癌瘤，酷似海绵和菜花头。癌瘤大小和形状各异，从豌豆般大小到常常超过块茎体的畸形癌瘤。

2. 薯块症状　　发育中的幼薯受到侵染，则整个幼薯畸形。在较大的薯块上主要是从芽眼处开始侵染。芽眼附近形成表皮成波浪状的癌瘤，发展成增生组织。癌瘤的大小、个数因品种的感病性、侵染的迟早、侵入点的多少、发展程度而异。

3. 匍匐茎症状　　在匍匐茎上如有癌瘤出现，很快就会出现绿色，同时外观酷似未成熟的菜花。在罹病的匍匐茎上没有块茎形成，但匍匐茎仍能继续生长。罹病的地方越多，匍匐茎上的癌瘤越多。往往在一根匍匐茎上生长一长串约4～5个癌瘤。

（二）地上部分的症状

高度感病的品种，其地上部分亦可表现出肿瘤症状。后期比健株保持绿色时间长。

主枝与分枝或分枝与分枝的腋芽处及茎尖等部位，可长出如菜花花蕾状或鸡冠状的小癌瘤，初为绿色，逐渐变为褐色，最后变黑腐烂。长了癌瘤的枝条纤细，节间短，早期易枯死。高度感病的品种，其株丛还能增生许多细枝，好似丛枝病。叶背、茎杆、花梗、花萼等器官背面可产生绿色、无叶柄、有主脉、但看不出支脉的丛生小叶。以叶背长出的丛生小叶更为普遍。尤其以主脉附近和叶缘发生最多。丛生小叶多密集呈小花冠状，叶片的颜色渐变黄进而变黑腐烂、脱落。

三、病原特征

病原菌为内生集壶菌［*Synchytrichum endobioticum*（Schilb.）Pers.］，属于壶菌目、集壶菌属。该菌不形成菌丝体，为专性寄生菌。它可以产生夏孢子囊和休眠孢子囊。

夏孢子囊产生于夏孢子堆中，每个夏孢子囊堆发育成4～9个卵形或近球形的夏孢子囊，壁薄、无色，其大小约为（40.3～77）μm×（31.4～64.6）μm，游动孢子和配子形态上无明显差异，梨形或卵形、单鞭毛、单核，其大小约为2～2.5 μm。但配子具有不同性别。

休眠孢子囊是由配子接合后的接合子侵入寄主后发育而成。休眠孢子球形或卵形，局部有规则脊突，金黄褐色，其大小为40～80 μm，壁厚，分为三层，内壁薄而无色，中层金黄褐色，外壁厚，色较暗。休眠孢子囊须经过相当长的休眠时间才能萌发。萌发时休眠孢子囊中释放出许多游动孢子。灌溉或雨水是夏孢子囊和休眠孢子囊及游动孢子释放、扩散、侵入寄主的重要条件。在湿度具备的前提下，温度在12～24℃内都会发生侵染。在田间降温平均温度21℃情况下，最适合侵染。休眠孢子囊抗逆力很强，在100℃的湿热下，经2.5 min或60℃的湿热下经2h才能被杀死。休眠孢子囊通过牲畜的消化道后仍能存活。

四、适生性

马铃薯癌肿病菌能侵染较多的茄科植物，除马铃薯外，番茄是特别容易罹病的植物。

在癌瘤组织里，夏季形成许多的单鞭毛游动孢子，散落到土壤中。在土壤湿度较高的条件下，游动孢子在新生薯块芽眼的凹陷处侵入寄主的表皮细胞。受侵染的细胞外围的相近细胞，受刺激而增生。菌体在侵入的细胞内增大，形成原孢堆。后期胞质和胞核进入一个新形成的薄囊泡。在薄囊泡内发育成为几个夏孢子囊。成熟时每个孢子囊含有大量的游动孢子。寄主表皮和孢子囊破裂后，游动孢子散发到土壤里，在夏季产生再侵染。游动孢子与配子形态相似，但功能不同。配子合并成双，表现双鞭毛的细胞即为接合子。其侵染寄主和游动孢子一样。在薯块生长末期，当癌瘤的块茎遗留土中，病组织腐烂，休眠孢子囊散落土中。这些休眠孢子囊，在萌发之前，需经过胞核的反复分裂，发育成 200～300 个单倍体的游动孢子。在萌发时，由休眠孢子囊内壁膨胀的压力，使厚的囊壁破裂而导致游动孢子散落土中，9～12 年后还有一些孢子存活。

此病的发生和流行与环境条件和品种的关系十分密切。环境条件中又以气候影响最大。一般情况下，此病只发生在夏季冷凉和潮湿的地区，特别是山区。

1. 气候与发病的关系　　在气候因素中，温湿度、降雨、日照是影响病害发生的主要因素。其中的关键性因素是马铃薯生长季节的雨日与雨量。冷凉夏季的平均温度为 18℃，一年中有 160 d 的日平均温度为 5℃ 或略低，年降雨量 700 mm 的环境条件下，最有利于此病的发生与发展。据四川 16 个发病县的调查统计：4～8 月份马铃薯田间生长发病期，常年降雨量 509～837.2 mm，占当地全年总雨量的 67.6%～72.2%，雨日 77～112 d，此 5 个月占总日数的 50.3%～73.2%，相对湿度为 64.6%～76.5%，气温为 13.5～22.2℃，地温为 17.8～25.9℃，日照时数 563.9～1055.7 h，正是这种气候凉爽、雨日多、雨量丰富、湿度大、日照少的条件下，构成了癌肿病发生和流行的有利条件。

2. 海拔高度与发病的关系　　根据四川省 16 个发病县的调查，马铃薯种植下限的海拔为 500 m，上限为 3 900 m；而马铃薯癌肿病的发生分布下限为 1 680 m，上限为 3 600 m。这种垂直分布很可能就是此病的自然地理分布的界限。在上述海拔 1 680～3 600 m 的分布范围内，又以海拔 2 510～3 000 m 的病田最多，占总病田的 53.9%；海拔 3 000 m 以上的病田占 29.3%；海拔 2 001～2 500 m 的病田占 16.7%；海拔 2 000 m 以下的仅占 0.07%。但在同一斜坡病田中，马铃薯癌肿病的病窝率和病薯率都是下坡段高于中坡段，中坡段高于上坡段。此种情况似与雨水将病菌自坡的上段冲流至下段有关。

3. 坡向与发病的关系　　在同一海拔高度内，在其他条件相同或相似的情况下阴坡比阳坡发病重。这主要是阴坡比阳坡地日照少，温度低、湿度大，因而更有利于癌肿病的发生。

4. 品种与发病的关系　　对云南、四川病区现有生产上的品种进行调查，证明高二半山区和高寒山区所种植的晚熟、高产、抗晚疫病的"巴巴"、"自来"和其他老品种，如"巫峡"、"红河坝"等，都为高度感病品种，病株率常达 100%。不发病的品种有米拉；发病轻的有"红色" 1 号和 2 号。此外还有"金红"、"119—3"、"卡久"、"黑皮河坝"4个品种亦相当抗病。

5. 耕作制度和栽培措施与发病的关系　病地连作发病重，轮作可减轻发病。

6. 土壤酸碱度　与发病的关系有利于发病的土壤酸碱度是 pH3.9～8.5，最适的是中性至微酸。

从病区调运、换种和牦牛等牲畜的贩运，都是造成病菌远程传播的主要途径。

五、检验检疫方法

诊断要点是块茎、匍匐茎等部位表皮细胞膨大形成肿瘤。癌瘤从最初的淡白色变为粉红到黄褐色，最后变黑褐腐烂，腐烂的癌瘤流出褐色黏液，具有难闻的气味。

六、检疫处理

遵照我国对外检疫的有关规定，严格审批和检验检疫手续，严禁从国外马铃薯癌肿病疫区引种，防止国外生理小种的传入。在国内要划出癌肿病"疫区"，无病区切勿到疫区去引种、调运或购买马铃薯等。

对于病区，可采取以下防治措施：

（1）与玉米、甘薯、油菜和芥子等作物轮作，彻底铲除隔年生马铃薯，提高轮作效果。选育和推广抗病丰产品种，逐步淘汰感病品种。欧美等许多国家都是通过种植抗病和免疫品种使此病得到控制的。

（2）种植无病种薯。病区建立无病留种田，供应大田生产用种。

（3）改进栽培措施。采用双行垄栽培，降低田间湿度。增施肥料，提高植株的生长势和抗病力；彻底清除田间病薯，病残体集中烧毁；严禁用病薯或病残体作肥料。

（4）生物防治及药剂防治。在染菌的土壤内使用对癌肿病有拮抗作用的放线菌，能明显减少侵染。三唑酮防止此病效果显著，每亩用15%三唑酮可湿性粉剂400～500 g。

第九节　小麦矮腥黑穗病菌

一、历史、分布及危害

小麦矮腥黑穗病最早发现于捷克（1847）和美国（1860）。目前已记载的发生国家有巴基斯坦、阿富汗、伊朗、伊拉克、土耳其、新西兰、乌克兰、奥地利、捷克斯洛伐克、德国（巴伐利亚、巴登、符腾堡）、罗马尼亚、瑞典、瑞士、阿尔巴尼亚、保加利亚、希腊、匈牙利、波兰、前苏联（俄罗斯、乌克兰、白俄罗斯、哈萨克）、意大利、卢森堡、西班牙、前南斯拉夫、法国、利比亚、摩洛哥、加拿大（不列颠哥伦比亚、安大略）、美国（华盛顿、爱达荷、犹他、俄勒冈、蒙大拿、科罗拉多、纽约、怀俄明、密歇根、印第安纳）、阿根廷、乌拉圭。以大麦属为寄主，已记载的国家或地区有日本、叙利亚、土耳其、伊朗、伊拉克、西班牙、保加利亚、前南斯拉夫、俄罗斯、阿尔及利亚、澳大利亚。其中为害栽培大麦，造成危害的有两例即美国和联邦德国。受害寄主为黑麦，已记载的有奥地利、捷克斯洛伐克、法国、德国、罗马尼亚、瑞士、土耳其、美国（爱达荷、蒙大拿、纽约、俄勒冈、犹他）。

小麦矮腥黑穗病发病后，病株矮化，籽粒为菌瘿所代替，常造成严重减产。麦粒变成黑粉，失去食用价值。通常病穗率即为减产率。病田发病株率一般为 10% ~ 30%，严重发生时可达 70% ~ 90%。

二、所致病害症状

小麦感染矮腥黑穗病后，植株产生较多分蘖，一般比健株多一倍以上，最多至 30 ~ 40 个。有些小麦品种幼苗叶片上出现褪绿斑点或条纹。拔节后，病株茎秆伸长受抑制，明显矮化，高度仅为健株的 1/4 ~ 2/3，个别病株高度只有 10 ~ 25 cm，但一些半矮秆品种病株高度降低较少。病株穗子较长，较宽大，小花增多，达 5 ~ 7 个。有的品种芒短而弯，向外开张，因而病穗外观比健穗肥大。病穗有鱼腥臭味。各小花都成为菌瘿。菌瘿黑褐色，较网腥的菌瘿略小，更接近球形，坚硬、不易压碎，破碎后呈块状，内部充满黑粉，即病原菌的冬孢子。在小麦生长后期，病粒遇潮、遇水可被胀破，孢子外溢，干燥后成为不规则的硬块。小麦矮腥黑穗病的典型症状与小麦其他腥黑穗病有明显区别如表 10-1。

表 10-1　小麦几种腥黑穗病症状比较

病害种类	普通矮黑穗病	矮腥黑穗病	印度腥黑穗病
植株高度	正常或变化不大	严重矮化，仅为健株的 1/4 ~ 2/3	正常或变化不大
穗部	正常	肥大	穗子变短，小穗减少
籽粒	整个籽粒变成菌瘿，菌瘿较长，内充满黑粉，易破	整个籽粒变成菌瘿，菌瘿较圆，内充满黑粉，易破	仅部分籽粒变成菌瘿，多从种脐开始延至腹沟，剩下完整的胚被整个或部分破裂的种皮所包被，内充满黑粉，不易破
鱼腥味	有	有	无

三、病原特征

小麦矮腥黑穗病菌（*Tilletia controtversa* Kühn，简称 TCK）属于冬孢菌纲、黑粉菌目、腥黑粉菌科、腥黑粉菌属。

冬孢子堆多生于子房内，形成黑粉状的冬孢子团，即黑粉病瘿，每个病瘿视大小不同可含有冬孢子 10 万至 100 万个。冬孢子球形或近球形，黄褐色至暗棕褐色，平均直径 20.90 ± 0.72 μm，大多为 19 ~ 23 μm，但偶有 17 μm 或 30 μm（包括胶质鞘）。外孢壁具多角形网眼状饰纹，网眼直径通常 3 ~ 5 μm，偶尔呈脑纹状或不规则形，网脊平均高度为 1.425 ± 0.144 μm，包壁外围有透明胶质鞘包被，不育细胞球形或近球形，无色透明或微绿色，有时有胶鞘，其直径通常小于冬孢子，9 ~ 16 μm，偶尔可达 22 μm，表面光滑，孢壁无饰纹。

四、适生性

小麦矮腥黑穗病菌以小麦属作物为主要寄主。除主要为害小麦外，大麦属中的普通大麦（*Hordeum zyzdgare*）及黑麦也可受害。另外，一些禾本科杂草也是该病菌的寄主。迄今已知禾本科有 18 个属的植物可受到小麦矮腥黑穗病菌的侵染。

小麦矮腥黑穗病菌冬孢子萌发需持续低温，一般在 3～8℃ 之间均可，而以 4～6℃ 为最适温度，最低为 0℃，最高为 10℃。当温度为 4～6℃ 时，在光照条件下，冬孢子通常经 3～5 周后萌发，个别菌株在第 16 d 就开始萌发，少数菌株经 7～10 周后才开始萌发。高于或低于适温范围，孢子萌发时期相应延长，在 0℃ 左右，冬孢子经 8 周后开始萌发，并生成正常的先菌丝及孢子和次生孢子。当 10℃ 时，孢子在 8 周后开始萌发，多生成细长、畸形的先菌丝，很少形成小孢子，并常有自溶现象。美国学者认为小麦矮腥黑穗病发生和流行必须要有 30 d 或 60 d 以上的稳定积雪；而我国科学家研究表明积雪不是必要条件，只要秋冬季日均温 0～10℃ 的持续期不少于 45 d，土壤湿度适宜（60%～80%），即使无积雪覆盖，亦可发病。

病原冬孢子有极强的抗逆性，在室温条件下，其寿命至少为 4 年，有的长达 7 年，病瘿中的冬孢子，在土壤中的寿命为 3～7 年，分散的冬孢子则至少一年以上，病菌随同饲料喂食家畜后，仍有相当的存活力。病原冬孢子耐热力极强，在干热条件下，需经 130℃ 30 min 才能灭活，而湿热则需 80℃，20 min 可致死。

小麦矮腥黑穗病是幼苗侵染型病害。在小麦芽鞘未出土以前，病菌侵染不必经过伤口。但当第一叶展开以后，则必须经过伤口才能侵入。因此，在地下害虫为害较重的麦田内，矮腥黑穗病往往发生较重。凡后期侵入的菌丝，只能到达以后新生的蘖芽和生长点中，所以只在后生的分蘖上产生黑穗。

小麦幼苗出土以前的土壤环境条件与病害的发生发展关系极为密切。在各种土壤因素中，以土壤温度对发病的影响最为重要。小麦矮腥黑穗病菌侵入幼苗的适温较麦苗发育适温低，其最适温度为 9～12℃，最低 5℃，最高 20℃（冬小麦幼苗发育适温为 12～16℃，春小麦为 16～20℃）。土温较低一方面有利于病菌侵染，另一方面由于麦苗出土较慢，增加了病菌侵染的机会。因此，冬小麦迟播或春小麦早播，对病菌侵染有利，发病往往较重。土壤湿度对病害的发生也有重要影响。病菌孢子萌发需要水分，也需要氧气。一般湿润的土壤（含水量 40% 以下）对孢子萌发较为有利。地势的高低、播种前后的雨量、灌溉及土壤性质等都与土壤湿度有关。小麦播种时的土壤温度为 9～12℃、湿度为 20%～22% 时，病菌的侵染力最高。此外，播种时覆土过深，麦苗出土不易，增加了病菌侵染的机会。

五、检验检疫方法

（一）症状检查

将平均样品倒入灭菌白瓷盘内，仔细检查有无菌瘿或碎块，挑取可疑病组织在显微镜下检查鉴定。同时对现场检查时携回室内的筛上挑出物及筛下物进行检查，将发现的可疑病组织及其他可疑的感染黑穗病的禾本科作物及杂草种子镜检鉴定。

（二）洗涤检查

将称取的 50 g 平均样品倒入灭菌三角瓶内，加灭菌水 100 ml，再加表面活性剂（吐温 20 或其他）1～2 滴，加塞后在康氏振荡器上震荡 5 min，立即将悬浮液注入 10～15 ml 的灭菌离心管内，以每 1 000 r/min 离心 3 min，完全倾去上清液，重复离心，将所有洗涤悬液离心完毕，在沉淀物中加入席尔氏溶液，视沉淀物多少定容至 1 ml 或 2 ml。每份样品至少检查 5 个玻片，每片全部检查。

鉴定矮腥或网腥冬孢子时，每个样品必须测量 25~30 个孢子，即测量冬孢子网脊的高度，胶质鞘的厚度。凡是 70% 以上的孢子网脊高度集中在 1.5~2.5 μm，胶质鞘厚度集中在 2.0~3.0 μm，应确定为矮腥，低于这个数值的应确定为网腥。检查矮腥黑穗病菌、普通腥黑穗病菌冬孢子特征见表 10-2。

表 10-2   四种小麦腥黑穗病菌的形态特征比较

	光腥	网腥	矮腥	印腥
菌瘿	麦粒状	麦粒或近圆形	圆形坚实	麦粒部分受害，孢子堆在胚部或腹沟
网纹	无	有	有	有
网目大小/μm	无	2~4	3.5~6	2~4
网脊高度/μm	无	0.5~1.5	1.5~3	—
胶质鞘厚度/μm	无	1.5 以下	2~4	—
冬孢子大小/μm	平均18.4~15.6	20.3	23.1	36

六、检疫处理

1. 疫麦处理   发现病麦及其产品，要严格处理。包括对疫麦进行灭菌处理，不准进境小麦作种子用，加强对进境小麦流向、对面粉加工厂、对麦麸和下脚料以及麦麸加工的饲料的检疫监管；田间发现病株，要严格封锁，并在专人监督情况下，对全田小麦予以销毁处理。

2. 药剂处理   小麦矮腥黑穗病以种子传染为主，种子处理是控制病害的主要措施。用作种子处理的药剂种类较多，各地可根据当地小麦病害发生种类、药源、成本等因素选用适宜的药剂进行处理。可用种子重量 0.02% 的戊唑醇、0.03% 的三唑酮、0.02% 的三唑醇、0.2% 的 50% 禾穗胺、0.2%~0.3% 的 20% 萎锈灵乳剂等药剂拌种。据资料报道，敌畏丹种衣剂包衣处理对小麦矮腥黑穗病具有很好的防治效果。

第十节   小麦印度腥黑穗病菌

一、历史、分布和危害

小麦印度腥黑穗病 1909 年首先报道于巴基斯坦的 Faizalabad 地区，1930 年该病在印度北部卡纳尔地区首次被正式记载，后在印度北部和中部广泛发生，如德里、北方邦、哈里亚纳邦、旁遮普邦、喜马偕尔邦、拉贾斯坦邦、中央邦、查谟和克什米尔、西孟加拉邦和古吉拉特邦等。

该病 1953~1954 年在印度流行，到 1970 年每隔 2~3 年该病就在旁遮普邦、哈里亚纳邦和北方邦地区爆发一次。发病率 0.1%~10%，每年损失大约 0.2%。当受害严重时，小麦产量、种子的质量和种子萌发都受到很大影响。当受害率超过 3% 时，就不宜作为粮食食用。

除印度外，小麦印度腥黑穗病还发生于巴基斯坦、阿富汗、伊拉克、尼泊尔、南非、墨西哥、巴西和美国（主要在亚利桑那、加利福尼亚、新墨西哥、得克萨斯等州）。1972 年该病在墨西哥发生。但该病现主要被控制在索诺拉州（与美国亚利桑那州邻近）区域内（50 万公顷）。在墨西哥小麦印度腥黑穗病菌发生很有规律，直接造成的损失不大，不超过 1%。但由于针对谷物的出口必须采取的检疫措施，对墨西哥造成很大的间接经济损失，由于墨西哥存在该病菌，通过国际玉米、小麦改良中心（CIMMYT）而进行的粮油种质的交换，就使人们必须引起相当的警惕。

另外，黎巴嫩、瑞典、叙利亚、土耳其和沙特被认为是可疑地区。这些国家在小麦贸易检疫或引种时有被截获小麦印度腥黑穗病菌的记录，但没有经官方的证实。

1986 年，中国首次将小麦印度腥黑穗病列为检疫性有害生物。1992 年，确定为一类检疫危险性有害生物。

二、所致病害症状

病害症状一般始见于糊熟期。受到病菌侵染后，小麦穗子变短，小穗减少。一般来说，小麦印度腥黑穗病菌病菌只侵染单个穗上的少数几个籽粒，不导致麦粒肿大。孢子堆长椭圆形或卵圆形，直径 1～3 mm，含大量锈色、褐色至黑色孢子。一般不散发出鱼腥臭的气味，可与小麦网腥、光腥和矮腥所区别。病粒仅部分受害，侵害从种脐开始延至腹沟，剩下完整的胚被整个或部分破裂的种皮所包被。轻微的侵染在胚下的种脐上呈一个黑点。进一步侵染，则沿着种脐相连的胚乳被孢子所代替。麦颖张开露出病粒，病粒可落入土中。

三、病原特征

小麦印度腥黑穗病菌（*Tilletia indica* Mitra，简称 TIM），为黑粉菌目、腥黑粉菌属。
病菌冬孢子球形、近球形或椭圆形，直径 25～47 μm（平均为 34.6 μm）；暗褐色或深红褐色，孢壁外表也大多具有胶质鞘，少数孢子外表偶尔带有产孢菌丝的残体。在光学显微镜下的冬孢子侧面观为致密的刺、由基部向顶端逐渐变尖、较长；正面观为疣状突起，少数冬孢子有似脑纹状结构。在扫描电镜下，疣状突起排列紧密，由基部向顶端逐渐变尖。在孢子堆里不孕孢与冬孢子混生；不孕孢球形、近球形，呈泪滴状，黄褐色，宽 10～28 μm，长 48 μm，呈椭圆形，常带有发育完好的孢柄；不孕胞壁分层，可达 7 μm 厚。初生孢子（64～79）$\mu m \times$（1.6～1.8）μm，次生孢子（11.9～13）$\mu m \times$ 2 μm（图 10-6）。

四、适生性

（一）寄主范围

自然寄主为小麦和小黑麦。人工接种可侵染山羊草属（*Aegilops*）、雀麦草属（*Bromus*）和黑麦草属（*Lolium*）。

（二）生物学特性

小麦印度腥黑穗病菌可存活于土壤中，在某些地区 2 年内不造成小麦减产，但病害

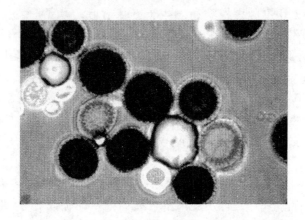

图10-6　小麦印度腥黑穗病菌冬孢子

也不会消失。病菌一般存活在种子上并靠其传播。冬孢子在土壤中萌发，产生先菌丝，顶生许多镰刀形初生孢子。初生孢子又分化出次生孢子。Dhaliwal 等（1989）发现有两个类型的次生孢子，一种为腊肠状，另一种为丝状孢子，其中只有腊肠状孢子能侵染和导致发病。环境条件对病菌的侵染至关重要，在麦穗的扬花期温度 8～20℃，小雨和阴天引起高湿最适合病菌的侵染。而干燥、高温（20～25℃）及阳光充足不利于病菌的侵染。种子或土壤中带的冬孢子不断萌发，对小麦印度腥黑穗病菌病流行来说只是一个前提条件。在抽穗期孢子不断的产生提供了大量的菌源。同时孢子在叶片、土壤表面以及抗性小麦颖壳、叶片上也可萌发，这为空气传播提供了大量的菌源。

（三）传播和扩散方式

由于冬孢子萌发后产生的孢子可以通过风传播，因此病菌可自然传播。冬孢子经过动物的消化道而不影响其活性，因此病菌也可通过农家肥传播。而国际间扩散的主要方式是通过受害的小麦种子。

五、检验检疫方法

（一）洗涤检验

方法同 TCK，但应注意小麦印度腥黑穗病菌冬孢子与 *Epicoccum* spp. 的分生孢子、稻粒黑粉菌（*T. barclayana*）冬孢子及其近缘种区别。

（二）氢氧化钠鉴定法

用 0.2% 氢氧化钠 20℃ 浸种 24 h，病粒胚部呈黑色，而健康部位呈灰黄色，区别明显。

（三）直接镜检法

将 50 g 麦种加 100 ml 水，加 1 滴土温 20，震荡洗涤 30 min，洗涤液通过上铺滤纸的布氏漏斗，用小的抽气泵抽滤，1%～3% 的 KOH 湿润滤纸，在 25～50 倍解剖镜下直接镜检。

（四）"过滤抽提——离心富集"技术（Castro 1994）

该技术可将小麦中的小麦印度腥黑穗病菌孢子回收 65%～70%。而"分级过筛—α-淀粉酶酶解—蔗糖密度梯度离心"的方法可能对进口粮中的少量小麦印度腥黑穗病菌孢子的富集和检测有很好的作用。

（五）PCR 技术

由于贸易性小麦中一般不易以找到菌瘿，洗涤液中富集到的少量印度腥黑穗病菌孢子，利用分子生物学的技术如 PCR 技术，将会有利于快速鉴定。

六、检疫处理

（1）禁止疫区种子调入。EPPO 现规定，来自非 EPPO 国家的种子应不携带小麦印度腥黑穗病菌。

（2）种子处理。在非小麦印度腥黑穗病地制种；制种地喷布三环唑；用次氯酸液浸种处理；用萎锈灵、克菌丹和百菌清处理种子。

美国提出的检疫措施是：经检验发现印度腥黑穗病菌的小麦不能调出检疫区，可选择：①运到检疫区指定的面粉加工厂加工（面粉可自由调运，麦麸必须经湿热处理）；②经热处理后做动物饲料；③直接销毁。

第十一节　苜蓿黄萎病菌

一、历史、分布及危害

苜蓿黄萎病又称苜蓿轮枝孢萎蔫病，1918 年最早发现于瑞典，第二次世界大战前后传入西欧大陆和英国，然后向东欧和南欧扩张。1938 年德国开始报道，1962 年传入加拿大，但是未能定殖。1976 年在美国华盛顿洲突然发生，哥伦比亚河流域发现大批病株，翌年在毗邻的加拿大不列颠哥伦比亚省也发现该病。1980 年传入日本北海道。该病目前分布在日本、新西兰、全欧、美国、加拿大、墨西哥等地。我国分布于新疆等地。

二、所致病害症状

苜蓿受害后表现为黄化、矮缩、萎蔫等症状。发病初期叶尖和叶缘开始变黄色或黄紫色，主要的鉴定特点是：①由叶尖向下形成"V"字型褪绿斑，植株上部叶片常沿中脉对折。②叶片变为浅黄色，最后呈黄白色至全株干枯。病株叶腋部产生的分枝细而短。病株的高度常为健株的 2/3 或 1/2。剖开病茎可见维管束呈黄色至深褐色。③田间湿度大时有时可见枯死的病茎表面有一层灰白色的霉层（即为病菌的分生孢子梗和分生孢子）。

三、病原特征

病菌为黑白轮枝菌（*Verticillium alba-atrum* Reinke et Berth.），属于轮枝菌属。

另据有关资料报道，大丽花轮枝菌（*Verticillium dahliae* Kleb.）也可以产生相似的病害症状。在 PDA（马铃薯葡萄糖琼脂培养基）和 MA（麦芽浸汁琼脂培养基）平板培养基上，黄萎轮枝孢菌落白色至浅灰色，绒毛状，后因形成黑色休眠菌丝菌落中部变为黑褐色。分生孢子梗直立，有隔，无色至淡色，而在植物基质上产生的分生孢子梗基部膨大呈暗色。梗上每节轮生 2~4 个小梗，可有 1~3 轮。小梗（20~30）μm×（1.4~3.2）μm，其端部的产孢瓶体连续产生分生孢子，聚集成无色或淡色易散的头状孢子球。有时小梗可以二次分枝。分生孢子椭圆形、圆筒形，无色，单孢，个别有一隔膜，（3.5~10.5）μm×（2~4）μm。形成的黑色菌丝直径 3~7 μm，分隔规则，隔膜间膨大，呈念珠状，有时集结成菌丝结或瘤状菌丝体，不产生厚垣孢子和微菌核。

黄萎轮枝孢病菌在琼脂培养基平板上的生长适温是 22.5℃，在 30℃ 时不能生长，然而苜蓿分离菌系的生长适温较高，在 20~25℃ 范围内生长良好，在 15℃ 和 27℃ 生长较差，5℃ 和 33℃ 条件下停止生长。20~27℃ 温度下，在 PLYA（梅干煎汁酵母琼脂培养基）平板上培养 20 d 后产生暗色菌丝体。

四、适生性

黄萎轮枝孢病菌寄主十分广泛，已知寄主达 600 多种植物。但是侵染苜蓿的菌系寄主范围相对狭窄，具有较强的寄主专化性。现已发现黄萎轮枝孢苜蓿分离菌系能侵染苜蓿、蚕豆、马铃薯、草莓、冠状岩黄芪（*Hedysarum coronarium*）和红花菜豆等。另外羽扇豆、豌豆、驴喜豆、大豆、红三叶草、白三叶草、草木樨、罗马甜豆（*Cucumis melo* var. *cantalupensis*）、茄子、忽布、西瓜等带菌但是不表现症状。人工接种大豆、花生、杂三叶草和茄子等植物都能够表现严重症状。

苜蓿黄萎病菌传播途径较多，种子带菌和在苜蓿病株、病残体或其他寄主上越冬的病原菌，成为翌年的初侵染源。除了种子表面带菌外，美国和加拿大都证实种子内部带菌。变色的小种子内部带菌率高达 25%，大小正常的种子带菌率很低，带菌部位是种皮外珠被的骨状石细胞。病原菌从根部侵入并迅速进入寄主维管束组织，在导管中产生孢子和菌丝体，传输扩展到整个茎部，造成系统侵染。秋季收割后的残株上和病株上已坏死的茎、叶上都能产生分生孢子，经风雨、流水和昆虫传播后进行再侵染。病原菌可由维管束导管进入荚和种皮，从而造成种子内部带菌。另外，苜蓿切叶蜂等授粉昆虫，可将病原菌分生孢子传给花器，病原菌定殖在柱头和花柱顶部，潜伏下来。当荚变黄时，才由残留花柱组织侵染荚和种皮，也可以造成种子内部带菌。种子间夹杂的病株茎秆、花梗和荚的碎片均带有病菌的休眠菌丝，病菌经过干燥处理后仍能存活，有可能进行中远距离传播。

苜蓿黄萎病是典型的土传病害，农业机械工具和人畜携带病田土壤和病残体是最有效的田块间传播途径。病菌通过羊的消化道后仍能存活，所以食用病残体的牲畜粪便也可传播。田间借气流传播孢子，翻地、浇水等农事操作也是传播途径之一。此外，切叶蜂、蝗虫、蚜虫等昆虫也可进行传播，Huang 等（1981）首先发现昆虫可以传播分生孢子，豌豆蚜（*Acyrthosiphon pisun*）、苜蓿象甲（*Hypera postica*）、切叶蜂（*Megachile rotundata*）等多种昆虫可以传播。带病菌的种子通过调种可进行远距离传播。

五、检验检疫方法

对于原产地不详和原产地发病情况不明的或者有可能带菌的种子应该进行种子带菌检验，常用的检验方面如下。

（一）琼脂培养基检验法

适用于检验内部带菌种子。检验种子经表面消毒后，用无菌水充分洗涤，置于PLYA培养基或Christen选择培养基平板上，22℃培养14 d左右，根据菌落特点和分离菌形态，检验带菌种子。观察培养皿底部，带菌种子周围的菌落有暗色休眠菌丝体形成的辐射状结构。必要时挑取病原菌镜检鉴定。

（二）2,4-D吸水纸培养检验法

用0.2% 2,4-D钠盐溶液浸渍吸水纸，然后将吸水纸铺在9 cm直径的培养皿底部。苜蓿种子可不经表面消毒，每皿等距放入25粒种子，然后将培养皿移入20~25℃条件下培养。每昼夜用黑光灯（或日光灯）照明12 h，10 d后取出培养皿，用体视显微镜（25~50×）逐粒检查种子上的轮枝状分生孢子梗和分生孢子着生状况。该方法适用于快速检验大量种子。若必须检查种子外表带菌，则可先用灭菌水洗涤种子，取定量洗涤液在Czapek培养基平板上展布培养，然后选取类似轮枝孢菌落，挑取孢子接种PLYA培养基或Christen选择性培养基，做进一步检查。

六、检疫处理

（1）种子处理。对带菌或可疑种子可选用50%多菌灵可湿性粉剂500倍液浸种2 h，或用种子重量2‰的50%福美双可湿性粉剂拌种。

（2）由无病地区或无病田块选留种子，田间发现中心病株应及时拔除，并进行销毁，减少传播蔓延。及时清除田间病残体，减少初侵染源。

（3）在发病初期，可选用50%多菌灵可湿性粉剂500倍液，或50%甲基托布津可湿性粉剂500倍液灌根。

第十二节　马铃薯黑粉病菌

一、历史、分布及危害

1928年在秘鲁的山地马铃薯田间早已发现此黑粉病，但未对此病的病原菌进行研究。1939年在委内瑞拉的安第斯山海拔3 000 m的马铃薯地里发现该病，1943年由Barrus和Muller首先报道，次年Barrus认为此病是马铃薯上的一种新的黑粉病，并将病原菌定名为 *Thecaphora solani* Barrus，认为在 *Thecaphora* 属的28个黑粉菌种中，马铃薯黑粉菌是最严重危害寄主植物的病菌之一。

目前该病主要分布在南美的墨西哥、巴拿马、哥伦比亚、委内瑞拉、厄瓜多尔、智利、秘鲁和玻利维亚等国家。是这些国家毁灭性的病害，可以造成约85%的产量损失。智利于1974年首次报道该病。许多资料记载委内瑞拉的马铃薯黑粉病是由秘鲁传来的。

秘鲁马铃薯黑粉病最先发生在山地，后来传播至平原、谷地。1954年，在利马沿海地区里马克谷地灌溉田种植的马铃薯"Puruanita"，由于黑粉病的危害减产超过50％，1959年减产80％。现在该病广泛分布在利马北部以及从卡涅特至吧蒂维尔卡的沿海马铃薯种植区。由于病害扩展迅速，造成严重经济损失，而不得不停种"Puruanita"。

二、所致病害症状

马铃薯黑粉病菌的侵染通常发生在幼苗生长期，病菌危害马铃薯的地下茎和匍匐茎，尤其是在茎基部和根的结合处，最后侵染块茎。植株的早期症状是在种薯新芽部位集中了大量病菌，种薯随即变成一个坚硬的组织小块。病菌侵染可以发生在地下茎的任何部分，当病菌侵入寄主后，刺激细胞组织引起过度生长、膨大形成肿瘤，病组织畸形，质地坚硬，肿瘤体积不断增大，病菌最后侵染至块茎，感染植株的块茎可以部分或全部受害，有时当植株的部分或偶尔一个块茎受害时，同一株的其余块茎还能正常生长。块茎病组织里出现大量浅褐色至黑褐色斑点是该病鉴定的主要特征之一，此斑点病菌孢子腔。孢子腔椭圆形，橄榄形或不规则形，直径约1～2 mm，孢子腔内充满着大量锈色至黑褐色的孢子球。当病害发展时，孢子球数量不断增加。孢子腔由于寄主硬皮细胞的消失而增大，这种硬皮细胞在老病痕中不能消亡，后期感病块茎便成为褐色的干粉团。

三、病原特征

病原菌为 *Thecaphora solani*（*Thirumalachar* et O.Brien）Mordue，属冬孢菌纲、黑粉菌目、黑粉菌科、楔孢黑粉菌属，冬孢子淡

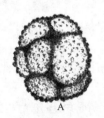 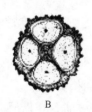

黄色至亮红褐色，近圆形至有棱角或呈不规则的近圆形，直径8～22 μm（平均16.7），几个孢子结合组成孢子球，孢子间接触面平而光滑，壁薄0.5～1 μm，外围孢子的外侧壁粗糙，有瘤状物，壁厚2～2.5 μm（包括疣突），疣状突起分界面光滑，疣突尖锐。

图10-7 马铃薯黑粉病菌
A.孢子球；B.孢子球切面，显示外壁形态特征
（引自 Barrus M. F., 1994）

病菌孢子腔内含有许多孢子球，孢子球近球形至卵形或不规则形，呈肉桂色至锈褐色或黑色。孢子球的颜色因成熟度的不同而改变，未成熟的孢子球颜色较淡，呈浅褐色，成熟后颜色变暗。孢子球由2～8个孢子组成，通常3～6个，偶尔更多。孢子间的结合成中等硬度。孢子球表面有一层薄膜，孢子可以拨离开。孢子球体积（15～50）μm×（12～40）μm（平均30.8×24.5），孢子球体积越大，所含孢子数越多（图10-7）。

四、适生性

该病菌可侵染马铃薯的一些种，包括马铃薯（*Solanum tuberosum*），安第斯马铃薯（*S. andigenum*）和 *S. stoloniferum*。此外，在秘鲁的几种茄属的无性繁殖系里也有发现，这些茄属植物包括 *Solanum ajanhuiri*、*S. phureja*、*S. stenotomum*、*S. curtilobum*、*S. chaucha*、*S. goniocalyx*。另外，该病菌还可侵染番茄 *Lycopersicon esculentum*。

马铃薯黑粉病最初发生在海拔 2 500~3 000 m 的山地，后又传播到沿海地区的平原谷地，可见此病具有广泛的生态适应性。田间观察发现，连作加重发病，过度的灌溉、较高的土壤湿度及盐碱土都有利于此病的发生。感染黑粉病的植株，常常同时发生南方根结线虫病（*Meloidogyne incognita*）。马铃薯的不同品种对黑粉菌的抗病性存在明显差异。有试验还表明，马铃薯在不同的地理区域其抗病性可以发生变化，如 Mariva 在卡涅特地区表现抗病，而在其他地区则抗病性丧失，这表明马铃薯黑粉菌可能存在不同的生理小种。在委内瑞拉，此病仅发生在当地马铃薯品种 Morda 和 Rosada 上。

马铃薯黑粉病菌能在土壤和病薯块内存活越冬，因而种薯和病土可作为初侵染来源而传播危害。同时，可以由被侵染的种薯和附着在种薯表面的病土进行远距离传播。此种土传病害，一旦传入是无法根治的。由于此黑粉菌的孢子萌发技术尚未解决，所以对此菌的生理生化特性、侵染条件、发病规律以及有效防治措施等问题目前还不清楚。

五、检验检疫方法

感病薯块外观畸形，并且具有瘤状突起和肿块，质地坚硬，以此特征可以进行直观检查。对于可疑病薯，可将块茎组织剖开作断面检查，仔细观察病薯组织有无黑褐色病斑（孢子腔）。再将斑点中的病菌挑取，制成玻片，在普通显微镜下观察是否有黑粉菌孢子。此外，外观正常的薯块也不一定安全，应用常规的洗涤检验，以检查薯块表面和芽眼里的土壤是否带菌。

六、检疫处理

目前此病害还局限在美洲中部和南部几个国家，现在美国和保加利亚已采取检疫措施。目前我国还没有马铃薯黑粉病的发生报道，应严格限制从疫区引种。发现病薯，要及时进行销毁处理。

第十三节　棉花根腐病菌

一、历史、分布及危害

棉花根腐病又称得克萨斯根腐病，因 Pammel 于 1888 年在美国得克萨斯州棉花上首先发现而得名。目前仅分布于北美洲的美国（得克萨斯、路易斯安那、新墨西哥、俄克拉荷马、阿肯色、亚利桑那、犹他、内华达、加利福尼亚州），南美洲的墨西哥、巴西和委内瑞拉。另外在前苏联（乌兹别克）、印度、巴基斯坦、索马里和多米尼加共和国等地有可疑的或未确认的报道。

棉花根腐病是棉花的毁灭性病害，可造成棉花成熟前死亡，或部分死铃，严重影响棉花产量和品质。据美国 1953~1977 年统计，25 年内棉花平均损失率为棉花总产的 0.97%，其中最重的 1961 年损失率达 2.12%。1920 年因该病危害造成棉花减产更是达到 15%。得克萨斯州发病最重，1959 年该州部分地区发病率高达 74%。

二、所致病害症状

所致病害主要症状特点是病株突然萎蔫、死亡。病害在田间常成片发生。病菌主要侵染棉花根系，造成根部腐烂。发病初期，地上部没有明显症状，随着根部病情加重，病株叶片轻微变黄，随后变深黄，进一步变褐，1~2 d后，顶部叶片先萎蔫，随后下部叶片干枯，下垂，但病叶不脱落。在土壤湿度较低时，叶片缓慢凋萎，失绿，老叶脱落，但成熟棉铃、新叶不脱落，棉株也不枯死。病株根部变褐腐烂，死根表层易剥离。病根表面覆盖一层稀疏的菌丝，有时形成网状的黄褐色菌索。在较干燥条件下，在根部或地下茎上可形成黄褐色到黑色的瘤状菌核。严重时，茎部皮层可受害，剥去表皮内部组织呈红葡萄酒色，区别于一般的根腐病。

三、病原特征

病原学名为 *Phymatotrichopsis omnivora*（Duggar）Hennebert，属丝孢纲、丝孢目、淡色菌科、瘤梗单胞霉属真菌。

分生孢子梗多分枝，末端略膨大。分生孢子单胞，无色，球形或卵形，前者直径4.8~5.5 μm，后者大小为（6~8）μm×（5~6）μm。温暖潮湿时，土壤表面出现初为棉絮状，后呈橘黄色到淡褐色的菌丝（孢子）垫，直径可达10~20 cm，厚达0.6 cm，但这种孢子垫并不常见。在大的病根上产生褐色菌索和菌核。菌核棕色或黑色，圆形或不规则形，直径1~5 mm，单生或串生，萌发后长出菌丝，菌丝初为白色，后变污黄色，有大型细胞菌丝和小型细胞菌丝两种类型。菌索褐色，直径200 μm，由中央大型细胞菌丝被密集的小型细胞菌丝缠绕而成。菌索上面直角着生侧枝，由侧枝再成直角产生分枝，分枝硬而直，成针状，这是该菌的典型特征。该菌有性世代在自然条件下尚未发现。

四、适生性

棉花根腐病菌寄主范围十分广泛，据报道仅可危害的双子叶植物就达2 000多种。其中有较大经济价值的寄主包括31种大田作物、58种蔬菜、18种果树、35种树木、7种草本观赏植物和20种牧草，如棉花、苜蓿、向日葵、葡萄、苹果、柑橘、桃、美洲山核桃、欧洲梨、花生、大豆、蚕豆、苦杏、榆、甜菜、无花果、胡桃、柳、白杨、豆科植物等，其中以棉花和苜蓿受害最重。

棉花根腐病是一种恶性土传病害，病菌在土壤中可长期存活，菌核在土壤中至少可存活5年，有报道则可存活10年之久。菌核具有很强的侵染力。病菌在土壤中大多分布在50~90 cm深，最深的可达260 cm。冬季相对较高的温度有利于病菌存活。土壤中的菌核和多年生植物根上的越冬菌索，是次年初侵染的来源。菌核长出的菌丝沿着根系在行内植株间传播，也可由土壤和病株残体传播。病原菌可随土壤和多种寄主带菌的根、块根。球茎、苗木等远距离传播。

温暖潮湿的地区适于棉花根腐病的发生。土壤环境对病害发生影响很大，尤其是土壤pH值，病害只发生在偏碱性的土壤中，适宜的pH值为7.2~8.5。在酸性土壤中不能形成菌核，因而很少发病。在适宜的酸碱度条件下，病菌需要较高的土壤温度和湿度，以土温 28℃ 时病菌生长最快。在排水不良的黏土地病害发生严重。

五、检验检疫方法

（一）症状观察

用手持放大镜观察寄主腐烂根部，黄褐色至黑褐色的菌索为其典型特征，菌索直径比其他根部病原菌菌索要小。土壤表面的菌丝垫也是该病的典型症状，可以作为诊断依据。

（二）分离培养

采用组织分离培养的方法，从寄主根部分离获得病菌，培养后观察病菌形态，根据形态特征进一步确诊。

六、检疫处理

（1）严格检疫，杜绝从疫区引进其寄主植物和土壤，防止该病菌传入。

（2）与禾本科作物或豆科牧草、冬季绿肥植物轮作，尤其与高粱进行不少于 4 年的轮作，效果最好。秋季深耕棉田，可使病残根翻到地表，减少越冬菌量。

（3）在病棉田内种植禾本科作物（如高粱、玉米）做隔离带，可控制病菌在田间的扩展蔓延，如每两行棉花间种 1 行高粱，可有效的阻止病菌在土壤中的传播。

（4）土壤处理，如溴甲烷处理能有效控治该病，但成本高，而且经过一段时间后，土壤又会被深层的病菌污染。

本 章 小 结

本章讲授了栎枯萎病、榆枯萎病、橡胶南美叶疫病菌、咖啡美洲叶斑病菌、烟草霜霉病菌、小麦印度腥黑穗病菌、苜蓿黄矮病菌、棉花根腐病菌、马铃薯黑粉病菌、香蕉枯萎病菌等进境物检疫性真菌，分别介绍了这些真菌所致病害的发生历史、分布及危害、所致病害的症状特点、病原特征、环境适生性、检验方法和检疫处理措施等。

由这些检疫性真菌引起植物病害在世界范围内局部分布，并造成巨大经济损失，而在我国未发生或分布不广，并采取了措施进行控制。这些真菌一旦定殖很难根除，因而要加强检疫，防止其传入和扩散。

思 考 题

1. 分析本章中病原真菌的传播方式有哪些？
2. 试比较不同病原真菌的检验方法。
3. 小麦几种黑穗病在症状上如何区别？其病原菌在形态上有何不同？
4. 怎样识别和检验这些检疫性病原真菌？
5. 几种玉米霜霉病菌有何差异？
6. 棉花根腐病与黑根腐病有何区别？

第十一章　进境植物检疫性细菌

第一节　玉米细菌性枯萎病菌

一、历史、分布及危害

玉米细菌性枯萎病菌起源于美洲，1897 年首次在美国长岛发现，在玉米上为害导致当年甜玉米损失 20%～40%。以后随种子传到其他国家。国内目前尚无此病发生的报道。

分布于亚洲：泰国、越南、马来西亚；欧洲：意大利、奥地利、希腊、波兰、罗马尼亚、俄罗斯；美洲：美国、加拿大、墨西哥、哥斯达黎加、波多黎各、巴西、圭亚那、秘鲁。

玉米细菌性枯萎病是玉米上的一种毁灭性的病害，尤其对甜玉米危害更甚，在发病严重时可造成全田颗粒无收。1932 年在美国玉米（尤其是金黄矮甜玉米）上由于该病的流行曾造成毁灭性损失（6%～13%）。1936 年意大利因此病损失达 40%～90%，1976 年美国 6 个州因该病危害损失玉米 20 万吨。

二、所致病害症状

细菌性枯萎病在玉米生长的各个阶段均能发生，但以开花前最明显。它是一种典型的维管束萎蔫性细菌病，玉米的茎、叶、雄穗和果穗均可被害。主要症状为植株矮化和枯萎。

幼苗感病源于种子带菌。叶片首先表现水渍状，其后叶片变褐，卷曲，幼苗枯萎或矮缩。病株上的病菌可以由鞘翅目跳甲取食传至健株。昆虫传染的叶片，首先自昆虫取食处开始，发生水渍状的斑点，然后逐渐向上下扩展，形成不规则形淡绿色或黄色的条纹，随着条纹扩展，叶片萎蔫而枯死，中后期症状颇似水稻白叶枯病。重病株可以全株萎蔫枯死，轻病株多半矮化，茎节变褐，雄穗早熟，枯萎变白，雌穗不孕或产生发育不全的果穗。其上所结的种子，内部可能带菌，如果将病株的茎、叶、花序等部分加以横切，则有黄色黏液（菌脓）从维管束切口溢出，易拉成丝。

玉米上另有一种与玉米细菌性枯萎病症状极为相似的细菌性病害，称为玉米细菌性叶枯病，此病最初在叶上出现水渍状、透明、狭窄椭圆形的斑点，1～2 mm 长，以后扩展至长 400 mm 或更长的坏死条纹。病斑在后期形成红褐色边缘，中央黄褐色。病斑可相互愈合，形成较大的枯死斑，最后变成碎片。茎受害部分多在果穗着生的茎节上，发生深褐色的病斑，使茎节腐烂，从而导致其上部枯死，病重的植株也多半矮化，并促使不实果穗丛生。这种病的病原在我国已经存在，在水稻上引起褐条病。从症状上区分这两种细菌性病害较难，不过，玉米细菌性枯萎病的病斑较宽，周围有波纹状的边缘，病斑边缘不明显，而细菌性叶枯病水渍状更突出，病部更透明，茎上病斑和茎腐发生处与健部分界明显。另从病征上看，后者无黄色菌脓。另外，玉米上由甘蔗流胶病菌引起的症状更难与玉米细菌性枯萎病区分，而且在病部也有黄色黏液（菌脓）只能从病原学上区分。

三、病原特征

玉米细菌性枯萎病菌最初（1898 年）由 Smith 定名为 *Pseudomonas stewartii*，其后几易其名，曾放在欧氏杆菌属，学名为 *Erwinia stewartii*；1989 年根据 DNA-DNA 杂交的结果确定了一个新属即泛生菌属（*Pantoea*）；1993 年根据蛋白质凝胶电泳和 DNA-DNA 杂交的结果将 *Erwinia stewartii* 修订为斯氏泛生菌（*P. stewartii*），而玉米细菌性枯萎病菌为其中的一个亚种（*P. stewartii* subsp. *stewartii*）。

此菌无鞭毛，不产生芽孢，革兰氏染色阴性，杆状，大小为（0.4~0.7）μm×（0.9~2.0）μm，在葡萄糖琼脂培养基上形成奶黄、柠檬黄或橙黄色菌落。

此菌与玉米细菌性叶枯秆腐病菌（*Acidovorax avenae*）及甘蔗细菌性流胶病菌（*Xanthomonas axonopodis* pv. *vasculorum*）的细菌学性状区别见表 11-1。

表 11-1 玉米细菌性枯萎病菌与玉米细菌性叶枯秆腐病菌和甘蔗细菌性流胶病菌的细菌学性状比较

性状	*P. stewartii* subsp. *stewartii*	*A. avenae*	*X. axonopodis* pv *vasculorum*
鞭毛	无鞭毛	极生多鞭毛	极生单鞭毛
菌落	小、黄色、圆	大，淡白色	黄色、圆形、黄色素可扩散
明胶液化	−	−	+
淀粉水解	−	+	+
甘油解化	+	−	−

四、适生性

（一）侵染循环

此菌在种子和传菌昆虫上越冬，偶尔在土壤中、绿肥和玉米秸秆上存留。在生长季节主要是靠昆虫传播引起再侵染。

（二）寄主范围

自然寄主：玉米所有品种（主要是甜玉米）、墨西哥类蜀黍、鸭茅草状摩擦禾。人工接种寄主：高粱、苏丹草、薏苡、金狗尾草、粟、黍、燕麦、宿根类蜀黍等。

隐症寄主（带菌不显症）：马唐、秋稷、毛线稷、六月禾、鸭茅、小糠草、小麦。

（三）对环境的适应性

病原细菌最适生长温度 30℃，最低 7~9℃，最高 39℃，致死温度 53℃ 10 min，最适 pH 值为 6.0~8.0，生长 pH 值范围为 4.5~8.5。生长期高温、土地肥沃潮湿、偏施氮肥可加重病情。传病虫媒的数量与发病轻重关系最密切。

种子内的病菌，在 8~15℃存活 200~250 d，在 20~25℃可存活 110~120 d。病菌不能在土壤和病残体中越冬。

（四）传播能力

在美国病区，田间传病主要靠玉米跳甲（*Chaetocnema pulicaria*）的取食迁移。其他害虫也可传病，但效率远不如玉米跳甲。这些害虫有玉米齿跳甲（*C. denticulata*）、黄瓜十二点叶甲（*Diabrotica undecimpunctata howardi*）、北方玉米根甲（*D. longicornis*）、西部玉米根甲（*D. vergifera*）、金龟子、种蝇、金针虫等。

种子是远距离传播和新区发病的主要途径。我国自 1982 年以来多次从进口玉米上截获玉米枯萎病菌。意大利曾因从美国引种而严重发生玉米枯萎病，但自 20 世纪 50 年代后此病仅零星发生，可能与没有美洲传病昆虫介体有关。

五、检验检疫方法

（一）病菌分离和致病性测定

玉米细菌性枯萎病是一种维管束病害，分离时可取病茎经表面清毒后用无菌手术刀切断病茎，然后挤压切口，再将菌脓用无菌接种环移至 1 ml 无菌 1% 蛋白胨液（或无菌水）中，稀释培养观察菌落形状。

也可从病种分离，挑取可疑病粒，经表面消毒后，在无菌条件下切开病粒，取胚周围的组织，置于无菌水中捣碎，用前述方法或划线分离法分离。待菌落形成后，分别将单个的黄色圆形光滑菌落和白色平滑菌落移至培养斜面继续培养 3~5 d，然后分别用蒸馏水稀释成 1×10^7 cfu /ml 的菌液，用幼苗茎基注射接种法或喇叭口灌注接种法，或剪苗端接种法来验证其致病性。如黄色菌落不致病，而白菌落引起前述症状，则可否认是玉米细菌性枯萎病，如黄色菌落是致病菌，则还要在甘蔗上接种，看是否致病。玉米细菌性枯萎病菌的主要寄主为普通玉米和甜玉米，自然侵染也发生在假蜀黍和鸭茅草状摩擦草上，人工接种可侵染薏苡、宿根类蜀黍、金狗尾草，未提到侵染甘蔗，因此引起甘蔗发病的应为甘蔗流胶病菌。

（二）血清学检验

可采用 ELISA、乳胶凝集或荧光抗体检验技术。

（三）实时荧光 PCR 法

该方法根据细菌 16S rDNA 序列的特异性，设计出对玉米细菌性枯萎病菌具有稳定性点突变特异性探针，进行实时荧光 PCR。检测的绝对灵敏度是质粒 DNA，14.2 fg/ μl，比常规的 PCR 电泳检测高约 100 倍。整个检测过程只需 2 h，完全闭管，降低了污染的机会，无须 PCR 后处理。

六、检疫处理

（1）口岸检疫。带菌种子是玉米细菌性枯萎病远距离传播的主要来源，是传入无病区的重要途径。因此在口岸要特别注意玉米种子的检查，第一要检查产地是否是疫区，第二要抽查皱缩色深的籽粒，进行分离培养接种。

（2）除害处理。种子化学消毒无效。微波炉 70℃ 10 min 只能杀死 87% 的病菌。国外有人建议将种子贮藏较长时间，使其中的细菌自然死去，达到除害效果。经过除害处理的玉米种子最好先进行隔离试种。隔离区要远离传病昆虫寄主植物，至少间隔30 km。在此期间若未发现玉米细菌性枯萎病后和其他对外检疫对象，方可放行。若发现此病，要立即销毁处理，并喷药杀灭传病昆虫，以防病情扩散。发病地及周围 30 km 范围内 3~5 年内不能种玉米。

（3）疫区控制。一旦发现病株或发现有来自疫区的非法入境种子已经播种（不论是否发病），都应采取销毁植株，杀灭传病昆虫的措施，并在 3~5 年内严禁种植玉米。

第二节　梨火疫病菌

一、历史、分布及危害

梨火疫病最早于 1780 年发现于美国纽约州附近的一个果园，以后随美国移民西进，于 1902 年到达加利福尼亚州，1904 年又在加拿大发现，1919 年进入新西兰，1957 年传入英国，20 世纪 60 年代在欧洲大陆扎根并传入埃及，20 世纪 80 年代传入亚洲。

梨火疫病菌主要分布在北美和欧洲。欧洲：奥地利、比利时、波黑、保加利亚、克罗地亚、捷克、丹麦、法国、德国、希腊、匈牙利、爱尔兰、意大利、卢森堡、马其顿、荷兰、挪威、波兰、罗马尼亚、斯洛伐克、西班牙、瑞典、瑞士、英国、乌克兰、塞尔维亚；亚洲：亚美尼亚、塞浦路斯、以色列、日本、约旦、黎巴嫩、韩国（未经证实）、沙特阿拉伯（未经证实）、越南（未经证实）、土耳其、印度；非洲：埃及；美洲：百慕大群岛、加拿大、墨西哥、美国、危地马拉、海地、哥伦比亚（未经证实）；大洋洲：新西兰。

此菌引起的火疫病在世界范围内引起重大损失。例如荷兰 1966 年发现此病，1966~1967 年约有 8hm² 果园 21 km 山楂防风篱被毁，到 1975 年仅 10 年时间即在全国范围内造成严重损害。1971 年德国北部西海岸有 1.8 万株梨树被毁，价值 35 万马克，在第二年联邦德国政府为根除此病又花费约 42 万马克，却未能阻止病区的扩大。美国加州在一年内因此病的发生梨树由 12.5 万株减少到 1 500 株，在其南部的 Joachimstal 4 年内约损失 94% 的梨树，以至于不得不放弃种植梨树。

二、所致病害症状

典型症状为叶片、花和果实变黑褐色并枯萎，但不脱落，远看似火烧状，故名火疫病。

花器的受害往往从花簇中个别花朵开始，然后经花梗扩展到同一花簇中的其他花朵及周围的叶，受害的花和叶不久枯萎变黑褐色。叶片多自叶缘开始发病，再沿叶脉扩展到全叶，先呈水渍状，后变黑褐色。嫩梢受害初期呈水渍状，随后变黑褐色至黑色，常弯曲向下，呈鱼钩状。枝梢感病后，其上的叶片全部凋萎，幼果僵化。幼果直接受害时，受害处变褐凹陷，后扩展到整个果实。枝干受害初期亦呈水渍状，后皮层干陷，形成溃疡疤，病健交界处有许多龟形裂纹，削去树皮可见内部呈红褐色，感病梨树的溃疡斑上下蔓延每天可达 3 cm，6 周后死亡。梨树主干在地表处可发生颈腐症状，病部环绕，一周后整棵树死亡，苗木受害后矮化甚至死亡，幼树受害则叶片和小枝死亡，树势削弱，花腐，果实畸形。潮湿的天气里，病部渗出许多黏稠的菌脓，初为乳白色，后变红褐色。

火疫病菌在病树上可形成气生丝状物，能黏连成蛛网状，将这种丝状物置于显微镜下检查，可发现大量细菌，这是诊断火疫病的一个重要依据。

三、病原特征

梨火疫病菌（*Erwinia amylovora*）菌体短杆状端圆、革兰氏染色阴性、好氧，大小（1.1~1.6）μm×（0.6~0.9）μm，成对或呈短链状。常有荚膜，1~8 根周生鞭毛，在含 5% 蔗糖的营养培养基上菌落半球形，黏质，奶油色，3 d 的菌落直径约 3~4 mm。

烟酸是此菌生长所必需的，在含烟酸的培养基上能利用铵盐作为主要氮源。在有氧条件下很快由葡萄糖产酸，但不产气，无氧时则缓慢。自阿拉伯糖、果糖、半乳糖、葡萄糖、甘露糖、蔗糖、海藻糖、甘露醇及山梨醇很快产酸。但自纤维二糖、Miller-Schroth 培养基、柳醇及肌醇产酸较慢。山梨糖、乳糖、棉子糖、肝糖、菊糖、糊精、淀粉、α-甲基右旋葡萄糖苷或卫矛醇不产酸。木糖、鼠李糖及麦芽糖产酸不一致。产 3-羟基丁酮弱，不产吲哚，不水解淀粉、酪素、吐温 80、卵磷脂、三丁酸甘油酯、果胶、尿素及精氨酸等，不能将硝酸盐还原为亚硝酸盐，触酶阳性，细胞色素氧化酶阴性，明胶液化慢，不产 H₂S，不利用丙二酸盐，氯化钠浓度高于 2% 时生长受抑，6%~7% 时完全抑制生长，抗青霉素，但对氯霉素、土霉素、链霉素敏感。

四、适生性

（一）侵染循环

梨火疫菌在病树上越冬，翌春经花器、自然孔口（气孔、皮孔、水孔）或伤口侵入。在果园中由昆虫和风雨传播引起再侵染。

（二）寄主范围

此菌寄主范围较广，约有 32 属 140 多种，但主要为害蔷薇科的仁果类植物，如梨、苹果、山楂、木瓜、枸子和枇杷等以及核果类的李、杏、樱挑和梅等。非蔷薇科的柿子、黑枣、胡桃等亦可受害。这些寄主植物在我国广泛存在。

（三）对环境的适应性

梨火疫病发生区的纬度与我国梨、苹果、山楂主产区的纬度一致。18~24℃，70% 以上相对湿度特别有利于病菌侵染。病菌增殖最适温度为 25~27℃，最适 pH 为 6。此菌在 3~5℃ 不生长，45~50℃，10 min 致死，气生丝状物中的细菌在 5℃ 贮藏 1 年后仍有侵染力，在蜜蜂的消化道中可生存越冬，在苗圃土中存活 8 个月左右，在干燥菌脓中可存活达 27 个月，在鸟足上可存活 3 d。

（四）传播能力

可借风雨、昆虫、鸟类和修剪工具等在梨树生长期传播。蜜蜂的传病距离约为 200～400 m。知更鸟带菌从英国飞到丹麦只需 2 d。病部含大量细菌的气生丝状物黏连成蛛网状后，可通过气流和昆虫传到数公里以外。

远距离传播主要靠接穗、苗木等种植材料的调运。

五、检验检疫方法

（一）分离病菌

分离病菌通常从新发病处取病健交界处的组织，亦可直接取病部菌脓。分离用的培养基常用选择性培养基。

1. Miller-Schroth 培养基　是 Miller 和 Schroth 专为分离火疫菌设计的选择性很强的特殊培养基，缺点是成分和配制都较复杂。火疫病菌在该培养基上，菌落橙黄色，背景蓝绿色，但草生欧氏杆菌（*Erwinia herbicola*）的菌落形态和色泽与火疫菌相像，很难区分。

2. Cross-Goodman 高糖培养基　火疫菌在这种培养基上 28℃培养 6 h 后，在 15～30 倍扩大镜下，用斜射光观察，可见菌落表面有火山口状下陷。

3. Zeller 改良高糖培养基　火疫菌在此培养基上 27℃培养 2～3 d 后，在墨绿色背景上呈 3～7 mm 直径的橙红色、半球形菌落，高度凸起，中心色深，有蛋黄样中心环，表面光滑，边缘整齐。

4. 红四氮唑—福美双培养基　病菌在此培养基上 27℃生长 2～3 d 后，菌落虽红色肉疣状。

5. 结晶紫肉汁胨琼脂　在肉汁胨琼脂培养基中不加糖而是加 2 μg/ml 结晶紫，24～27℃培养。如加入 5% 蔗糖则可产生果聚糖菌落，更易识别，但缺点是草生欧氏杆菌等其他杂菌也易生长。

6. YPA 培养基　火疫病菌在此培养基上能形成有特殊方形花纹的菌落。

7. 保存用培养基　火疫菌在肉汁胨琼脂加 2% 甘油的培养基上生长后，在 4℃保存，每年移植一次，可长期保持致病力不变。

（二）致病性测定

分离到的菌株应该用感病品种进行致病性测定，方法是将未成熟的梨洗净后表面消毒，用无菌解剖刀将梨果横切成片状，厚约 1 cm，然后置于放有湿润滤纸的培养皿内，用接种针蘸取菌液，在梨组织上进行穿刺接种，在 27℃保持 1～3 d。如果是梨火疫病菌则在梨片接种处出现乳白色黏稠状细菌分泌物，如果是梨梢枯病菌只在接种点处形成干燥的褐色斑疤。

也可以不经分离直接检测，但要求待测样品要新鲜，检测时将寄主组织高速捣碎，差速离心后，将浓缩的组织提取物直接接种到梨片上。

（三）噬菌体检测法

英国曾利用火疫病菌噬菌体辅助鉴定。在采用噬菌体检测时，一般要求所用噬菌体（1个或1组株系）对火疫菌所有菌系有溶菌作用而对其他菌无溶菌作用。

（四）血清学检测法

常用的方法有玻片凝集反应、沉淀反应，近年来多用免疫荧光法。美国应用单克隆抗体免疫荧光染色法检测枝干和果实中的火疫病菌，并用来定量，检测限为 5×10^3 个细菌。单克隆抗体法有时不能检测一种细菌的全部菌系。

（五）核酸检测技术

国外有人根据此菌一个质粒 pEA29 上 0.9 kb 片段测序结果设计引物做 PCR 检测，灵敏度可达到 50 个菌体。

六、检疫处理

（1）口岸检疫。由于火疫病传播途径多，蔓延迅速，危害严重，防除困难，所以世界上许多国家和地区，包括发生了火疫病的国家，都对它采取严格的检疫措施。但因带病植物有时不显示任何症状，而且对于大批量的苗木不可能每株都进行检验，所以最可靠的办法是禁止从病区引进苗木和种植材料。

（2）除害处理。感病植物除种子以外的所有器官都有可能成为此菌的传播源，但一般认为果实的实际传病作用不大。化学措施和其他措施都不能根除植物组织中的细菌，除非销毁植物组织。因此除害处理是不可行的。

（3）疫区控制。一旦发现病株，或发现有来自疫区的非法入境繁殖材料已经种植（不论是否发病），都应立即销毁病园及周围几公里梨园植株，并且几年内不得种植寄主植物。

第三节　菜豆萎蔫病菌

一、历史、分布及危害

美国 1920 年首次报道了该菌引起的病害，主要发生在有灌溉条件的高原和中西部。澳大利亚维多利亚州 1934 年报道此病，以后在新南威尔士州和南澳大利亚州也发现此病。

此病主要分布于欧洲：阿尔巴尼亚、乌克兰、希腊（未立足）、匈牙利（未立足）、保加利亚（未经证实）、俄罗斯、罗马尼亚、意大利、前南斯拉夫、比利时（尚未证实）、法国（尚未证实）、德国（尚未证实）、瑞士（尚未证实）；亚洲：俄罗斯远东地区、土耳其（未经证实）；非洲：毛里求斯、突尼斯；美洲：加拿大、墨西哥、美国、哥伦比亚、委内瑞拉；大洋洲：澳大利亚。

此病是一种维管束萎蔫病，病原菌侵入木质部，造成幼苗死亡或矮化，成株的叶、茎失去刚性，最终萎蔫干枯。种子带菌率高的情况下损失严重。损失从微不足道到全田失收。

二、所致病害症状

菜豆幼苗高5～8 cm时感染萎蔫病通常会死亡，若幸存下来或在生长后期才染病，可以结荚。典型症状是萎蔫，最初在中午高温时叶片萎蔫，晚上又恢复。往往可见病株的一侧萎蔫而另一侧正常。有时看不到典型的萎蔫症状，而是有金黄色的坏死叶斑，病斑边缘不规则，易与菜豆的细菌性疫病（*Pseudomonas syringae* pv. *phaseolicola*）症状相混，但萎蔫病在枝干和叶上没有水渍状。病荚症状常较细菌性疫病更明显，病荚内的所有种子都可受到感染，而豆荚外表仅合缝处维管束组织颜色变黑。种子感染后变黄色。

大豆幼苗的症状与菜豆相似。也呈萎蔫症，老叶边缘坏死，成株不枯死，在干旱条件下，叶上形成许多褪绿斑，豆荚合缝处可能坏死，籽粒畸形或不充实。

三、病原特征

此菌为萎蔫短小杆菌的1个致病变种（*Curtobacterium flaccumfaciens* pv. *flaccumfaciens*），菌体杆状，单胞或成双，大小为（0.3～0.5）μm×（0.6～3.0）μm，不产孢，好氧，1～3根周鞭或极鞭，可运动，革兰氏染色阳性。从葡萄糖、麦芽糖、乳糖、蔗糖、半乳糖、果糖和甘油产酸但不产气；明胶液化慢；淀粉水解弱或不水解；不脂解；不还原硝酸盐，不产生3-羟基丁酮和吲哚；触酶阳性；生长需氨基酸、生物素、泛酸盐和硫胺素；硫胺素含量高时菌落由乳脂色变为黄色。

在牛肉汁琼脂培养基上菌落黄色，圆形，光滑，扁平或稍凸起，湿润光亮，半透明，全缘。

四、适生性

（一）侵染循环

病菌在种子上以及田间病株残体上越冬，种子萌发后病菌侵入并在植株内系统蔓延，或从外部经伤口侵入。在田间的蔓延一般很慢，主要通过灌溉水传播，从伤口再侵染，未发现经气孔侵入。尚没有昆虫传播此病菌的报道，但根结线虫可通过造成伤口加重感染。

（二）寄主范围

主要寄主为菜豆属植物，也侵染大豆、月豆、扁豆、豇豆、赤豆、绿豆、豌豆和吉豆。

（三）对环境的适应性

病菌发育最高温度40℃，最低3℃，最适24～27℃。病菌抗干燥，在实验室储存的种子上可存活24年。病菌在土壤中至少可存活2年。

（四）传播能力

远距离传播靠带菌种子调运，种子内部和外部都可带菌。在自然条件下主要通过雨水和农事操作进行传播。

五、检验检疫方法

菜豆上的病原细菌除萎蔫病菌外还有晕枯病菌（*Pseudomonas syringae* pv. *phase-olicola*），细菌性褐斑病菌（*P. syringae* pv. *syringae*），细菌性疫病菌（*Xanthomonas axonopodis* pv. *phaseolicola*），为了将菜豆萎蔫病菌与其他病菌尤其是菜豆细菌性疫病菌区分开来，有必要对病菌进行分离、接种、鉴定。

（一）病菌分离和致病性测定

澳大利亚学者建议不对病组织进行表面消毒，其方法为：将新鲜病组织用自来水冲洗净，吸水纸吸干表面水滴，然后将病组织切成 $1 \, cm^2$ 的小块，浸泡在无菌蒸馏水中，再用 PDA 培养基按常规方法分离。在 PDA 培养平板上经 48 h 即形成菌落，菌落渐变黄，表面光滑，有光泽、凸圆。此时可用移植环挑取少许进行革兰氏染色，阴性菌可能为菜豆细菌性疫病菌，阳性菌可能为菜豆萎蔫病菌。最终鉴定此菌还需做致病性测定和生理生化试验。

（二）血清学检测

最简便的方法是玻片凝集试验。也可用免疫荧光染色技术。

（三）核酸检测技术

意大利的 1 个研究小组根据对此菌 DNA 进行 rep-PCR 试验获得的 550 kb 片段序列设计了一对特异引物，以萎蔫病菌 DNA 为模板，经 PCR 扩增出 1 个 306 kb 片段，并成功地从自然发病的种子中检测到萎蔫病菌。

六、检疫处理

（1）口岸检疫。禁止病区的寄主作物种子入境。加强对入境种子进行检验，除采用分离法之外，还可用单克隆抗体间接免疫荧光法。引进的菜豆、豇豆、绿豆等寄主作物的种子要先进行隔离试种，若生长期间发现菜豆萎蔫病，应采取严格的隔离、销毁措施，3 年内不种菜豆萎蔫病菌的寄主作物。

（2）除害处理及疫区控制。参看玉米细菌性枯萎病菌。

第四节　椰子致死黄化植原体

一、历史、分布及危害

此菌引起的椰子致死黄化病最早于 1834 年在加勒比海的开曼群岛发现，后来在加勒比其他地区、西非各国陆续发现。关于此菌的来源有两种看法，一种是认为起源于东南亚椰子，另一种是认为来源于加勒比本地。

此菌引起的椰子致死黄化病主要分布在美洲和西非。非洲：贝宁、喀麦隆、加纳（1937）、尼日利亚（1937）、多哥（1937），坦桑尼亚；美洲：墨西哥、尤卡坦半岛（1978）、美国（1937）、开曼群岛（1834）、洪都拉斯、巴哈马（现不存在此病）、古巴

（1920 年代）、多米尼加（1915 发现，1962 年核实）、海地（1920 年代）、牙买加（1955）、圭亚那（未核实）。

此菌引起的椰子致死黄化病从发病到死树只需 3~6 个月，在 1956~1960 年 5 年间曾造成 Key West 市四分之三的椰子树死亡。此病 1971 年秋出现在美国佛罗里达州迈阿密地区，到 1973 年 10 月 1.5 万株椰子树被杀死，到 1974 年 8 月 4 万株树死于此病，到 1983 年，佛罗里达州总共 100 万~150 万株椰子树中有 30 万株死亡。而在迈阿密的 Dade 县，到 1975 年 8 月为止，椰子树死亡 75%，而且其他棕榈科植物也有类似症状。在牙买加，到 1979 年为止，估计有 400 万株椰子树死于此病。

二、所致病害症状

此菌所引起的椰子致死黄化病的最初症状是各种大小的椰果成熟前脱落，接下来新长出的花序黑尖，几乎所有的雄花序变黑。病树不结果。不久下部叶片变黄，逐渐向嫩叶蔓延。随后老叶提前死掉，变褐，紧贴在树上，此时幼叶转黄。所有的叶变成亮黄色，然后转为橙黄色。不久，所有叶片和营养芽死亡，根系也死亡。最后，整个树顶部落光变秃。致病原因是病菌堵塞筛管和分泌毒素。

三、病原特征

最初认为椰子致死黄化病（coconut lethal yellowing，简称 LY）的病原是一种病毒。后来认为是一种类菌原体（mycoplasma-like organism，MLO），现已归到植原体 Phytoplasma 中。但还没有正式作为种提出来，暂时用英文名 coconut lethal yellowing phytoplasma（椰子致死黄化植原体）或 palm lethal yellowing phytoplasma 表示。在植原体分类上，将椰子致死黄化病原分到椰子致死黄化组，下分 16S rIV-A 亚组（引起中美洲椰子致死黄化病，分布在美洲）和 16S rIV-B 亚组（引起坦桑尼亚椰子致死衰退病，分布在非洲）。用 DNA 杂交和 PCR 技术比较中美洲椰子致死黄化病菌和坦桑尼亚椰子致死衰退病菌的结果表明这两地的病菌尽管相似，但在遗传上不同。IRPCM（International Research Program of Comparative Mycoplasmology）植原体/螺原体工作组植原体分类小组认为中美洲椰子致死黄化病、坦桑尼亚椰子致死衰退病和尼日利亚椰子致死衰退病都应该属于种级单位。

病菌定居在筛管中，卵形、长形或丝状，最外面是三层结构，其中上下两层是电子密集层，中间的一层是电子透明层。此菌对四环素敏感。

四、适生性

（一）寄主范围

主要寄主是椰子树（Cocos nucifera），但在枣椰（Phoenix dactylifera）上有发生。在佛罗里达至少有 30 种棕榈科植物呈现类似于致死黄化病的症状。几乎所有美洲以外的种是感病的，而几乎所有美洲本地种是抗病的或免疫的。以下是感病寄主所在的属：

山棕属（Arenga），扇椰子属（Borassus），鱼尾葵属（Caryota），散尾葵属（Chrysalidocarpus），椰子属（Cocos），贝叶棕属（Corypha），黄金桐属（Latania），蒲

葵属（*Livistona*），刺葵属（*Phoenix*），棕榈属（*Trachycarpus*）。以及棕榈科的另几个属：*Allagoptera*，*Arikuryroba*，*Dictyosperma*，*Gaussia*，*Hyophorbe*，*Mascarena*，*Nannorrhops*，*Pritchardia*，*Veitchia*。

（二）对环境的适应性

传病介体为一种热带昆虫，在热带可周年繁殖，但没有冬眠机制，在温带不能过冬。此昆虫传病效率并不高，但虫量大，因此足以使该病原菌迅速传播开来。

（三）传播能力

此菌在加勒比可由同翅目麦蜡蝉科的棕榈麦蜡蝉（*Myndus crudus*）传播，该介体昆虫在椰子树上大量聚集，但直接为害不重。将发病区的这种介体昆虫放在有防虫笼罩住的感病椰子树上，经一定时间可呈现症状。而未接虫的防虫笼中的椰子树不发病。

在国际贸易中病菌可通过带菌营养繁殖材料（包括作为花卉的棕榈科植物）传播。

五、检验检疫方法

现已报道用 DNA 探针杂交、PCR、定量实时荧光 PCR、Nested-PCR 等技术检测植原体。DNA 探针法是用 *Eco*R I 对此菌 DNA 作限制性消化，得到 5 个片段，其中 4 个片段作探针时只与椰子致死黄化植原体感染的椰子组织杂交。PCR 方法是用一对引物将此菌近全长的 16S rRNA 逆转录并扩增出来，再测序，选取适当的序列作为特异性引物设计的基础。现在 GenBank 已收入此菌的 3 条 16S r RNA 序列。

六、检疫处理

出口前的检疫证书似不能提供足够的保证。禁止从发病国进口棕榈树似为唯一的令人满意的措施。只有在特例中才可应用出口后检疫。

在病区，使用抗病品种尤其是巴拿马高杆和马来矮杆这两个品种，已经证明是最有效的一种控制措施。用杀虫剂防治传病昆虫可能限制其蔓延，但对控制病害没有什么效果。铲除园内杂草可控制若虫。病树滴注四环素液可抑制症状发展，病树长出新芽，可保持无症状态达 4 个月之久。

第五节　苜蓿萎蔫病菌

一、历史、分布及危害

苜蓿萎蔫病最早于 1924 年在美国的伊利诺伊和威斯康星州报道发生，随后在加拿大、墨西哥、智利、欧洲、日本、澳大利亚和新西兰等国家和地区报道发生。

境外分布于美洲的加拿大、美国、墨西哥、智利、巴西；非洲的南非；欧洲的英国、捷克斯洛伐克、意大利、前苏联、波兰；大洋洲的澳大利亚、新西兰；亚洲的日本、沙特阿拉伯等均有发生。我国目前尚未报道发生。

苜蓿萎蔫病菌对苜蓿造成毁灭性的危害，是美国苜蓿上最严重的病害，通常作物生长第一年，长势减弱，第二年产量严重减少，第三年无任何经济价值。发病严重时，植株矮化、萎蔫而死亡，导致苜蓿严重减产甚至绝收。该病在澳大利亚、前苏联、波兰等国家也造成严重为害。

二、所致病害症状

轻度发病的症状表现为叶片呈斑驳状，叶片边缘向上卷曲，植株略变矮；中度症状为茎丛生；严重发病时，植株矮化，仅几厘米高，茎细、叶小而厚，通常畸形，边缘或全叶褪色，植株萎蔫而死亡。该病在秋季苜蓿收割后，再生植株达 5～10cm 高时症状最明显。

病株的主根和侧根的木质部横切面外圈呈黄褐色，病害进一步发展，整个中柱变黄褐色。一般来说，对于混合草地，第 1 年此病往往被忽略，第 2 年由于其分布很不均匀，苜蓿生长普遍较差，往往被人们认为是栽培、气候、管理方面的原因，而很少意识到是由于病害所致，这亦是该病定名为 insidiosus 的原因，即病害的隐蔽性。

三、病原特征

1925 年，Mc Culloch 将苜蓿萎蔫病菌定名为 *Aplanobacter insidiosus*。Jensen (1934) 将病菌学名改为 *Corynebacterium insidiosum*。1982 年，Carlson 和 Vidaver，将病菌定为 *Corynebacterium michiganense* subsp. *insidiosum*，后来由于将植物的棒形细菌属 *Corynebacterium* 取消并用新的属名 *Clavibacter*。1984 年，Davis 等将苜蓿萎蔫病菌重新定名为 *Clavibacter michiganensis* subsp. *insidiosus*。

病菌形态棒形杆状，末端圆，单生或成对，大小为 0.4～0.5×0.7～1.0（μm）。革兰氏染色阳性，好气性，无鞭毛，不抗酸。在营养琼脂平板上菌落初为白色，后变淡黄色，圆形，扁平，或稍隆起，边缘光滑，有光泽。此外，该病菌在含葡萄糖的培养基上能产生具有诊断价值的兰黑色颗粒状色素——靛青素（indigoidine）。

四、适生性

（一）侵染循环

苜蓿萎蔫病菌通常在病株的根部和根冠部越冬，随病残体在土壤中存活，但一般不超过 5 年。病菌通过伤口侵入根和冠部，特别由霜冻、机械损伤、土壤中的动物造成的伤口及新切茎的切伤口侵入植株，进入薄壁组织胞间繁殖，后进入维管束组织，同时产生胞外多糖造成萎蔫。

（二）寄主范围

苜蓿萎蔫病菌除为害苜蓿（*Medicago sativa*）以外，还可侵染其他寄主植物，如百脉根（*Lotus corniculatus*）、野苜蓿（*M. falcata*）、白香草木樨（*Melilotus alba*）、*Onobrychis viciaefolia*. 车轴草属（*Trifolium* spp.）接种寄主有 *M. dzawknetica*、*M. glutinosa*、*M. hemicycla*、小苜蓿（*M. marina*）、*M. prostrata*、*M. sativa* var. *gaetula*、*M. sativa* var. *parriflora*、*M. sariva* var. *pilifera*、*M. sogdiana*、

M . suffruticosa、*M. tianschanica*、*M. transoxana*、玉米（*Zea mays*）等。

（三）对环境的适应性

病菌生长的最适温度为 12~21℃，最低 3℃，最高 30℃。最适 pH 值为 6.8~7.0，在 pH 值 5.6~8.2 范围内均可生长。通常在 20~25℃ 的实验条件下，病菌在干草、茎或种子中至少可存活 10 年，且病种子中的病菌至少可保持 3 年的侵染力。

一般来说，如果苜蓿萎蔫病存在，特别是英国的混合草地，感病品种的最长寿命为 3 年。在冷湿气候条件下，该病发生特别严重。由于病菌生长适温低，故春、秋两季易发病，高氮、磷、低钾发病重，低洼田地发病重。

（四）传播能力

苜蓿萎蔫病菌主要通过带菌的苜蓿种子或干草及混于种子中的植物残渣，进行远距离传播。在田间，主要通过收割工具、灌溉水、土壤及风传播。Hunt 等 1971 年发现，鳞球茎线虫（*Ditylenchus dipsaci*）及北方根结线虫（*Meloidogyne hapla*）的存在可加重病害的发生，且能作为传播介体。Kudela 等（1984）认为在捷克直条根瘤象（*Sitona lineatus*）亦是该病害的介体，但未能最后证实。

五、检验检疫方法

（一）产地检验

由于苜蓿萎蔫病在发病的第一年症状不明显，为了减少上一生长季病原随苜蓿残体残留土壤的可能性，有必要进行产地检疫，于生长季在田间肉眼检查，以保证植株种子不带菌。在检查时要注意与黑白轮枝菌引起的萎蔫病之间的症状区别，苜蓿细菌性萎蔫病的典型症状是外部矮化，茎丛生，根维管束组织变色，病症特点是产生脓状物，而黑白轮枝菌（*Verticillium albo-atrum*）引起的萎蔫病导致植株迅速萎蔫死亡而无矮化，病症特点是产生霉体。

（二）细菌分离培养和鉴定

分离苜蓿萎蔫病菌可用含有 250 μg/L 放线菌酮的改良 Burkholder 琼脂培养基，在 20℃ 温度下，培养 5~7 d 后观察典型菌落。菌落一般为淡黄色，圆形，有光泽，略隆起或扁平，边缘光滑。此外，大多数菌株在培养 7~14 d 后产生典型的蓝色色素，颗粒状，可作为鉴定的特征性指标。

挑选典型菌落，用 50~100 μl 无菌水悬浮，进行免疫荧光染色（IF）鉴定。或者在金氏 B 培养基上划线，20~22℃ 培养 5~7 d 观察色素产生情况，并进行有关的生理生化鉴定试验。

（三）血清学检验

可采用 ELISA 或免疫荧光染色法（IF）。

（四）TagMan 探针实时荧光 PCR 检测

漆艳香等（2003）根据苜蓿萎蔫病菌与其他细菌菌株 16s rDNA 序列差异，设计出对苜蓿萎蔫病菌具有稳定点突变特异性探针，利用该探针对棒形杆菌属 4 个种及其他属细菌进行了实时荧光 PCR 检测。结果表明，只有苜蓿萎蔫病菌能检测到荧光信号，其他细菌没有荧光产生。该方法特异性强，灵敏度高，而且整个过程只需要 2~3 h，可有效地应用于进出境病原菌检测。

六、检疫处理

（1）口岸检疫。带菌种子是苜蓿萎蔫病菌远距离传播的主要来源，是传入无病区的重要途径。因此必须加强检疫制度，严禁此病蔓延到无病区。在口岸要注意苜蓿种子的检查，特别是要严格检查产地是否是疫区，对于发病或可疑种子，进行分离培养和接种试验。

（2）除害处理。通过实验室检验，发现带有苜蓿萎蔫病菌的种子，应立即收缴封存，按照检疫法规和条例和实际需要改作他用、烧毁或进行熏蒸、消毒等除害处理。

（3）疫区控制。一旦发现病株，应立即销毁植株。

第六节　香蕉细菌性枯萎病菌

一、历史、分布及危害

香蕉细菌性枯萎病菌为害香蕉又称为香蕉细菌性青枯病或香蕉青枯病，于 1840 年首次报道。在过去很长一段时间内，该病害仅仅局限于中美洲及加勒比海亚热带、热带国家流行，直至最近才从中美洲传入亚洲的菲律宾，其后印度尼西亚、印度南部相继发生。

分布于亚洲的印度尼西亚、印度、菲律宾等东南亚国家；美洲的美国、墨西哥、留尼汪、危地马拉、萨尔瓦多、伯利兹、格林纳达、洪都拉斯、巴拿马、特立尼达和多巴哥、委内瑞拉、哥伦比亚、哥斯达黎加、苏里南、圭亚那、巴西、秘鲁等国。在非洲和太平洋岛屿曾有报道，但未证实。该病害在我国尚未发生，但对我国的广东、广西等香蕉种植地具有潜在威胁。

香蕉细菌性枯萎病在香蕉各发育阶段均可为害，造成植株萎蔫死亡，在该病发生的地区，造成毁灭性的危害，严重影响了香蕉产业的发展。

二、所致病害症状

香蕉细菌性枯萎病是系统性的维管束病害，在香蕉的不同发育阶段均可发生。幼株感病，迅速萎蔫而死亡，中间叶片锐角状破裂，不变黄。成株期感病，先内部叶片近叶柄处变黄色，叶柄崩溃，叶片萎蔫死亡，同时从里到外的叶片逐渐脱落、干枯，根开裂，叶鞘变黑。果实停止生长，香蕉畸形，变黑皱缩。若仅成熟的果实感病，外部可能无症状，果肉变色腐烂。感病假茎横切面可见维管束变绿黄色至红褐色，甚至黑色，尤其是里面叶鞘和果柄、假茎、根围及单个香蕉上均有暗色胶状物质及细菌菌溢。

必须注意香蕉细菌性枯萎病与香蕉镰刀菌枯萎病（即巴拿马病）的症状区别，两者极易混淆，诊断时必须仔细观察内部和外部症状，结合病原菌的分离。巴拿马病最初发病是最老的叶片或最低的叶片开始变黄、萎蔫而变褐，然后扩展至内部叶片，果实上无症状，病征特点是产生霉体。而青枯病往往内部3张叶片变黄或淡绿色，后扩展至外；且果实上有症状，病征特点是产生脓状物。

三、病原特征

长期以来，植物青枯病菌的学名为茄科假单胞菌（*Pseudomonas solonacearum*），随着分子生物学理论和技术的不断发展，DNA-DNA，DNA-RNA 分子杂交，以同源性分析为基础，Yabuuchi 等 1992 年建议改为 *Berkholderia solonacearum*。近几年来又根据大量工作，特别是对 16S rRNA 的序列测定和聚类分析，1995 年，Yabuuchi 又将其改为茄科劳尔氏菌（*Ralstonia solonacearum*）。

病菌短杆状，两端钝圆，大小（0.9～2）μm×（0.5～0.8）μm，革兰氏染色反应阴性，好气性。有 1 根极生鞭毛，无色素，不产生荚膜，无芽孢。在马铃薯或牛肉汁琼脂培养基上，菌落乳白色，近圆形，光滑，稍突起。青枯病菌在氯化三苯基四氮唑（TZC）选择性培养基上，可区分致病型和非致病型两种菌落，致病型菌落较大，流动性，圆形或不规则形，粉红色，边缘乳白色；而非致病型菌落则较小，圆形，深红色或玫瑰红。

青枯病菌为非荧光群，rRNA Ⅱ 群，细胞积累 PHB，不从蔗糖形成果聚糖，水解明胶弱，不水解淀粉和七叶苷，还原硝酸；40℃不生长；氧化酶阳性，精氨酸双水解酶阴性，香蕉青枯菌株不产酪氨酸酶，2% NaCl 不生长。DNA 中（G＋C）摩尔分数为 66.5%～68%。

青枯劳尔氏菌具有明显的小种分化现象，根据对不同寄主植物的致病性反应，可将青枯菌分为 5 个小种，而香蕉青枯病菌属于小种 2。根据对三种糖（乳糖、麦芽糖、纤维二糖）和三种醇（甘露醇、山梨醇、甜醇）的利用情况，可将青枯病菌分为 5 个生化型。香蕉青枯病菌为生化型 Ⅰ。

四、适生性

（一）侵染循环

香蕉细菌性枯萎病菌主要在病残植株、繁殖材料如根茎等上越冬，病菌通过伤口侵入根系维管束或通过昆虫取食侵入花序维管束，系统侵染导致水分传导障碍而引起萎蔫。主要通过昆虫传播并使病害蔓延，昆虫接触病株雄花蕊上的细菌菌脓携带细菌，传至健康植株的花蕊上，由花梗、花序的自然孔口、病果的干裂处侵入植株引起发病。根部接触传染可能与线虫的侵染有关，且伤口和接种源多，均会使根部感病机会增多。

（二）寄主范围

香蕉青枯病菌主要侵染芭蕉属（*Musa* spp.）和蝎尾蕉属（*Heliconia* spp.）。已记录有 *Musa acuminata errans*、小果野蕉（*M. acuminata microcarpa*）、*M. an-*

gustigemma、野蕉（*M. balbisiana*）、香牙蕉（*M. cavendishii*）、*M. ornata*、粉芭蕉（*M. balbisiona*）、大蕉（*M. sapientum*）、蕉麻（*M. textilis*）、*Heliconia acuminata*、蝎尾蕉（*H. bihai*）、*H. imbricata*、*H. latispatha*。接种能侵染芭蕉、香蕉、大蕉、蝎尾蕉等几乎所有品种，有些能侵染其他寄主如番茄。

（三）对环境的适应性

病菌生长的温度范围 10～40℃，最适宜生长温度 28～33℃，致死温度 52～54℃ 10 min。适宜生长的 pH 为 6～8，最适 pH 6.6。病菌在土壤中存活可达 18 个月。

由于该病菌通过机械伤口侵染根部或由昆虫传播至花序，环境因子对该病的影响程度相对较小。低温可降低或延缓病害发展，高湿土壤有利于病菌的存活和扩散，发病较重。高温、高湿、强风等造成伤口，有利于发病。

（四）传播能力

病菌可通过土壤、水、带菌根茎、病土、病果、修剪的刀具及移栽时污染的工具等传播。栽培措施如摘除叶片、修剪根出条、收获果实、摘除花芽及农业工具造成伤口均有利于病菌的传播蔓延，昆虫传播是其中一个重要的传播途径。

五、检验检疫方法

（一）产地检验

由于香蕉细菌性枯萎病容易与巴拿马病相混淆，产地检疫时必须仔细观察症状。如果叶片枯萎则由心叶向外、由上向下扩展；在果实上表现症状，绿茎上有黄色脓状物，果实内有坚硬褐色的干腐组织，就表明是细菌性枯萎病，而非镰刀菌枯萎。

（二）细菌分离培养和生化测定

香蕉细菌性萎蔫病菌是茄科劳尔氏菌小种 2，可根据其在含 TTC 的培养基上的菌落形态与其他小种相区分，并将小种 2 的昆虫传菌株与其他菌株区分。因此检验的第一步是应用含 TTC 的酪蛋白胨葡萄糖（CPG）培养基（Kelman 1954）分离，观察典型菌落，即黏液状且有色的菌落。然后测定纯培养菌的生理生化特征，接种香蕉或番茄测定其致病性。为了鉴定香蕉细菌性青枯病菌，应进一步测定纯分离菌的生物型和小种，方法是在 Hayward 基础培养基上观察糖产酸情况及接种烟草反应情况（表 11-2 和表 11-3）。

表 11-2　青枯病菌生化型测定

项目	生化型				
	I	II	III	IV	V
甘露醇	-	-	+	+	+
山梨醇	-	-	+	+	-
甜醇	-	-	+	+	-
纤维二糖	-	+	+	-	+
乳糖	-	+	+	-	+
麦芽糖	-	+	+	-	+

表 11-3 青枯菌小种测定

小种	寄主	时间/h	接种烟草反应类型	与生化型关系
1	茄科	24	无可见症状	1，3，4
		36	暗褐色，周围黄色斑	
		60	导管褐色	1
		8	叶片萎蔫，黄化	
2	香蕉、大蕉、	10～12	过敏性反应，接种组织明亮	
	褐尾蕉	60	组织变薄，透明，白色坏死斑	
3	马铃薯、番茄	48	接种组织变黄	2，3
4	生姜	48	接种组织变黄、坏死	3，4
5	桑树	48	接种组织变黄、坏死	5

（三）血清学方法

制备香蕉青枯病菌专化性的抗血清，结合免疫荧光染色（IF）及酶联免疫吸附（ELISA）等血清学方法均可用于青枯菌的检测。

（四）PCR 检测

可用 *Ralstonia solanacearum* 特异性引物扩增香蕉组织 DNA，以确定是否带有青枯菌。引物序列为：

PS96-H 5′-TCACCGAAGCCGAATCCGCGTCCATCAC-3′

PS96-I 5′-AAGGTGTCGTCCAGCTCGAACCCGCC-3′

六、检疫处理

（1）口岸检疫。由于青枯病菌传播途径多，蔓延迅速，危害严重，防除困难，世界上许多国家和地区，都对它采取严格的检疫措施，为了保护无病区香蕉业的生产，最有效和可靠的措施是禁止从疫区引进香蕉种苗和种植材料。

（2）疫区控制。青枯病菌在香蕉园或相关的寄主植株上立足后很难根除，因此，一旦发现病株，应立即销毁病园内的新有香蕉，杀灭传病昆虫，并几年内不得种植寄主植物。

第七节 甘蔗流胶病菌

一、历史、分布及危害

Dranert（1869）年首先在巴西描述了甘蔗维管束组织中流出黄色胶状物，即为甘蔗流胶病菌，该病菌为害甘蔗引起的流胶病被认为是第一个记载的甘蔗病害。然而，早在 19 世纪中叶，非洲的马斯克林群岛已有报道。随后甘蔗流胶病在马得拉岛、澳大利亚、毛里求斯、斐济相继被发现。不久，在加勒比海地区、非洲、中美洲许多国家迅速蔓延。

历史上由于种植高感的甘蔗品种，流胶病在许多国家造成严重经济损失。1893～1899年，澳大利亚部分地区特别是新南威尔士甘蔗流胶病大流行，导致甘蔗减产30%～40%，含糖量减少9%～17%。在此期间，毛里求斯也因甘蔗流胶病的严重发生，放弃种植如Bambou之类的高感品种，该品种感病后含糖量减少10%～21%。

甘蔗流胶病菌在境外许多国家均有分布，主要分布于非洲的塞内加尔、乌干达、莫桑比克、加纳、马拉维、津巴布韦、斯威士兰、毛里求斯、留尼汪、南非、马德拉岛、科特迪瓦、马达加斯加、布基纳法索；美洲的美国（夏威夷）、墨西哥、圣卢西亚、圣文森特、圣尼维斯、圣基茨、安提瓜、危地马拉、巴巴多斯、伯利兹、巴拿马、古巴、尼加拉瓜、多米尼加、波多黎各、瓜德罗普、多米尼加共和国、马提尼克、委内瑞拉、哥伦比亚、法属圭亚那、巴西、秘鲁、阿根廷；大洋洲的澳大利亚、巴布亚新几内亚、斐济；亚洲的印度尼西亚、印度。

甘蔗流胶病菌为害甘蔗除造成田间损失外，还影响甘蔗加工，如严重感病的甘蔗影响汁液的透明度，离心困难，出糖率低。20世纪30年代以来，生产上利用杂交种替代了过去的高感品种，并在澳大利亚、巴西、斐济、西印度群岛、毛里求斯等国家广泛推广应用，铲除了甘蔗流胶病，但不久由于病原新小种的出现，又相继发生和流行，如在毛里求斯过去耐病的品种，因新小种出现而变得感病，其产量损失高达45%。

二、所致病害症状

甘蔗流胶病害症状可分两个阶段，初期为条斑期，后期为系统侵染。

条斑期：叶片发病初期病斑3～6 mm宽，为黄色或橘黄色条斑，后变灰白色。症状先从叶片边缘逐渐向下延伸至基部，或从伤口中心沿叶脉扩展。根据条斑的颜色和类型，注意与甘蔗叶灼病（*Xanthomonas albilineans*）区别。条斑症状在成熟叶片上发展最快，条件适宜，叶片上均有许多条斑，并延伸至叶鞘，病菌进入茎秆引起系统侵染。叶片在系统侵染期主要为褪绿。

系统侵染阶段：茎秆维管束组织特别是节间变红色，组织破坏或形成空腔，填满菌脓和多糖类物质，严重时引起生长点的死亡。亦可使茎秆一边形成过度生长而畸形或形成"刀切口"症状，有时填满菌脓，切开茎秆可见菌脓流出。

三、病原特征

流胶病菌学名Dowson（1939）曾用*Xanthomonas vasculorum*。Dye（1978）命名为*Xanthomonas campestris* pv. *vasculorum*。1995年Dye将甘蔗流胶病菌定名为*Xanthomonas axonopodis* pv. *vasculorum*即地毯草黄单胞菌维管束致病变种。

病菌杆状，大小（0.4～0.5）μm×（1～1.5）μm，革兰氏染色阴性，好氧，单根极生鞭毛。在营养琼脂平板上，菌落圆形，黄色奶油状，光滑，在含碳水化合物的培养基上较黏。在营养葡萄糖琼脂培养基（NAD）或酵母膏葡萄糖碳酸钙培养基（YDC）上7 d后形成小的淡黄色且隆起的不透明菌落。病菌生长较慢，生长2～3 d直径约为1 mm。

病菌能液化明胶，水解淀粉，不还原硝酸盐，产氨和H_2S，不产吲哚，不液化果胶。石蕊牛乳变碱，从木糖、葡萄糖、果糖、甘露糖、半乳糖、蔗糖、阿拉伯糖、纤维二糖和甘油产酸，不产气。不从鼠李糖、麦芽糖、菊粉、水杨苷、甘露醇、山梨醇、核糖醇、赤藓糖醇、肌醇和 β-甲基-D-葡萄糖苷产酸。菌株间利用乳糖和密三糖有变化。能利用乙酸盐、丙酸盐、苹果酸盐、柠檬酸盐、延胡索酸盐和乳酸盐作碳源，不能利用葡萄糖酸盐、草酸盐、酒石酸盐作碳源。不能利用天冬酰胺作碳源和氮源；西蒙氏柠檬酸盐反应阳性，过氧化氢酶、脂酶阳性，水解七叶苷；尿酶、氧化酶和酪氨酸酶阴性，不水解马尿酸钠。NaCl 最大忍耐力为 3%～5%。

甘蔗流胶病菌具小种专化性。早在 1929 年 Ashby 首次报道存在小种变化，发现圣基茨和圣卢西亚存在不同培养特性和致病性的 2 个病原型。1958 年，留尼旺甘蔗流胶病爆发，原来抗病的品种感病，进一步表明新小种的出现。同样，虽然毛里求斯 1948 年后没有发现此病，1964 年严重爆发再次证明病原新小种的出现，至 1983 年分为 3 个小种。Hayward 于 1962 年发现，毛里求斯棕叶芦的分离物能轻微或不水解淀粉，水解明胶和酪蛋白比甘蔗上的分离物更弱。Rat 于 1972 年报道，根据留尼汪病原对 4 个抗菌素（青霉素、氨苄青霉素、四甲基青霉素和青霉素 P-12）的敏感性和 16 个从土壤中分离的噬菌体的反应，将 292 个生理生化、形态无法区分的从不同寄主和地区分离的分离物分别分为 13 个和 10 个溶菌群。

四、适生性

（一）侵染循环

病菌可随病残体遗留在土壤中越冬。从伤口侵入为害，病原通过叶片伤口侵染健康植株，高湿度或重露既是接种源（菌脓）的产生，又是新侵染点接种成功所必需的，由病切条、风雨和甘蔗切刀传播，使病害扩展蔓延。

（二）寄主范围

流胶病菌侵染的寄主有槟榔（*Areca eatechu*）、*Dictyosperma album*、*D. rubrum*、王棕（*Roystonea regia*），甘蔗（*Saccharum officinarum*）、棕叶芦（*Thysanolaena maxima*）、玉米（*Zae mays*）、危地马拉草（*Tripsac-um fasciculatum*）。甘蔗是主要寄主，其他寄主在病害流行中起很有限的作用。接种能侵染龙头竹（*Bambusa vulgaris*）、*Brachiaria mutica*、椰子（*Cocosnucifera*）、薏苡（*Coix lachryma-jobi*），羊草（*Panicum antidotale*）、大黍（*P. maximum*）、黍（*P. miliaceum*）、*P. millare*、紫狼尾草（*Pennisetum pur-pureum*）、高粱属（*Sorghum* spp.）、高粱（*S. bicolr*）、假高粱（*S. halepense*）、苏丹草（*S. sudanense*）、*S. verticilliflorum*。

（三）对环境的适应性

病菌生长最适温度 27～28℃，最高温度 37～39℃，最低温度 5℃，致死温度 50℃ 10 min。

据澳大利亚和毛里求斯的研究，甘蔗流胶病在夏季强风伴随大雨、高湿度、生长季高温的气候条件下，有利于其传播和叶片侵染。植株近成熟时遇低温和干燥条件则降低植株的抗病性，有利于系统侵染的形成和增加病害的严重度。同时，病害的严重度与飓风或台风的次数和风力有关。甘蔗流胶病在干燥的海岸地区及较高纬度地区较轻，而山坡地具较大涡流和喷灌地区发病较严重。

（四）传播能力

甘蔗流胶病菌主要由病切条、风雨和甘蔗切刀传播。农业器械、运输工具及昆虫类也可远距离传带。种蔗的切条传播在甘蔗流胶病远距离扩散中起很重要的作用，包括从一个地区或国家传到另一些地区和国家，同时保持每年或每季的接种源。

五、检验检疫方法

（一）通过症状诊断

甘蔗流胶病和甘蔗叶灼病在症状上有一定的相似性，因此在实施产地检疫和隔离试种检疫时，注意两病的区分。其症状主要差别是，甘蔗叶灼病形成长、窄且直的白色条斑，一般占叶片的大部分，严重感病时，整个叶片变黄，通常叶尖开始死亡，产生植株"烧灼"的感觉，节间缩短，甘蔗流胶病无此症状。甘蔗流胶病则形成窄的黄色条斑，边缘不规则，叶尖较多。切开茎的维管束，两病的维管束均呈红褐色，且节间处最明显，具有黄色细菌菌脓。

（二）细菌分离培养和生化测定

田间发现有可疑病株后分离病原菌。一般是将变色的维管束组织和菌脓制成悬液，在营养葡萄糖琼脂培养基（NAD）或酵母膏葡萄糖碳酸钙培养基（YDC）或酵母膏-蛋白胨-蔗糖琼脂培养基（YSP）上划线培养，观察典型菌落。7 d后形成小的淡黄色、黏稠且隆起、不透明的菌落。病菌生长较慢，2～3 d直径约为1 mm。分离的病菌可接种甘蔗测定其致病性。甘蔗流胶病菌和甘蔗叶灼病菌均是黄单胞菌，可由以下主要生化特性进行区分（表11-4）。

表11-4 甘蔗流胶病菌和甘蔗叶灼病菌主要生理生化特性

	甘蔗叶灼病菌	甘蔗流胶病菌
YDC/GYC生长菌落	不黏	黏
蛋白酶	−	+
阿拉伯糖产胶	−	+
35℃生长	+	+
水解七叶苷	+	+
尿酶	+	+

（三）血清学诊断

制备甘蔗流胶病菌特异性抗血清，通过玻片凝集试验、ELISA或免疫荧光等血清学试验能可靠地鉴定流胶病田的病原。

（四）PCR 检测

通过合成甘蔗流胶病菌特异性的引物，通过 PCR 的方法可以快速、灵敏和准确地检测和鉴定该病菌。

六、检疫处理

（1）口岸检疫。种蔗的切条传播在甘蔗流胶病远距离扩散中起很重要的作用，带菌种蔗是传入无病区的重要途径，因此在口岸要特别注意种蔗的检查，同时由于甘蔗流胶病菌可侵染其他的寄主植物，因此从疫区进口的槟榔、可可椰子、象草、几尼亚草、薏苡仁、强生草、巴拉草、大王椰子、苏丹草、甘蔗、甜蜀黍、竹及白椰子等植物，都必须检疫。

（2）除害处理。通过实验室检测，检查结果阳性的种子及种蔗，应立即收缴封存，按检疫法规改作他用、烧毁或除害处理。种蔗可用 50℃ 热处理的方法 2～3 h，并隔离试种 2～3 代。

（3）疫区控制。一旦发现病株，或发现有来自疫区的非法入境种子或种蔗已经播种（不论是否发病），都应采取销毁植株，并在 3～5 年内禁种甘蔗。种植无病种苗，种苗需进行 50℃ 热水处理 2～3 h，连续进行 2～3 代。

本 章 小 结

1992 年公布的《中华人民共和国进境植物检疫危险性病、虫、杂草名录》中列入了 7 种危险性病菌，其中玉米细菌性枯萎病菌、梨火疫病菌、菜豆萎蔫病菌和椰子致死黄化植原体为一类危险性病菌，苜蓿萎蔫病菌、香蕉细菌性枯萎病菌（青枯病菌 2 号小种）和甘蔗流胶病菌为二类危险性病菌。这些细菌在发生地都曾经或正在引起重大损失，而在我国未发生或未被发现。因此必须采取检疫的措施来阻止其入境，保护我国的农作物生产。

玉米细菌性枯萎病菌、梨火疫病菌、香蕉细菌性枯萎病菌和甘蔗流胶病菌都是革兰氏阴性细菌，归属细菌界普罗特斯门，前 2 种以前均为欧氏菌属，后来玉米细菌性枯萎病菌归到新成立的泛生菌属，为斯氏泛生菌的一个亚种，香蕉细菌性枯萎病菌是茄科劳尔氏菌（青枯菌）的 2 号小种，甘蔗流胶病菌是地毯草流胶菌的一个致病变种。菜豆萎蔫病菌和苜蓿萎蔫病菌都是革兰氏阳性细菌，归属细菌界放线菌门，这两种菌以前均在棒杆菌属（*Corynebacterium*）中，现菜豆萎蔫病菌为萎蔫短小杆菌的 1 个致病变种，苜蓿萎蔫病菌为密执安棒形杆菌的一个亚种。椰子致死黄化植原体属于植原体，包含 3 个相当于种的单元，但还没有作为种提出，尽管植原体候选属现已报告了 25 个"种"。

这些细菌一般在种子、植株、病株残体、土壤、昆虫体上越冬，从伤口和自然孔口侵入植物，沿维管束系统侵染，最终造成全株死亡。在田间由风雨、流水、昆虫、鸟类、农事操作等传播。远距离传播分别由种子、苗木和营养繁殖材料，有的可能由候鸟。在种子上存活时间一般较长。

在检验上一般都可凭其所致独特症状来判断，难以确定的可用噬菌体法和血清学方法诊断，对于微量存在的检疫性细菌可用 PCR 系列技术检测。

在检疫上要严格限制自疫区引进种苗和营养繁殖材料，严格监视国外引进种苗上，特别是境外制种基地中细菌性病害的发生，一旦发现疫情要立即采取相应的检疫处理措施，由于目前还没有十分有效的种苗和营养繁殖材料的除害措施，只能采取销毁全田及周边植株，并在几年内不种寄主植物的办法。

思 考 题

1. 为什么要把这些细菌列为进境危险性生物？
2. 这些检疫性细菌引起的症状各有何特点？
3. 这些检疫性细菌在分类地位上有哪些变化？
4. 这些检疫性细菌主要靠什么进行远距离传播？
5. 口岸检疫时检查的重点是什么？有哪些好的检验方法？
6. 对种子、苗木上的检疫性细菌进行除害处理是否可行？为什么？

第十二章　进境植物检疫性病毒

第一节　木薯花叶双生病毒

一、历史、分布及危害

木薯（*Manihot esculenta*）为大戟科木薯属块根类作物，广泛种植于热带及部分亚热带地区，是仅次于禾谷类及豆类的第三大粮食作物，同时也是重要的动物饲料和工业原料。目前，我国木薯栽培面积约 40 万 hm²，主要分布在广西、海南、广东、云南、福建和台湾等地。

早在 19 世纪后期就有关于木薯花叶病的记载，但在很长一段时期内，该病并未成为生产上的重要问题，直到 20 世纪后期，该病才逐渐成为木薯生产上的重要限制因子。全球气候变暖和保护地栽培面积的扩大，加剧了病害传播介体烟粉虱的扩散和危害，是近 20 年来木薯花叶病在许多地区暴发成灾的重要原因。

目前引起木薯花叶病的木薯花叶双生病毒（cassava mosaic geminiviruse，CMG）广泛分布于非洲、印度洋各岛（塞舌尔、桑给巴尔、Femba）、印度、斯里兰卡和爪哇等木薯产地。

木薯花叶病（cassava mosaic disease，CMD）是非洲木薯生产的重要限制因子，带病植株的插条繁育苗木后可导致 60％～80％产量损失，而长成的植株受病毒侵染导致 35％～60％产量损失。据估计，2003 年非洲大陆因该病所致的木薯产量损失为 1 900 万～2 700 万吨（总产约 9 700 万吨），折合经济损失达 19 万～27 万美元，被认为是最具经济影响力的植物病毒病害。

二、所致病害症状

木薯受侵染后，初期在叶片上显现小的褪绿斑，以后病斑逐渐扩大，最后形成典型的花叶。有时在受侵叶片背面可观察到突起，严重时叶片下卷、畸形成鸡爪状。症状的严重程度随病毒种类（株系）、作物生长季节和栽培品种的不同而异。在潮湿凉爽的条件下症状表现严重，高温条件下通常隐症或只见轻微花叶。

三、病原特征

引起木薯花叶病的病毒有多种，其中非洲木薯花叶病毒（african cassava mosaic virus，ACMV）是最主要的病原，其 DNA-A 序列于 1983 年被测定，并正式命名。近年先后在南非、东非、印度和斯里兰卡等地鉴定出南非木薯花叶病毒（south african cassava mosaic virus，SACMV）、东非木薯花叶病毒（east african cassava mosaic virus，EACMV）、东非喀麦隆木薯花叶病毒（east african cassava mosaic Cameron virus，EACMCV）、东非马拉维木薯花叶病毒（east african cassava mosaic Malavi virus，EACMMV）、东非赞茨巴木薯花叶病毒（east african cassava mosaic Zanzibar virus，EACMZV）、

印度木薯花叶病毒（indian cassava mosaic virus，ICMV）和斯里兰卡木薯花叶病毒（Sri Lankan cassava mosaic virus，SLCMV）。这些病毒均属双生病毒科（Geminiviridae）菜豆金黄花叶病毒属（*Begomovirus*），被统称为木薯花叶双生病毒（cassava mosaic geminiviruse，CMG）或木薯侵染性双生病毒（cassava-infecting geminiviruse，CIG）。

CMGs 病毒粒体双生（30×20 nm），在长轴中线上有一明显的"腰"，每一半都为明显的五角形（图 12-1）。提纯液中可观察到半球状颗粒，直径约 20 nm，偶可观察到三联体。

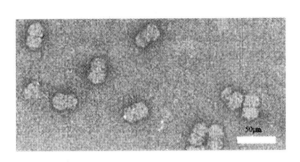

图 12-1 ACMV 病毒粒体电镜照片

（醋酸铀负染，引自 Bock KR，1985）

病毒基因组为双组分单链环状 DNA，即 DNA-A 和 DNA-B，两者大小相近，约 3.0 kb。DNA-A 编码复制酶（Rep）、复制增加蛋白（REN）、外壳蛋白（CP）和转录激活蛋白（TrAP）；DNA-B 编码核穿梭蛋白（NSP）和运动蛋白（MP）。DNA-A 与 DNA-B 大部分序列不同，但非编码区中有约 200 nt 序列相似率大于 95%，称为共同区（CR）。

病毒粒体在 Tris-HCl 缓冲液（0.001 mol/L，pH 8.0，含 0.005 mol/L 乙二胺四乙酸钠）中稳定，沉降系数为 76S 和 50S。病毒提纯制剂 A260/A280 为 1.4，提纯病毒具有中等免疫原性。本生烟（*Nicotiana benthamiana*）是最好的繁殖寄主，曼陀罗（*Datura stramonium*）可用作枯斑寄主。

ACMV 典型株系接种克里夫兰烟（*N. clevelandii*），其汁液致死温度为 55℃，体外存活期为 2~4 d，稀释限点 10^{-3}。

四、适生性

（一）寄主范围

ACMV 侵染包括木薯在内的木薯科 7 个种和大戟科某些植物，木薯和 *Jatropha multifida* 表现严重花叶，*Hewittia sublobata* 和 *Manihot glaziovii* 表现花叶，*Laportea*（*Fluerya*）*aestuans* 表现鲜亮的褪绿。

（二）株系分化

由于种间甚至属间易发生 DNA 重组及序列交换，CMG 具有很高的变异性。我国学者周雪平等（1997）证实 ACMV 和 EACMV 发生种间重组产生新的病毒变种（现称为 EACMV-UG 株系），EACMV-UG 的 DNA-A 序列与 EACMV 基本相同，CP 中间的 60％序列与 ACMV 完全相同，而与 EACMV 对应的序列仅 75％的相似性。EACMV-UG 与 ACMV 在血清学反应上不能区分，而与 EACMV 完全不同。CMG 的重组变异已被广泛揭示和认同，SLCMV 被认为是由单组分双生病毒捕获了 ICMV DNA-B 进化而成。

病毒之间的重组扩大了原有病毒的寄主范围、提高了介体烟粉虱特定种群的传毒效率及增强了对寄主作物的致病性。如 EACMV-UG 具有很强的侵染力，以每年 20 km 速度扩展，导致乌干达木薯花叶病大流行。一般认为，双生病毒的进化受地理隔离，在同一地区不同寄主上分离到的双生病毒往往较不同地区同一寄主上分离到的病毒更为相近，对于 CMG，这种进化还与传播介体烟粉虱的分化具明显的协同性，表现为烟粉虱种群传播当地病毒的效率明显高于传播异地病毒的效率。

CMG 易发生混合侵染，研究证实，EACMC-UG/ACMV 混合侵染及 EACMCV/ACMV 混合侵染具有协生作用，导致受侵木薯严重发病，病株体内病毒含量显著增加，并导致介体传毒效率提高。

（三）传播途径

该类病毒的传播途径有多种，包括嫁接传染、汁液摩擦传染，用带病毒种薯和插条繁育苗木可直接传染给下一代，在田间木薯生长季节主要通过昆虫介体传播引起再侵染。但汁液摩擦接种传染一般较难，种子和菟丝子不能传毒。烟粉虱（*Bemiisa tabaci*）是该类病毒的主要自然传播介体，以持久性方式传毒，最短获毒时间为 25 h，最短潜育时间为 8 h，最短接种时间为 10 min，获毒烟粉虱持毒期约 9 d，单头成虫传毒可使约 10％木薯幼苗感病。病毒存在于介体昆虫口器中，不能经卵传至下代。

五、检验检疫方法

（一）鉴别寄主检测

采用烟粉虱或嫁接接种，鉴别寄主症状表现如表 12-1。

表 12-1　CMG 的鉴别寄主及症状表现

寄主	症状表现
木薯（*Manihot esculenta*）	严重的系统花叶至无症，因病毒分离物而异
本生烟（*Nicoticana benthainiana*）	局部褪绿斑，系统性卷叶、皱缩和黄色斑点，叶变小，节间缩短
克里夫兰烟（*N. clevelandii*）	典型株系产生局部褪绿斑，系统卷叶和矮化，最后在部分叶片上形成不规则的粗黄脉带和斑块。肯尼亚海岸株系不侵染或仅产生轻微症状
曼陀罗（*Datura stramonnom*）	典型株系引起局部褪绿和坏死斑，上部叶片沿脉变色，严重卷叶和畸形

（二）血清学检测

琼脂扩散、ELISA、免疫电镜及荧光抗体染色等血清学技术均可用于 CMG 的检测，其中各种 ELISA 法应用最普遍。但联体病毒科某些病毒之间存在血清学交叉反应，因此血清学检测还必须结合其他检测技术（如：生物学或分子生物学试验）才能对病毒进行准确鉴定。如 ACMV 与菜豆金色花叶病毒 (bean golden mosaic virus, BCMV)、南瓜花叶病毒 (squash mosaic virus, SqMV) 血清学相关,但 BCMV 和 SqMV 能侵染菜豆和西葫芦,而 ACMV 不侵染这两种植物。

(三)病毒粒体电镜观察

可采用常规方法从发病木薯叶片或本生烟叶片中抽提病毒,负染后电镜观察病毒粒子形态。

(四)PCR 检测

参考 Zhou 等(1997)和 Owor 等(2004)的方法。由于 CMG 基因组高度易变,在进行 PCR 检测时必需筛选合适的引物,或采用简并引物或多引物进行多重 PCR,并对扩增产物进行序列测定和分析。

六、检疫处理

带病毒种薯和插条是该病毒的主要初侵染来源,因此非该病毒分布区要加强对调运的繁殖材料的检验,不从病区引进木薯种苗。茎尖分生组织培养脱毒材料可作为全球种质交流材料。此外,发现病株立即拔除,并杀灭介体烟粉虱,可减轻病害的发生。

第二节 可可肿枝病毒

一、历史、分布及危害

可可肿枝病是可可树的毁灭性病害。该病 1934 年首先在西非报道。病原可可肿枝病毒(cacao swollen shoot virus, CSSV)原为寄生在非洲西部林木上的一种病毒,随着可可的引入,侵染可可并引致严重病害。

目前,CSSV 主要分布于加纳、尼日利亚、科特迪瓦、塞拉利昂、刚果、多哥、特立尼达和多巴哥、委内瑞拉、哥伦比亚、哥斯达黎加、斯里兰卡和印度尼西亚(爪哇岛)等国家和地区。

可可(*Theobroma cacao*)属梧桐科常绿小乔木,原产于南美洲亚马逊河上游的热带雨林。主要分布在赤道南北纬 10°以内较为狭窄的地带,我国海南省,可可种植业正在发展中。

可可感染该病毒后,其生长和产量均受到严重的影响,病树第一年减产 25%,第二年减产 50%,感病品种,如 Amelonado 等,感病后 3~4 年内整株死亡。至 1982 年,加纳已有 1.68 亿株可可树因发生此病而被砍掉。据估计,世界可可产区,因此病年平均损失超过 10%。

二、所致病害症状

病毒侵染可可后引起枝条的节间和枝梢末端肿胀,有时还可导致根部特别是主根肿大,严重时侧根坏死。

病株叶片初期出现明脉,以后产生褪绿斑点,或形成网纹状花叶。病树所结荚果小，豆粒少而小。未成熟的果荚上有淡褐色的斑块，成熟的果荚上病斑呈深红色。

症状因病毒的株系不同而有变化，有的株系引起枝条肿大，且在叶片上产生红色脉带，后转为明脉。有的株系还可引起沿脉红色条斑或黄色条斑。

三、病原特征

可可肿枝病毒（cacao swollen shoot virus，CSSV）为花椰菜花叶病毒科（Caulimoviridae）杆状 DNA 病毒属（*Badnavirus*）。

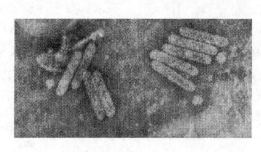

图 12-2 可可肿枝病毒（CSSV）粒子电镜照片
（引自 ICTVdB description）

病毒粒体杆状（图 12-2），约 123nm～（130×28）nm，粒子沉降系数为 218～220 S。病毒基因组为环状双链 DNA，分子内部特定位点具有单链断口，基因组全长 7 161 bp，包含 5 个 ORF，所有 ORF 均位于正链，ORF1、ORFX、ORFY 编码产物分子质量分别为 16.7、13.1 和 14.1 kDa，但功能尚不详；ORF3 编码分子质量为 211 kDa 多聚蛋白，包括天冬氨酸蛋白酶、运动蛋白、外壳蛋白、逆转录酶和 RNA 酶 H；ORF2 编码产物 14.4 kDa，具有核酸结合特性。

部分提纯病毒的病毒汁液致死温度为 50～60℃，稀释限点 10^{-4}～10^{-2}，在 2℃ 左右其侵染活性可保持 2～3 个月。

病毒粒子仅分布于可可树韧皮部伴胞细胞及少数木质部薄壁细胞的细胞质中。

四、适生性

（一）寄主范围

CSSV 自然寄主除可可外，还有吉贝（*Ceiba pentandra*，别名：爪哇木棉）、猢狲木（*Adansonia digitata* Linn，别名：猴面包果树）、苹婆（*Sterculia tragacantha*）、可乐果（*Cola chlamyantha*，*C. gigantean* var. *glabrescens*）等。人工接种可侵染木棉科（Bombacaceae）、椴树科（Tiliaceae）、梧桐科（Sterculiaceae）和锦葵科（Malvaceae）等 30 多种植物，其中包括木棉和赤茎藤等。

（二）株系分化

该病毒有很多株系，曾以英文字母分别命名为：JI5，A，B，C，D，E，F，G，H，I，J，K，M，N，O，P，W，X 和 Y 株系。现在，往往以它们的发生地命名，如 New juabe 株系广泛分布于加纳的东部，是最重要的强毒株系。

该病毒具有潜伏侵染的特性，但不同株系的潜育期不同，致病性强的株系潜育期为 6～24 个月，无毒性的株系时间更长。

（三）传播途径

该病毒可通过嫁接、机械接种和介体传播。在自然条件下，主要通过介体昆虫粉蚧传播，已知至少有 14 种粉蚧可传播 CSSV。其中，最重要的是尼兰粉蚧（*Planococcoides njalensis*）、咖啡根臀纹粉蚧（*Planococcus kenyae*）、拟长尾粉蚧（*Pseudococcus longispinus*）、橘臀纹粉蚧（*Planococcus citri*）和热带弗氏粉蚧（*Ferrisiana virgata*）等。介体的 1～3 龄若虫和雌成虫均能有效传毒，雄虫不能传播该病毒。粉蚧以半持久的方式传染病毒，若虫和雌成虫是传毒虫态，且传毒效率相同，但雄成虫不能传毒，不能经卵传毒。介体最短饲毒时间为 20 min，最适获毒时间 50 min 以上；病毒在介体体内无循回期，获毒 15 min 后即可传毒。病毒在虫体内能保持 3 h 左右，但饥饿的成虫和一龄若虫能分别保持 49 h 和 24 h。介体传毒具有特异性，热带弗氏粉蚧除不能传播 Mampong 毒株之外，能传播其他所有毒株。而 Mampong 毒株只能由拟长尾粉蚧专一性地传播。拟长尾粉蚧还能传播其他多数株系。尼兰粉蚧能传播所有株系，是最重要的传毒介体。

汁液接种时，将病株在弱光下处理 1～2 d，在一定的溶液中研磨获得病叶初提液，涂于可可豆的胚部后种植，可传染成功。

该病毒不能由种子传带。

五、检验检疫方法

（一）鉴别寄主检测

隔离试种观察症状，嫁接或人工汁液摩擦接种进行指示植物测定。这是目前国际上常用的 CSSV 检疫检测技术，但该技术至少需耗时 2 个月。主要鉴别寄主及其典型症状如下。

1. 可可　　很敏感，易被带毒粉蚧传毒感染，也能用较浓的病毒制剂机械摩擦接种。汁液摩擦接种时，先将病株放在弱光下处理 24～48 h，取病叶除去叶脉，用含有磷酸盐、半胱氨酸、乙二胺四乙酸盐溶液真空浸透，第一次浸透后将溶液倒掉，叶片在新鲜溶液中再浸透一次，取出叶片在含抗氧化剂的磷酸缓冲液中研成汁液，再进行接种，约 5% 可可植株可被接种成功。品种"Amelonado"最为敏感，幼苗在 20～30 d 内发生明显的沿脉变红、叶片褪绿；2～12 周后，枝条会表现肿大。

2. 黄麻（*Corchorus* spp.）　　对多数毒株敏感，接种后很快死亡。

（二）显色法

将可可病茎横切成 2 mm 厚的小块，放入盛有无水甲醇（每 100 ml 加入 2～5 滴浓盐酸）的带盖培养皿中，数分钟内病茎呈深红色。

（三）血清学及 PCR 检测

由于可可组织抽提物中含有较多的干扰物质，采用常规的 ELISA、斑点杂交（dot blot）和 PCR 均不能从无症带毒可可植株中检出 CSSV。采用多克隆抗体进行免疫电镜（IEM）和 ELISA 研究揭示，CSSV 各分离物（1A、Nsaba 及 Kpeve）在血清学上存在差异。对于这些分离物，仅 1A 多克隆抗体能从病树组织中检出相应的病毒。Hoffmann 等（1999）提纯上述三个病毒分离物，免疫小鼠制备单克隆抗体，结果仅制备出 1A 特异的单克隆抗体，而未能制备出 Nsaba 及 Kpeve 特异的单克隆抗体。Muller 等（2001）改进核酸抽提方法，采用简并引物与特异引物相结合的 PCR 方法，能可靠地检测 CSSV。

六、检疫处理

禁止从病区引进可可树苗以及其他寄主种植材料。病区应种植抗耐病品种和防治传毒昆虫。提倡砍除病株，以减少传毒源。

第三节　马铃薯帚顶病毒

一、历史、分布及危害

1966 年英国北爱尔兰首次发现马铃薯帚顶病，随后在欧洲的低温地区、南美的 Andes 和亚洲也发现该病毒病。捷克 1983 年首次报道有该病毒病发生，邻近我国的日本于 1981 年发现此病危害。加拿大 1991 年、美国 2002 年分别报道有该病毒病发生。

目前该病毒主要发生在中欧、北欧及南美的安第斯山区。分布于欧洲的荷兰、丹麦、挪威、瑞典、芬兰、捷克斯洛伐克、英国（苏格兰、北爱尔兰），美洲的秘鲁（阿普里马克、库斯科、普诺、瓦努科、胡宁、利马巴、安卡拉、卡哈马卡、拉利伯德、帕斯科）、玻利维亚（科恰班）和亚洲的以色列、日本（广岛），近年在美国和加拿大也发生。

马铃薯感染该病毒后产量和原种生产受到严重损失，病区田间马铃薯发病率约 35％～60％，严重时发病率达 70％以上。受害薯块的产量损失达 30％左右，严重时可达 75％。病株所结薯块畸形、变小，降低商品价值。

二、所致病害症状

该病毒所致症状因品种和环境条件不同而异，田间病株常见帚顶、奥古巴花叶和褪绿 V 型纹 3 种主要症状类型。

帚顶症状表现为植株节间缩短，叶片簇生，部分小的叶片具波状边缘，整株矮化、束生。在马铃薯 Alpha、Pilot、Arran、Consul 和 Record 品种上这种表现很明显。

奥古巴花叶表现为植株基部叶片上形成不规则的黄色斑块、环纹和线状纹，部分品种病株中上部叶片也产生类似斑纹，但病株通常不矮化。

褪绿 V 型纹发生于植株的上部叶片，但不常见。有的病株早期下部叶片发生奥古巴花叶，后期上部叶片出现 V 型纹。

病株所结薯块上的症状也因品种而异，在某些品种上明显，而在另一些品种上不明显，且有初生症状和次生症状之分。初生症状为受侵染植株当年所结薯块表现的症状，次生症状是由带病毒薯种种植后长成的植株所结薯块上的症状。在 Arran Pilot 品种上初生症状为块茎表面轻微隆起，产生直径 1～5 cm 的坏死或部分坏死的同心环纹，将薯块切开，可见向内部延伸的坏死弧纹或条纹；次生症状表现为薯块畸形、大的龟裂和薯块表皮出现斑纹，薯块内部呈坏死环纹或坏死斑。通常植株地上症状表现为帚顶的薯块，其次生症状常比植株叶片表现为奥古巴花叶的薯块更为严重。

三、病原特征

马铃薯帚顶病毒（potato mop-top virus，PMTV）为马铃薯帚顶病毒属（*Pomovirus*）典型成员，尚未归科。

病毒粒体直杆状，大小为（100～300）nm×（16～20）nm，部分提纯的病毒物有3种沉降组分，沉降系数分别为126S、171S和236S。因病毒粒体易从一端解聚，故不同文献报道其长度存在一定的差异，病毒的侵染特性与长的粒子有关。外壳蛋白单组分，基因组为三组分单链RNA，RNA1约6.5 kb，编码复制酶；RNA2约3.2 kb，编码病毒CP；T分离物RNA3约2.4 kb，S分离物的RNA3较T分离物至少长543个核苷酸，Sw分离物RNA3为3.134 kb，编码"三基因板块"蛋白和一个富半胱氨酸蛋白。目前已测定了PMTV几个分离物的CP基因序列，分析表明，其CP基因是高度保守的，但不同分离物之间致病性和某些生物学特性却存在相当大的差异。

PMTV的体外稳定性较强，在马铃薯病叶汁液中致死温度75～80℃，稀释限点为10^{-5}～10^{-4}，体外存活期10周以上（20℃）。

有研究发现PMTV与烟草花叶病毒血清学远缘相关。该病毒与小麦土传花叶病毒具有比较近缘的关系，二者粒子形态和长度都很相近，且均可通过土壤根肿菌纲真菌传播。

四、适生性

（一）寄主范围

马铃薯是已知的该病毒的主要自然寄主。仅在南美安第斯山区有茄科和藜科杂草自然感病的报道。人工接种还能侵染德伯尼烟（*Nicotiana debneyi*）、普通烟（*N. tabaccum*）、苋色藜（*Chenopodium amaranticolor*）等27种茄科和藜科植物。

（二）株系分化

其典型株系（PMTV-T）可在多种烟上产生坏死斑，其致病性相对其他株系更强。已报道有多个分离物，如PMTV-S来源于苏格兰，PMTV-Sw来源于瑞典。PMTV-T因不能通过真菌介体传播和其RNA3较短而不同于PMTV-S与PMTV-Sw。但分离物间无血清学差异。

（三）传播途径

带病毒种薯是该病毒远距离传播的主要途径，50%病株可通过块茎将病毒传给下一代。在田间，病毒通过土壤中的真菌介体马铃薯粉痂菌（*Spongospora subterranean* f. sp. *subterranea*）传播，马铃薯粉痂菌广泛分布于世界各国，寄生于马铃薯的块茎、茎和根部。病毒在传毒真菌介体的休眠孢子囊中至少可存活2年，有的可达10～18年。当休眠孢子萌发所产生的游动孢子侵入寄主时，便将病毒粒体带入马铃薯根部，因此发病田块的土壤移动可起传播介体的作用。马铃薯粉痂菌还能引起马铃薯粉痂病，目前尚无有效的防控措施。该病毒还可通过汁液摩擦接种传染。

已发现种薯传播效率可发生变化，在缺乏真菌介体时，经过 3 代的繁育后，病薯块可逐步康复，而不带病毒。

（四）发病规律

病害在多雨地区或年份发生较重。目前主栽的马铃薯品种中尚未发现有效的抗病品种。

五、检验检疫方法

（一）症状观察

可直接观察薯块有无畸形、龟裂和薯表斑纹，有的品种薯块剖开后可见内部呈坏死环纹或坏死斑。种薯也可在隔离条件下种植，观察幼苗症状。

（二）鉴别寄主鉴定

用病叶汁液机械摩擦接种鉴别寄主，常用的鉴别寄主及症状特征如下。

1. 苋色藜（*Chenopodium amaranticolor*）　　接种 6 d 后，叶片上产生局部蚀纹状坏死环纹，以后连续出现同心环纹；病斑不断扩大直至全叶。

2. 三生普通烟（Xanthi-nc 或 Xanthi-NN）　　在温度为 20℃ 以下时，接种叶产生局部坏死或褪绿环斑，高温时常无症。

3. 德伯尼烟（*Nicotiana debneyi*）　　接种叶形成坏死斑或褪绿环斑，系统感染叶呈褪绿或坏死栎叶纹，冬季所有接种植株均可被系统感染，但夏季只有少数植株发生系统侵染。

4. 曼陀罗（*Daturea stramonium*）　　接种叶上产生环死斑或同心坏死环，仅冬季发生系统侵染。

5. 马铃薯品种 Arran Pilot 和 Ulster Sceptre　　接种叶出现散生的坏死斑，无系统侵染。

（三）土壤中病毒测定

马铃薯收获季节，从发病田块约 25 cm 深的土层中取样，经风干后，用孔径为 50 μm、65 μm 或 100 μm 的筛子过筛，保留筛下物。以白肋烟（White Burley）、克利夫兰烟（*Nicotiana clevelandii*）、德伯尼烟幼苗作诱病寄主，种植于过筛后的病土中，在温室中 20℃ 条件下生长 4～8 周，然后洗去植株根部的土壤，用根部和幼苗的榨出汁液摩擦接种指示植物，或采用血清学及分子生物学技术检测，确定是否存在该病毒。

（四）血清学及分子生物学检测

由于病毒在块茎和植株体内的分布不稳定，而且含量极低，因此，PMTV 血清学及分子生物学检测较为困难。Sokmen 等（1998）建立了 PMTV RT-PCR 及 ELISA 检测技术，两技术均能从马铃薯块茎中检出 PMTV，但两者的检测结果不能很好地吻合，分析认为是由于病毒分布不匀、含量太低所致，如检测前将块茎置 20℃ 保存 4 周，可提高两种检测方法的病毒检出率。PMTV 粒体易断裂，提纯非常困难，制备病毒粒体抗血清难度较大，因此有人尝试用病毒 CP 基因原核表达产物制备抗血清，并成功地用于病毒检测。此外，Mumford 等（2000）建立了从马铃薯块茎和叶片中同时检测烟草环斑病毒（TRV）和 PMTV 的实时荧光 RT-PCR 技术；Bystricka 等（2003）制备了同时检测马铃薯 6 种病毒的基因芯片，这 6 种病毒是 PVA、PVS、PVX、PVY、PMTV、PLRV。

六、检疫处理

实行严格的检疫，禁止从疫区引进马铃薯。发病区需实行轮作，以降低发病率。使用无病毒种薯进行繁殖，对带病毒马铃薯进行脱病毒处理，以及使用药剂防治粉痂病，减少病毒病传播等都可减轻该病的发生。

第四节　马铃薯黄化矮缩病毒

一、历史、分布及危害

Barrus 和 Chupp 于 1922 年首次报道了发生在美国马铃薯（*Solanum tuberosum*）上的马铃薯黄化矮缩病毒病。该病毒最早发生在美国东北部以及加拿大东部，其中 CYDV 株系仅发现于美国新泽西州。病区一般流行年份，减产 15%～25%，严重时可达 75%～90%。

目前该病毒主要分布在加拿大、亚伯达、不列颠、哥伦比利、新不伦瑞克、安大略、魏北克、加利福尼亚、佛罗里达、印第安纳、缅甸、马里兰、马萨诸塞、明尼苏达、佛蒙特、弗吉尼亚、威斯康星、怀俄明。

二、所致病害症状

马铃薯病株表现矮缩、明显的黄化和坏死症状。在生长季节的早期，病株顶部枯萎，上部的茎开裂，由开裂处可见髓部和皮层有明显的锈色坏死斑点，这种坏死斑在上部的节间处尤为明显。病株节间缩短，产生丛枝现象；小叶通常卷曲，有时也见皱缩。病株结薯少而小，块茎与茎部的距离很近，有的块茎畸形、表皮开裂，切开病薯在髓部周围和皮层可见锈色斑点，病块茎的中部和芽尖普遍产生坏死病痕。在土温较高的条件下，带病毒种薯不能出苗或出苗不久即表现症状直至死亡。高温有利症状表现，低温可推迟症状出现，在冷凉地区带毒种薯长出的植株很少显症，对产量影响相对较小。

三、病原特征

马铃薯黄化矮缩病毒（potato yellow dwarf virus，PYDV）为-ssRNA 病毒，属弹状病毒科（Rhabdoviridae），为细胞核弹状病毒属（*Nucleorhabdovirus*）的代表种。

病毒粒体是弹状，大小为 380 nm×75 nm，外膜由厚约 35 nm 和间隔 5 nm 的三个层次构成。该病毒具有多形性，在进行电镜观察时可因样品处理方法不同而呈现出不同的形态，形态的多样性是因病毒粒体在磷钨酸负染或脱水过程中发生了破坏，若在抽提病毒之前对病组织进行锇酸或戊二醛固定，则病毒粒体形态保持稳定。病毒粒体含 20% 以上类脂，5 种结构蛋白。提纯的病毒液含单个沉降组分，沉降系数为 800 S。基因组为线形单链 RNA，约 12.6 kb，但未见有关序列报道。

在黄花烟病叶汁液中病毒的致死温度为 50℃，稀释限点为 $10^{-4} \sim 10^{-3}$，体外存活期 2.5～12 h（23～27℃）。用蛋白酶、苯酚或去污剂作去蛋白处理可丧失侵染活性。

四、适生性

（一）寄主范围

PYDV 主要发生在野生的茄科（Solanaceae）植物上，自然寄主除马铃薯外还有牛眼雏菊（*Chrysanthemum leucanthemum* var. *pinnatifidum*）、万寿菊、百日菊、长春花、番茄、红三叶草和绛三叶草等。人工接种可侵染茄科、菊科、十字花科、唇形科、豆科、蓼科和玄参科等的一些植物。但 1986～1988 年在美国 Minnesota 发现该病毒自然侵染多种观赏性草本植物，包括 *Mirabilis jalapa*、花烟草（*Nicotiana alata*）、*Tagetes erecta* 和 *Zinnia elegans*，引起植株的严重矮化、叶片褪绿、叶脉黄化和系统性叶脉及叶片坏死。在加利福尼亚 *Catharanthus roseus* 为自然寄主。

（二）株系分化

该病毒具有介体特异性，根据血清学反应和介体特异性，PYDV 有 2 种血清型，一种可以通过三叶草叶蝉（*Accratagallia sanguinolenta*）传播，称之为三叶草黄矮病毒（sanguinolenta yellow dwarf virus，SYDV），另一血清型通过斜纹四点叶蝉（*Agalliota constricta*）传播，称之为"constricta yellow dwarf virus，CYDV"。两种血清型都可经 *Agalliota quadripunctata* 传播。也有人根据介体专化性，将该病毒分为 4 个株系：纽约株系（SYDV）、新泽西株系（CYDV）、B5 株系和无介体株系。

（三）传播途径

该病毒可经种薯、多种叶蝉及嫁接传播。病毒在介体体内具有较长的循回期，为 6～10 d，在此期间病毒可增殖。若虫、雌成虫及雄成虫均能传毒。在缺乏取食植物时，病毒也可在成虫的体内越冬。一般认为，病毒不能经卵传递给下代。汁液机械摩擦传毒仅侵染黄花烟和心叶烟，用针刺接种法成功率较高。种子不能传毒。病毒可在感病的牛眼雏菊（*Chrysanthemum leucanthemum* var. *pinnatifidum*）、马铃薯块茎以及叶蝉成虫体内越冬。牛眼雏菊是侵染田间马铃薯的主要毒源，三叶草虽是介体昆虫较喜欢的寄主，但极少被感染。

高温有利于病毒在马铃薯上的扩展，低温可使病毒扩展受到抑制。冬季严寒大大降低叶蝉的越冬虫口，从而减少病毒的传播。干旱季节能促使介体昆虫向马铃薯田间转移，有利于病害的流行。

五、检验检疫方法

（一）隔离试种

系统观察症状发展，并结合其他病毒检验方法诊断。

（二）利用鉴别寄主检验

取供检薯块长出的叶片，在缓冲液中研成汁液，接种以下鉴别寄主，观察症状反应，作出判断。

1. 黄花烟（*Nicotiana rustica*）和德伯尼烟（*Nicotiana debneyi*）　二者为该病毒的良好鉴别寄主和保存寄主。接种前暗处理 18～24 h 可提高接种效率 2～4 倍，接种后保持在 26～27℃ 或稍高温度下有利于发病。接种 1 周后，SYDV 株系在接种叶上产生不规则黄色病斑；以后在幼叶上产生系统斑驳和黄化，有时茎上有淡绿色或黄色条纹。CYDV 株系在接种叶上产生不同形状的局部病斑，系统症状发展缓慢。

2. 绛三叶草（*Trifolium incarnatum*）　可经介体接种或用针刺法将病毒接种。SYDV 株系产生系统明脉，最终引起植株死亡。CYDV 株系首先在老叶上出现系统症状，表现为褐色锈斑和线纹，通常不致植株死亡。

3. 普通烟（*N. tabacum*）、心叶烟（*N. glutinosa*）和克利夫兰烟（*N. cleve-landii*）　产生局部病斑，以后出现系统性花叶和脉黄。

（三）电子显微镜观察

用电镜观察法检查病毒粒体形态。

（四）血清学检验

ELISA 已成功用于 PYDV 检测和株系的区分，进行常规检测时可将两种血清型的抗体混合使用。

六、检疫处理

加强检疫禁止从疫区进境马铃薯种用块茎。发病区应种植无病种薯，减少初侵染来源，无病毒种薯种植田块应远离三叶草地块，以减少介体传病。拔除病株，并喷药防治叶蝉，防止病害传播，种植抗病品种可减轻病害发生程度。

第五节　番茄环斑病毒

一、历史、分布及危害

1936 年 Price 首次报道发生在美国烟草上的番茄环斑病。

在许多国家都有分离到 ToSRV 的报道，但目前此病毒及其引起的病害主要集中发生在北美温带地区，即美国和加拿大。此外，欧洲的保加利亚、德国、加拿大、意大利、前南斯拉夫、前苏联、荷兰、丹麦、法国、匈牙利、挪威、波兰、比利时等地，大洋洲的新西兰、澳大利亚及亚洲的土耳其、日本、朝鲜和我国台湾省也有分布。

ToRSV 可以危害许多重要的经济作物，是北美发生最严重的植物病毒病之一，导致严重的产量损失。葡萄受侵染后节间缩短，茎尖丛生，叶脉黄化，座果率低，单果变小，中度发病产量损失 76%，严重感染的产量损失高达 95%，特别严重的造成绝产。

二、所致病害症状

该病毒引起多种果树的重要病害，在不同果树上的症状表现也各不相同，其中发生与危害较大的有以下几种。

（一）桃树茎痘病

最初于 1960 年由 Christ 在美国新泽西州的一处桃园发现，此病目前在美国和加拿大的桃园普遍发生。

该病的典型特征是在树干上形成茎沟和茎痘，树干的树皮变厚，树皮发软，呈海绵状，增厚的树皮通常发生在靠近地面或地面以下的树干上，将树皮剥去，会发现树干上出现凹陷和沟槽，有时还伴随着耳突和坏死斑。受害严重时，树主干基部的木质部裂解，纤维组织坏死，树根腐烂。染病桃树的叶片褪绿，春天叶芽的发育推迟，秋天叶片提早脱落，叶鞘上卷。病树的果实畸形，果味变异，提前成熟或脱落。一般来说，桃树感染茎痘病后，生长停止，树势迅速减退，产量逐年降低，2~4 年后桃树死亡。此病害在油桃等其他李属植物上的症状与桃树基本相似。症状的轻重与病害的发展阶段、品种都有关系。如欧洲李、日本李和酸樱桃受侵染枝条下垂，而杏和桃就无此表现，杏受侵染茎下部膨大，树皮变厚，开裂。受侵染的不同品种树其茎沟的类型、耳突的数量还存在差异。

（二）桃树黄芽花叶病

此病最早于 1936 年在美国加利福尼亚州的桃子和扁桃上发现，现在该病在美国各地的桃、油桃、李和洋李等果树上发生普遍。

该病害的明显特征是春天桃树发芽抽叶时，病树的叶芽只长出黄白色的叶簇，这些叶簇在 2~5 mm 时大部分死亡，因而受侵染的枝条成为光杆。新受感染的植株的叶片，在主脉附近出现不规则的褪绿斑，以后叶片弯曲，褪绿斑处死亡脱落而产生一些缺口。第二年，感病的枝条长出浅黄色生长缓慢的小芽簇，即"黄芽"。由于病树的叶片不能正常发育生长，所以病树的产量很低。

（三）苹果接合部坏死和衰退病

1976 年，Stouffer 和 Uyemoto 首先在以 MM106 为基砧的"红元帅"苹果品种上发现此病。在接合部产生明显的深色凹陷线纹，受侵染的苹果树枝条稀少、叶片变小、褪绿。病株开花增多，果实变小且颜色变深，树皮颜色淡红，皮孔突起。重病树通常在砧木和接穗接合部以上表现出肿胀，部分或全部裂开，接合部皮厚，剥掉树皮会发现树皮呈海绵状增厚、多孔，内表皮有深色的线纹。在嫁接口附近的木质部表面可见小而深的痘斑。苹果感病后，树势明显减弱，果实提早脱落，产量逐年降低，数年后病树成为枯枝，而不得不将其拔除。

（四）葡萄黄脉病

被侵染的葡萄以黄脉为主，叶片表现黄化、斑驳、褪绿斑和卷叶等症状。病树叶片变小，节间缩短，顶端丛生，植株严重矮化，座果率降低，果实小，严重的常绝产，并在几年内逐渐枯死。

此外，ToRSV 也是北美复盆子上最危险的病毒。它在复盆子上引起的症状与品种抗性和种植年限有很大关系。在受侵染当季不表现症状，第二年春天叶片出现黄色环斑、条纹或叶脉褪绿，叶片生长推迟。与正常植株比较，很大比例的病株表现不结果或形成易碎果。

三、病原特征

番茄环斑病毒（tomato ring spot virus，ToRSV），为 + ssRNA 病毒，属豇豆花叶病毒科（Comoviridae）线虫传多面体病毒属（*Nepovirus*）。

病毒粒子为等轴对称多面体，直径约 25 nm。基因组为 + ssRNA，全基因组大小为 15.8 kb，其中 RNA1 和 RNA2 分别为 8.5 kb 和 7.3 kb，外壳蛋白分子质量为 5.8 kDa。提纯病毒含有 3 种沉降组分，沉降系数分别为 127 S（B）、119 S（M）和 53 S（T）。在氯化铯（CsCl）中的等密度点为 1.5 g/cm^3。

热钝化温度 58℃，体外存活期 21 d，稀释限点 10^{-3}。苯酚或去污剂作去蛋白处理不影响侵染活性。

四、适生性

（一）寄主范围

ToRSV 的寄主范围极广，人工接种可侵染 35 科 105 属 157 种以上的单子叶和双子叶植物，自然条件下可侵染多种木本、草本、果树和观赏植物。常见的自然寄主有葡萄、桃、李、樱桃、苹果、榆树、悬钩子、复盆子、玫瑰、天竺葵、唐菖蒲、水仙、五星花、大丽花、八仙花、千日红、接骨木、兰花、大豆、菜豆、烟草、黄瓜、番茄，以及果园杂草（如蒲公英、繁缕）等。

（二）株系分化

根据其寄主和引起的病害特征，该病毒可分为几个株系。

1. 烟草株系（tobacco strain）　　在自然条件下发生在烟草上，主要分布在美国东部。

2. 葡萄黄脉株系（grape yellow vein strain）　　在自然条件下发生在葡萄上，主要发生在美国西部。

3. 苹果结合部坏死株系（apple union necrosis strain）　　在自然条件下发生在苹果上，引起苹果树结合部坏死和衰退。

4. 桃黄芽株系（peach yellow bud strain）　　在自然条件下发生在扁桃、桃和杏上。

（三）传播途径

ToRSV 可通过汁液摩擦机械接种至草本寄主。在木本植物上只能通过嫁接和介体线虫传播。剑线虫属（*Xiphinema*）线虫是 ToRSV 在田间流行的重要介体，其中的美洲剑线虫（*X. americanum*）是传播该病毒的优势种群。*X. rivesi* 和 *X. californicum* 则分别为美国东、西部的重要传毒介体。在德国，*X. brevicolle* 为 ToRSV 传毒介体。线虫传毒能力可保持几周或几个月，其饲毒期和传毒期均在 1 h 以内，但蜕皮后丧失传毒能力。美洲剑线虫也是烟草环斑病毒的介体，因此当这两种病毒同时存在时，同一条线虫能同时传播烟草环斑病毒和番茄环斑病毒。在病果园中，线虫每年以 2 m 的速度向四周蔓延。

此外，该病毒还可随寄主的种子和苗木调运进行远距离传播。据报道，大豆的种传率为 76%，接骨木 11%，蒲公英 20%，红三叶草 3%~7%，悬钩子 30%。番茄的花粉也能传播 ToRSV，传毒率为 11%。

五、检验检疫方法

（一）生物学检测

生物学方法是病毒检测最常用的方法之一。将 ToRSV 摩擦接种于以下鉴别寄主上，2~3 周后出现明显症状。

1. 昆诺黎（*Chenopodium quinoa*）和苋色黎（*C. amaranticolor*）　　产生局部褪绿或坏死斑，系统性顶端坏死。

2. 黄瓜（*Cucumis sativas*）　　接种叶产生局部褪绿或坏死斑点，以后形成系统性斑驳。

3. 菜豆（*Phaseolus vulgaris*）和豌豆（*Pisum sativum*）　　接种 3~5 d 后产生局部褪绿斑或环斑，系统性顶部叶片坏死。

4. 番茄（*Lycopersicum esculentum*）　　接种叶局部坏死斑块，系统性斑驳和坏死。

5. 克里夫兰烟（*Nicotinia clevelandii*）　　局部坏死斑，系统性褪绿和坏死。

6. 普通烟（*N. tabacum*）　　接种叶局部坏死或环斑，系统性环斑或线状条纹。

7. 矮牵牛（*Petunia hybrida*）　　接种叶表现局部坏死斑，嫩叶表现系统的坏死和枯萎。

8. 豇豆（*Vigna unguiculata*）　　局部坏死和褪绿斑，系统性顶端坏死。

豌豆、豇豆、烟草、苋色黎及昆诺黎是该病毒很好的枯斑寄主，黄瓜是线虫传毒实验的毒源和诱饵。黄瓜、烟草、矮牵牛都可作为繁殖寄主。

（二）血清学和 PCR 检测

可用病毒特异抗体采用 ELISA 法检测，也可合成特异引物用 PCR 法检测。PCR 法的灵敏度较 ELISA 更高。

用血清学方法应注意的几个问题：

（1）ToRSV 和 TRSV 同处于一个病毒属，其寄主范围、症状和粒体形态均非常相似，两者经常容易混淆，但无血清学亲缘关系，血清学方法可有效地将它们区分开来。

（2）因为 ToRSV 存在较多株系，株系特异性很强，在进行血清学检测时存在株系特异性，即来源于某一株系的抗体只能检测其对应的株系或血清学关系较近的株系，因此在检疫检验时应采用来源于不同株系的抗体进行检测分析，避免漏检。

六、检疫处理

对该病毒引起的果树病害最有效的控制方法是使用健康的繁殖材料，通过 38℃ 热处理 24～32 d 脱除病毒获得无病毒的单株，用于繁殖的无病毒母本植株应与其他果园保持一定的距离。该病毒还可随寄主的种子和苗木调运进行远距离传播，在对外引种或地区间种子、苗木和繁殖材料调运过程中要加强检疫，避免将病毒或该病毒介体线虫传入新区。

第六节　南芥菜花叶病毒

一、历史、分布及危害

南芥菜花叶病毒（arabis mosaic virus，ArMV），曾称为悬钩子黄矮病毒（raspberry yellow dwarf virus）。1944 年 Smith 和 Markham 首次报道了发生在英国的南芥菜（*Arabis hirsuta*）上的 ArMV。

目前该病毒已广泛分布于世界各地，包括欧洲的比利时、保加利亚、塞浦路斯、捷克、丹麦、芬兰、法国、德国、匈牙利、爱尔兰、意大利、卢森堡、摩尔多瓦、瑞典、瑞士、挪威、波兰、罗马尼亚、斯洛伐克、荷兰、土耳其、英国、乌克兰和南斯拉夫；亚洲的日本、前苏联、土耳其；非洲的南非；北美洲的加拿大；大洋洲的澳大利亚和新西兰等。

ArMV 经常与悬钩子环斑病毒（raspberry ring spot virus，RaRSV）和番茄黑环病毒（tomato black ring virus，ToBRV）复合侵染。该病毒可引起草莓某些品种的花叶病、黄化皱缩病和悬钩子黄化矮缩病。悬钩子感染该病毒后严重减产，有时甚至可导致有些品种的植株死亡。在英国和德国，该病毒与啤酒花多种病害有关，可导致啤酒花的减产，严重时高达 40%。树番茄（*Cyphemand rabetaca*）感染该病毒后，第一年和第二年分别减产 30% 和 63%。在欧洲，法国和德国的某些地区该病毒在葡萄上发生十分普遍，可使葡萄树势明显减弱，严重影响果实的产量和品质。

二、所致病害症状

ArMV 可侵染多种植物，产生的最常见症状为叶片斑驳和形成斑点，植株矮化及畸形等。症状表现因寄主植物、品种、病毒株系和发病时间等而异。在有些寄主植物上为潜隐侵染，不表现症状。

在葡萄上，该病毒引起的症状与典型的扇叶病非常相似，表现为受害植株叶片和茎干畸形，有的植株叶片出现褪绿斑驳或叶片因褪绿而呈金黄色。在悬钩子上表现为叶片黄化和植株矮缩；草莓形成花叶和叶片黄化皱缩；在黄瓜上表现为叶片褪绿斑驳；莴苣受害后植株矮化、叶片褪绿和坏死；啤酒花（蛇麻草）根部表现为不正常的黑色，叶子变小、呈锯齿状；在树番茄上早春表现为叶片轻微褪绿斑驳，以后症状逐渐消失，果实也出现黄色褪绿斑驳。在欧洲白蜡树的叶子上表现为褪绿斑驳，叶形呈锯齿状或栎树叶状。

三、病原特征

南芥菜花叶病毒（arabis mosaic virus，ArMV），属豇豆花叶病毒科（Comoviridae），线虫传多面体病毒属（*Nepovirus*）。

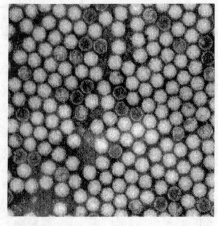

基因组为线性单链 RNA，全基因组大小为 13.1 kb，分为两部分，大小分别为 9 kb 和 4.1 kb。具有一种外壳蛋白，分子质量为 54 kDa（图 12-3）。

病毒致死温度（TIP）55～61℃，体外存活期（LIV）7～14 d，稀释限点（DEP）为 10^{-5}～10^{-3}。用蛋白酶处理可降低其侵染活性，而用苯酚或去污剂作去蛋白处理不影响侵染活性。提纯病毒含 3 种沉降组分，沉降系数分别为 126 S（B）、93 S（M）和 53 S（T）。其 A260/A280 为 1.68（B）、1.5（M）和 0.73（T）。在氯化铯（CsCl）中的等密度点分别为 1.51 g/cm^3（T）、1.5 g/cm^3（B）和 1.43 g/cm^3（M）。

图 12-3 南芥菜花叶病毒粒子电镜照片
（引自 ICTVdB description）

四、适生性

（一）寄主范围

ArMV 的寄主范围十分广泛，可侵染 30 多个科，约 174 属、215 种植物，其中包括瓜类、豆类、花卉和果树等许多重要的作物。常见的寄主植物有草莓、黄瓜、莴苣、芹菜、胡萝卜、芦笋、香石竹、水仙、郁金香、茉莉、唐菖蒲、卷丹、月季、常春藤、矮牵牛、福禄考、瑞香、大麻、薄荷、忽布、甜菜、烟草、草木樨、樱桃、桃、葡萄、李、杏、悬钩子、大黄、辣根，西洋接骨木、树番茄、白蜡树、橄榄、玫瑰、红醋粟、马铃薯、菠菜、西芹、白菜、花椰菜、芜菁、菜豆、斑豆、蚕豆、豌豆和大豆等。

（二）株系分化

已发现 ArMV 有多个株系，各株系间在血清学上密切相关。但不同株系在寄主范围、症状表现和传毒线虫种类上有所不同。已发现来源于悬钩子的 ArMV 株系和来源于啤酒花的 ArMV-H 株系寄主范围明显比其他株系窄。啤酒花荨麻病毒与该病毒的典型株系在血清学上相关，但在寄主范围和症状反应上不同。此外，该病毒与葡萄扇叶病毒（grapevine fanleaf virus，GFLV）和楸木花叶病毒（dogwood mosaic virus，DMV）血清学远缘相关，且 ArMV 与 GFLV 间有交互保护作用。ArMV 与其他线虫传多面体病毒血清学不相关。

（三）传播途径

该病毒的传播方式有多种。在自然条件下主要通过各种剑线虫传播，其中异尾剑线虫（*Xiphinema diversicaudatum*）为最重要的传播介体，此外，悬钩子剑线虫（*X. bakeri*）和麦考岁剑线虫（*X. coxi*）及矛刃科（Dorylamidae）线虫也可传播该病毒。异尾剑线虫的幼虫和成虫都能传播 ArMV，病毒存在于线虫的口腔、前食道和食道球中，其传毒能力不能由母代传递到子代，获毒幼虫脱皮后不能保持传病毒能力，需重新取食获毒。线虫从受侵染植物根部获毒只需 1 d，接毒期为 3 d。线虫获毒后可在无寄主植物的土壤中保持传病毒能力达 15 个月以上。

该病毒还可通过机械接种、嫁接和植株间相互接触等方式传染。远距离传播主要通过种子、苗木、块根、鳞茎和其他无性繁殖材料的调运传播。种子带病毒非常普遍，有 14 个科的 20 多种植物的种子可以传播该病毒，最高带毒率达 100%，在大豆上的种传率为 2%～11%。在田间，带病毒杂草种子萌发长出的实生苗可以成为介体线虫取食和病毒传染来源之一。

有报道菟丝子（*Cuscuta europaea*）可传播该病毒，有证据表明在啤酒花上该病毒（ArMV-H）可通过花粉传播。

五、检验检疫方法

（一）电镜观察

该病毒为二分体基因组，在电子显微镜下观察，病毒粒子为等轴对称多面体，直径约 30 nm，病毒粒子存在于寄主植物的表皮、韧皮部及植物各部分。组织切片观察可见不同类型的内含体，为不定形的 X 体、颗粒状、空心球体和同心球状体。含病毒的管状体成列分布在胞间连丝处。

（二）嫁接传染鉴定

可通过嫁接传染到某些敏感的指示植物上，在德国筛选出 Siegfriedrebe（FS4 201-39）作为葡萄上 ArMV 的良好指示植物。ArMV 接种数周后，该指示植物表现出茎部畸形和叶片变色。

（三）草本鉴别寄主反应

可通过汁液摩擦接种草本寄主。

1. 昆诺藜（*Chenopodium quinoa*）和苋色藜（*C. amaranticolor*）　　接种 4～6 d 后，接种叶片出现局部褪绿斑，以后产生系统性褪绿斑驳。

2. 墙生藜（*Chenopodium murale*）　　系统性褪绿斑、环斑或坏死斑。

3. 黄瓜（*Cucumis sativus*）　　子叶局部褪绿斑，系统性褪绿斑或环斑、斑驳。

4. 白肋烟（*Nicotiana tabacum* cv. White Burley）　　褪绿或坏死斑，有些株系产生系统性褪绿斑点、环斑和线纹斑。

5. 三生烟（*Nicotiana tabacum-samsun* NN）及珊西烟（*Nicotiana tabacum-xanthi*

NC) 局部褪绿或坏死斑，系统性黄斑或黄色环纹，后期生长的叶片不表现症状。

6. 心叶烟（*N. glutinosa*）　产生明显的褪绿环斑。

7. 番杏（*Tetragonia expansa*）　接种 5~6 d 后，接种叶片上出现 1~2 mm 褪绿斑点，以后发展成坏死环斑，然后融合成片，新生叶片一般无明显的症状。

8. 菜豆（*Phaseolus vulgaris*）　在"Prince"品种上表现褪绿局部斑，后系统性坏死、畸变。

9. 矮牵牛（*Petunia hybrida*）　局部褪绿斑或小坏死环斑，系统性环斑、线纹斑或明脉。

10. 野南芥（*Arabis birsutus*）　产生深绿色环纹及线纹或斑纹，无坏死症状。

但是，并非所有株系（如啤酒花株系 ArMV-H）都产生这些明显可见的症状，此外，由于 ArMV 通常同草莓潜环斑病毒（SLRV）混合侵染，且二者都可经线虫介体传播，并产生相似的症状，因此利用血清学鉴定更为可靠。

（四）血清学检测

目前已有该病毒的单克隆和多克隆抗体出售。可采用常规的 ELISA 技术对该病毒检测。已发现在采用 ArMV 的单克隆抗体进行检测时，存在株系特异性。在使用多克隆抗体采用 F（ab′）2- ELISA 检测时也存在株系的差异。因此，在检验过程中当有可能因株系差异出现漏检时，应结合其他方法进行确认。

此外，也可采用免疫电镜技术进行鉴定，其灵敏度较常规电镜观察高 1 000 倍以上，同时由于抗体的特异修饰作用，可以区分形态相似的病毒（如其他线虫传多面体病毒）。

（五）分子生物学技术

目前已有多个试验室制备了该病毒的特异探针，可采用核酸分子杂交技术对该病毒进行检测。也可根据报道的该病毒核苷酸序列合成特异性引物，采用多种 PCR 技术进行检测。ArMV 和 GFLV 二者均为葡萄上的重要病毒，不仅产生的症状相似，而且血清学也相关，采用常规的血清学方法有时难以区分。Wetzel 等（2002）根据两种病毒不同分离物的运动蛋白保守序列设计一对引物，采用 RT-PCR 或 IC-RT-PCR 扩增，然后用限制性内切酶 Sph1 处理，可以区分 ArMV 和 GFLV，其中 GFLV 有一酶切位点，而 ArMV 无。我国闻伟刚等（2003）根据 ArMV 的外壳蛋白基因的保守序列设计一对寡核苷酸引物：5′ TTGGCAGCGGATTGGGAGTT 3′（Primer1）和 5′ ATTG-GTTCCAGTTGTTAGTGAC 3′（Primer2），采用一步 RT-PCR 技术对 ArMV 进行检测，获得较好的效果。

目前我国已制订了该病毒的检验检疫标准：SN/T1150-2002，南芥菜花叶病毒检疫鉴定方法。在检验过程中可根据具体情况参照标准并结合以上方法作出准确的判断。

六、检疫处理

控制 ArMV 的根本措施是执行严格的管理制度，在自然条件下，该病毒的传播速率较低，因此种植无病毒的苗木是控制 ArMV 的有效措施。在有介体线虫存在的地区，种植无病毒植株时，对土壤进行熏蒸或休闲一年以上对抑制该病毒病的传播有一定的辅助作用。调运的种苗和无性繁殖用接穗、块茎、鳞茎等是该病毒远距离扩散的重要途径，尤其是苗木的调运存在较大的风险，不仅苗木本身潜带病毒，而且根部还可携带介体，这样很容易在新的环境建立有效的侵染体系。我国在1999年昆明世博会上曾从日本的菊花上检测到该病毒。因此对引进的繁殖材料应执行严格的检疫检验，发现带该病毒的植株应及时销毁或进行脱病毒处理。新种植区应使用无病毒材料，并禁止携带土壤以避免传带介体线虫。

第七节　南方菜豆花叶病毒

一、历史、分布及危害

Zaumeger和Harter于1943年首次报道了发生在美国弗吉尼亚和加利福尼亚州的南方菜豆花叶病毒。目前该病毒在热带、亚热带和温带地区均有发生，遍及欧、亚、美、非、澳各大洲，发生的国家包括美国、墨西哥、匈牙利、尼日利亚、澳大利亚、巴西、加拿大、捷克、印度、哥斯达黎加、象牙海岸、法国、哥伦比亚、塞内加尔、荷兰、比利时、英国等。近年在非洲的摩洛哥等地又有该病新发生的报道（Segundo，2004）。

SBMV侵染菜豆和豇豆，由于光合率下降，导致花、果、种子数量下降。种子数量和重量分别减少47.5%和56.3%，造成的产量损失平均高达11%～59%。

二、所致病害症状

SBMV侵染菜豆（*Phseolus vulgaris*）、豇豆（*Vigna unguiculata*）和黑绿豆（*V. mungo*）后产生的主要症状表现为褪绿斑驳、花叶和矮化。但不同品种间的症状反应差异很大，有些品种仅产生坏死斑，不发生系统性感染；有的不发生局部反应，而产生系统感染；有的还产生皱缩和叶脉变色等症状。在大豆上症状表现一般较轻。

三、病原特征

南方菜豆花叶病毒（southern bean mosaic virus，SBMV）基因组为＋ssRNA，为南方菜豆花叶病毒属（*Sobemovirus*）的典型成员。尚未归到科。

病毒粒体为等轴对称多面体，直径30 nm，无多分体现象。基因组（豇豆株系）大小为4.195 kb，分子质量$6.1 \times 10^3 \sim 6.5 \times 10^3$ kDa，5′末端具有核苷酸结合蛋白（VPg），3′末端无多聚腺苷酸（Poly A）尾。病毒粒子包含两种蛋白，分子质量分别为3.0 kDa和1.2 kDa，其复制不依赖辅助病毒。病毒粒子在pH 2.5～9.5的条件下能稳定存在；在弱碱条件下，用EDTA处理后，加入1mol/L NaCl可将粒体离解。蛋白酶降解后，病毒丧失侵染活力。

在菜豆或豇豆病毒提取液中，稀释限点（DEP）为$10^{-8} \sim 10^{-6}$；该病毒的热稳定性很高，钝化温度（TIP）达90～95℃（10 min），体外存活期（18～22℃）为20～165 d。此外，有的分离物粗提液经反复冻融后仍保持侵染活性，如Givord等（1981）报道的象牙海岸分离物粗提液反复冻融43次后接种仍可侵染豇豆。

病毒粒子分布于植物叶肉组织、细胞质和细胞核中。在病毒侵染的细胞中有内含体存在，通常为不定型，在豇豆株系侵染的植株中为结晶聚集物，其中包含病毒粒子。

四、适生性

（一）寄主范围

SBMV 的寄主范围较窄，主要侵染豆科植物。自然寄主有菜豆、豇豆和大豆。人工接种实验寄主有小赤豆、绿豆、蚕豆和豌豆等 12 个属 23 种植物。此外，Givord 等（1981）通过接种实验发现象牙海岸分离物与其他分离物不同，其可侵染千日红（*Gomphrene globosa*），产生系统症状。

（二）株系分化

已报道的有 B、C、M 和 G4 个株系，这些株系的寄主植物种类及侵染表现不同，但在血清学上相关。

1. C 株系　　即豇豆株系（SBMV-C），Shepherd 等（1962）、Lamptey 等（1974）和 Shoyinka 等（1975）分别报道了不同地区发生的该病毒株系。系统性侵染大多数豇豆，也能侵染除普通菜豆外的其他豆科植物。

2. B 株系　　也称菜豆株系（SBMV-B），为该病毒的典型株系（type strain），系统性侵染大多数菜豆品种，在有的菜豆上表现为局部枯斑，不能侵染豇豆。

3. M 株系　　菜豆花叶病毒强毒株系或墨西哥株系（severe bean mosaic strain or Mexican strain），由 Yerkes 等（1960）报道。侵染普通菜豆，产生局部坏死斑，伴有系统性坏死，也可侵染豇豆。

4. G 株系　　加纳（Ghana）豇豆株系，可系统性侵染大多数豇豆品种，部分菜豆的栽培品种也可以被感染，引起局部坏死，系统侵染则不表现症状。

（三）传播途径

自然条件下通过叶甲科的菜豆叶甲（*Ceratoma trifurcata*）、墨西哥豆瓢虫（*Epilachna variestis*）和鞘翅目（Coleoptera）昆虫以半持久方式传播。该病毒很容易汁液机械接种传染，也可以嫁接方式传染。远距离传播主要是人为调运种子，象牙海岸分离物在豇豆上的种传率为 15%～44%。菜豆种子传毒率为 21%，豇豆 1%～4%。种子发芽后，其幼苗与带病毒的汁液接触或种植在靠近感病植物附近的土壤中也可传染病毒，花粉也能传。在大豆种子上，病毒主要分布在种皮上，而子叶和胚芽很少带有病毒，种皮带病毒的种子播种后的发病率可达 70% 以上。

五、检验检疫方法

目前的检验方法主要有生物学方法、血清学方法和分子生物学方法，也可借助电子显微镜观察作初步判断。

在大豆中，SBMV 主要存于种皮，并能引起侵染，检疫检验时，可以通过对种皮的检验来代替对整粒种子的检验，从而达到降低检验成本，提高检验速度的目的，同时可以保证种子的再生性。

（一）生物学鉴定

可在隔离条件下种植，以观察植株的症状表现。也可采用鉴别寄主植物鉴定，常用的鉴别寄主和症状特点如下：

1. 普通菜豆（*Phseolus vulgaris*）　随品种及病毒株系不同产生的症状有一定的差异。B 株系和 M 株系在菜豆"Bountiful"和"Pinto"上，接种后 3～5 d 出现 2～3 mm 局部坏死斑，产生局部褪绿或局部枯斑，病斑多时可连成片而造成叶片枯死，也可出现叶脉坏死，在叶柄基部与主茎相连处有紫褐色条纹，长约 1～1.5cm，系统感染后，叶片出现畸形、系统性花叶或褪绿斑驳（特别是幼叶）。G 株系引起局部坏死斑；C 株系不侵染菜豆。

2. 矮棉豆（*P. lunatus*）　产生局部枯斑，无系统性侵染。只有小粒品种易受 B 株系侵染，产生小坏死斑。

3. 大豆（*Glycine max*）　多数株系能侵染大豆，产生系统性脉明和轻微的斑驳。症状轻重取决于品种，如"猴子毛"品种，接种后 5～7 d，子叶褪绿，有时出现 1 mm 的病斑，5～10 d 以后，出现系统性花叶。

4. 绿豆（*Vigna radiata*）　G 株系侵染后，产生局部坏死斑，黑绿豆分离物侵染后产生系统性花叶。

5. 豇豆（*V. unguiculata*）　产生褪绿斑、系统性明脉和带化、叶片畸形和植株矮化。"Clay"品种是豇豆株系很好的局部枯斑寄主。

6. 千日红（*Gomphrene globosa*）　象牙海岸分离物可侵染千日红产生系统症状，其他株系未见报道。

（二）血清学检验

SBMV 抗原性较强，容易获得高效价的抗血清。目前国际上有多家公司有该病毒的血清学检测试剂盒出售，我国原农业部植物检疫试验所也研制出该病毒的多克隆抗体，因此可利用标准抗血清或单克隆抗体，通过免疫双扩散、ELISA 等血清学方法进行检测诊断。

目前已应用于该病毒检测的 ELISA 方法有多种，包括常规的 DAS-ELISA、PAS-ELISA 和其他间接 ELISA 法。我国张书圣等（2000）报道，以间氨基酚为底物的 MAP-H2O2-HRP 伏安酶联免疫分析测定南方菜豆花叶病毒，在控制合适的条件下（pH 4.5～5.3，20～50℃），灵敏度高，检测下限比邻苯二胺显色光度法低 5 倍，线性测定范围宽，样品物质对测定不产生干扰。

（三）电镜观察

确定病毒粒体形态和大小。该病毒粒体为轴对称多面体，直径 30 nm。在豇豆病株细胞中形成晶状排列，病毒粒体存在于感病细胞的细胞质和细胞核中。

（四）PCR 检测

目前已报道了 SBMV 多个分离物的基因组核苷酸序列，因此可设计特异引物对该病毒进行 PCR 检测。我国李尉民等（1997）根据 Othman 和 Hull 报道的核苷酸序列，采用 RT-PCR 检测 SBMV，其灵敏度可达 10 μg，表明该技术可用于 SBMV 的快速检测，且检测特异性强。此外，根据不同株系的核苷酸序列差异设计引物，采用 RT-PCR 技术可以快速区分 SBMV-B 和 SBMV-C 两株系，很适合口岸进出境植物检疫的需要。

（五）分子杂交检测

放射性标记的 cDNA 探针和非放射性地高辛标记的 RNA 探针均可用于区分南方菜豆花叶病毒 B、C 株系，其检测特异性很强，灵敏度也较高。但非放射性地高辛标记的 RNA 探针，不需放射性保护，且 RNA 和 RNA 的杂交结合强度比 DNA 和 RNA 杂交结合强度高，更具优越性。

六、检疫处理

SBMV 自然寄主为豆科植物，在自然条件下该病毒能在多数寄主植物上产生可见的症状，因此应加强对生长季节的病情调查，发现病株经确认后立即拔出。此外，该病毒可通过种子传播，对调运的豆科植物种子，尤其是来自发病区的种子要执行严格的检疫检验或隔离试种。

SBMV 的适应性很广，现在各大洲的热带、亚热带、温带地区都有发生，传毒方式多种，很容易扩散蔓延，应注意防止传入和扩散。

第八节　烟草环斑病毒

一、历史、分布及危害

Fromme Wingard 等于 1927 年首次报道在美国弗吉尼亚烟草上发生的烟草环斑病毒病。以后，印度、前苏联和法国等也相继报道了该病毒病的发生。现在非洲、亚洲、大洋洲、欧洲、北美洲、南美洲的加拿大、美国、前苏联、印度、日本、英国、巴西等 39 个国家都有发生。在我国山东、河南、安徽、辽宁、黑龙江、云南、贵州、福建、湖南、湖北、陕西、台湾省有病毒分布。

烟草环斑病毒主要为害大豆、烟草、西瓜、芹菜、菜豆、葡萄、茄子、越橘、唐菖蒲和马铃薯等，可导致极其严重的产量损失。其中可导致大豆减产 50% 以上，菜豆为 30%～50%，茄子可达 55.2%～70.3%。病毒危害的植株种子发芽率降低。在烟草上，整个生育期均可发病，以大田发生较多，引起烟叶枯死，病株率可高达 90%。

烟草环斑病毒寄主范围和分布均较广，危害严重，我国将其列为 A2 类检疫性有害生物，也是国内检疫的对象之一（B 类）。

二、所致病害症状

TRSV 在烟草种植区发生很普遍。烟草感染该病毒后叶片上产生褪绿环斑，病斑常由断续的坏死线局限起来呈单环或双环状，直径约 5～8 mm，与病斑相邻组织褪绿，有时形成一个晕圈，幼叶和成熟的叶上易产生病斑，而老叶上很少见病斑。有时在茎、叶柄和叶脉上也可产生病斑而导致叶片枯死。受害植株略矮化，结实极少或完全不育，叶片小而质次，种子收获量明显减少。

在大豆上，TRSV主要引起顶芽枯死，最明显症状是顶芽卷曲，病株其他芽则变褐色枯死。在茎干和复叶叶柄上产生褐色条纹，豆荚发育不良。大豆开花前被侵染则植株矮化，只有健康植株高度的1/9，种子成熟延缓，有的病株在较多种子上形成紫色斑。田间的大豆病株常晚熟，当其他健康植株衰老黄化时病株仍为绿色。

在西瓜上，叶片产生坏死斑，植株节间缩短、束顶、矮化，结的瓜多疣。

在美国纽约州和宾夕法尼亚州，已发现该病毒可使葡萄产生衰退症状，发病植株节间缩短而矮化，叶片上产生褪绿斑和斑驳，果穗稀疏、结果少。

苹果感染该病毒后，嫁接接合处出现不亲和，叶片稀疏，叶片的症状为褪绿和斑驳。樱桃感染该病毒后，新叶出现不规则褪绿斑，叶片边缘变形开裂，果实成熟延迟。

TRSV在其他植物上的症状因寄主而异，多为褪绿、环斑、斑驳以及植株矮化等症状。

三、病原特征

烟草环斑病毒（tobacco ringspot virus，TRSV）为＋ssRNA病毒，属豇豆花叶病毒科（Comoviridae），线虫传多面体病毒属（*Nepovirus*）。

病毒粒子为等轴多面体，直径为28 nm（图12-4）。为多分体病毒，提纯病毒有3种主要成分：无RNA的蛋白空壳（56 kDa），无侵染性的核蛋白（M，1.4×10^3 kDa）和具侵染性的核蛋白（B，2.4×10^3 kDa）。有的还分离到卫星RNA。致死温度60～70℃，稀释终点10^{-4}～10^{-3}，因株系不同有差异。病毒在寄主的汁液中，体外保毒期（20℃）为1 d，在干燥的叶片内致病力能维持30 d，该病毒对低温的抵抗力很强，于−18℃可存活22个月。

TRSV基因组由两条正单链RNA组成，RNA1全长约8 100～8 400 nt，RNA2全长约3 400～7 200 nt，3′端均有Poly（A）尾，

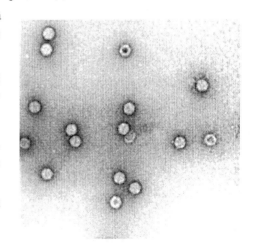

图12-4　烟草环斑病毒粒子电镜照片
（引自Robert G Milne）

5′末端有VPg。病毒颗粒在细胞质内散生或聚集成堆，在病毒侵染的细胞核中出现较多的液泡，病毒的空壳在核内形成结晶体，在细胞质中形成管状体。

TRSV的卫星RNA负链是一条可自我切割RNA。现已鉴定出它的催化区域和底物结合区域，它的催化区域又称为发夹催化性RNA，这种发夹催化性RNA模体首先就是在烟草环斑病毒卫星RNA的负链上发现的。

四、适生性

（一）寄主范围

TRSV寄主范围很广，可在果树、蔬菜、花卉和经济作物上引起严重的病害。在自

然条件下，可侵染 54 科 246 种植物。自然侵染寄主有豆类、瓜类、薯类、花卉和果树等，常见的有大豆、马铃薯、甘薯、烟草、西瓜、黄瓜、甜瓜、西葫芦、胡萝卜、莴苣、菜豆、豇豆、茄子、菠菜、香石竹、唐菖蒲、百合、水仙花、鸢尾、天竺葵、李属、苹果、葡萄、甜樱桃、越橘、银莲花属、悬钩子属、白蜡树等，以在茄科和豆科植物上发生最普遍、危害最严重。据 1990 年底统计，我国已从 160 种植物上发现有 TRSV。

（二）传播途径

TRSV 适应性广，可侵染的植物多，传播方式有多种，很容易造成漏检而导致扩展蔓延。

1. 机械传播　　该病毒很易通过汁液摩擦接种传染，在田间可通过病健株间接触或人为的农事操作而相互传染。

2. 介体传播　　TRSV 可以经土壤传播。主要由土壤中的美洲剑线虫（*Xiphinema americanum*）传染，成虫和三龄幼虫均能传毒，单头线虫也能传毒，线虫在 24h 内获毒，获毒线虫在 10℃ 下 49 周后仍可传毒，20～24℃ 为线虫传毒的最适温度。叶蝉（*Melanoplus diferentialia*，*M. mexicanus* 和 *M. femurrubrum*）、烟草叶甲（*Epitrixhirti pennis*）、蓟马（*Thrips tabaci*）的若虫、桃蚜（*Myzus persicae*）和螨等也可传毒。

3. 种传　　已报道至少有 16 种植物可以通过种子传播 TRSV，种传率从香瓜的 3% 至大豆的 100%，种传寄主植物主要有绿穗苋、香瓜、大豆、千日红、莴苣、心叶烟、烟草、马铃薯、天竺葵、豇豆、欧洲千里光和碧冬茄等。

TRSV 可在多年生寄主和种子上越冬，成为来年的重要侵染来源。

五、检验检疫方法

（一）症状观察

可在隔离条件下种植，以观察植株的症状表现。也可通过嫁接传染到某些敏感的指示植物上，如葡萄上的 TRSV 可通过嫁接传染到 Chardonnay 上，产生明显的衰退症状，叶片变小、节间缩短。

（二）草本鉴别寄主反应

常用的鉴别寄主和症状特点如下。

1. 苋色藜（*Chenopodium amaranticolor*）和昆诺藜（*C. quinoa*）　　叶片产生褪绿斑或局部枯斑，以后产生系统性斑驳。

2. 黄瓜（*Cucumis sativas*）　　叶片产生局部褪绿、坏死斑，或系统斑驳、植株矮化和顶端畸形。

3. 普通烟（*Nicotiana tobacum*）　　汁液摩擦接种 4～7 d 后，接种叶出现局部坏死斑，常发展成环斑，系统感染叶片产生环斑或线状纹。在心叶烟和克利夫兰烟上也可产生类似的症状。

4. 豇豆黑种三尺（*Vigna sesquipdalis*）　　接种 4～7 d 后，接种叶出现褐色的坏死斑或环斑，约10~15 d生长点坏死，最后全株枯死。豇豆不同品种可用于株系的区分。

5. 番杏（*Tetragonia expansa*）　　接种叶局部褪绿斑，以后发展为系统褪绿斑，叶小而株矮。

6. 菜豆（*Phaseolus vulgaris*）　　在"Pinto"品种上，接种叶产生坏死斑，以后产生系统性顶端坏死。

普通烟、克利夫兰烟（*N. clevelandii*）、苋色黎和豇豆是较好的枯斑分析寄主，黄瓜是线虫传毒试验有用的饵料和毒源植物。

（三）电镜观察

将待检验样品按常规方法制片在电镜下观察。TRSV病毒粒体为等轴多面体，直径约28 nm。纯化的病毒制剂主要有无RNA的空壳（T）、非侵染性的核蛋白（M）、侵染性核蛋白（B）有三种粒体。

（四）血清学检测

TRSV有较好的免疫原性，已制备有较高效价的抗体。用琼脂双扩散、免疫电镜、酶联免疫吸附技术（ELISA）均可有效地检测出TRSV。

我国已研制了该病毒的DAS-ELISA检测试剂盒，并应用于该病毒的检疫检验。牛淑妍等（1999）报道了用联苯胺-H2O2-HRP伏安酶联免疫分析体系检测烟草环斑病毒。魏梅生等（2000）建立了斑点免疫胶体金检测烟草环斑病毒技术。也可用胶体金免疫层析法快速检测烟草环斑病毒，该技术同样以硝酸纤维素膜为载体，通过毛细管作用使滴加在膜条一端的液体慢慢向另一端渗透，在渗透过程中抗体与抗原发生特异的结合反应，并通过免疫金的颜色显示出来，10 min之内即可得出检测结果，特别适宜口岸检疫和田间快速诊断。

该病毒的无侵染性组分具有较好的抗原性，在检测中可用无侵染性病毒组分可作为酶联免疫吸附检验的阳性对照，避免了以带有烟草环斑病毒的样品作阳性对照而可能导致检疫危险性有害生物扩散到环境中去的危险。

（五）PCR检测

RT-PCR已用于该病毒的检验，根据TRSV外壳蛋白基因设计的一对特异引物P1和P2，从感病组织中可扩增出了600 bp的目的片段。Kraus等（2004）从线虫体内抽提病毒并建立了灵敏的RT-PCR检测技术，这种方法能有效检测美洲剑线虫体内的TRSV。

在田间TRSV与ToRSV均可侵染葡萄等植物，产生相似的症状，在以上草本指示植物上的反应也很相近，因此必须借助多种检验技术（如血清学或分子生物学技术）加以区分。

六、检疫处理

禁止从疫区引进种子、苗木和花卉鳞球茎等，从其他地区引进种苗也必须隔离试种，观察植株表现，种子和花卉鳞球茎为1年，苗木为2年。大豆等作物必须使用无病种子。果树类植物可采用热处理或其他途径脱除病毒，获得无病毒母株，建立无该病毒的种苗繁育基地。在引进苗木时，需对携带的土壤进行重点检验以防传毒介体的传入以及病毒通过介体携带传入。对有介体线虫的土壤，可在移植健康苗木前使用杀线虫剂对土壤进行处理。

第九节　香石竹环斑病毒

一、历史、分布及危害

香石竹环斑病毒由 Kassanis 于1955年首次报道，发现于英国的香石竹上，以后其他国家也相继报道了发生在石竹类植物上由该病毒引起的病害。

香石竹环斑病毒广泛分布于世界各香石竹种植区，包括亚洲、欧洲、北美等地。在欧洲的丹麦、瑞士、芬兰、波兰、德国、荷兰、新西兰，美洲的加拿大、美国及墨西哥，亚洲的印度等国都有分布，澳大利亚也有该病毒发生的报道。

由该病毒引起的香石竹环斑病是石竹的重要病害之一，受害植株生长衰退，而至切花产量明显降低，一般减产病达20%～40%，且由于花朵变小、花苞开裂等，使其商品价值明显降低，甚至完全失去切花的观赏价值。此外，有报道香石竹环斑病毒可侵染樱桃和苹果引起衰退病。

二、所致病害症状

受侵染的香石竹叶片出现褪绿斑驳和环斑，有时幼叶坏死。感病植株矮化和畸形，花小而色淡，有的花扭曲，花萼开裂，花的数量明显减少。在木本植物上未发现明显可见症状。

三、病原特征

香石竹环斑病毒（carnation ringspot virus，CRSV）为 + ssRNA 病毒，属番茄丛矮病毒科（Tombusviridae），香石竹环斑病毒属（Dianthovirus），为该属的典型成员。

病毒粒体为等轴对称多面体，直径约34 nm。该病毒为二分体病毒，基因组由两条单链 RNA 组成，全基因组为5.34 kb，其中 RNA-1 为3.89 kb，RNA-2 为1.45 kb，二者序列无同源性，也无多聚腺苷酸尾，在5′末端有甲基化帽子结构。其中外壳蛋白由 RNA-1 的基因编码，该病毒的寄主范围也是由 RNA-1 所决定的。外壳蛋白相对分子质量为3.8 kDa，约含347个氨基酸残基。

病毒提纯液含1种沉降组分，沉降系数为135 S，在 CsCl 中的等密度点为1.366 g/cm³。用苯酚和其他去污剂处理不影响其侵染活性。

病毒的体外稳定性较强，在克利夫兰烟和美国石竹中的致死温度为80～85℃；稀释限点为 10^{-5}，体外保毒期50～60 d（20℃），有的可达为2个月，0℃时则可保持侵染活性3个月以上。冷冻干燥的克利夫兰烟汁液中的病毒侵染活性可保持6年以上。在田间或其他种植条件下，寄主植物根部的病毒落入土壤，可在无植物种植的情况下保持侵染能力达7个月以上。Koening 等（1988）在该病毒病发生区的水中检测到 CRSV。

CRSV 能侵染香石竹的茎、叶、花和顶端分生组织，在被侵染的叶肉细胞的细胞质和细胞核中可见游离的病毒粒子，在较老的被侵染豇豆叶片的细胞质中可见病毒晶体，除了在被侵染的美国石竹叶肉组织的细胞核内存在管状体（60 nm）外，未见其他内含体。

四、适生性

（一）寄主范围

该病毒的自然寄主为石竹，人工接种还可侵染藜科、豆科、茄科、葫芦科、菊科等25 科 133 种双子叶植物。在果树、花卉和杂草上也有发生，但以石竹属为主。Klein-hempel 等通过机械接种草本寄主和 ELISA 检测发现苹果、梨和酸樱桃等果树感染有该病毒，来自这些寄主植物的 CRSV 与香石竹分离物在生物学、物理性质和血清学特性上无区别。

（二）株系分化

已报道该病毒有 N、A 和 R 3 个株系，这些株系在理化性质和病毒离子组成上有所不同。其中 A 株系在提纯溶液中 12 个粒子相互聚集形成较稳定的聚合体，且不受温度影响；N 和 R 株系病毒粒子的聚集受温度、pH 值和化学试剂的影响。三种株系血清学相关。

（三）传播途径

CRSV 主要是通过无性繁殖材料传播，种子不能传播该病毒。带病毒的切花、枝条和试管苗均可传播病毒。有人报道土壤中长针线虫（*Longidorus elongates*，*L. macrosoma*）和异尾剑线虫（*Xiphinema diversicaudatum*）可传播该病毒。汁液接种很易传染，此外还能通过接触传播，如通过修剪的刀具、植株间相互接触传播等。病毒可在土壤中存活较长时间，可在水中存活一段时间，当遇到寄主植物时可通过伤口侵入寄主植物。

五、检验检疫方法

（一）症状观察

对从国外引进的可能传带此病毒的种苗等繁殖材料置隔离检疫圃中种植至少 1 个生长季节，观察整个生长期有无症状表现，并作出初步判断，有时还需进一步采用其他室内检验技术进行检验。

（二）生物学鉴定

通过汁液摩擦接种，观察在下列鉴别寄主上是否有相关症状。

1. 美国石竹（*Dianthus barbatus* L.）　　汁液摩擦接种 4～7 d 后，接种叶表现局部坏死斑和环斑，以后产生系统褪绿、坏死和环斑。

2. 苋色藜（*Chenopodium amaranticolor*）和昆诺藜（*C. quinoa*）　　汁液摩擦接

种2~4 d后，接种叶产生局部坏死斑，通常无系统症状。

3. 千日红（*Gomphrena globosa*）　　汁液摩擦接种4~5 d后，产生局部坏死斑，很快出现系统性褪绿斑驳和叶片畸形。

4. 番杏（*Tetragonia expansa*）　　摩擦接种2~3 d后产生"绿岛"，以后形成局部白色坏死斑点，有时可发展为系统性褪绿斑。

5. 豇豆（*Vigna unguiculata sp. sinensis*）　　接种2 d后，产生局部坏死斑，以后出现系统斑驳、坏死斑，叶片粗糙而卷曲。

6. 本氏烟（*N. benthamiana*）　　接种4~5 d后，产生坏死环斑和萎蔫症状；7~8 d后产生系统性轻度褪绿和环斑。

7. 菜豆（*Phaseolus vulgaris*）　　在'Pinto'品种上，接种叶产生灰色或褐色斑，叶脉坏死。在以后发育的叶片上产生褪绿型花叶，顶部叶片畸形。

此外，该病毒还可在心叶烟（*N. glutinosa*）和普通烟（*N. tabacum*）等寄主植物上引起局部枯斑。在克利夫兰烟（*N. clevelandii*）上也可引起系统性侵染。石竹、豇豆、克利夫兰烟和本氏烟是该病毒的良好繁殖寄主。

（三）电镜观察

取待检验样品，按常规方法制片后，在电镜下观察病毒粒体形态及大小，该病毒在寄主植物中含量较高，一般很容易在电镜下观察到。

（四）血清学检验

CRSV具有很好的免疫原性，制备的多克隆抗体效价高，有的在凝胶双扩散试验中其效价可达1/1 024。DAS-ELISA是常用的血清学检测方法，此外还可以采用多种间接的ELISA法对该病毒进行检测。在采用血清学技术进行检验时CRSV与三叶草坏死花叶病毒及芜菁花叶病毒属的病毒可产生交叉反应，因此需结合其他方法进行鉴别。

（五）核酸杂交

我国陈定虎等（1997）探讨了该病毒的核酸杂交检测技术，合成了病毒cDNA放射性标记和光敏生物素标记探针。采用这两种探针进行CRSV检测均获得很好的检测效果，其灵敏度可达到1 ng/ml。采用光敏生物素标记避免了放射性标记对人的伤害，现已得到更广泛的应用。

（六）PCR检测

该病毒RNA1和RNA2的全序列已测定，可根据其序列设计特异性引物，采用RT-PCR技术对该病毒进行检测，此外采用巢式RT-PCR可提高检测灵敏度。

六、检疫处理

严格执行检疫，我国目前主要从荷兰、法国、德国、以色列、美国及日本等国家引进香石竹种苗，而这些国家大多数为香石竹环斑病毒发生和危害区，因此在引进香石竹种苗时必须加强对香石竹环斑病毒的检疫，避免该病毒的传入与扩散蔓延。

在口岸检疫中发现带有该病毒的种苗，应立即销毁。对某些带病毒的香石竹优良种质也可采用37℃左右的温度热处理并结合茎尖培养脱除病毒获得无病毒原种。

发病区应加强土壤处理，避免线虫传播病毒。

第十节　蚕豆染色病毒

一、历史、分布及危害

Lloyd 等 1965 年首次报道并描述了在英国的蚕豆（*Vicia faba*）上发现的该病毒。在法国将该病毒称为蚕豆花叶病毒（virus de la mosaique de la fŠve，简称 MF）。

主要分布在欧洲，包括英国、法国、德国、瑞典、丹麦、挪威、芬兰、意大利、波兰、荷兰、奥地利、比利时和捷克等。此外在的亚洲的叙利亚、黎巴嫩及非洲的摩洛哥、埃及、突尼斯、苏丹和大洋洲的澳大利亚等地也有该病毒发生分布的报道。我国曾于 1985 年在四川、浙江等省从叙利亚国际干旱地区农业研究中心（ICARDA）引种的蚕豆品种上发现该病毒，1990 年又在四川、湖北、江苏、浙江和山西等八个省市的农科院苗圃中发现该病毒，后经国家植物检疫机构处理后扑灭。

该病毒主要危害豌豆属（*Vicia* spp.）植物，植株感染病毒以后，对产量造成明显的影响，发病越早对产量的影响越大，通过种子带病毒系统侵染可使蚕豆的产量损失高达 76%，甚至颗粒粒无收。蚕豆花前被侵染减产 52%，开花中期被侵染减产 24%，花期过后感染则影响较小。

二、所致病害症状

苗期感染病毒的植株常表现矮化或顶端枯死，病叶呈花叶、斑驳或畸形，但有的小叶无明显症状。蚕豆上典型症状是种皮产生褐色坏死条斑，严重时在外种皮形成连续坏死带，蚕豆染色病毒的名称也因此而来。

人工接种蚕豆的不同品种，其症状反应不一，可分为花叶型、坏死型和混合型，前者接种叶片有或无局部病斑，新叶呈条纹状褪绿，后发展为花叶、畸形；坏死型症状表现为接种叶片有或无局部病斑，叶脉和茎出现褐色或坏死条纹，最后茎坏死、顶稍枯死，甚至全株萎蔫。混合型是同一个品种大部分单株为花叶，个别单株出现顶枯。豌豆表现系统性褪绿，冬季伴有茎坏死。

三、病原特征

蚕豆染色病毒（broad bean stain virus，BBSV）为 + ssRNA 病毒，属黄瓜花叶病毒科（Comoviridae），黄瓜花叶病毒属（*Comovirus*）。

病毒粒体为等轴多面体，直径 25～28 nm。为三分体病毒，病毒基因组 RNA 大小为 11.25 kb，由 6.75 kb 和 4.5 kb 两个不同大小的片段组成。病毒具有 2 种结构蛋白，分子质量分别为 3.75 kDa 和 2.45 kDa。提纯病毒包含 3 个沉降系数不同的组分，即 59S（T），92S（M），113S（B）。

病毒致死温度（TIP）为 60～65℃，体外存活期（LIV）31 d，稀释限点（DEP）10^{-3}。病株汁液的抗原性在室温下保持时间可长达 800 d 以上。乙醚处理不影响病株汁液的侵染性，用酚或去污剂除去蛋白仍具有侵染活性。

BBSV 与豇豆花叶病毒（cowpea mosaic virus, CoMV）、豇豆烈性花叶病毒（cowpea severe mosaic virus, CoSMV）、大豆花叶病毒（glycine mosaic virus, GMV）、红三叶草斑驳病毒（red clover mottle virus, RCMV）和南瓜花叶病毒（squash mosaic virus, SMV）等病毒间血清学相关。该病毒存在不同的血清型，Musil 等（1993）采用 ELISA 技术对该病毒的 2 种血清型进行了区分，认为来源于长柔毛野豌豆（*Vicia sativa*）的 BBSV 分离物为血清型 I，豌豆分离物（F1, Kow 60）属血清型 II，而来源于兵豆（*Lens culinaris*）的分离物不同于这两种血清型。

在侵染细胞中可形成无定型内含体，在胞间连丝的微管、指状外突中病毒粒子成排，并形成液泡化泡囊体。

该病毒存在卫星病毒，但其复制不依赖于卫星病毒。

四、适生性

（一）寄主范围

较窄，主要局限于豆科野豌豆属（*Vicia* spp.）的植物。在自然条件下，可侵染蚕豆（*Vicia faba*）、小扁豆（*Lens esculenta*）、豌豆（*Pisum sativum*）和车轴草属（*Trifolium* spp.）等。人工接种可侵染 4 科 21 属 50 种植物，其中豆科有 17 属 36 种，包括美丽猪屎豆（*Crotalaria spectabilis*）、毛羽扇豆（*Lupinus hirsutus*）、白香草木樨（*Melilotus alba*）、菜豆（*Phaseolus vulgaris*）、深红三叶草（*Trifolium incarnatum*）、鹰嘴豆（*Cicer arietinum*）、白轴草（*Trifolium repens*）和长柔毛野豌豆（*Vicia sativa*）等。

石竹科、藜科、葫芦科、部分豆科及玄参科和茄科植物为该病毒的非敏感寄主。

（二）传播途径

该病毒主要通过种子带毒远距离传播，但种子带毒率一般低于 10%，个别品系高达 18%。种传寄主有蚕豆、小扁豆。病毒在蚕豆种子中存活时间可达 6 年，几乎与种子寿命等长。生长季节，该病毒病的扩展蔓延与介体象甲活动关系极为密切，在欧洲普遍发生的豆根瘤象（*Sitona lineatus*）和豆长喙象甲（*Apion vorax*）是主要的传染媒介。

该病毒易通过汁液接种传染，为室内试验的主要传毒方式。病株的花粉也可传播病毒，从病株上飞散的花粉落在健康植株上授粉，可将病毒带入健株，使结出的种子带有病毒。

五、检验检疫方法

（一）隔离种植观察

对引进的蚕豆等种子可在隔离条件下种植，观察长出植株各生长阶段的症状表现。蚕豆上表现的最典型症状是种子的外种皮出现坏死色斑，苗期感染的植株常表现矮化或顶枯，病叶出现褪绿、花叶症状或畸形，严重时叶片表现轻度花叶至褪绿斑块或皱缩扭曲。豌豆表现出系统性褪绿斑驳，冬季伴有茎叶坏死。但种传病苗有时不表现症状，必须采用其他的室内检验方法进一步确认。

（二）鉴别寄主鉴定

豌豆（*Pisum sativum*）和蚕豆（*Vicia faba*）是该病毒的最好鉴别寄主植物，也是该病毒的保存、繁殖和分析寄主。对可疑病株可以通过汁液摩擦接种这两种植物作进一步观察。此外苋色藜（*Ch. amaranticolor*）和克利夫兰烟（*N. clevelandii*）为该病毒的不敏感寄主。

我国邹雪容等通过实验提出以昆诺藜、蚕豆"成胡 10 号"、豌豆"北京早熟豆"和菜豆"B7150"作为检测 BBSV 的一套鉴别寄主。在豌豆"北京早熟豆"上表现系统褪绿斑驳，冬季伴有茎叶坏死，潜育期短（5～7 d），症状稳定。蚕豆"成胡 10 号"上表现系统褪绿斑驳和花叶。

（三）血清学技术

可采用琼脂免疫双扩散、酶联免疫吸附法（ELISA）或免疫电镜等血清学技术对该病毒进行检测。在进行血清学检测时，该病毒与 RCMV 存在交叉反应。Subr 等（1994）制备了抗 BBSV 完整病毒粒子、2 种外壳蛋白亚基 L 和 S 的小鼠多克隆抗体。研究发现这 2 种蛋白亚基的免疫原性较完整病毒粒子低，抗 L 蛋白和完整病毒粒子的抗体，在免疫杂交（immunoblot）中不与 S 蛋白反应；但抗 BBSV 粒子的抗体在通过微孔板捕捉抗原的 ELISA 实验中可与 S 蛋白反应；抗 S 蛋白的抗体不与血清学相关的 RCMV 反应，而抗 L 蛋白和 BBSV 粒子的抗体可与 RCMV 产生和 BBSV 相似的血清反应。认为 BBSV 的 S 蛋白的线性抗原决定簇隐蔽在病毒粒子中，BBSV 和 RCMV 的抗原相似性主要是基于其线性的 L 蛋白特异抗原决定簇。因此，在检疫检验中需结合生物学观察或用抗 S 蛋白的抗体对二者加以区分。

在进行种子带病毒的检验时，种子经发芽长出幼苗后检测效果较好。

目前我国已制订了该病毒的检测标准：蚕豆染色病毒血清学检测方法，编号 SN/T1139-2002。

（四）PCR 检测

目前已报道了该病毒的基因组核苷酸序列，因此可设计特异引物对该病毒进行 PCR 检测。

六、检疫处理

进行产地检疫，在田间发现病株后及时拔除并销毁，避免病毒通过种子或介体昆虫传播。在引种时严格执行审批制度，禁止从疫区引种。对引进的种子进行严格的检验，并进行隔离试种观察，确保种子不带有病毒。

第十一节 李属坏死环斑病毒

一、历史、分布及危害

Valleau 于 1932 年首次报道了侵染桃树和李树的李属坏死环斑病毒。此后多位研究者相继报道了甜樱桃和酸樱桃等多种核果类果树上感染该病毒。

广泛分布于温带地区，在澳大利亚、奥地利、比利时、保加利亚、加拿大、捷克斯洛伐克、丹麦、法国、德国、英国、匈牙利、印度、以色列、瑞典、意大利、波兰、荷兰、墨西哥、新西兰、挪威、葡萄牙、罗马尼亚、南非、西班牙、瑞士、美国、前苏联和前南斯拉夫等国家均有发生。我国部分地区的樱桃上也由该病毒侵染。

该病毒可引起多种果实病害，其造成的危害因树种和病毒株系而异，主要表现为发病植株生长量减少、果实着色不良、产量明显降低，有的可导致树体衰退。在美国加州7年生的桃树"Lettie"上，该病毒单独侵染可使植株生长量降低12.2%，减产5.6%。在法国，对"Springtime"和"Robin"两个品种进行对比试验，发现该病毒单独侵染导致3年生桃树生长量降低24.5%～32.8%，4年生桃树减产61.6%～77.0%。病树果实成熟期推迟3～4 d，而且果小，形成木栓斑和开裂，严重影响其商品价值。该病毒是樱桃上危害严重病毒之一，在苗圃中因接穗和砧木受侵染，嫁接成活率可减少60%。一般生产果园减产30%～50%。在苗圃，使出芽量明显减少达50%～90%，接穗数量及苗木的生长量明显降低。

二、所致病害症状

该病毒在多数寄主上常先产生急性症状，再产生慢性症状。常见症状为叶片褪绿、环斑、坏死、叶片生长失调和植株矮化。病树早春发叶和开花推迟。病毒侵染后第一年症状仅在一个或少数几个枝条出现，下一年其他枝条表现症状。侵染1～2年后，症状部分或完全消失。

在桃树上，离核品种的症状比黏核品种的更为明显。病株萌芽受阻，大量的花芽和叶芽死亡，上一年发出的枝条枯死或在节上形成突起。春季发出的幼叶出现褪绿环纹、褪绿斑或坏死环斑，严重时叶片脱落。强毒株系甚至可导致3～4年生桃树枯死。慢性症状一般表现为受感染的植株无明显症状，但生长势减退，侧枝和叶芽枯死，树皮粗糙，果实成熟期推迟。

在甜樱桃上，叶片产生黄绿色或淡绿色的环纹，环的内部为褐色坏死斑，以后这些坏死斑脱落而形成穿孔。在开始侵染的1～2年内症状表现最明显，穿孔可遍及整个叶面。当敏感品种感染该病毒的强毒株系时，叶肉组织完全脱离叶片而仅剩下叶脉，处于急性发病阶段时幼树很快死亡。在有的甜樱桃砧木（Mazzard F12/1）上，可引起叶片黄化，如同覆盖一层黄色的粉末。在酸樱桃上，可导致春季花芽不能开放而变褐、干枯脱落，其叶片症状与甜樱桃相似，病树在出现急性症状时即开始衰退。进入慢性发病阶段，病株表现为叶色变浓，并在下部叶片上出现舟形耳突，叶片变窄而脆，叶脉集中。

在李树上，可引起少数品种/砧木组合的衰退病，从病毒侵染到症状表现至少要5年时间，病株的接穗部直径明显大于砧木，叶片向上卷曲、褪绿，病树很快死亡。此外，有的PNRSV株系在李树上可产生同心环斑、黄色环斑或条纹花叶。病毒侵染后急性发病阶段出现在春季发育的叶片上，产生黄色环斑或小的坏死圆斑，坏死部分脱落而形成穿孔。但在大多数李品种上，该病毒为潜伏侵染。

该病毒还可在玫瑰上形成线纹或环状褪绿和产生橡叶型症状。

三、病原特征

李属坏死环斑病毒（*Prunus necrotic ringspot virus*，PNRSV）基因组为 + ssRNA，属雀麦花叶病毒科（Bromoviridae），等轴不稳环斑病毒属（*Ilarvirus*）。

PNRSV 粒体为等轴对称球状，直径 22～23 nm（图 12-5）。有的株系粒体为短棒状或棒状（轴比大于 2.2）。提纯病毒含两种沉降成分，沉降系数分别为 69～97S 和 109～119S。病毒具有中等的免疫原性。为三分体病毒，有 4 个 RNA 组分，全基因组大小为 8 056nt，全部遗传信息位于 3 个大的 RNA 分子上，其中最大的 RNA 为 3 662 nt，其次为 2 507 nt，第三个 RNA 为 1 887 nt。每个 RNA 片段的 5′端有甲基化帽子结构，3′端无 Poly（A），也不含 tRNA 结构。外壳蛋白分子质量为 2.5 kDa，含 196 个氨基酸残基。

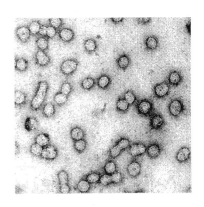

图 12-5 李属坏死环斑病毒
粒子电镜照片
(引自 ICTVdB description)

该病毒的体外稳定性较低，在病株汁液中的致死温度（TIP）为 55～62℃，体外存活期（LIV）为 9～18 h。

四、适生性

（一）寄主范围

该病毒的自然寄主植物主要为蔷薇科的李属（*Prunus*）果树，包括桃、李、杏、樱桃和扁桃，以及同属该科的苹果和月季等。人工接种可侵染 21 个科的双子叶植物，包括烟草、西瓜、甜瓜、南瓜、西葫芦、菜豆、豇豆、豌豆、草木樨、莴苣和向日葵等。

（二）株系分化

李属坏死环斑病毒有多个株系，主要是依据其草本寄主植物范围或症状表现而划分的。普通株系能系统性侵染菜豆（*Phaseolus vulgaris*）和豇豆（*Vigna sinensis*），其他株系则不能。丹麦李线纹株系能在李子上产生线纹型症状。也有人根据不同分离物间的血清学反应分为不同血清型。PNRSV 不同分离物的致病性差异较大，根据引起症状的差异可划分为强毒和弱毒等不同致病型。Hammond（2003）对 68 个不同 PNRSV 分离株的 CP 基因进行序列比较，发现序列特征与致病型和血清型之间有一定联系，并将 PNRSV 划分为三个不同的群：Ⅰ（PV32）、Ⅱ（PV96）和Ⅲ（PE-5）。其中Ⅰ（PV32）主要由强毒株系组成，其血清型为 CH9。Ⅱ（PV96）主要由非强毒株系组成，其血清型为 CH9；Ⅲ（PE-5）包含部分强毒株系和部分非强毒株系，血清型主要为 CH3 和 CH30。

（三）传播途径

可通过繁殖材料、种子和花粉传播。种子和花粉的传播率依果树种类和品种而异，其中酸樱桃的种传率最高，可达 70%，李子的种传率最低。PNRSV 侵染的植株，花粉携带病毒可传染到健康植株及其种子中。在田间，PNRSV 的侵染率呈逐年上升的趋势，有人进行连续 7 年调查，发现该病毒的侵染率由 8.1% 增大到 30.3%，这在很大程度上与其花粉的自然传播有关。尚未发现该病毒的昆虫介体，曾有人报道一种螨（*Vasates fockeui*）和长针线虫（*Longidorus macrosoma*）可传染该病毒。

五、检验检疫方法

（一）生物学鉴定

包括木本指示植物嫁接鉴定和汁液摩擦接种草本鉴别寄主鉴定。

1. 甜樱桃（*Prunus avium*）实生苗（F12/1）　嫁接接种当年春季，叶片产生坏死叶斑和褪绿环斑。

2. 山樱桃（*Prunus serrulata* cv. *shirofugen*）　芽接 2～3 周后，在带有病毒的接芽或皮周围组织出现深褐色的坏死和流胶。

3. 桃实生苗 GF305（*Prunus persica* GF305）　在温室条件下接种后 3 周后，叶片产生黄色环斑。强毒株系侵染在叶片上产生坏死、褪绿或环斑，以后新稍坏死。

4. 黄瓜（*Cucumis sativas*）　接种 1～5 d 后，子叶产生边缘不清的或环状的褪绿斑，6～8 d 后顶芽枯死、植株矮缩。

5. 昆诺藜（*Chenopodium quinoa*）　接种 5～6 d 后，产生褪绿环斑、灰色坏死斑，接种和新生叶片畸型。

6. 瓜尔豆（*Cyamopsis tetragonoloba*）　局部暗色病斑，系统性脉坏死。

7. 胶苦瓜（*Momordica balsamina*）　接种叶产生灰色坏死病斑，偶尔出现系统性坏死。

（二）血清学检验

ELISA 法是目前最常用的血清学检测方法。春季新发嫩枝叶片和花瓣检测效果最好。秋冬季节休眠枝条的皮部也是很好的检测材料。

PNRSV 与同属的其他病毒之间常有血清学关系，如苹果花叶病毒（ApMV）与PNRSV 的某些株系血清学相关，通过血清学检测方法不能完全区分，需借助其他方法进行鉴别。

（三）分子杂交检测

采用分子杂交技术可成功检测不同血清型的 PNRSV。

（四）PCR 检测

可用的 PCR 方法很多，包括常规的反转录 PCR（RT-PCR）以及在此基础上改进的免疫捕捉反转录 PCR（IC-RT-PCR）。Helguera 等（2001）在以上 PCR 扩增片段的内部加入一对引物，采用巢式 IC-RT-PCR 技术检测 PNRSV，比常规的 IC-RT-PCR 检测灵敏度提高了 100 倍。

PNRSV 的分子变异较大，有多个株系和血清型，有人通过比较不同分离物的基因组序列设计特异性引物，采用 PCR 技术不仅可对该病毒进行检测，还可鉴别特定的株系或血清型。如 Hammond（1999）设计了通用型引物和株系专化型引物，运用多重 PCR 的方法建立了一种快速检测和区分株系的新方法。株系的区分，特别是对强毒株系的鉴定在检疫检验中非常重要。

六、检疫处理

对该病毒引起的病害最有效的控制方法是使用健康的繁殖材料。用于繁殖的母本植株应与其他果园保持一定的距离，及时摘除花苞可避免病毒通过花粉传染。通过 38℃ 热处理 24~32 d 脱除病毒获得无病毒的单株。

第十二节　椰子死亡类病毒

一、历史、分布及危害

椰子死亡病是 Ocfemia 于 1937 首次在菲律宾发现的，由于病害的症状和其病原的传播方式与病毒很相似，人们一直把它归于病毒病。直到 1975 年，Randles 从病叶中分离出 2 种低分子量的 RNA（RNA1 和 RNA2），其热变性特点等与已知的类病毒马铃薯纺锤形块茎类病毒（PSTVd）相似，从而确认椰子死亡病的病原为类病毒，并称之为椰子死亡类病毒（coconut cadang-cadang viroid，CCCVd）。

椰子死亡类病毒分布于菲律宾的中东部，其他地方还未发现该类病毒引起的病害。

椰子死亡病是一种毁灭性的病害，可引起椰子树的早衰和死亡。发病植株根系坏死，顶芽枯死，下部叶片脱落，导致病株花序短小，果实小而少，甚至无果。仅 1975 年该病即造成 1 200 万株椰子树的死亡。在菲律宾每年约有 20 万~40 万株椰子树死于该病，造成经济损失达 4 000 万美元。仅 1986 年，因新出现病株引起的直接经济损失达 2 000 万美元以上。

椰子主要生长在热带国家，分布广泛，特别是在亚洲的沿海国家，经济价值高。由于椰子死亡病的危害性大，且目前只分布在菲律宾，许多国家已将椰子死亡类病毒列为重要的检疫性有害生物。

二、所致病害症状

随着椰子死亡病病情的发展，该病的发生可分为三个时期。早期可持续 2~4 年，其症状是在未展开的嫩叶以下的第三或第四个复叶上出现亮黄色或橘黄色的褪绿斑点，有时呈水渍状，半透明。病株新开花序短小，椰子果实变小近圆形，且数量减少，严重时果实表面有纵向烧伤状斑痕。中期持续约 2 年，其症状是叶片病斑增多，病斑随叶龄的增大而扩大，并愈合成片状斑块，使树冠下部 2/3 处呈黄色，病株花序坏死，不结果。晚期持续约 5a，其症状是叶斑愈合，整个树冠变成黄色或青铜色，叶子减少、变小、变脆，最后只有几片小而直立的叶子，随后整个树冠死亡。

感病树从开始出现症状到整株树死亡大约需 8~16 年。一般树龄越长，发病持续的时间越长。如：在 22 年树龄的椰子树上，该病可持续 7.5 年，而在 44 年树龄的椰子树上可持续 15.9 年，症状表现因品种的不同而有差异。

椰子死亡类病毒的核酸序列虽与椰子败生类病毒（coconut tinangaja viroid，CTiVd）的核酸序列有 64% 的同源性，但两者所引起的病害的症状是不同的。CTiVd 主要危害树龄为 20~30 年的椰子树，叶片上有慢性的斑点，与椰子死亡病相似，病果小、长而无核，停止产果后植株立即死亡。而椰子死亡病的病果有烧伤状斑痕，小而圆，停止产果后植株要持续几年才死亡。

Randles 等 1987 年通过人工接种，第一次发现了一种更严重的症状，它的主要特征是叶片明显变窄，整个植株似扫帚状，并很快死亡。在椰子种植园偶尔也可见相似的症状表现，这意味着这种症状有可能在自然环境下出现。

三、病原特征

CCCVd 属于马铃薯纺锤形块茎类病毒科（Pospiviroidae）椰子死亡类病毒属（*Pospiviroid*），为该属的代表种。

椰子死亡类病毒是已知核酸序列的最小的专性细胞内寄生分子生物，其基因组为一条单链环状 RNA，长 246 或 247 个核苷酸（nt），有 5 个功能区，即左手末端区（TL）、致病区（P）、中央保守区（CCR）、可变区（V）和右手末端区（TR），还有一个末端保守发夹结构（TCH），形成稳定的杆状或拟杆状二级结构。

负链不能通过锤头状结构进行自身切割。椰子死亡类病毒通过不对称滚环式进行复制，与其他类病毒不同，CCCVd 是唯一能在右手末端区进行复制的分子，并产生大分子形式。

椰子死亡类病毒的核酸有两种形式，即单体（ccRNA-1）和二聚体（ccRNA-2），沉降系数分别为 7S 和 10S，单体和二聚体都具有侵染性，单体相对分子质量为 8.4×10^4，A_{260}/A_{280} 为 2.1，在 Cs_2SO_4 中密度为 1.60 g/cm^3。在感病早期，CCCVd 以 246 或 247 核苷酸的小分子形式存在，随后在其 197 nt 处插入 1 个或 2 个胞嘧啶。如果 246 个核苷酸的形式先出现，会形成 246、247、296 和 297 四种形式。如果 247 个核苷酸的形式先出现，在以后的侵染中只有 297 这种形式。在椰子出现症状之前就可在嫩叶上检测到 ccRNA-1 和 ccRNA-2。随着侵染的发展，这些小分子形式被大分子形式所代替，通过序列重复，使核苷酸数达 287~297，新出叶片中含有大量的大小为 287~301 nt 的 RNA 和少量的 246/247 nt 的 RNA。单体在 10 mmol/L Na^+ 存在下，在 49℃ 和 58℃ 时有两种热迁移率，即一种是双链区溶解形成一个稳定的中间体，第二种为中间体溶解形成一个共价相连的开放环。天然的类病毒 GC 含量为 70%。

CCCVd 所引起的病害症状受寄主变化和类病毒核酸序列的影响。用同一 CCCVd 接种不同品种的椰子树，能产生不同的症状，如发育不良、变色或产生叶斑，但在不结果这一点上是一致的。

用分子杂交的方法已在花序、分生组织、不同时期的复叶和根中检测到了 CCCVd。在被侵染的油棕中，CCCVd 局限在维管束和叶肉细胞的核内，细胞核内的 CCCVd 和它的负链主要集中在核仁。用显微镜检测发现黄色叶斑中的叶绿体发育不全或缺失，也有暗色物质（可能是单宁酸体）的积累，但细胞质没有特异的病变。

四、适生性

（一）寄主范围

该类病毒的寄主范围较窄，仅局限于棕榈科的少数几种植物。椰子开花之前很少能观察到该病的症状，但开花后，发病率随树龄的增大呈线性增加，每年的新病株以 $0.1\% \sim 1\%$ 递增。高发病率的地区在 $20 \sim 30$ 年后可成为低发病率地区，而低发病率地区又可发生新的病害流行。

（二）传播途径

CCCVd 的自然传播方式仍不清楚。在纯化的花粉中可检测到 CCCVd，但花粉传播的几率非常低。在坚果的外壳和胚芽中也可检测到 CCCVd，但种传率也非常低。自然条件下，该类病毒还可通过机械损伤、农事操作和昆虫取食造成的伤口进行传染。另外，在高发病率的地区，甲虫的数量也比较多，但还未发现能传播 CCCVd 的昆虫或其他动物。

五、检验检疫方法

在田间可借助症状观察及发病规律作初步判断，但在检疫中常需采用各种不同的室内检验方法，常用的有以下几种。

（一）电泳分析

从患病寄主组织提取相对分子质量低的 RNA，采用聚丙烯酰胺凝胶电泳，包括垂直双向电泳和往复式电泳。第一向电泳在常温下进行，将类病毒与相对分子质量差异较大的寄主核酸等分子分开。第二向电泳在热变性温度下进行，将环状的类病毒 RNA 与其他非环状分子分开。通过硝酸银染色后观察特异条带的有无判断检测结果。

（二）PCR 检测

可根据该类病毒的特定序列设计引物，以 CCCVd 的 RNA 为模板经反转录合成 cDNA 后，在按常规方法进行 PCR 扩增，电泳分析观察特异扩增产物的有无。

（三）分子杂交

可采用 RNA 或 cDNA 探针，进行 RNA-RNA 或 DNA-RNA 杂交，前者检测灵敏度更高，而后者操作相对容易。杂交的方法有多种，常用的有斑点杂交，即制备待检验样品的粗提汁液，在硝酸纤维素膜上点样后进行杂交；也可按以上方法电泳后再进行杂交分析。近些年来，有人采用直接的组织印迹法，即取少量待检验样品的组织，直接在杂交膜上轻压印迹，然后按常规方法进行杂交，这种方法不需要制备样品提取液，操作更简便。

（四）生物测定

可通过人工接种椰子和其他寄主植物的幼苗，在幼叶上可产生褪绿或黄色的斑点，且病株生长减缓、叶片变小。这种方法所需时间较长，可作为田间的验证方法，但在口岸检疫中应用受到限制。

六、检疫处理

到目前为止，还没有发现有效的防治方法。在发病初期立即拔除感病植株，可以降低损失。建立健康种苗生产基地，新种植区应选用健康的繁殖材料或种苗，严格禁止从发病区调运种苗。发病区在栽培管理过程中，应尽量避免因农事操作造成的交叉感染。

本 章 小 结

各国列入检疫名单的植物病毒种类较多，我国列为禁止进境的有十多种。这些病毒个体微小、隐蔽性高，且多数寄主植物广泛，存在株系分化。引起的病害复杂，同种病毒可在不同的植物上引起不同的病害，如番茄环斑病毒可引起桃树茎痘及黄芽花叶、苹果接合部坏死和衰退和葡萄黄脉病等重要果树病害。不同病毒在同种植物上也可引起相同的病害，如木薯花叶病是非洲木薯生产的重要限制因子，非洲木薯花叶病毒（cassava mosaic virus，CMV）是木薯花叶病最主要的病原，近年先后在南非、东非、印度和斯里兰卡等地鉴定出南非木薯花叶病毒、东非木薯花叶病毒、东非喀麦隆木薯花叶病毒、东非马拉维木薯花叶病毒、东非赞茨巴木薯花叶病毒、印度木薯花叶病毒和斯里兰卡木薯花叶病毒。这些病毒被统称为木薯花叶双生病毒（cassava mosaic gemi，CMG）。因此，植物病毒的检疫相对复杂，既要考虑病毒的寄主种类、传播途径，也需考虑病毒的各种特性，对检测技术要求高。可用于病毒检验的方法很多，可根据需要选择。有的病毒特性相似，在检疫过程中要注意区分，如番茄环斑病毒、烟草环斑病毒和南芥菜花叶病毒均为线虫传多面体病毒属病毒，粒体形态相似，均可侵染葡萄和通过线虫传播。在采用血清学方法检验时，要注意与血清学相关的病毒的鉴别，有时需借助多种检验方法才能得出较准确的结果。

不同的植物病毒种类，传播方式也各不相同，许多检疫性病毒主要是通过种子、苗木和无性繁殖材料进行远距离的传播，有的病毒还可通过介体昆虫、线虫或真菌带病毒远距离传播，如马铃薯帚顶病毒在田间可通过土壤中的真菌介体马铃薯粉痂菌传播，因此加强对这些应检物的检疫检验是防止这些病毒传入和蔓延的最有效措施。

思 考 题

1. 试分析植物检疫性病毒及类病毒的传播方式有何特点？
2. 在植物病毒及类病毒的检疫中常用的检验方法有哪些？
3. 以番茄环斑病毒为例，说明病毒寄主范围及引起病害的主要特点？
4. 植物病毒的检疫处理措施主要有哪些？
5. 番茄环斑病毒、烟草环斑病毒和南芥菜花叶病毒为同一病毒属、病毒粒子形态上相似、均可侵染葡萄等植物，在检疫过程中应如何进行鉴别？
6. 针对果树病毒的检疫有何特点？

第十三章　进境植物检疫性线虫

第一节　马铃薯胞囊线虫

一、历史、分布及危害

该线虫最早在德国发现，并鉴定为甜菜胞囊线虫（*Heterodera schachtii*）。Wollenweber（1923）注意到马铃薯胞囊线虫与甜菜胞囊线虫在形态诸方面存在着较大的差异，提出应独立成为一个新种。但这观点一直到 Franklin（1940）发布了更为详尽的研究结果后方被大家接受。马铃薯金线虫（*Globodera rostochiensis*（Wollenweber）Behrens）及马铃薯白线虫（*G. pallida*（Stone）Behrens）由于形态特征及致病性等十分相似以及田间常常混合发生，以致较长时间内将马铃薯白线虫作为金钱虫的一个生理小种。1973年，英国学者 Stone 将白线虫定为新种。

金线虫主要发生分布在位于温带地区和热带较高海拔或近海地区，白线虫分布范围相对较窄。两种线虫都有分布的国家包括：欧洲的奥地利、冰岛、丹麦、法国、德国、爱尔兰、意大利、卢森堡、马耳他、荷兰、挪威、葡萄牙、西班牙、瑞典、瑞士、英国、前苏联、前南斯拉夫，大洋洲的澳大利亚、新西兰，亚洲的印度、日本、塞浦路斯，非洲的埃及、突尼斯、阿尔及利亚，美洲的智利、加拿大、阿根廷、玻利维亚、哥伦比亚、厄瓜多尔、秘鲁、委内瑞拉等。只发生马铃薯金线虫的国家有欧洲的保加利亚、捷克斯洛伐克、芬兰、匈牙利、波兰，亚洲的黎巴嫩、日本、以色列、巴基斯坦、菲律宾，非洲的埃及、摩洛哥、利比亚、南非，美洲的美国、墨西哥、巴拿马、哥斯达黎加等。目前，马铃薯金线虫及白线虫在我国仍未有分布，是最为重要的进境检疫性线虫。

一般估计，病区因胞囊线虫危害引起的产量损失为 9%，但在该病流行而没有采取防治措施的地区，马铃薯的减产高达 90%。此外，马铃薯胞囊线虫 2 个种还可与大丽菊轮枝菌（*Verticilium dahliae*）一起互作发生加重为害，并引起马铃薯早死病。据报道，马铃薯金线虫与立枯丝核菌（*Rhizoctonia solani*），马铃薯白线虫与青枯病菌（*Ralstonia solanacearum*）之间存在相互作用。

二、所致病害症状

两种线虫危害情况与症状特点十分相似。发病植株由于被大量线虫侵害根部，取食根的汁液，致使根系受到很大损伤，生长发育不良，供应茎和叶的养分水分减少，结薯少而小，产量损失严重。马铃薯地上部无特异性症状，仅表现生长不良，病株矮化，叶小而黄，嫩叶凋萎，重病株则叶片全部枯死，植株早死。病株地下部分根系小、发育不良，结薯小而少。后期病株根部细根上密生大量的小突起，即病原线虫的胞囊。马铃薯金线虫雌虫为金黄色、白线虫雌虫为乳白色，但成熟后两种线虫的胞囊均为褐色。

三、病原特征

两种线虫均隶属于垫刃目、异皮科、球形胞囊属（*Globodera*）。

（一）马铃薯金线虫

雌虫亚球形，具突出的颈，虫体球形部分角质层有网状脊纹，无侧线。头部小，有1～2条明显的环纹，头骨架较弱。口针基部球圆形，明显向后倾斜，口针诱导环向后延伸、略占口针长度的75%。排泄孔明显，位于颈基部。阴门与尾部不缢缩，位置与颈相对；阴门膜略凹陷，阴门横裂。肛门位于阴门膜外。肛门与阴门间有20个平行的角质脊纹。胞囊体长（不包括颈）445 μm，宽382 μm，颈长104 μm，阴门锥直径18.8 μm，肛门至阴门锥66.5 μm，格氏值3.6；阴门锥不突出。双膜孔，新胞囊的阴门区较完整，但老胞囊阴门锥全部或局部消失。阴门锥为单环膜孔型。无阴门桥、下桥及其他残存的虫体组织；无泡状突，但阴门区可能有一些小的不规则黑色沉淀物。无亚晶层，角质层脊呈Z字型（图13-1）。

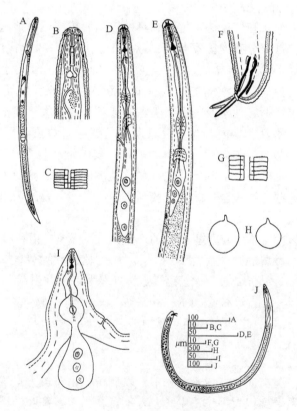

图 13-1　马铃薯金线虫
A. 幼虫；B.2 龄幼虫头部；C.2 龄幼虫中部侧区；
D.2 龄幼虫食道区；E. 雄虫食道区；F. 雄虫尾；G. 雄虫侧区；
H. 胞囊；I. 雌虫头

雄虫线形，具钝圆形的尾，热杀死虫体弯曲，后部卷曲 90～180°，呈 C 形或 S 形，角质层具规则环纹，侧带区 4 条刻线延伸至尾末端，2 条刻线有网纹但内侧刻线物网纹。头部圆形缢缩，有 6~7 个头环，头骨架很发达。口针发达，基部球向后倾斜，针锥为口针长度的 45%，口针诱导环延伸至 70% 口针处。中食道球卵圆形，有明显瓣门，未见明显的食道肠交接处的瓣状结构。单精巢。泄殖腔小，外缘突起，交合刺弓形，发达有引带。

（二）马铃薯白线虫

雌虫亚球形，具突出的颈，白色，一些种群经 4~6 周米色时期，雌虫死亡时呈有光泽的褐色。头部具有融合的唇和 1~2 个明显的唇片。颈部环纹不规则。头骨架弱。口针锥部约为口针长度的 1/2，口针基部球后倾斜。中食道球大，瓣门新月形。排泄孔位于颈基部，双卵巢几乎充满整个体腔。阴门横裂，阴门膜微凹陷。阴门与肛门间有 12 个平行的脊，少数交叉。胞囊长（不含头及颈部）579 μm，宽 534 μm，颈长 118 μm，阴门锥直径 24.5 μm，肛门到阴门的距离为 49.9 μm，格氏值为 2.1。两种线虫形态很相似，应注意区别。表 13-1 列出了它们的形态测量值比较。

表 13-1　马铃薯金线虫与白线虫的虫体测量值比较（Hooper et al., 1990）

	马铃薯金线虫		马铃薯白线虫	
	雌虫 n=25	雄虫 n=50	雌虫 n=25	雄虫 n=50
虫体长		1197±100		1198.0±104
头部长		6.8±0.3		6.8±0.3
口针长	22.9±1.2	25.8±0.9	27.4±1.1	27.5±1.0
头基部宽度	5.2±0.9	11.8±0.6	5.2±0.5	12.3±0.5
DEGO	5.7±0.9	5.3±0.9	5.4±1.1	3.4±1.0
头顶至中食道球距离	73.2±14.6	98.5±7.4	67.2±18.7	96.0±7.1
中食道至排泄孔距离	65.2±20.3	73.8±9.2	71.2±21.9	81.0±10.9
排泄孔处体宽		28.1±1.9		28.4±1.3
头顶至排泄孔处距离	145.3±17.6	172.3±12.1	139.7±15.5	176.4±14.5
中食道球直径	30.0±2.9		32.5±4.3	
阴门膜直径	22.4±1.9		24.8±3.7	
阴门裂长	9.7±1.9		11.5±1.3	
肛门至阴门膜边缘距离	60.0±3.5		44.6±10.9	
阴门与肛门间角质脊数	21.6±3.5		12.5±3.1	
尾长		5.4±1.1		5.2±1.4
肛门处体宽		13.5±0.4		13.5±2.1
交合刺长度		35.5±2.8		36.3±4.1
引带长		10.3±1.5		11.3±1.6

注：表中数据单位均为 μm。

四、适生性

（一）寄主范围

两种线虫寄主范围较窄，均主要为害马铃薯。但金线虫还为害番茄、茄和其他多种茄科植物；白线虫为害龙葵和其他多种茄科植物。

（二）侵染循环

两种线虫的生活史基本相同。线虫经过胚胎发育变为 1 龄幼虫，蜕皮后进入 2 龄幼虫阶段，破卵壳进入土壤中，为侵染性 2 龄幼虫。遇到适合寄主后，从近根尖处侵入植物，并固着取食于根组织。3 龄幼虫在根内度过，4 龄雌幼虫体后部露出根表面，4 龄雄幼虫仍在根内。最后第 4 次脱皮，雄成虫进入土壤。雌虫体后部露于根表面。雌虫成熟后体内充满卵，1 个雌虫体内最多有卵 500 粒。在 25℃下，金线虫完成一个生活史需 38～45 d。一般而言，1 年只发生 1 代。温度达 40℃以上时线虫停止活动。马铃薯金线虫在美国发育的最低温度为 10℃，而在英国所需的温度可能略低一些。

（三）传播途径

在田间自然条件下，上述两种线虫通过水流、灌溉水和雨水传播，农具和人的鞋底可以携带线虫胞囊，病土翻动和搬运也是传播途径之一。可通过疫区种薯、苗木、砧木、土壤等作远距离传播。

（四）对环境的适应性

线虫卵由于有胞囊的保护，对干燥等不良环境条件抵抗力很强，在没有寄主时，可能存活达 28～30 年之久。通气透水良好的砂土、粉砂土和泥炭土有利于该两种线虫自由生活阶段的生存、移动和侵入，在土壤保水量 50％～70％时最适合线虫移动和侵入为害。温度对线虫的发生发展影响较大，18～25℃为发育和侵入寄主的最适温度，这时如果湿度达 50％～70％发生较重，30℃以上和高温、干燥条件发生轻。我国东北、西北和西南地区是马铃薯主产区，属气候稍冷的温带或高寒山区，气候凉爽，气温较低，适合马铃薯胞囊线虫的流行。

五、检验检疫方法

（一）产地检疫

在产地可疑病区作田间调查，可用如下方法：

1. 重筛过滤检验　把从田间采的湿土样放入容器内加水搅均匀后，倒入孔径分别为 30、60、100 目，直径 10～20 cm 的三层重筛中，接在水池上用细喷头冲洗，使杂屑碎石留在粗筛内，胞囊留在细筛内，然后把细筛网上的胞囊用清水冲入白搪瓷盘内，滤去水即得到胞囊。

2. 漂浮器法检验　把采回的土样摊开晾于纸上，风干后，照前述方法用漂浮器漂浮分离出胞囊。

3. 挖根检验法　直接挖取田间植株根系，在室内浸入水盆中，使土团松软，脱离根部，或用细喷头仔细把土壤慢慢冲洗掉，用放大镜观察，病根上有大量淡褐色至金黄色或白色的球形雌虫和胞囊着生在细根上。

（二）口岸检验

1.隔离种植检查　　经特许审批允许进口的少量马铃薯必须在指定的隔离圃内种植。在种植期间，可经常观察其症状，取土样或根检查。采取的土壤经自然风干后作漂浮分离检验。获取的根样，直接在立体显微镜下解剖观察。在形态学特征无法准确鉴定时，可以用特异性的 DNA 探针和 rDNA-ITS 来鉴定马铃薯胞囊线虫。

2.简易漂浮检验法　　先用毛刷把少量薯块芽眼内和外皮黏带的干土刷下，集中起来，倒入三角瓶内加水搅拌成泥浆，再加水至瓶口静置沉淀，等土液稍清，即把土浮杂质倒入放有滤纸的漏斗内过滤，待滤纸晾干时，用放大镜观察，检出胞囊，保存于小瓶内备鉴定。获取的根样，直接在立体显微镜下解剖观察。在形态学特征无法准确鉴定时，可以用特异性的 DNA 探针来鉴定马铃薯胞囊线虫。

3.漂浮器法　　干土壤样品用金属制作的芬威克漂浮器分离胞囊备作鉴定。用毛刷刷下马铃薯芽眼以外皮黏带的土壤，收集装载马铃薯的容器内散落的土壤。倒入三角瓶，加水后充分搅拌，再加入水。待泥浆稍清时将上浮杂质过滤，收集滤纸上的杂质，待滤纸晾干后置于立体显微镜下检查。如收集到的土壤较多，可直接用 Fenwick 胞囊漂浮器分离并收集胞囊。

六、检疫处理与疫区防治

（1）检疫处理。根据检疫规定，有关货物进出口、国内调运时都应检验，凡是从病区或进口来的寄主植物的繁殖材料（块茎、根茎、球茎、鳞茎等）都要用水冲洗、刷净或用水浸泡或用杀线虫剂处理后再进行隔离种植 2 年。

（2）疫区防治。可通过轮作、种植抗病品种和使用熏蒸性杀线虫剂 D-D 混剂、溴甲烷等进行土壤处理。

第二节　香蕉穿孔线虫

一、历史、分布及危害

香蕉穿孔线虫（*Radopholus similes*（Cobb）Thome）首先在斐济发现，是当地大蕉 *Musas apienturn* 根广泛坏死的原因。香蕉穿孔线虫有广泛的地理分布，包括在亚洲的印度、印度尼西亚、日本、马来西亚、巴基斯坦、菲律宾、斯里兰卡、日本、阿曼、泰国等，在北美洲的加拿大和美国，中南美洲的大部分地区，在非洲的埃及和整个次撒哈拉附近地区、印度洋诸岛，大洋洲的澳大利亚、斐济和法属波利尼西亚。同时，该线虫在欧洲及地中海地区的比利时、法国、德国的温室植物上局部发生。寄生柑橘的穿孔线虫在北美洲（仅存在美国的佛罗里达、夏威夷和路易斯安那州）、中美洲和加勒比海地区的古巴的多米尼加共和国、南美洲的圭亚那、欧洲的意大利等地有分布。香蕉穿孔线虫是我国极为重要的检疫性线虫。

香蕉穿孔线虫具有很大的毁灭性，自在斐济出现为害香蕉后，曾在不少地方导致多种经济植物发生病害，造成很大损失。1968 年苏里南的种植园普遍发生，曾造成减产 50% 以上。印度尼西亚的邦加岛曾报道由于此病使 90% 的香蕉被毁。此外，香蕉穿孔线虫可导致胡椒、椰子、生姜、姜黄等作物的严重损失。据报道，印度尼西亚曾因此线虫的为害，引起了胡椒 90％ 的损失。

虽然目前寄生柑橘的穿孔线虫被认为分布有限，但也可引起病区柑橘的很大损失，美国佛罗里达州柑橘因此线虫发生扩散性衰退病，减产 40％～70％，葡萄柚减产 50％～80％。

二、所致病害症状

穿孔线虫主要侵害香蕉根部，在直接受害的香蕉根和地下肉质茎上出现不规则病斑，病斑淡红色至红褐色，小斑可以合成大斑。病部内的皮层薄壁细胞遭受破坏形成空腔（隧道），导致外皮纵裂，在皮层内形成红褐色病斑。病株生长不良，叶小而少，提早脱落；果穗减少。病重的结穗常倒伏。由于被此线虫侵染的蕉株倒塌或翻蔸，挂果蕉株严重倒伏，故此病又称黑头倒病、黑头病和倒塌病。

穿孔线虫侵染引起的柑橘病害，称为扩散性衰退病（spreading decline）。病树出叶稀疏、叶片小，果实很少成熟，果小。树枝末端落叶而秃枝，后期枯死。病树在缺水时迅速萎蔫。

三、病原特征

香蕉穿孔线虫隶属于垫刃目、垫刃总科、短体科、穿孔属（*Radopholus*）。

测量值：①雌虫（$n = 12$）$L = 690$（$530～880$）μm；$a = 27$（$22～30$）；$b = 6.5$（$4.7～7.4$）；$c = 10.6$（$8.6～13.0$）；$c' = 3.4$（$2.9～4.0$）；$V = 56$（$55～61$）；口针 = 19（$17～20$）μm；尾长 = $65～70$ μm。②雄虫（$n = 5$）；$L = 630$（$590～670$）μm；$a = 35$（$31～44$）；$b = 6～6$；$c = 9$（$8～10$）；$c' = 5.7$（$5.1～6.7$）；口针 = 14（$12～14$）μm；交合刺 = 20（$19～22$）μm；引带 = $8～12$ μm。

雌虫体形为圆筒形，体环清楚，侧带区 4 条刻线。唇区半球形，稍缢缩或不缢缩，具 3～4 个唇环，6 片唇片，头骨架较发达。口针 17～20 μm；强壮，基部球发达，圆形。中食道球近圆形，峡部长约等于体宽，食道与肠交界处瓣膜模糊。食道腺呈叶状覆盖肠前端背面 2～4 倍体宽长。双卵巢，对生，前卵巢直，常伸至中食道球附近；后卵巢伸至尾部，有时回折向前伸至 1～3 倍体宽长。卵母细胞单行排列。尾感器位于肛门后方不到 1 倍体的水平线上。尾圆锥形，末端钝圆。

雄虫与雌虫形态有较大差异，体为圆筒形。唇区高，圆形，缢缩明显，侧唇片及头架欠发达，常有 3～5 环。口针纤细，基部球细小而不明显，食道退化，中食道球稍膨大，但没有瓣膜。体环清楚，侧区刻线 4 条，伸至尾部，尾感器位于交合伞基部附近。精巢 1 条，向前直伸，为体长的 1/4～1/3。交合伞伸至尾的 2/3 处，交合刺微弯，18～19 μm 长，引带棒形，10～12 μm 长（图 13-2）。

目前，已知香蕉穿孔线虫有 2 个小种，一种为香蕉小种，为害香蕉、甘薯和葛属等，但不侵染柑橘；另一种为柑橘小种，侵染柑橘，又能为害香蕉等多种植物。后来，Huettel 等发现香蕉小种染色体数目为 4，而柑橘小种染色体数目为 5，同时它们的同工酶类型和寄主也有区别，因此将柑橘小种提升到种的地位，称为柑橘穿孔线虫（*Radopholus citrophilus*），香蕉小种仍称为香蕉穿孔线虫也称相似穿孔线虫。实际上，

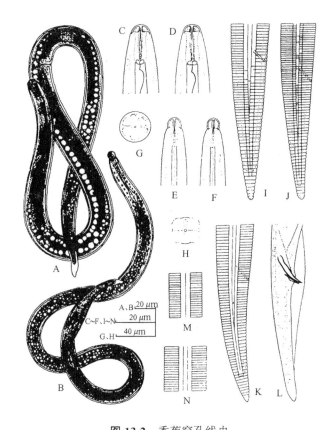

图 13-2　香蕉穿孔线虫

A. 雌虫；B. 雄虫；C, D. 雌虫头部；E, F. 雄虫头部；

G, H. 雌虫和雄虫头部正面观；I, J 雌虫尾；K. 雄虫尾腹面观；

L. 雄虫尾的侧面观；M, N. 体中部侧

由于它们在形态上极其相似，这种分类状况仍没有被普遍接受。

四、适生性

（一）寄主范围

香蕉穿孔线虫的寄主范围非常广泛，已经报道的寄主达 350 多种，主要为害芭蕉科、天南星科和竹芋科。包括香蕉、胡椒、芭蕉、咖啡、葡萄柚、柑橘、茶、玉米等，此外许多蔬菜、观赏植物、牧草、杂草等也是其寄主。

（二）侵染循环

香蕉穿孔线虫为迁移性根内寄生物。其 L2、L3、L4 和幼雌虫均能侵入，主要破坏植物皮层细胞，形成空腔。线虫在根的韧皮部及形成层取食，发育和繁殖后代。由于线虫的不断取食，陆续形成空腔。雌虫能在植物组织内产卵，1 条雌虫能在半月内持续产卵 60～80 粒。在 24～32℃条件下，香蕉根内的卵需 7～8 d 孵化出 2 龄幼虫，在实验室卵历期为 5～7 d。幼虫从近根尖处侵入根内或直接在根内取食发育，需 10～13 d 发育

为成虫。在温湿度适合时，该线虫完成一个生活周期为 20～25 d。

（三）传播途径

线虫卵和自由生活阶段线虫，能在休闲地中存活 12 周以上，在蕉园被线虫毁坏后，线虫可在寄主（包括杂草寄主）根存在的情况下在土壤中存活 14 个月以上。在完全没有被感染寄主存在时，线虫在土壤中最多存活 6 个月。在自然情况下，香蕉穿孔线虫主要通过病土、流水和种苗传播。在田间，带土的农具、人、畜均为传病途径。同一果园植株间的传播主要通过不同植株间根系的相互接触或线虫本身的迁移。Feldmesser 等曾认为，在相邻柑橘苗相互接触时，香蕉穿孔线虫从受感染的土壤移到干净的土壤的速度是每月 15～20 cm。香蕉穿孔线虫由寄主植物的地下部分及黏附的土壤作远距离传播。

（四）对环境的适应性

在潮湿的土壤中，穿孔线虫在 27～36℃ 时一般可存活 6 个月，在干燥土壤中，在 29～39℃ 时仅存活 1 个月。在 12～32℃ 下，有利于线虫的繁殖和入侵，土温在 24～28℃ 时，最适于线虫群体的发展。砂性土壤时发病比黏重土壤重。如果在果园中存在一些杂草寄主，即使在不种植香蕉的果园内，香蕉穿孔线虫的存活期长达 5 年。据报道，在中美洲的果园中，香蕉穿孔线虫的年自然扩散距离为 3～6 m。在合适的条件下，香蕉穿孔线虫在 45 d 内可繁殖 10 倍，每千克土壤中线虫高达 3 000 条，而在根内线虫量也可高达 10 万条/100 g（根）。

五、检验检疫方法

（一）幼苗检验

先将根表皮黏附的土壤洗净，仔细观察挑选根皮有淡红褐色痕迹，有裂缝，或有暗褐色、黑色坏死症状的根，剪成小段，放入玻皿内加清水，置解剖镜下，用针和镊子挑开皮层观察是否被破坏及有无游离在水中的线虫。或把根剪成碎段，用漏斗法或浅盘法分离。

（二）鉴定方法

用水清洗进境植物的根部，仔细观察根部有无淡红色病斑，有无裂缝，或暗褐色坏死现象。在立体显微镜下在水中解剖可疑根部，观察是否有线虫危害。也可直接将根组织用漏斗法分离。将分离获得的线虫制片后观察，按前述形态特征进行鉴定。

六、检疫处理与疫区防治

（一）无线虫种植材料的获得

（1）温水处理种植材料。如果香蕉的球茎小于 13 cm，则在 55℃ 温水中浸 20 min，可以杀死球茎内线虫。

（2）切削防治法。当根状茎基部直径大于 10 cm 时，切削防治法，即先剥除假茎，再切除所有变色的内生根和根状茎组织，然后削去周围一部分健康组织，将切削后留用的球茎或根状茎组织，用 0.2% 的二溴乙烷浸泡 1 min 再种植。

(3) 化学药剂法。对基部直径小于 10 cm 的根状茎或球茎，可直接用药液浸渍杀死线虫。例如，用 320 g 克线磷原药，加 100 kg 水和 12 kg 黏土，混匀后浸渍包裹根状茎，移栽后待蕉苗生长成活，每株根部再施 2.5~3 g 上述浆拌剂，3~4 月用药 1 次。

(二) 种植园土壤消毒处理

销毁严重感病的香蕉植株后，种植香蕉穿孔线虫非寄主植物，12 个月后再移植香蕉苗，可以消除土壤中的线虫。休闲 6 个月以上，或灌水淹没 5 个月，都可以消除土壤中的线虫。

第三节　水稻茎线虫

一、历史、分布及危害

水稻茎线虫（*Ditylenchus angustus*（Bulter）Filipjev）1912 年首次在孟加拉被发现，称为 Ufra 、Dak Pora 。目前世界上水稻受害较严重地区分布于亚洲和非洲的水稻生长地区，主要是热带亚洲各国和地中海沿岸各国。分布于印度、巴基斯坦、泰国、缅甸、孟加拉、印度尼西亚、越南、菲律宾、乌兹别克、埃及、马达加斯加、南非、柬埔寨、阿联酋等国家，中国未有报道，是重要进境检疫性线虫之一。

水稻受到此病为害后，平均减产 30%，部分地区更严重。据报道，印度尼西亚因此病引起的水稻减产为 50%，泰国为 20%~90%。

二、所致病害症状

水稻各生育期都可表现症状，但在田间常于植株生长 2 个月后发生。病株矮化，叶片褪绿或出现黄条纹，叶鞘和叶边缘卷缩，叶尖弯曲，叶片扭曲或呈畸形。在孕穗期叶片或叶鞘上发生褐斑。水稻受害后有两类典型症状，一类是肿大 Ufra，其花序包在叶鞘里，不能抽穗，受侵染茎部分枝增多；另一类是成熟 Ufra，花序能抽出，但只有顶部小穗能产生正常稻粒，花轴和枝梗为暗褐色，下部的花不结实。

三、病原特征

水稻茎线虫，又称为窄小茎线虫（*Ditylenchus augustus*（Butler）Filipjev），隶属于垫刃目、粒亚科、茎线虫属（*Ditylenchus*）。

测量值：①雌虫 $L = 800~1200$ μm，$a = 50~62$，$b = 6~9$，$c = 18~24$，$c' = 5.2~5.4$；$V = 78~80$，口针长 10~11 μm。②雄虫 $L = 700~1180$ μm，$a = 40~55$，$b = 6~8$，$c = 19~26$，口针长 10 μm；交合刺长 16~21 μm。

雌虫虫体细长、较直。侧带区刻线 4 条。唇区不缢缩。口针发达，针锥细，为口针长度的 45%，口针基部球小、清晰，微向后倾斜，直径约为 2 μm。中食道球卵圆形，肌肉发达，有明显的瓣门。后食道球长约 27~34 μm，微覆盖肠端。神经环位于中食道球后 21~35 μm 处。排泄孔位于距虫体前端 90~110 μm 处。半月体位于排泄孔前 3~6

μm 处。阴门横裂,阴道微倾斜,长度超过阴径长度的一半。后阴子宫囊为阴径的 2～2.5 倍或阴肛距的 50%～67%。尾圆锥形,长为肛门处体宽的 5.2～5.4 倍,末端有一尾尖突。

雄虫形态和雌虫相似。交合伞窄,始于交合刺先端,延伸到近尾端。交合刺向腹面弯曲,引带短,交合刺长 16～21 μm。经杀死后,虫体直或腹向弯曲(图 13-3)。

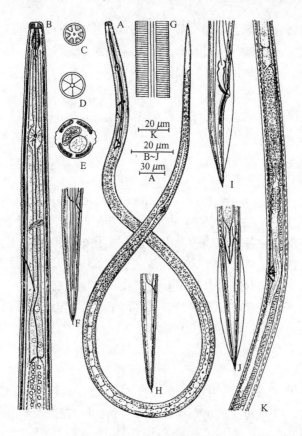

图 13-3 水稻茎线虫

A. 雌虫;B. 雌虫食道区;C. 正面观;D. 头骨架;E. 雌虫在体中
部横切面;F. 雌虫尾;G. 体中部侧区;H. 幼虫尾;I. 雄虫尾的
侧面观;J. 雄虫尾的腹面观;K. 雌虫阴门区

(引自 C. I. H. Description of plant-parasitic nematodes)

四、适生性

(一)寄主范围

水稻茎线虫是一种专性寄生线虫,主要寄生稻属植物,除水稻外,还可为害 *Oryja alta*、*O. cubensis*、*O. eichingeri*、*O. globerrima*、*O. latfolia*、*O. meyriana*、*O. minuta*、*O. nivara*、*O. officinalis*、*O. perennis*、*O. rufipogon*、*O. spontanea* 等。

（二）侵染循环

水稻茎线虫外寄生于水稻或其他植物寄主的幼嫩组织，未发现它们能内寄生于植物组织。在潮湿的条件下，水稻茎线虫从土壤中沿水稻幼苗迁移，并侵入水稻的生长点，在水稻秧苗插入几天后就能在生长点的顶芽内发现此线虫；接着在叶鞘、茎和花梗等部位都能发现。在干旱及植物接近成熟时，线虫卷曲并变得不活动；当遇到潮湿的条件时线虫马上恢复活性。随着生长季节的结束、寄主植物成熟，线虫呈棉花团状。休眠的线虫能在干燥条件下存活 15 个月以上。

（三）传播途径

在田间的传播途径主要是靠田间排水、灌水及雨水飞溅，由一块田传到另一块田。在潮湿的条件下，病健株间彼此接触摩擦也可传播。收获后病田内的根茬、病株残体为下一年的初侵染源。种子中混杂的稻草及其他病残体或土壤是可能的远距离传播途径。据报道，刚收获的新鲜水稻种子上可以检测到活的水稻茎线虫，但经晒谷后，水稻茎线虫能被杀死，因此病种子能否传播该线虫目前尚有争议。

（四）对环境的适应性

水稻茎线虫最适的侵染温度为 20～30℃，本病仅发生在高温多湿的热带地区，病害流行的时间主要为 7～12 月份潮湿季节。干旱季节，发病较轻。

五、检验检疫方法

在孕穗至抽穗期间，选取可疑病株的上部稻秆、叶鞘、穗秆等组织，用漏斗法分离线虫。对从疫区来的水稻种子等，可选取褐色、颖壳不闭合谷粒，或谷粒细小或空粒，可将选出的病谷粒连颖壳和米粒一同放入三角瓶，加适量灭菌水，塞好棉塞，在 20～30℃下置 4～12 h，取出剧烈振荡 10 min，把悬浮液倒入离心管中，进行离心方法分离线虫，或用漏斗法分离线虫，并在立体显微镜下解剖观察。然后根据上述形态描述进行线虫鉴定。

六、检疫处理与疫区防治

（1）严格按检疫法规定实施检疫和检验。

（2）毁掉病株是疫区最好的防治措施，也可在干旱季节犁田，曝晒稻根，并把稻根清理出田外烧掉；利用水稻茎线虫只寄生稻属作物的特点，与非寄主植物进行轮作；同时要在疫区建立无病留种田。

（3）用杀线虫剂如每公顷 10%涕灭威 3 kg 或 50%线虫磷 10 kg，在水稻移栽后第 7 d 和稻分蘗期各用 1 次药。

第四节 松材线虫

一、历史、分布及危害

松材线虫（*Bursaphelenchus xylophilus* (Steiner & Buhrer) Nickle）最早于 1905 年在日本九州、长崎及其周围发生。目前在日本、美国、墨西哥、葡萄牙、加拿大、朝鲜及我国的台湾、香港、澳门、江苏、浙江、安徽、广东、山东等省发生。

由松材线虫引起的松材线虫萎蔫病是国际公认的林业上特大的毁灭性病害。此病在美国、加拿大造成的损失不大，但在日本引起林业生产的严重损失，目前此病在日本的疫区占日本松林面积的 25%，已扩展到日本 47 个县府中的 45 个，其在日本列岛分布之广、受害之重，触目惊心。我国从 1982 年在南京中山陵发现此病到现在为止，因此病引起的松树死亡株数从初期的 265 株发展到现在的 1600 万株，直接经济损失为 18.2 亿元人民币，造成森林生态效益等的损失约为 216 亿元人民币。松材线虫尽管目前在我国局部地区已有分布，但仍是极重要的进境检疫性线虫之一。

二、所致病害症状

病株针叶变为红褐色。而后全株迅速枯萎死亡。病叶在长时间内可以脱落。针叶的变色过程大致是由绿色经灰、黄绿色至淡红褐色，由局部发展至全部针叶，在适宜发病的夏季，大多数病株从针叶开始变色至整株死亡约 30 d 左右。在表现外部症状以前，受侵病株的树脂分泌迅速减少和停止，属相对特异的内部生理病变。病害发展过程可分为 4 个阶段：①外观正常，树脂分泌减少，蒸腾作用下降，嫩枝上可见天牛啃食树皮的痕迹。②针叶开始变色，树脂分泌停止，可发现天牛的产卵痕。③大部分针叶变为黄褐色、萎蔫，可见到天牛及其他甲虫的蛀屑。④针叶全部变为黄褐色至红褐色，病树整株干枯死亡。死树上一般有多种害虫栖居。

三、病原特征

松材线虫隶属于滑刃目、滑刃科、伞滑刃属（*Bursaphelenchus*）。

测量值：①雌虫（$n=20$）（据程瑚瑞，1983）：$L=1140$ μm，$a=39.4$，$b=11.1$，$c=27.3$，$V=72.9$，口针 15.2 μm。②雄虫（$n=20$）：$L=1070$ μm，$a=47.6$，$b=11.0$，$c=31.3$（29~35），口针 15.1 μm，交合刺 29.8（27~32）μm。

两性成虫虫体细长，约 1000 μm。唇区高，缢缩显著。口针细长，14~16 μm，基部球明显。中食道球卵圆形、占体宽的 2/3，瓣门明显。食道腺叶长约为 3~4 倍食道处体宽，背覆盖于肠部。神经环位于中食道球后；排泄孔位于食道和肠连接处；半月体显著，位于排泄孔后 2/3 体宽处。雌虫单卵巢，卵母细胞单行排列。阴门位于虫体中后部，约 73% 体长处，有明显的阴门盖；后阴子宫囊长，约为肛阴距的 3/4。尾亚圆锥形，末端宽圆，无或有微小的尾尖突。雌虫尾亚圆筒状，末端宽圆，部分有 1 μm 左右的尾尖突。雄虫体形类似雌虫。交合刺大，弓状，成对，喙突显著，交合刺远端膨大如盘。尾似鸟爪状，腹向弯区，尾端有一小的端生交合伞。两对尾乳突分别位于泄殖孔前和交合伞前。交合刺玫瑰状，成对，喙突显著（图 13-4）。

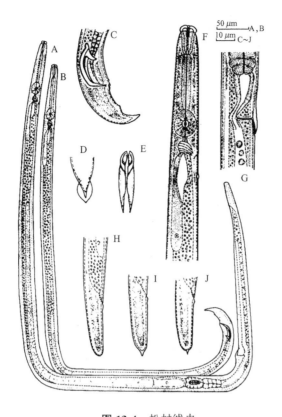

图 13-4 松材线虫

A. 雌虫；B. 雄虫；C. 雄虫尾部；D. 雄虫尾部腹面观，示交合伞
E. 交合刺腹面观；F. 雌虫前部；G. 雌虫阴门；H~J. 雌虫尾部

四、适生性

（一）寄主范围

松材线虫主要寄主是松属（*Pinus* spp.）植物，据研究，57 种松树是松材线虫的寄主。还有 13 种非松属的其他针叶树，如雪松属（*Cedrus*）、冷杉属（*Abies*）、云杉属（*Picea*）、落叶松属（*Larix*）和黄杉属（*Pseudotsuga*）等。中国的许多松树树种都是感病的，甚至是高度感病的，如云南松、红松、华山松、日本黑松、樟子松、黄山松、琉球松已被证明是高度感病的。在中国疫区，马尾松也被证明严重感病，这与日本的情况不同。

（二）侵染循环

松材线虫生活史包括取食寄主植物阶段和取食真菌阶段。取食寄主阶段也称繁殖阶段。在 25℃时，线虫 4～5 d 就可完成 1 代。成虫和幼虫在形成层组织和树脂道薄壁组织细胞上取食及移动，在适宜温度下，线虫在树体内迅速繁殖、移动，蔓延到整株松树。取食真菌阶段也称分散阶段（dispersal stage）。树体存在许多不同真菌，如链格孢（*Alternaria*）、镰刀菌（*Fusarium*）和长喙壳菌（*Ceratocystis*）。线虫在死亡后的树干内取食真菌并进行繁殖。冬季在没有病死树或没有墨天牛（*Monochamus* spp.）时，分散型 3 龄幼虫比例迅速增加，进行越冬和度过不良环境条件，第二年春天，温度回升到一定程度时，线虫恢复生长发育，蜕皮变成 4 龄幼虫。分散型 4 龄幼虫寻找天牛幼虫，进入幼虫的气管，在天牛幼虫体内存活数月。

墨天牛在春季松树生长后羽化。新羽化的成虫取食嫩枝，昆虫体内的 4 龄幼虫离开气门从天牛造成的伤口入侵健康树枝，进行初侵染。进入树体的木质部后，线虫在其中脱皮、移行、取食和繁殖。墨天牛在衰弱和死亡树皮内产卵，将体内的松材线虫幼虫带到产卵的地方，4 龄幼虫进入树体内，以取食真菌为主，经过再次传播和侵染，导致线虫在日趋死亡的松树中群体量倍增，又大大增加天牛的携带量。初次和再传播侵染取决于温度、天牛和线虫本身的活力。

（三）传播途径

在自然条件下，墨天牛是松材线虫的传播媒介。迄今，发现有 6 种墨天牛能传播松材线虫，分别为松墨天牛（*M. alternatus*）、云杉墨天牛（*M. saltuarius*）、卡罗来纳墨天牛（*M. carolinensis*）、白点墨天牛（*M. scutellatus*）、南美墨天牛（*M. titillator*）、*M. mutator*。其中，松墨天牛是最主要的传播媒介，传播距离为 1~2 km。据日本研究，松墨天牛平均携带松材线虫 1.8 万条，最多的可携带高达 28.9 万条松材线虫。它主要分布于日本、中国及韩国等地。墨天牛传播松材线虫主要有 2 种方式：一种为补充取食期传播；另一种为产卵期传播。前者为主要的传播方式。亚洲松材线虫主要传播媒介是松墨天牛，而北美则主要为卡罗来纳墨天牛、白点墨天牛、南美墨天牛等。

在我国，传病的主要媒介松墨天牛的分布除在东北、内蒙古、新疆等外，几乎遍及各地，灭虫难度大。被害树木伐后，没经杀线虫处理就被用作包装材料，随货物四处扩散，人为传播造成的危害更大。人为调运病木及其产品，是松材线虫远距离传播的唯一途径。

（四）对环境的适应性

松材线虫是一种移居性内寄生线虫，环境因子如温度、土壤中水分的含量与发病有密切关系。高温和干旱有利于该病的发生，在松树生长季节，若是高温和干旱气候，则会出现严重的松材线虫病问题。松材线虫发育起始温度为 9.5℃，最适温度为 20~30℃，低于 20℃，高于 33℃都较少发病。年平均温度是衡量某地区松材线虫发病程度和分布最有用的指标之一。据日本调查，此病普遍发生于年平均温度超过 14℃的地区，北方的高山地区的病树病情发展缓慢，为害不明显，年平均气温低于 10℃地区，不发生松材线虫病。另外，海拔高度也影响此病的发生，高于 700 m 的地区实际不为害。缺水则加快松材线虫萎蔫病的病程，病树的死亡率也提高。据分析，我国年平均温度在 10℃以上地区为松材线虫适生区，因此，我国大部分气候条件适合松材线虫的发生。

五、检验检疫方法

（一）产地检疫

根据线虫为害后造成的症状，看该地区有无线虫为害的病株。在未发现有典型症状的地区。先查找有天牛为害的虫孔，碎木屑等痕迹的植株，在树干任何部位作一伤口，几天后观察，如伤口充满大量的树脂为健树，否则为可疑病树。半月后再观察，如发现针叶失绿、变色症状，并在 45 d 内全株枯死者表明有该病发生，接着可在树干、树皮及根部取样切成碎条，或用麻花钻从天牛蛀孔边上钻取木屑，用贝尔曼漏斗法或浅盘法分离线虫。凡从有病国家进口的松苗、小树（如五针松等）及粗大的松材、松材包装物，视批量多少抽样，切碎或钻孔取屑分离线虫。如发现线虫则制成临时玻片，在显微镜下进一步鉴定。如发现幼虫，可用灰葡萄孢霉（*Botrytis cinerea*）等真菌培养获得成虫后再作鉴定。

（二）病原线虫的检验

检测时，要注意和一个近似种拟松材线虫（*B. mucronatus*）的区别。

松材线虫：雌虫尾部锥形，末端钝圆，无指状尾尖突，或少数尾端有微小而短的尾尖突，长度约 1 μm；雄虫尾端抱片为尖状卵圆形，致病力强，危害重。

拟松材线虫：雌虫尾部圆锥形，末端有明显的指状尾尖突，长达 3.5～5.0 μm，雄虫尾端抱片为铁铲形，致病力微弱，为害较轻。最近几年，国内多个单位已研究开发用 rDNA-ITS 技术检测松材线虫，利用单条线虫就可成功检测。

六、检疫处理与疫区防治

（1）在木材调运中应严格检疫制度，按森林病虫害检疫规程，在疫区边缘重要交通要道建立哨卡，疫区内的松材及其制品一律严禁外运，与疫区毗邻的非疫区，要加强边界地段的定期检测工作，防治病害传入。各口岸对调进的木材和木质包装材料应加强检验，防治病害从国外传入。

（2）对疫区林间的病死木应及时砍伐清理。砍伐的死树应及时用药剂熏蒸处理或用热力处理。如果确定砍伐死树，我国一般选择在 4 月以前完成。

（3）树干注射药剂。在距地面约 1 m 的树干处，注射 50% 丰索磷，每株树注射药液 100 ml，也可注射其他内吸性杀线虫剂。此法只适用于小面积观赏树或名贵树种。

第五节　椰子红环腐线虫

一、历史、分布及危害

椰子红环腐线虫（*Rhadinaphelenchus cocophilus*（Cobb）Goodey）是一种由棕榈象甲（*Rhynchophorus palmarum*）传播的重要检疫线虫，能引起椰子树毁灭性病害。19世纪在南美洲和中美洲的热带丛林早已发生，发现椰子树冠部腐烂，茎和叶基部的横截面出现红色环，但是当时认为是由真菌和细菌引起的病害。直到 1918 年，Cobb 将 Nowell 呈送的标本鉴定为 *Aphelenchus cocophilus*，并详细地描述该线虫的形态特征。

椰子红环腐线虫病为美洲特有的病害，主要分布在伯利兹、巴西、加勒比地区、哥斯达黎加、厄瓜多尔、哥伦比亚、萨尔瓦多、格林纳达、危地马拉、圭亚那、洪都拉斯、墨西哥、尼加拉瓜、巴拿马、秘鲁、圣文森特、苏里南、委内瑞拉、特立尼达和多巴哥。

椰子红环腐线虫病危害十分严重，能导致病株叶、花和幼嫩果实脱落，引起芽腐，根系全部或部分腐烂，树干组织朽腐，形成 1 个红色环状层，最终导致整株枯死。该环层的宽度一般为 3 cm，位于树皮下 2.5 cm 处。引起的产量损失一般为 20.6% ~ 70.3%。

椰子红环腐线虫目前是我国重要的进境检疫性线虫之一。

二、所致病害症状

椰子红环腐线虫通常引起不满 20 年树龄的椰树发病，最常见的症状是树的茎干较低部位出现 1 条宽约 3 cm、深 2.5 cm 的坏死组织带，后期可以环绕茎部。被线虫取食的细胞微红色，可见树干、叶柄和根的横断面上有红褐色组织环带，红环腐病由此得名。20 年以上的病树会有红色的中心圆柱体，树干上部有一些不完整环状坏死区。感病椰子树叶片细小，初时叶色淡黄色，后呈褐色，叶轴基部萎蔫，变褐，最后生长点枯萎、死亡；叶片发病由下部老叶开始，绕树干向上发展。病树最后树根腐烂，全株死亡，全过程只需 2~4 月。如椰树苞叶受害，则果实全部脱落，由于象甲的为害，偶尔树冠会倒塌。

三、病原特征

椰子红环腐线虫隶属于滑刃目、滑刃科、细杆滑刃属（*Rhadinaphelenchus*）。

测量值：①雌虫 $L = 1050(970 \sim 1180)\mu m$；$a = 87(78 \sim 96)$；$b = 8.7$；$c = 11.6$；$V = 66 (64 \sim 68)$；口针 $= 11 \sim 13 \mu m$。②雄虫 $L = 1020(840 \sim 1160)\mu m$；$a = 120(100 \sim 179)$；$b = 6.5$。

雌虫虫体细长，呈弓形或近直线形。体表环纹宽度为 $0.6 \sim 1 \mu m$。侧带有 4 条刻线，侧带区占体宽的 1/4，中间有 1 条模糊的刻线，最外侧的刻线为圆齿状。无颈乳突和侧尾腺孔。唇区高而平滑，缢缩，前部扁平而边缘呈直线形，其宽度比虫体部窄。头骨架明显，骨化。口针细弱，长度为 $11 \sim 13 \mu m$。阴门呈裂缝状，在侧面观呈 C 形，有一宽而厚的背阴唇微覆盖，阴唇后部厚，并硬化。阴道壁厚，微弯曲，在肛阴径一半长度后明显地呈 C 形。后阴子宫囊细长，延伸到肛阴距的 3/4 处。肛门明显，开口大约为肛门处体宽的 1/4~1/2。尾部细长，近圆筒形，端部呈圆形，无环纹，长约肛门处体宽的 10~17 倍。雄虫形态类似雌虫，但死态呈弓形，尾部腹面极度卷曲。精巢单生，向前伸展，超过虫体长度的一半，精原细胞呈 1 行排列。交合刺成对，小而呈弓形，整个交合刺的末端呈 V 型槽口。无引带，但交合刺的厚壁能形成表皮突。幼虫具有高而圆顶状的头部，但不与虫体部分离。幼虫尾末端为圆锥状或锐尖的棘状，4 龄幼虫呈两性态的尾形（图 13-5）。

四、适生性

（一）寄主范围

椰子红环腐线虫主要寄生为害棕榈科植物。重要寄主是椰子和油棕。其他寄主包括巴西棕、曲叶茅榈、加勒比茅榈、墨西哥茅榈、摩帝椰子、酒实椰子、菜棕、王棕、蓝

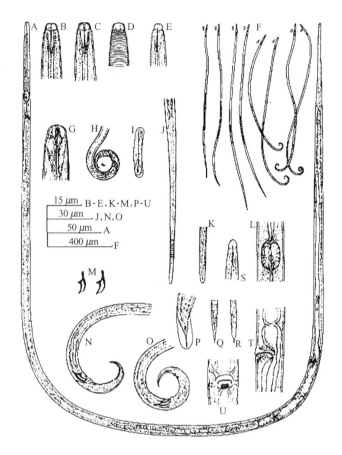

图 13-5 椰子红环腐线虫

A, F. 成虫；B~D, G. 雌虫头端；E. 雄虫头端；H, N, O. 雄虫尾端；I. 卵；

J. 雌虫尾；K. 雌虫尾尖；L. 雌虫中食道球；M. 交合刺；P. 交合伞背面观；

Q, R. 幼虫尾尖；S. 幼虫头部；T, U. 阴门的侧、腹面观

（引自 C. I. H. Description of plant-parasitic nematodes）

棕等。

（二）侵染循环

椰子红环腐线虫是一种迁移性内寄生线虫。侵入后，在树干皮层下的薄壁组织内取食和繁殖，然后进入茎的内部组织，并在中柱的外层扩散。在椰子树的根、茎、叶柄的组织内也能发现各龄期的幼虫。椰子红环腐线虫一般都是在细胞间隙活动，在已被破坏、崩溃的细胞内常聚集活动。该线虫由卵孵化出幼虫只需 3 d，所以病树内线虫群体密度很大，一般每 g 病组织中有 1 万条线虫以上，最多可达 10.8 万条。该线虫完成一代生活史一般为 9~10 d，属于生活周期最短的植物线虫之一。

（三）传播途径

生物因素、自然因素和人为方法都能传播椰子红环腐线虫。椰子红环腐线虫能随昆虫、老鼠、鸟等生物在椰子树上取食、产卵等造成的伤口处侵入。甲虫是主要的传播媒

介，其带虫率为 10%～70%。能传播椰子红环腐线虫的昆虫有 300 多种，其中最主要的是棕榈象甲。此外，绿毛象甲（*Rhinostomus barbirostris*）、*R. quadristgnatus*、*R. thompsoni*、*Parisoschenus expositus*、*Melamasius hemipterus* 等也能传播。土壤和风雨及地表水均可传播。在椰子园的管理过程中，机械和人身体上都可能携带椰子红环腐线虫，引起传播。调运椰子种子、苗木和果实，以及调运时附带的土壤和病残体，都可使该线虫进行远距离传播。

（四）对环境的适应性

椰子红环腐线虫在潮湿、低洼的沼泽地区生命力最强。黏质土椰园的椰树感病较重，人工接种其发病率可达 50%；而砂壤土椰园接种发病率为 11%。3～10 年的椰树最感病，超过 10 年的椰树不容易受侵害。18 个月以下幼树和 20 年以上老树抗病力强。

五、检验检疫方法

检查种苗、果实、叶有无变色症状，横切茎，观察有无变色环。根据症状，采集可疑病株，样品用漏斗法分离，取分离物置于显微镜下观察，按上述形态特征进行鉴定。

六、检疫处理与疫区防治

（1）检疫处理。从异地引进棕榈类植物时，应按下列工作程序进行：①由技术员到输出地检查大田留种母株，以保证椰子树没有感染红环腐线虫病；②经检查后从非疫区引种；③拟引进的每品系数量不要超过 100 个种果；④引进的种果要不带土，不抽芽、不带萼片，并经杀虫熏蒸处理，下种前剥下椰衣；⑤引进的种果应在检疫部门监管的隔离苗圃培育 1 年，经证实无病后，才可种植推广。

（2）疫区防治。用除草剂清除椰园内杂草；有条件的地方可休闲 2 年以上再重新植苗；注意椰园卫生，及时清除病残体，并将其带出椰园烧毁。化学处理包括用杀线虫剂杀死线虫、施用杀虫剂防治介体昆虫和用克线磷、万强等杀线虫进行土壤处理。如病树砍掉后，可用 D-D 混剂进行熏蒸处理土壤。

第六节　鳞球茎茎线虫

一、历史、分布及危害

寄生和危害鳞球茎及块茎的线虫很多，引起严重的坏死和腐烂，主要的有起绒草茎线虫（*Ditylenchus . dipsaci*（Kuhn）Filipjev）和腐烂茎线虫（*Ditylenchus destructor* Thorne）。因对鳞球茎等植物的巨大危害，又称为鳞球茎茎线虫。几十年来，起绒草茎线虫以其易传播性、引起多种植物毁灭性病害而闻名于世，为世界上公认的最危险的线虫之一。研究表明，当每 500 g 土壤中有 10 条线虫时就可以严重危害洋葱、甜菜、胡萝卜等植物。严重侵染时损失可达 60%～80%；在欧洲，因该线虫的为害，洋葱苗期死亡率达 50%～90%。鳞球茎茎线虫主要寄生在植物的块茎、鳞茎、球茎等根茎部分，引起组织的坏死或腐烂、变形和扭曲等。茎线虫在世界各地均有分布。

起绒草茎线虫为世界性分布，特别是温带地区。主要分布于德国、希腊、意大利、葡萄牙、西班牙、英国、爱尔兰、以色列、摩洛哥、塞浦路斯、叙利亚、土耳其、突尼斯、前南斯拉夫、伊朗、约旦、巴基斯坦、伊拉克、哥伦比亚、墨西哥、委内瑞拉、法国、荷兰、前苏联、丹麦、挪威、瑞士、瑞典、比利时、捷克斯洛伐克、匈牙利、波兰、美国、加拿大、巴西、秘鲁、智利、阿根廷、澳大利亚、新西兰、南非、阿尔及利亚、肯尼亚、日本、印度等。

腐烂茎线虫主要分布于奥地利、保加利亚、捷克斯洛伐克、芬兰、法国、德国、希腊、匈牙利、爱尔兰、卢森堡、荷兰、罗马尼亚、西班牙、瑞典、瑞士、英国、前苏联、孟加拉国、日本、南非、加拿大、美国等。我国主要分布于北京、天津、山东、河北、河南、江苏、辽宁、甘肃等地。

鳞球茎茎线虫是目前我国重要的进境和国内检疫性线虫。

二、所致病害症状

甘薯薯蔓受害后，呈现淡褐色干腐状病斑，表皮破裂；侵染薯块后，感染部位常常可以看到一块块黑褐色的晕斑，至后期呈现小形龟裂纹，线虫在薯块内部生长繁殖。但有时在外表并无任何明显变化，而内部逐渐疏松，仅留下维管束等粗纤维，淀粉质消失，整个薯块变轻，纵剖时可看到点点条条白色粉状空隙，呈干腐状。嫩茎和幼茎有时也可受害，蔓基部表现为黄褐色龟裂斑，严重受害时，植株叶片发黄，株形矮小，畸形，结薯很少，甚至生长点干缩，严重减产。

腐烂茎线虫为害多种花卉。在水仙上，主要为害水仙地上部。水仙发芽时即可侵染。在被害叶和花茎上产生黄褐色镶嵌条纹，后逐渐出现水泡状或波涛状隆起，最后表皮破裂而成褐色，叶片迅速向上枯萎。球茎被害轻时，从外表上看不出明显症状。被害重时，球茎上部变成褐色腐烂并下凹。将球茎横切，内部呈轮状褐变。球茎在夏季贮藏期中，其他病原菌也会引起轮状病变，而容易混淆。但是，病原菌的侵入是从球茎底部开始，且腐败的球茎散发出特有的酸臭味；而茎线虫则相反，是从球茎上部开始并向下部蔓延的，且无酸臭味。马铃薯块茎受害后，植株矮小，叶细小而皱缩，块茎坏死并易腐烂（受软腐细菌或芽孢杆菌侵染），早期受害后呈丛生状态，生长停滞，不结薯块或很小。洋葱、唐菖蒲、鸢尾、郁金香的鳞球茎受害后，大多数都首先表现坏死，后期造成腐烂，植株枯死。

三、病原特征

包括许多种茎线虫，主要有起绒草茎线虫、腐烂茎线虫和洋葱茎线虫（*D. allii*）。隶属于垫刃目、粒科、茎属（*Ditylenchus*）。

腐烂茎线虫雌雄成虫均为线形，尾端渐尖。虫体头部缢缩，无横纹，体壁上横纹极细小，侧线 4 条，食道前体部圆柱形，较细，峡部较窄，后食道球膨大，与肠部平接，或有小角状突起，排泄孔开口于后食道球中部体壁。雄成虫交合刺的膨大部有突起，交合伞长度占尾部 1/4 以上，但不达尾端，很发达。雌成虫阴门在体长的 4/5 处。雄成虫的长度（0.9~1.6）mm×（0.03~0.04）mm，口针长 11~13 μm，交合刺长 25 μm。雌成虫比雄成虫略粗大，（0.9~1.86）mm×（0.04~0.06）mm，口针长 11~13 μm，卵巢（56~65）μm×（17~19）μm。卵呈圆形，（60~66）μm×（19~29）μm，无

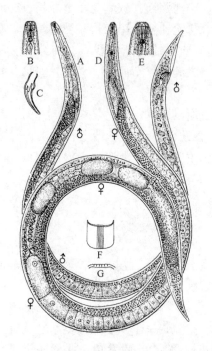

图 13-6　腐烂茎线虫

A. 雄虫；B. 雄虫头部；C. 交合刺；D. 雌虫；E. 雌虫
头部；F. 中部侧区表皮断面，示侧线；G. 侧区横切面

（引自 C.I.H. Description of plant-parasitic nematodes）

色。刚孵化的幼虫与成虫相似，但只有成虫的
1/10 长（图 13-6）。

起绒草茎线虫形态与腐烂茎线虫基本相似，
所不同的是前者虫体侧线有 4 条，后者 6 条；前
者交合刺无指状突，后者有；前者尾末端形状为
尖指状，后者为窄圆；前者食道腺不覆盖肠前
端，后者则覆盖；前者雌虫后阴子宫囊为 1/2 肛
阴距长，后者为 3/4 肛阴距长；前者卵母细胞为
单行排列，后者为双行排列。根据起绒草茎线虫
寄主分化状况可以分为不同的寄主小种，通常以
主要寄主或植物种类来命名，包括起绒草小种、
黑麦小种、燕麦小种、甜菜小种、马铃薯小种、
洋葱小种、烟草小种、草莓小种、红三叶草小
种、白三叶草小种、苜蓿小种、水仙花小种、郁
金香小种、胡萝卜小种等 20 多个小种。每个小
种通常可以寄生多种植物，一种植物也可受到多
个小种寄生。

四、适生性

（一）寄主范围

起绒草茎线虫的寄主范围广，约有 40 个科，
500 种植物以上，重要的寄主有起绒草、水仙花、郁金香、风信子、康乃馨、鸢尾、福
禄考、报春花、绣球、燕麦、玉米、荞麦、黑麦、甘薯、马铃薯、烟草、草莓、糖甜
菜、芜菁、人参、洋葱、胡萝卜、蚕豆、豌豆、大蒜、苜蓿、三叶草等。

腐烂茎线虫的寄主约有 120 多种，主要有马铃薯、鸢尾、花生、大蒜、甘薯、郁金
香、唐菖蒲、美人蕉、大丽花、蘑菇、甜菜、胡萝卜、薄荷和一些牧草等。

（二）侵染循环

腐烂茎线虫在 2℃ 时即开始活动，7℃ 以上能产卵和孵化生长。发育适温为 25～
30℃。茎线虫耐低温不耐高温，低温在 −15℃ 情况下虽停止活动，但不死亡，−25℃ 下
7 h 才死亡。在田间越冬，薯块中线虫的死亡率仅达 10%。在高温 35℃ 以上即停止活
动，薯苗中茎线虫在 48～49℃ 温水中处理 10 min，死亡率高达 98%。

腐烂茎线虫喜温耐干，在土壤多集居在干湿交界（10～15 cm 土层内）的地方，干
燥的表层很少。遇到干旱，呈休眠状态，遇雨即恢复活动。浸在水中半个月，茎线虫并
不完全死亡。

（三）传播途径

鳞球茎茎线虫是卵、幼虫、成虫同时存在，在育苗、结薯、储藏过程中，对苗、

蔓、薯块和粗根，只要温度条件适合，几乎时时处处都可侵染为害。但集中为害的部位是薯块。用带有茎线虫的种薯上炕育苗之后，育苗的温度正适合于茎线虫繁殖为害。起绒草茎线虫的广泛分布在很大程度上是人为传播所至。通常可以随许多作物的种子、花卉和蔬菜作物的鳞、球茎、块茎，以及牧草（如三叶草）的干草及被线虫侵染的植物的茎、叶、花碎片等远距离传播。种子的携带量惊人，据记载1粒种子携虫量高达19万条。

五、检验检疫方法

（一）症状检查

郁金香、风信子、洋葱等鳞球茎受害后，剖开后常可见环状褐色特征性病状。有时，在鳞球茎基部，还可见L4线虫团。

（二）线虫分离

1. 直接观察分离法　　在解剖镜下用尖细的竹针或毛针将线虫从病组织中挑出，放在凹穴玻璃片上的水滴中，作进一步观察处理。

2. 滤纸分离法　　将植物病组织用清水冲洗后，放入铺有线虫滤纸的小筛上，再将小筛放在盛有清水的浅盘中，水的深度以刚好浸没滤纸为度。浅盘放在冷凉处过夜，第2 d取出筛子，线虫则留在水中，用吸管将线虫吸放在培养皿中，在解剖镜下观察其形态特征。

3. 漏斗分离法　　将玻璃漏斗（直径为10～15 cm），架在铁架上，下面接一段（10 cm左右）橡皮管，橡皮管上装有弹簧夹。植物材料切碎用纱布包好，放在盛满清水的漏斗中。经4～24 h，由于趋水性和本身的重量，线虫就离开植物组织，并在水中游动，最后沉降至漏斗底部的橡皮管中。打开弹簧夹，取底部约5 ml的水样，其中含有样本中大部分活动的线虫。在解剖镜下检验，如果线虫数量少，可以离心（1500 r/min，2～3 min）沉降后再检查。

六、检疫处理与疫区防治

（1）检疫处理。严禁带线虫的种子和种植材料的调运、防止茎线虫病从疫区向非疫区传播蔓延。用热水处理，是消灭各种花卉、蔬菜鳞茎、球茎和其他休眠器官内线虫的常用方法，如在使用时结合杀线虫剂浸泡则效果更好。对花卉，如水仙球茎内的茎线虫可进行温汤处理，在50℃温水中浸30 min，或在43℃温水中加入0.5%福尔马林浸3～4 h。在实施热水处理法时，要严格掌握好适当的温度和时间；有些作物如郁金香对温度十分敏感；另外，也可用干燥法防治茎线虫，例如，在34～36℃下保持12～17 h，可以有效杀死大蒜球茎内的茎线虫。

（2）疫区防治。选用较抗病的品种、轮作和化学防治都有一定的防效。

第七节　甜菜胞囊线虫

一、历史、分布及危害

甜菜胞囊线虫（*Heterodera schachtii* Schmidt）最早于19世纪初被发现于德国的阿

金斯莱本，但不久被 Orley 改名为甜菜垫刃线虫（*Tylenchus schachtii*），后来一段时间内，其分类地位相当混乱。1946 年，Frankling 重新将其改回原名。该线虫适宜生活于温带地区，主要分布于欧洲、美洲、加拿大、中东和前苏联的部分地区，非洲的西部和南部、澳大利亚、智利和墨西哥等国。甜菜胞囊线虫在 19 世纪后半叶对甜菜生产造成过毁灭性破坏。在亚热带和温带地区，甜菜苗受其危害后，造成 50％以上的产量损失。同时，该线虫还加重了甜菜尾孢菌（*Cercospora beticola*）、立枯丝核菌（*Rizoctonia solani*）和甜菜病毒 4 号等病原物所造成的危害。

二、所致病害症状

受害植物地上部矮小，生长不良、叶色发黄、植株弱小。发病植株的主根上长出许多须根，严重缺少功能根，根上可见白色至褐色胞囊。

三、病原特征

甜菜胞囊线虫隶属于垫刃目、异皮线虫科、异皮属（*Heterodera*）。

测量值（据 Raski，1950）：①雌虫体长 = 626～890 μm，体宽 = 361～494 μm，口针长 = 27 μm，食道长 = 28～30 μm，表皮厚度 = 9～12 μm。②雄虫体长 = 1119～1438 μm，体宽 = 28～42 μm，a = 32～48，口针长 = 29 μm，交合刺长 = 34～38 μm，引带长 = 10～11 μm。③2 龄幼虫体长 = 435～492 μm，体宽 = 21～22 μm，口针长 = 25 μm，虫体环纹间距 = 1.4～1.7 μm。④胞囊外表尺寸与雌虫相似，阴门窗长度为 38.7 μm，宽略小，阴门与肛门距离为 65～111 μm（平均 77 μm）。

雌虫虫体白色，呈柠檬形，有一短颈；有阴门锥，为胶质团所覆盖。肛门位于近尾端的背部。头架骨化弱，口针细，有基部球，中食道球明显，球形，食道腺覆盖肠的侧腹面；双卵巢，长且卷曲。少部分卵产在胶质团内，大部分卵留在体内。表皮分成 3 层，外层覆盖脊状网形结构。雌虫死后，表皮鞣革化，褐色，粗糙，略有皱褶，成为具有保护层的胞囊。胞囊内有许多卵。成熟胞囊从根上脱落于土壤中，在胞囊内的卵可以存活 6 年。胞囊的阴门裂几乎等长于阴门桥，阴门桥位于胞囊表皮的 2 个肾形薄区的两侧，此区域在较老的胞囊中只剩下 2 个孔或者被阴门桥分成 2 个半膜孔。在阴门锥内，阴道连接阴门下桥和许多不规则排列的位于阴门桥下的泡状结构。成熟雌虫和新生胞囊的表面覆盖 1 层白色蜡状物质称为"亚水晶层"，当胞囊落于土壤中时，亚水晶层自然脱落。

雄虫经热杀死后，虫体前部直，虫体后 1/4 部分呈螺旋形旋绕 90°～180°虫体从中部向前渐尖，"颈部"体宽仅为体宽的 1/2。体表环纹明显，侧线 4 条，无网格状结构。头部圆，缢缩，有 3～4 个头环。侧器口小，裂缝状，位于近口的侧面。口针发达，后食道腺覆盖肠的侧腹面。背食道腺开口于口针基部球后 2 μm 处。排泄孔位于中食道球后 2～3 个体宽处。交合刺向腹面弯，基部略膨大。

2 龄幼虫头部缢缩，半球形，头环 4 个，头架粗壮。体表环纹及间距在口针处为 1.4 μm，在虫体中部为 1.7 μm。侧线 4 条。口针具明显基部球。背食道腺开口于基部球后 3～4 μm 处。尾部急剧变尖，末端钝圆，尾末端有 1 个长度为 1.25 倍口针长的透明区（图 13-7）。

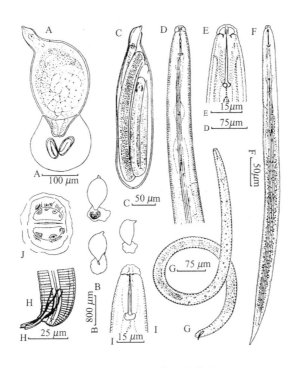

图 13-7　甜菜胞囊线虫

A. 带有卵囊的成熟雌虫；B. 带有卵囊的胞囊；C. 正在脱皮的 4 龄雄虫；

D. 雄虫体前部；E. 雌虫头部；F. 2 龄幼虫；G. 雄成虫；H. 雄虫尾部；

I. 2 龄幼虫头部；J. 阴门区

（仿 C. I. H. *Description of plant-parasitic nematodes*）

四、适生性

（一）寄主范围

甜菜胞囊线虫的寄主主要有：甜菜、菠菜属、芥属（白菜、花椰菜、甘蓝、芜菁）、萝卜属、十字花科、茄科及某些杂草。

（二）侵染循环

甜菜胞囊线虫完成 1 个生活史在 29℃ 时需 23 d，17.8℃ 需 57 d。土壤中的 2 龄幼虫是侵染性幼虫，侵染进入寄主根部后，线虫固着内寄生取食，同时虫体不断膨大，2 龄寄生阶段后期、3 龄幼虫呈豆荚形，4 龄早期幼虫近葫芦形，雌虫成熟后撑破根组织，使虫体大部露在根外，只有颈部以上留在根内。雌虫受精后分泌胶质物，产生的小部分卵于其中，而大部分卵留在体内。

（三）传播途径

甜菜胞囊线虫在田间的近距离传播主要是翻地、除草等农事活动、灌溉水的流动等；其远距离传播主要是甜菜运输时携带的含有线虫的土壤，自然界的狂风也能把比较干燥土壤中的胞囊传到远处。在没有寄主时，胞囊在土壤中保持休眠状态。休眠胞囊的可以在土中存活好几年，甚至达 10 年以上。当寄主根分泌的刺激物到达胞囊时，卷缩在胞囊内的幼虫立即活跃起来，破卵而出，进入土中，并被寄主植物吸引在靠近根尖的地方穿刺入侵。

（四）对环境的适应性

多种因素影响甜菜胞囊线虫的发生和发展。其中，温度是最重要的影响因素。卵孵化的最适温度为 25℃，2 龄幼虫在 15℃ 土壤中最活跃，2 龄幼虫侵入根尖组织，到达维管束组织后营固着型内寄生生活。在 8～10℃ 时幼虫就开始活动，但最适发育温度为 18～28℃，侵入 18 d 后成虫出现，38 d 后可形成褐色胞囊。

五、检验检疫方法

少量土样可采用简易漂浮法，即将土样放在大三角瓶或大烧杯内，加适量清水，充分搅拌，静置 1～2 min，则土粒沉入底部，胞囊浮在水面，将上层漂浮物过 80 目筛，冲洗后将筛上的胞囊淋洗到铺有滤纸的漏斗中，滤去水，待滤纸晾干后检查收集胞囊。分离大量土样时可采用漂浮器分离。

六、检疫处理与疫区防治

（1）由于胞囊线虫的卵和幼虫受到胞囊表面的保护，所以化学药剂直接对带虫植物材料应用的效果不好。因此，引种时首先要进行产地检验，确定是无病区后才可引进。对已引入的甜菜种，要先在苗圃试种观察。

（2）在疫区，轮作有较好防治效果，但一般需轮作 5 年以上；适当早播可避开幼苗期线虫大量入侵。目前已从甜菜上克隆到抗甜菜胞囊线虫的 1 个基因 Hs1（pro-1），有望培育出抗性品种为生产上利用。

第八节　剪股颖粒线虫

一、历史、分布及危害

剪股颖粒线虫（Anguina agrostis (Steinbuch) Filipjev），是多种禾本科牧草和草坪上的重要有害生物。主要分布于美国、加拿大、日本、澳大利亚、南非、新西兰、英国、法国、德国、瑞典、芬兰、荷兰、丹麦、捷克、前苏联。我国近年发现在羊草（Legmus chinensis）上发现，主要分布于内蒙古和东北部分牧业。该线虫主要危害牧草，病重时可使种子产量下降 50%～70%，严重影响牧草生产。此外，该线虫还可与一种细菌（Coryhebacterium rathayi）形成复合侵染，引起羊草和鸭茅蜜穗病，其中细菌可分泌毒素，对牛羊等动物有剧毒。因此，该线虫的危害对牧草影响极大。

二、所致病害症状

该线虫侵染羊草，引起皱穗病。受害羊草植株矮小，生育期延缓，开花和授粉时间推迟 15～25 d。受害植株花的颖片长度是正常花的 2～3 倍，内稃、外稃长度是正常花内、外稃的 5～8 倍。病穗浓绿色，短棒状；虫瘿初为绿色，后为墨绿色至褐色或黑色，虫瘿长可达 4～5 mm，正常颖果长度为 1 mm，剖开虫瘿检查，可见大量幼虫。

三、病原特征

剪股颖粒线虫隶属于垫刃目、粒科、粒属（*Anguina*）。

测量值（根据 Chizhov，1980）：①雌虫 $L = 1.39～2.6$ mm；$a = 13.8～25.4$；$b = 12.6～28.7$；$c = 25.2～43.0$；$V = 87～92$；口针长 10～12 μm。②雄虫 $L = 1.05～1.45$ mm；$a = 23.8～30.0$；$b = 6.5～8.9$；$c = 21.5～28.4$；交合刺长 25～32 μm，引带长 10～13 μm，口针长 10～12 μm。③2 龄幼虫 $L = 0.55～0.82$ mm；$a = 47.2～65.0$；$b = 3.2～4.5$；$c = 11.7～20.0$；口针长 10 μm。④卵（67～92）（79）μm×（33～38）（35）μm。

雌虫虫体肥大，腊肠状，热杀死后虫体向腹面内卷成螺旋形，体表环纹明显；唇低平，缢缩；食道垫刃型，后食道腺梨形，不覆盖或略覆盖肠前端；卵巢单个前伸，末端常 2～3 次回折，卵母细胞 2-3 行轴状排列，子宫内常有多粒卵存在，有后阴子宫囊，长约为肛阴距的一半；阴门靠近尾部，阴门唇突出。尾端锐尖。雄虫热杀死后多呈开阔"C"形或近直形；精巢常回折 1 次，精母细胞多列，交合伞亚端生，不包至尾端，尾端锐尖（图 13-8）。

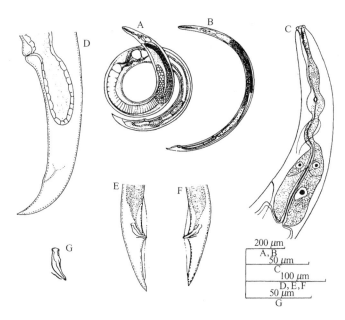

图 13-8 剪股颖粒线虫

A. 雌虫；B. 雄虫；C. 雌虫食道区；D. 雌虫尾部；E，F. 雄虫尾部；

G. 交合刺及引带

（引自 C. I. H. Description of plant-parasitic nematodes）

四、适生性

(一) 寄主范围

剪股颖粒线虫的寄主主要有剪股颖属（*Agrostis*）、阿披拉草属（*Apera*）野牛草属（*Buchloe*）、拂子茅属（*Calamagrostis*）、薹草属（*Carex*）、鸭茅属（*Dactylis*）、画眉草属（*Zragrosti*）、羊茅属（*Festuca*）、早熟禾属（*Poa*）、黑麦属（*Lolium*）、大麦属（*Hordeum*）、梯牧草属（*Phleum*）、三毛草属（*Trisetum*）、鼠尾粟属（*Sporobolus*）、碱茅属（*Puccinellia*）和绒毛草属（*Holcus*）等。

(二) 侵染循环

剪股颖粒线虫的生活史与小麦粒线虫（*Anguina tritici*）很相似，1 年只发生 1 代。成虫只在成熟的草粒上存活几个星期，在收获后草籽上一般以 2 龄幼虫存于虫瘿内。每条雌虫产卵约 1 000 粒，卵在虫瘿内孵化出 2 龄幼虫。虫瘿内 2 龄幼虫的生命力最强，在干燥情况下，虫瘿保存 10 年仍有 2 龄幼虫存活。秋冬季节，2 龄幼虫以外寄生方式在寄主植物生长点附近取食，待春季寄主植物进入花期时，2 龄幼虫侵入幼花组织，取食发育中的胚珠，线虫经 3 次蜕皮发育为成虫。在美国西部，该线虫完成 1 个生活史需 3~4 周。受害花序的发育受抑制，子房被破坏而形成虫瘿。在我国呼和浩特，该线虫 1 年发生 1 代，一般在 5 月下旬发育为雌虫。侵入子房后幼虫在 10 d 左右发育变为成虫，经 4~7 d 后产卵，再经历 15 d 发育为幼虫。幼虫期长达 300 d。

(三) 传播途径和对环境的适应性

与小麦粒线虫相似。

五、检验检疫方法

由于虫瘿比草籽大而轻，可采用过筛法筛出虫瘿。采用直径 1 mm 的圆孔筛筛去大部分草籽，则虫瘿留在筛网上。将混有虫瘿的草籽用浅盆法或改良贝尔曼漏法分离并收集 2 龄幼虫。也可将混有虫瘿的草籽在解剖镜下鉴别挑出，虫瘿比草籽大很多，用温水浸泡后直接解剖虫瘿，可得到死亡的成虫、活的 2 龄幼虫和卵。

除传统的形态鉴定方法外，近年来，将分子生物学技术应用于线虫鉴定的研究日益受到重视。王金成等（2005）尝试通过对单条幼虫 DNA 进行 PCR 扩增，获得其 rDNA 的 ITS 区域，测序后与基因库中的剪股颖粒线虫的 rDNA 的 ITS 区域的序列进行比较，从而作出鉴定结果。

六、检疫处理与疫区防治

用溴甲烷熏蒸可取得较好的效果，或病种子用 24℃ 温水预浸 2 h 后，在 52℃ 水中处理 15 min，也可取得较好的防效。

疫区的防治主要抓好选用健康无病种子，汰除虫瘿，便可有效预防该线虫引致病害发生。

第九节　草莓芽叶线虫

一、历史、分布及危害

1890 年，Ritzema Bos 描述了一种寄生在草莓上，能引起草莓花椰菜病的滑刃线虫，即草莓芽叶线虫（*Aphelenchoides fragariae*（Ritzema Bos）Christie），但当时该线虫被归入真滑刃属。1932 年，Christie 将之归入滑刃属并被广泛接受。草莓芽叶线虫在许多国家都有报道发生，如丹麦、德国、爱尔兰、意大利、日本、波兰、瑞士、英国、美国、俄罗斯等。在我国该线虫主要分布于江苏、安徽、江西等地。此外，在河北、辽宁、云南、贵州、四川、吉林、江西、广东等省都报道有该线虫存在。

草莓芽叶线虫是一种叶和芽寄生线虫，是植物地上部分的专性寄生线虫，可以内寄生，也可以外寄生。它可引起草莓矮缩，还可以危害多种观赏植物。据报道，在美国加利福尼亚州，由于该种线虫的侵染，在鸟巢蕨上造成了严重的损失。1961 年，该线虫使东欧的草莓大面积的死亡。在中国南方，该线虫可引起珠兰叶斑病，当它侵害珠兰时，可造成花产量减少 80% 以上，甚至绝收。1984 年安徽省歙县三花村因此毁去重病珠兰 3 000 多钵，约损失 20 万元。在江苏，该线虫的危害更严重，如在南京花树场，1982 年和 1983 年由于该线虫的侵染，珠兰花的产量分别仅为最高年产的 11% 和 13%；在扬州茶场，3000 多钵珠兰在 1984 年全部严重发病，产量不及最高年产的 1/10。

二、所致病害症状

草莓芽叶线虫在发育的芽和叶片表面取食，导致叶片皱缩，扭曲，比正常叶片小，叶柄变红，匍匐茎的节间缩短，在主脉附近出现粗糙的灰色斑块，花朵数量减少，只有 1 或 2 朵花以及顶芽死亡，果实产量严重下降。珠兰被此种线虫危害时，早期发病的叶片上有隐约可见的褪绿小斑点，稍透明，病斑背面稍呈淡褐色，随后病斑渐扩大，转变为棕红色至暗褐色。病叶的叶脉稍隆起，病斑扩展受叶脉限制呈典型的角斑，四周呈水渍状。病斑可以相互愈合，受害珠兰茎节间产生白色絮状物，节易断，俗称"分节病"，最后病叶脱落，病植株成为光杆而枯死。病枝叶稀，顶芽枯凋，开花很少，产量及品质降低。该线虫在蕨类植物上侵染造成叶斑；在开花植物上则引起不规则的水浸状病斑，后来变成褐色或紫色。在栽培的紫罗兰上引起矮化。在日本，该线虫造成芍药的腐烂；在苏格兰造成报春花花头变黑；在英国簇生蕨上，当冬季其他蔬菜长势弱时，该种线虫可在簇生蕨上引起典型的白斑症状。在百合花上，线虫侵染导致叶片从茎基部自下而上枯死，当幼嫩梢被侵染时，新梢矮缩、扭曲，不能开花，最终百合叶、花芽和果实变褐，直至死亡。

三、病原特征

草莓芽叶线虫隶属于滑刃目、滑刃科、滑刃属（*Aphelechoides*）。

测量值：①雌虫 $L = 450 \sim 880$ μm；$a = 45 \sim 60$；$b = 8 \sim 15$；$c = 12 \sim 20$；$V = 64 \sim 71$。②雄虫 $L = 480 \sim 650$ μm；$a = 46 \sim 63$；$b = 9 \sim 11$；$c = 16 \sim 19$；$T = 44 \sim 61$。

雌虫虫体较细，热杀死后虫体直或弯；体中部环纹大约宽 0.9 μm；侧区为 1 条窄带，具 2 条侧线；唇区高，无唇环，前端平，边缘圆或平，与虫体连续或略缢缩；口针细，10～11 μm，具小但清楚的口针基部球；排泄孔位于神经环或紧靠神经环后水平处；食道腺长，背覆盖肠；阴门横裂，阴门唇略突起，卵母细胞单行排列，受精囊长卵形；后阴子宫囊超过肛阴距的 1/2，其内常有精子；尾长圆锥形，末端为简单的钝穗状。雄虫常见，体形与雌虫基本相似。热杀死时尾部弯曲呈 45°～90°，但并不弯曲成钩状，尾末端具 1 钝刺；有 3 对尾乳突；单精巢，前伸，精母细胞单行排列；交合刺呈玫瑰刺状，具中度发达的顶尖和喙突，背翼长 14～17 μm（图 13-9）。

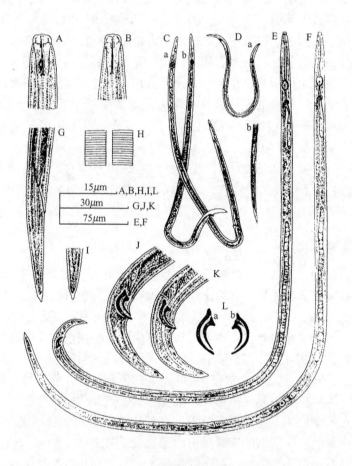

图 13-9　草莓芽叶线虫

雌虫：A. 体前部；C（a）～F. 整体；D（b）体后部；G. 尾部；

H. 侧区；I. 尾端；雄虫：B. 体前部；C（b）、D（a）、E. 整体；

J，K. 尾部；L. 交合刺

（引自 C. I. H. Description of plant-parasitic nematodes）

　　该线虫与另外 2 种主要的滑刃芽叶线虫（毁芽滑刃线虫 A. blastophthorus 和菊花叶芽线虫 A. ritzemabosi）的主要区别见表 13-2。

表 13-2　3 种滑刃芽叶线虫的主要形态特征比较

形态特征	草莓芽叶线虫 *A. fragariae*	毁芽滑刃线虫 *A. blastophthorus*	菊花叶芽线虫 *A. ritzemabosi*
唇区	连续或略缢缩	缢缩	缢缩
侧线	2 条	4 条	4 条
排泄孔位置	神经环或紧靠神经环后水平处	神经环水平处	神经环后 1.5~2 倍体宽处
卵母细胞	单行排列	单行排列	多行排列
后阴子宫囊长度	超过肛阴距的 1/2	约为肛阴距的 1/2	超过肛阴距的 1/2
尾末端形状	简单的钝穗状	具 1 简单的刺状突	具 1 钉状的尾突，其上有 2~4 个小尖突
交合刺顶尖及喙突	中等发达	中等发达	不明显
雄虫尾弯曲度	45°~90°	90°或更多	超过 180°

四、适生性

（一）寄主范围

该线虫寄主范围很广，可在温带和热带的 47 科 250 多种植物上寄生。其中蕨类植物有 100 余种。其他适合寄主有百合科、报春花科、毛茛科、菊科、石蒜科、鸢尾科、榆科、豆科、蔷薇科、水龙骨科、花葱科、木樨科、荞科等。其危害严重的主要是多年生草本植物、木本的灌木、菊科植物等，如草莓、珠兰等。

（二）传播途径

草莓芽叶线虫能在病株残体上存活。通过带线虫果实、叶片、幼苗、苗木、带芽枝条、球茎、块茎、鳞茎和附于植物体上的土壤传播。它在珠兰芽内越冬，冬芽的带虫量极高。珠兰病叶的线虫可在室外越冬。线虫借植物体表的水膜和雨水飞溅传播。水膜是草莓芽叶线虫传播、侵染和引起病害流行的必要条件。

（三）对环境的适应性

草莓芽叶线虫喜欢潮湿、温暖的环境，但大多数线虫可在 -2~1℃的植物组织中存活，甚至还可以增加群体数量，只有极少数的线虫在 -20℃仍能存活，而且该种线虫较抗干旱，在干燥条件下能存活 2 年之久。

五、检验检疫方法

草莓芽叶线虫的检验检疫方法通常可分两步进行，第一步通过观察发病植株的叶、芽、花、茎等的症状进行初步判断；第二步是采用贝尔曼漏斗分离法分离病组织中的线虫并进行鉴定，用双氧水稀溶液代替水分离，那么大部分线虫可离开叶子。

六、检疫处理与疫区防治

（1）草莓芽叶线虫通过带虫匍匐苗、种株和插条等种植材料传播。因此，对外地调进和本地培育的苗木，在移植前都必须经过严格检验检疫，发现带病苗木及时销毁或用药处理，防止病害的传入和蔓延。

（2）对作为繁殖材料的受侵植株地上部分进行热水处理是防治该种线虫的常用方法。不同作物用热水处理的温度和时间有所不同，如对草莓长匍匐茎进行热水处理的温度是47℃，处理时间是15 min，然后用冷水浸泡；对百合鳞茎可在36℃下热水处理6 h或在44℃下处理1 h，对于温度较敏感的种类，如花百合、王百合和美艳百合则要先在冷凉条件下贮藏8～10周后用39℃温水处理2 h；对被线虫侵染的水仙以50℃浸泡45 min或55℃浸泡25 min比较有效。

（3）疫区也可采用农业和化学防治方法，对草莓叶面喷施对硫磷和施用涕灭威颗粒剂可较好地防治草莓芽叶线虫。

第十节　短体线虫

一、历史、分布及危害

短体线虫又叫根腐线虫或草原线虫，此属线虫早在1880年就由De Man在英国伦敦附近的草地发现了，当时他将该线虫命名为 *Tylenchus pratensis*，并进行了描述。1936年Filipjev建立了短体线虫属（*Pratylenchus* Filipjev）。模式种为草地短体线虫（*Pratylenchus pratensis*（de Man）Filipjev）。

目前该属已报道了80多个种，其中多数种类呈世界性分布。例如，穿刺短体线虫（*Pratylenchus penetrans*（Cobb）Chitwood & Oteifa）几乎全世界分布，但主要分布在美国、加拿大、欧洲及亚洲等温带国家和地区，我国辽宁、山东也有分布。咖啡短体线虫（*Pratylenchus coffeae*（Zimmermann）Filipjev & Schuurmans Stekhoven）起源于太平洋地区，多分布于热带国家和地区，如爪哇、苏门答腊岛、西印度群岛、斐济、菲律宾、泰国、印尼、日本、洪都拉斯、巴西、美国、澳洲、南非、加纳等。

短体线虫对寄主植物的为害，除取食过程中造成机械损伤外，重要的是产生一些有害的分泌物，杀死周围细胞和组织，造成根表的坏死和腐烂。短体线发生严重时，可在病组织中大量繁殖，如在蚕豆上，每克根中穿刺短体线虫可超过1万条。该属线虫中的几个种还能与病原真菌和细菌相互作用，对作物形成为害更大的复合侵染，使病害症状产生时间提前，为害程度加重。例如：黄萎轮枝菌（*Verticillium dahliae*）和穿刺短体线虫复合侵染引起马铃薯早衰复合病，使之减产20％。加拿大、欧洲的桃树栽培失败最重要的原因之一是伤残短体线虫（*Pratylenchus vulnus* Allen & Jensen）的危害。在美国佛罗里达州，咖啡短体线虫为害柑橘，能引起与香蕉穿孔线虫相似的危害症状，其危害程度不亚于香蕉穿孔线虫，另外像粗皮柠檬感染此线虫4年后，产量降低80％，其幼苗在感染1年后产量降低22％，根系减少至47％，而酸橙感染此线虫4年后产量降低77％。一些国外为害严重的种类，如穿刺短体线虫、咖啡短体线虫、伤残短体线虫和卢斯短体线虫等是其中较为重要的病原短体线虫。

二、所致病害症状

各种短体线虫侵染为害植物所引起病害症状相似。地上部植株黄化矮缩、叶稀而小，似缺素症或营养不良，严重者植株凋萎、稍枯、甚至死亡。地下部根系受害，最初其根外表出现红棕色病斑，随着线虫的移动而逐渐扩大成长条红黑色病斑，末期严重时可造成根的皮层和中柱分离而呈现棕褐色腐败症状，根系因此减少而树势衰弱。此外，线虫引起的病斑能增加土壤中的细菌和真菌的感染能力，加速组织腐烂，当根被破坏到某种程度时，线虫就离开已腐烂的根而重新进入到更新更有营养的组织。

三、病原特征

各种短体线虫隶属于垫刃目、垫刃总科、短体科、短体属（*Pratylenchus*）。

该属线虫体前体部无雌雄异形，体粗短（$L < 1$ mm，$a = 20 \sim 30$，偶尔 $a = 40$），侧线通常 4 条。唇区低平（高度常小于头基环的 $1/2$），不缢缩或略缢缩，头架骨化显著。口针短粗，基部球发达，食道腺覆盖肠腹面。食道腺—肠瓣不明显。侧尾腺常位于尾中部或稍靠后。雌虫单生殖腺、前伸，有退化的后阴子宫囊；尾长是肛门处体宽的 $2 \sim 3$ 倍，尾端圆、钝（很少尖）。雄虫常见，交合伞包尾端，引带平、不明显。

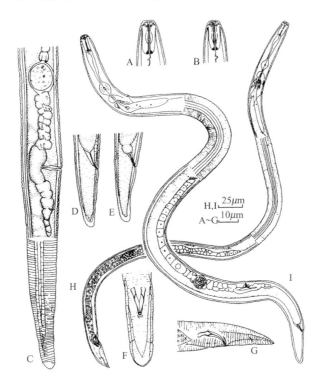

图 13-10 穿刺短体线虫雌虫

A. 头部；C. 体后部；D, E. 尾部；I. 整体；雄虫：B. 头部；

F. 尾部腹面；G. 尾部侧面；H. 整体

（引自 C. I. H. Description of plant-parasitic nematodes）

在我国已报道的种中，穿刺短体线虫（图 13-10）、咖啡短体线虫、伤残短体线虫和卢斯短体线虫虽然尚未广泛分布，但经济重要性较高。这 4 种线虫的主要形态鉴别特征见表 13-3。

表 13-3　4 种重要短体线虫的主要形态鉴别特征

	P. penetrans	P. vulnus	P. coffeae	P. loosi
雌虫唇环数	3	3~4	2	2
侧线	4 条, 外线为锯齿状	4 条	4~5 条, 偶 6 条	4 (个别 5~6) 条
食道腺覆盖肠的长度	50 (32~65) μm	26~53 μm	40 (24~54) μm	45~54 μm
受精囊	球形或近球形, 充满精子	长卵形、充满精子	宽卵圆到长卵圆形, 充满精子	卵圆形, 充满精子
后阴子宫囊	21~28 μm	21~64 μm	17~50μm	18~26 μm
尾环数	15~27		20~25	28~31
尾末端	宽圆、光滑 (偶 1~2 线纹)、角质层略增厚	窄圆到钝尖、光滑	宽圆、平截或有缺刻、光滑	窄圆到近尖、光滑
L	340~810 μm	460~910 μm	370~830 μm	480~640 μm
a	17~34	25~39	18~35	28~36
b	4.1~8.1	5.3~8.7	5.0~8.7	5.7~7.1
b′	2.6~4.7	3.6~5.0	3.8~-6.5	
c	14~26	13~26	14~28	18~25
c′	1.6~2.7	1.8~2.9	1.5~2.5	
V	75~84	77~82	74~84	79~85
口针长度	15~17 μm	13~19 μm	14~18 μm	14~18 μm

四、适生性

（一）寄主范围

短体线虫在自然条件下寄主范围相当广泛。例如，穿刺短体线虫寄主达 350 种以上，包括苹果、梨树、樱桃、桃树等果树、松柏科植物、禾本科作物、玫瑰、番茄、百合、洋葱、马铃薯、甘薯、玉米等。国内报道此种线虫寄生在小麦、烟草、芭蕉、甘蔗、番茄、四季豆及甘蓝等多种植物上，引起不同程度的危害。咖啡短体线虫主要分布于热带亚热带地区，寄主也十分广泛，寄主植物包括咖啡、香蕉、竹、眼子菜属、麻蕉、柳桉、柠檬、苹果、马铃薯等作物和杂草。

（二）侵染循环

该属线虫主要侵染危害植物的根和球茎等地下部分。雄虫普遍存在，进行两性生殖。成熟雌虫产卵在土壤和根内。该属线虫的雌虫和各龄幼虫均有侵染能力，可在寄主组织内完成生活史，以幼虫、成虫和卵在病根内部或根围土壤中越冬。完成 1 个世代所需时间因不同寄主、不同温度而异。如 30℃ 时，穿刺短体线虫在马铃薯上完成生活史为 30~36 d。在 28℃ 下，咖啡短体线虫在胡萝卜瘤伤组织上，生活史为 27~28 d。

（三）传播途径

短体线虫以卵、幼虫和成虫在植物根内和土壤中越冬。田间传播的主要途径是灌溉水、病土搬运、农具的携带等。远距离传播主要有病种苗及其所携带的土壤。

（四）对环境的适应性

温湿度和土壤质地对短体线虫的分布和数量有较大影响。伤残短体线虫在芹菜愈伤组织上繁殖的最适温是25℃，在温室条件，该种线虫在玫瑰上繁殖的最适温度为29℃。温度不适合时，根内的伤残短体线虫在51℃下8 min、53℃下3 min或55℃下1 min就能死亡。在砂性土壤中病原线虫数量多。线虫活动、生长、发育最适的温度为土壤含水量在40%～60%之间。在缓慢脱水的土壤中，穿刺短体线虫可以在不利的、无水的条件下生存超过2年。北方的种群还可耐寒。

五、检验检疫方法

（一）线虫分离

可采用改良贝尔曼漏斗法、浅盘法等。常见种可据形态鉴别特征镜检即可。

（二）分子鉴定方法

单条线虫水平的分子诊断鉴定技术已建立，这对检疫检验中常遇到的分离到的线虫少的情况下非常有用，对于近缘种、不同地理种群或不同致病种群，用常规形态鉴定方法难于区分时，分子鉴定是很好的辅助手段。例如用两种内切酶 *Cfo*I 和 *Dde*I 的 rDNA-PCR-RFLP 技术已成功诊断鉴定了18种短体线虫。

六、检疫处理与疫区防治

（1）种前土壤熏蒸。棉隆98%～100%微粒剂，每1/15公顷用有效成分4.9～5.8 kg药量。目前所用熏蒸剂中，溴甲烷效果非常好。

（2）种植后药剂处理。克线磷10%颗粒剂，每1/15公顷用有效成分0.3～0.5 kg药量。涕灭威15%颗粒剂，每1/15公顷用有效成分0.2～0.7 kg药量。

（3）种苗消毒。①热水处理：要掌握好线虫的致死温度和寄主耐热温度之间的差异。如桃苗的根在50～51℃水中浸泡10 min，可以杀死附在根表面和潜伏在根内穿刺短体线虫。这种温度和时间亦适用于处理樱桃苗根，某些果树的苗根适宜在46～48℃的温水中浸泡30 min。②药剂浸根：将桃苗裸根置0.08%丰索磷、克线磷或灭克磷的药液中浸泡30 min，可以杀死附在根表面和潜伏桃根内部的短体线虫。

第十一节 剑 线 虫

一、历史、分布及危害

剑线虫（*Xiphinema* Cobb）是一类虫体较大的植物寄生线虫。此属已报道200多个种，在植物根部营迁移性外寄生，危害农田作物及果树、牧草。此外，还是植物病毒的传播介体。剑线虫危害可造成植物根的生长受破坏，口针穿刺造成的伤口为土壤中的细菌和真菌提供侵入机会，更为重要的是该线虫还可传播植物病毒。剑线虫在感染植物病毒的植株上取食时，病毒粒体便附在剑线虫的口针延伸部至基部球的管壁上，带毒线虫在健康植株上取食时，病毒粒体就被接种到健康植株上。带毒线虫可以在几周内连续传毒。剑线虫对病毒的传播有一定的专化性。标准剑线虫（*Xiphinema index* Thorne & Allen）和美洲剑线虫（*Xiphinema americanum* Cobb）等剑线虫被发现可以传播植物病毒的。

标准剑线虫分布于智利、阿根廷、法国、德国、葡萄牙、意大利、匈牙利、西班牙、北非、南非、土耳其、伊朗、伊拉克、美国、澳大利亚和前苏联。

美洲剑线虫则主要分布于美国、加拿大、澳大利亚、新西兰、英国、波兰、智利、墨西哥、斯里兰卡、危地马拉、巴基斯坦、印度、中国。

二、所致病害症状

标准剑线虫在葡萄须根部取食，根尖肿胀，最后变成褐色。取食部位形成多核细胞、细胞质浓稠，没有液泡。在取食部位的外表皮及皮层细胞崩溃。通常根部形成截根和引起根坏死、根末端肿大。

美洲剑线虫危害引起的症状不同于其他剑线虫，在根部取食不引起结瘿形成，但在根部产生褐色病斑，后期根坏死、凹陷，受害植株地上部生长衰弱、矮化。该线虫是重要的病毒传播介体，能传播樱桃锉叶病毒（CRLV）、桃丛簇花叶病毒（PRMV）、烟草环斑病毒（TRSV）、番茄环斑病毒（ToRSV）。

三、病原特征

标准剑线虫和美洲剑线虫同隶属于矛线目、矛线总科、长针科、剑线虫亚科、剑线虫属（*Xiphinema*）。

（一）标准剑线虫

测量值：①雌虫（$n=6$ 群模标本）：$L=3.1$ mm（2.91~3.28），$b=62$（58~66）；$b'=6.8$（6.0~7.7），$c=84$（75~93）；$C=1.12$（1.0~1.3）；$V=39.4$（38~40）；口针长 126 μm（119~129）；口针延伸部长 70 μm（63~78）；总长度为 196 μm（190~208）。②雄虫（Thorne and Allen 1950）：$L=3.6$ mm，$a=63$，$b=88$，$T=49$。

雌虫虫体为长圆柱形，热杀死后形成开阔的螺旋形，后半部分呈一大弯曲状。表皮环纹明显，侧孔在食道区域呈 1 行排列，然后呈不规则的 2 行排列，背侧孔 3~4 个，位于虫体前部，腹侧孔沿全身分布。唇区半球形，基本不缢缩。口针基部分叉，口针延伸部有 3 个大的凸缘。诱导环位于齿尖针和齿托相连接处附近。食道后部圆柱形，肌肉质，长为基部宽的 2.5 倍。双生殖腺，尾短，半球形，有 1 个指状尾突。雄虫很少见到，形态与雌虫相似。精巢两个，交合刺粗壮（图 13-11）。

（二）美洲剑线虫

测量值：①雌虫（$n=18$, Tarjan）：$L=1.6$ mm（1.4～1.9）；$a=42.3$（33.6～46.6）；$b=6.3$（4.7～7.2）；$c=44.7$（36.5～52.8）；$V=51$（46～54）；口针长 72 μm，口针延伸部长 47 μm。②雄虫（$n=3$）：$L=1.6$（1.5～1.7）mm；$a=47.2$（39.7～51.6）；$b=6.2$（6.1～6.3）；$c=43.6$（37.8～50.1）；$T=46$（40～54）；交合刺长度27～30 μm。

雌虫经热杀死后虫体形成开阔螺旋形，体表环纹清晰，虫体侧孔大致为 2 行排列。唇区半圆形，头乳突 6 个位于内层，10 个在外层，不升高。齿尖针细长，针状，齿尖针基部呈叉状，齿托基部有明显的凸缘；齿针导环为双环，位于齿尖针和齿托相连接处附近。食道膨大的基部的长度约为体宽的 2 倍。阴门横裂，约位于虫体中部。双生殖腺。尾呈圆锥形，由背面向腹面弯曲，$C'=1.6～1.8$。雄虫与雌虫相似，但后 1/3 部分比雌虫弯曲更大。精巢成对，对伸，交合刺矛线型，粗壮，斜纹交配肌发达。尾渐尖，具有半球形末端。雄虫极少见。

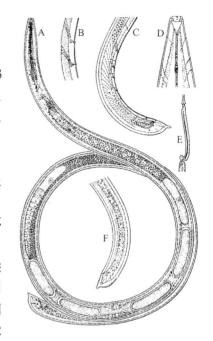

图 13-11　标准剑线虫
A. 雌虫；B. 附属物；C. 雄虫后部；D. 头部；
E. 幼虫食道前部的吻针；F. 雌虫尾部
（引自 C. I. H. Description of plant-parasitic）

四、适生性

标准剑线虫寄主植物有葡萄、无花果、玫瑰、桑树、草莓、杨属、酸橙、胡桃、仙人掌属、松属、毛叶杏、欧洲甜樱桃、洋李、桃等。标准剑线虫是全球葡萄生产中的重要病原物，该线虫的生活史要比美洲剑线虫快很多，在加州，在 24℃时完成 1 代只需 22～27 d，但在以色列，在 28℃时完成 1 代需 3～5 个月。该线虫也是第一个被发现可传播植物病毒（葡萄扇叶病毒）的线虫。

美洲剑线虫寄主植物主要有玉米、大豆、燕麦、大麦、葡萄、草莓、梨、苹果、杏树、松属、杨属、榆属等。该线虫生长需要在通气状况良好的土壤中，不能忍受过度潮湿。生长适温为 20～24℃，完成 1 代需 1 年时间。美洲剑线虫在土壤中的生活力极强，在土温为 10℃土壤中在无植物寄主时可存活 49 个月。

五、检验检疫方法

可采用改良贝尔曼漏斗法或浅盆法分离收集线虫。要特别注意分离土壤中的线虫。这类线虫的密度通常较低，要注意避免漏检。

六、检疫处理与疫区防治

（1）由于剑线虫中的有些种是植物病毒的介体，我国将该属线虫列为检疫性有害生物，严禁从发生病毒和介体线虫的国家和地区进口土壤或带土苗木。

（2）疫区主要采用化学防治，在种植前可用各种杀线虫剂特别是熏蒸性杀线虫剂处理土壤，这些药剂包括溴甲烷、必速灭、D-D混剂、线克等。在作物生长期，可以定期施用非熏蒸性杀线虫剂。如克线磷、福气多、涕灭威、益舒宝等。

本 章 小 结

由于许多植物线虫可以通过块茎、块根、种子、苗木等繁殖材料、木质包装材料等途径进行传播。因此，近年来随着我国对外贸易的迅速扩大，我国面临严重的检疫性线虫入侵的风险。最近，针对中国加入 WHO 后出现的新情况，以及为了与现行国际检疫规则相适应，我国有关部门对进境植物检疫性线虫名单作了较大的调整。限于篇幅，本章只对部分进境植物检疫性线虫进行介绍，其中的一些同时又是国内检疫性线虫。

这些进境植物检疫性线虫，大多在我国有较多的适宜寄主、也存在生长发育和传播与蔓延等条件。因此，一定要重视线虫的检验检疫工作。由于植物线虫引起的病害一般无特异的症状，同时由于线虫形态学特征变异较大，所以我国检验检疫面临较大挑战。按照与国际接轨的有关标准进行检验检疫成为当务之急，特别是要尽快研究和建立快速、准确和可靠地鉴定线虫的方法。近年来，在这一方面的工作已取得一些重要进展，例如，在松材线虫、马铃薯胞囊线虫、根结线虫等的分子辅助鉴定方面已在一些检验检疫工作中得到应用。由于植物线虫生物学特性以及植物线虫学研究相对滞后的原因，其检疫处理方法还不多，应用较多的是杀线虫剂的使用和热水处理技术。研究其高效、环保的技术方法是今后的重要任务。

思 考 题

1. 你如何认识马铃薯胞囊线虫、香蕉穿孔线虫传入我国的风险？

2. 一些线虫如松材线虫已在我国分布，为何仍是我国重要的进境植物检疫性线虫？

3. 指出植物线虫病害的危害特点及一般传播特点。

4. 利用热水处理方法防治种苗传带的线虫时应注意什么问题。

5. 剑线虫侵染植物引起伤害一般不太大，但我国列为进境植物检疫性线虫，为什么？

6. 请你分析松材线虫病在我国扩散与蔓延的原因，并提出对策。

第十四章 检疫性寄生植物

第一节 列 当

列当是一类营全寄生列当科的寄生性种子植物。通常称的列当指列当科列当属（Orobanche）的植物。列当属植物已被列为对外检疫性有害生物。

一、分布及危害

列当科植物主要分布在北温带，少数分布在非洲和大洋洲。在国外大多分布于北半球，尤以北纬40°左右的地区发生较多，欧洲、亚洲各国均有分布。

列当为根寄生草本植物，为专性寄生物，有固定的寄主，有些种类寄生于农作物，造成极大危害。被害植株细胞膨压降低，经常处在萎蔫状态，表现为植株细弱矮小，长势很差，不能开花或花小而少，瘪粒增加，在寄主植物上寄生的列当有时多达 100～150 株。向日葵被列当寄生后植株细弱，花盘较小，瘪粒增多，一株向日葵上寄生 15 株列当，向日葵瘪粒达 30%～40%。向日葵苗期被列当寄生后，便不能正常生长，植株矮小，也不能形成花盘，甚至干枯致死。列当对其他农作物损害也很大，轻则减产 10%～30%，重时可全部毁灭，甚至使作物绝产。

二、主要种类及形态特征

列当科植物有 17 属，150 余种，我国有 9 属，40 余种，重要的有列当属、草苁蓉（Boschniakia）、肉苁蓉（Lathraca）、黄筒花（Phacellanthus）、野菰（Aeginetia）、假野菰（Christisonial）、齿鳞草（Lathraca）等属。

列当属植物，无真正的根，只有吸盘吸附在寄主的根上，或以短须状次生吸器与寄主茎部的维管束相连，以肉质嫩茎直立地伸出地面，偶有分枝，嫩茎上被有绒毛或腺毛，浅黄色或紫褐色，高约 10～20 cm，最高可达 50 cm。叶片退化成小鳞片状，无柄，无叶绿素，退化叶片呈螺旋状排列在茎上。两性花，花瓣联合成筒状，白色、紫红色、米黄色和蓝紫色等，穗状花序。果实为蒴果，种子细小，葵花籽状。列当可在 70 多种草本双子叶植物的根部营寄生生活，不为害单子叶植物。

（一）向日葵列当（O. cumana Wallr）

又称二色列当、高加索列当、直立列当，是一年生草本植物。

1. **形态特征** 茎直立、单生、肉质，直径约 1 cm，密被细毛，浅黄色至紫褐色，高约为 30～40 cm，不等。缺叶绿素，没有真正的根，有短须状吸盘。叶退化成鳞片状，小而无柄，螺旋状排列在茎干上。花两性，左右对称，排列成紧密的穗状花序。花较小，筒状，长约 10～20 mm，每株约有花 20～40 朵，最多为 80 朵。每朵花的基部有一苞片，苞片狭长，披针形。花萼五裂，贴茎的一枚裂片退化不显著，或缺，基部合

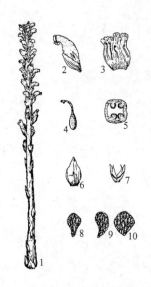

图 14-1 向日葵列当

（仿李杨汉，1979）

1. 植株；2. 花的外形；3. 花冠纵剖
面与雄蕊；4. 雌蕊；5. 子房横剖面；
6. 苞片；7. 花萼；8、9、10. 种子

生，尖端锐。花冠合瓣，呈二唇形，上唇 2 裂，下唇 3 裂，蓝紫色，也有米黄、粉红、灰褐等颜色，随种类及开放日期而不同。雄蕊 4 枚，2 长 2 短，插生在花冠管内，花冠在雄蕊着生以下膨大，而在雄蕊着生以上则显著变窄而呈膝曲状。花丝白色，基部黄色，上窄下宽。花药 2 室，下尖，黄色，具白色细长的绒毛，绒毛着生于花丝顶端，纵裂。雌蕊 1 枚，卵形，柱头膨大如头状，左右分开如蝶形，花柱下弯，成蓝紫色。上位子房，由 4 个心皮合成 1 室，侧膜胎座，胚珠多数。果为蒴果，花柱宿存。蒴果通常 2 纵裂，内含大量细小尘末般的种子。种子形状不规则，略成近卵形，幼嫩种子为黄色，柔软，成熟种子为黑褐色，坚硬，种子大小为（0.25~0.3）mm×（0.25~0.3）mm，宽而短，表面有纵条状皱纹（图 14-1）。种子内有肉质的胚乳和微小的胚。1 kg 向日葵列当种子有 1 亿粒，一株约产 6 万~10 万粒种子。

2. 寄主植物　　寄生于向日葵、烟草、番茄，也能为害黄瓜、甜瓜、南瓜、豌豆、蚕豆、胡萝卜、西瓜、洋葱、芹菜、亚麻、红三叶草及苦艾等。

3. 分布　　匈牙利、捷克、保加利亚、前南斯拉夫、希腊、意大利、前苏联、缅甸、印度、哥伦比亚；中国新疆、青海、陕西、山西、内蒙古、辽宁、吉林、甘肃、河北、北京。

（二）埃及列当（*O. aegyptica* Pers）

又称瓜列当、分枝列当。

1. 形态特征　　茎直立，中部以上有分枝 3~5 个，茎高约 15~30 cm，茎上密被腺毛，黄褐色。穗状花序，长约 8~15 cm，圆柱形，花淡紫色（图 14-2）。种子较小，倒卵圆形，一端较窄而尖，黄褐色，长约 0.2~0.5 mm，宽约 0.2~0.3 mm，表面有细纹网线，矩形，长宽比小于 4:1，网状皱纹。埃及列当 1 kg 种子有 1 500 万粒。种子深褐色至暗褐色，表面皱纹呈网状。

2. 寄主植物　　寄主范围广，有 17 科约 50 多种植物，主要寄主是瓜类作物，如哈密瓜、西瓜、南瓜、甜瓜和黄瓜；也寄生于葫芦、茄科植物番茄、烟草、茄子；向日葵、胡萝卜、白菜及一些杂草上。

3. 分布　　亚洲、欧洲和美洲均有分布。阿富汗、巴基斯坦、印度、伊拉克、伊朗、约旦、以色列、黎巴嫩、土耳其、前苏联、意大利、保加利亚、匈牙利、前南斯拉

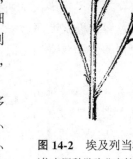

图 14-2 埃及列当植株形态

（仿中国科学院北京植物研究所）

夫、英国、埃及、哥伦比亚、中国新疆、甘肃。

（三）大麻列当（*O. ramose* L.）

1．形态特征　　大麻列当 1 kg 种子有 5 000 万粒，种子灰褐色，形状不规则，皱纹不整形网状。

2．寄主植物　　寄生于大麻、烟草、番茄、胡萝卜、辣椒、马铃薯、甘兰、甜瓜、苘麻、荨麻、地大麻、多年生莴苣等 17 科 50 余种植物。

3．分布　　匈牙利、意大利、波兰、前南斯拉夫、奥地利、保加利亚、法国、德国、希腊、罗马尼亚、瑞士、捷克、英国、前苏联、约旦、黎巴嫩、以色列、土耳其、尼泊尔、阿富汗、印度、埃及、苏丹、南非、美国、古巴；中国新疆、甘肃。

（四）黄花列当（*O. pycnostachya* Hance）

1．形态特征　　高 10～30 cm，全株密生腺毛。茎单一，直立，黄褐色。叶鳞片状，卵状披针形或披针形，黄褐色，长 1～2 cm，先端尾尖。穗状花序，长 5～10 cm，密生腺毛；苞片卵状披针形，与花冠等长或稍长，顶端尖；花萼 2 深裂至基部，第一裂片顶端又 2 裂；花冠唇形，淡黄色，长 1.5～2 cm，花冠筒状，上唇 2 裂，裂片短，下唇 3 裂，裂片不等大，边缘生有腺毛；雄蕊 2 强，花药裂缝边缘生有长柔毛；子房上位，侧膜胎座，花柱比花冠长，伸出。蒴果成熟后 2 裂；种子小，多数。

2．寄主植物　　寄生草本，苜蓿属。

3．分布　　朝鲜、日本、蒙古、前苏联，在中国分布于东北、华北的部分地区。

（五）列当（*O. coerulescens* Steph.）

1．形态特征　　高达 35 cm，全株被白色绒毛。根状茎肥厚。茎直立，黄褐色。叶鳞片状，卵状披针形，长 8～15 mm，黄褐色。穗状花序，长 5～10 cm，密被绒毛；苞片卵状披针形，顶端尖，稍短于花冠；花萼 2 深裂至基部，膜质，每一裂片顶端 2 裂；花冠唇形，淡紫色，长约 2 cm，筒部筒状，上唇宽，顶端微凹，下唇 3 裂，裂片近圆形；雄蕊 2 强，着生于筒中部；侧膜胎座，花柱长。蒴果卵状椭圆形，长约 1 cm；种子黑色，多数。

2．寄主植物　　寄生草本，蒿属（*Artemisia*）植物

3．分布　　朝鲜、前苏联，中国黑龙江、辽宁、吉林、山东、陕西、甘肃、内蒙古、四川。

（六）弯管列当（*O. cernua* Loefl）

1．寄主　　蒿属几个种。

2．分布　　阿富汗、伊朗、伊拉克、约旦、土耳其、黎巴嫩、阿拉伯半岛、埃及、前苏联、英国、美国，中国未见记载。

（七）锯齿列当（*O. crenata* Forsk.）

1．寄主　　主要寄生于蚕豆和豌豆上。

2. 分布　伊拉克、约旦、黎巴嫩、印度、土耳其、埃及、摩洛哥、突尼斯、马耳他、希腊、意大利、葡萄牙、哥伦比亚、波多黎各、美国，中国未见记载。

（八）小列当（*O. minor* Sm）

1. 寄主　紫花苜蓿、红三叶草、白三叶草及烟草。
2. 分布　匈牙利、意大利、捷克、奥地利、波兰、法国、德国、希腊、英国、丹麦、荷兰、瑞士、约旦、黎巴嫩、土耳其、苏丹、乌干达、瑞典、肯尼亚、毛里求斯、赞比亚、坦桑尼亚、南非、波多黎各、智利、美国、澳大利亚、新西兰，中国未见记载。

（九）聚花列当（烟草列当）（*O. muteli* F.）

1. 寄主　番茄、烟草、甘蓝、白芥、豌豆、鼷豆属、三叶草属。
2. 分布　东欧、前苏联、阿富汗、伊朗等国家，中国未见记载。

（十）白色列当（拟）（*O. pallidiflora* Wimm）

1. 寄主　蓟属。
2. 分布　前苏联，中国未见记载。

另外还有一些种如鸦列当（*O. gracilis* Sm.）分布于德国。常春藤列当（拟）（*O. hederae* Duby），分布于法国、意大利。美丽列当（拟）（*O. specjosa* A. Dielr.）分布于意大利等。

除以上植物以外，匣子、艾属植物、苍耳、野莴苣及紫菀等杂草上也能被寄生；箭舌豌豆、豌豆、蚕豆、胡萝卜、洋葱、莳萝菜、芹菜、葛缕子、欧洲菊苣、亚麻、苦艾的根上，列当种子都可以萌芽。

列当多寄生为害草本植物，以豆科、菊科、茄科、葫芦科植物为主。

三、适生性

列当种子成熟后散落在土中，落入土中的种子，在 5～10 cm 的土层中，可存活 5～10 年。在适宜季节种子发芽，但很不整齐，只要条件适宜终年都有种子萌发。列当种子萌芽后，长出幼苗，下部形成吸盘，深入到寄主根的组织里吸收养分，植株逐渐长大。成熟后上部长出花茎，开花结实。列当开花借助昆虫传粉，每茎约有 20～50 朵花，每朵花结 1 蒴果，内有种子 500～2 000 粒，每株列当可产生种子 5 万～10 万粒，最多达 45 万粒。这种高繁殖特性是对环境和生存的最有效的适应。

列当种子能被风力、耕作土壤和水流传播或随着人、畜和农具等传播。还可随风飞散而黏附在寄主种子上进行传播。

列当种子萌发要求有充足的水分，合适的温度（25℃左右），较高的土壤酸碱度（pH＞7.0）和寄主根部的分泌物。温度过高过低均不能萌发，在酸性土壤（pH＜7.0）中不萌发，我国大部分地区处于列当的适生区。

寄主根部分泌物是诱使列当种子萌发的重要条件。某些植物种子萌发时能诱发列当种子萌发，但萌发后的列当又不能与该植物建立寄主关系，这类寄主植物称为"诱发植物"。辣椒是列当常见的一种诱发植物。

下面以向日葵列当说明该类植物全年生活史。

向日葵列当以种子繁殖。在土壤中的种子，由于寄生植物根部分泌物刺激，接触到向日葵和其他寄主植物根的列当种子萌芽。落入土壤中的种子，在没有寄主的情况下，能在土壤中保持活力5～10年之久。列当种子萌芽后，长出幼苗，形成吸盘，侵入到寄主植物根组织里吸收养分，植株发育成熟后，开花结实完成一代生活史。

列当自幼苗出土至开花约需14 d，开花至结实约需5～7 d，结实至种子开始成熟约需13～15 d，全生育期约需28～36 d。

向日葵列当发生的时期不一，在我国河北从7月上旬至10月上旬，每天都有列当幼苗出土，同时每株列当现蕾、开花、结实期也参差不齐。有时上部开花，下部孕蕾，中部开花，上部还在蕾期。种子自下而上先后成熟。

向日葵列当幼苗的地下部分，深入土内5～10 cm处最多，其次为1～5 cm处，而在12 cm以下，则仅有个别出土。一株向日葵列当植株能结种子10万粒以上，在田间随着风力、水流或人、畜、农具等传播。收获后与向日葵籽实混杂而传播。

埃及列当在瓜田发生期为6～7月，寄生率可达100%。种子在碱性土壤中的萌发率低，在土中存活期长达10～15年。诱发植物有玉米、三叶草、苜蓿、芝麻等。

四、检验检疫和处理方法

（一）检疫措施

1．严格执行检疫制度　　调运种子必须在非疫区，疫区产品销售必须有植物检疫证书，并进行复检，发现带有列当的种子必须停止作种子使用，并改作它用。

产品销售中应抽样进行检验。列当种子小而轻，主要采取回旋筛选法，取筛下的碎屑在解剖镜下检验。若发现检疫对象应严格按检疫处理措施执行。如集中加工，并将空壳杂屑销毁。

2．建立无列当发生的留种基地。

（二）防治措施

对列当疫区内因地制宜的采取农业、生物和化学的综合防治措施，逐步压低和消灭其为害。

（1）选育选用抗列当的作物品种、实行合理轮作措施。

（2）列当出土的盛期机械耕除锄草1～2次，可以将浅土层列当幼苗连根除去，深土层列当被削断。列当削断后，吸盘虽然继续寄生吸收养料，但不再形成花茎。削除下来的花茎，应及时收集销毁，

（3）诱发铲除。在病重的田地，可先播下寄主植物或诱发植物，促进列当种子萌芽，当其还未抽花茎时，即行铲除，并立即深耕翻埋。

（4）化学防除。播前选用40%氟乐灵乳油每公顷以900～2 250 ml兑水450 kg处理土壤，7～10 d后播种或移栽。播后苗前用50%杀草净可湿粉每公顷以3～4.5 kg处理土壤。

第二节 菟 丝 子

菟丝子是菟丝子科（Cuscutaceae）菟丝子属（Cuscuta）植物的总称。张宏达认为菟丝子属植物花的结构和果实的形态属于旋花科范畴，而胚不分化、无子叶和缺乏内生韧皮部等均与其寄生习性相联系，认为菟丝子为旋花科菟丝子亚科菟丝子属营养器官极度退化的一个支系。菟丝子俗名无根草、菟丝、黄丝、黄豆丝等。

一、分布及危害

菟丝子在全世界都有分布，亚洲分布极广。日本、伊朗、印度、斯里兰卡、中国均有分布。前苏联、波兰、罗马尼亚也有发生。美洲、澳大利亚、太平洋诸岛也有分布，但数量较少，菲律宾群岛至今尚未发现。其中细茎亚属在各大洲均有分布，以美洲尤为丰富。菟丝子亚属则主要分布在地中海地区，并已扩展至西亚、非洲和整个欧洲。单柱亚属在整个亚洲、欧洲、非洲均有发现。

该属约有 170 种。我国有 14 种，南北发生普遍，以东北及新疆地区为多。种子易随作物种子传播，许多国家禁止夹杂菟丝子属杂草的种子输入。

菟丝子为缠绕在木本和草本植物茎叶上营全寄生生活的草本植物。以吸器与寄主的维管束相连接，不仅吸收寄主的养分和水分，而且造成寄主输导组织的机械性障碍，受害作物一般减产 10%～20%，重者达 40%～50%，严重的甚至颗粒无收。菟丝子对多种农作物、牧草、果树、蔬菜、花卉等其他经济植物都有直接危害，同时又是传播某些植物病害的媒介或中间寄主，还能传播多种病毒类病原物，引起植物的病害。

大豆受菟丝子为害后，一般可减产 5%～10%，重的可达 40%～50%，严重地区可达 80%。危害轻者仅能收到瘪粒，重者颗粒无收。一般每株菟丝子可缠绕大豆达 100 株以上，多的可达 300 株，一棵菟丝子可结籽近 1 万粒，这样多的种子，可随土壤、肥料及作物种子进行广泛传播。其种子埋于土壤中数年后仍能保持发芽能力，往往给防除上带来困难。

二、主要种类及形态特征

菟丝子为一年生的攀藤性草本植物（图 14-3），无根，无叶，叶片退化为鳞片状，茎黄色或带红色；花小，白色或淡红色，聚生 1 无柄的小花束，具覆瓦状排列的花冠；花冠钟形、短 5 裂，在花冠筒内每一雄蕊下有鳞片；子房完全或不完全的 2 室，每室有胚珠 2 颗；有较为丰富的胚乳，胚乳肉质，具未分化的胚，胚没有子叶，弯曲成线状，并缺乏内生韧皮部；果为干燥或稍肉质的蒴果；蒴果开裂，种子 2 至 4 粒。

菟丝子属分为 3 个亚属，即细茎亚属、单柱亚属和菟丝子亚属。

3 个亚属及主要种类形态介绍如下：

（一）细茎亚属

茎纤细，线形，常寄生在草本植物上；花柱 2，花常簇生成小伞形或小团伞花序；种子小，长 0.8～1.5 mm，表面粗糙，柱头头状。

1. 中国菟丝子（*C. chinensis* Lam）　萼片具脊，脊纵行，使萼片呈现棱角。

2. 南方菟丝子（*C. australis*）　萼片背面无脊，花序致密，花冠裂片顶端圆，直立；鳞片很小，短于冠筒，有时退化成侧生小齿。

3. 田野菟丝子（*C. campestris* Juncker）花长 2～3 mm，花冠裂片宽三角形，顶端尖，常反折，萼片背面光滑无脊，花序松散，鳞片大，边缘具长毛，与花冠等长故常外露。

4. 五角菟丝子（*C. pantago*）　花冠裂片顶端尖，常反折；鳞片大，花长 1.5～2 mm，花冠裂片三角状卵形；鳞片边缘的流苏长为鳞片的 1/5。

图 14-3　菟丝子形态

1.缠绕在寄主上的菟丝子；2.菟丝子茎上吸器

（仿李杨汉，1979）

（二）菟丝子亚属

柱头伸长成棒状或圆锥状

1. 亚麻菟丝子（*C. epilinum*）　花柱和柱头比子房短，花淡黄白色；花冠壶形，鳞片大而宽，边缘具长毛，种子常成对并连在一起，茎通常淡绿色。

2. 欧洲菟丝子（*C. europaea*）　花柱和柱头比子房短，花淡红色；花柱和柱头呈线形，花冠漏斗形，明显高于花萼，种子不成对并连，茎红色或淡红色。

3. 杯花菟丝子（*C. cupulata*）　花柱和柱头不短于子房，萼片宽，背面至顶端肉质增厚；鳞片很大；致密的球形花序。

4. 苜蓿菟丝子（*C. approximata*）　花柱和柱头长于子房，萼片较窄，背面具脊；鳞片较小；松散的球形花序。

5. 百里香菟丝子（*C. epithymum*）　萼片不增厚，无脊；种子小，长 0.8～1 mm。

（三）单柱亚属

茎较粗，细绳状，常生在木本植物上：花柱 1；总状或圆锥花序；种子较大，长 2～4mm，表面光滑。

1. 日本菟丝子（*C. japonica*）　花较小，花冠长 3～4mm，花柱比柱头长，柱头 2 裂，有明显 2 裂片；种子不具喙。

2. 单柱菟丝子（*C. monogyna*）　花较小，花柱短，长约 0.5 mm，几乎与柱头等长，柱头头状，中央 2 裂。

3. 大花菟丝子（*C. reflexa*）　花冠长 5～9 mm，花较大，花白色或乳黄色，芳香；花柱极短，柱头 2，舌状，长卵形，明显比花柱长。

中国最常见的有：中国菟丝子、南方菟丝子、田野菟丝子和日本菟丝子等。

三、适生性

(一) 寄主范围

菟丝子寄主范围极广，主要寄生于豆科、菊科、蓼科、茄科、苋科、藜科、百合科、伞形科、杨柳科、蔷薇科等草本和木本植物上。如经济作物大豆、花生、马铃薯、甜菜、向日葵、籽瓜，蔬菜作物番茄、茄子、茴香、葱、韭、芹菜、香菜等，禾本科植物的粮谷类小麦、玉米、高粱、谷子、黍子及牧草等，水稻、芦苇偶可受害。此外还可寄生沙蒿、黄花蒿、牛枝子、长萼鸡眼草、马唐、狗尾草、艾蒿、打碗花等 80 余种杂草。

主要菟丝子种类的寄主如下：

1. 中国菟丝子（*C. chinensis* Lam）　　寄生于豆科、菊科、蓼科、茄科、苋科、藜科等植物上。

2. 亚麻菟丝子（*C. epilinun* Weiche.）　　寄生于亚麻、苜蓿、三叶草、大麻等植物上。

3. 苜蓿菟丝子（*C. approximata* Babingt）　　寄生于苜蓿上。

4. 单柱菟丝子（*C. monogyna* Vahl.）　　寄生于乔木或灌木上。

5. 田菟丝子（*C. arvensis* Beyrich）　　寄生于三叶草、苜蓿、巢菜、大豆、豌豆、马铃薯、甜菜、胡萝卜、烟草等牧草或作物上。

6. 日本菟丝子（*C. japonica* Choisy.）　　寄生于榆、茶、山茶、杨、柳、槭树上。

7. 百里香菟丝子（*C. epithymum* Murr.）　　寄生于三叶草、苜蓿、巢菜等植物上。

8. 三叶草菟丝子（*C. rtifolii* Bab.）　　寄生于三叶草、苜蓿、巢菜、亚麻等植物上。

9. 田野菟丝子（*C. campistris* Yuncker）　　一年生草本植物。

10. 南方菟丝子（*C. australis* Prodri）　　一年生草本植物。

11. 欧洲菟丝子（*C. europaea* L.）　　一年生草本植物。

12. 葎草菟丝子（*Cuscuta lupuli formis* Krock）　　寄生于乔木或灌木上。

(二) 生活习性

菟丝子以种子繁殖。种子成熟落在土中越冬，到次年寄主生长后种子萌发。种子萌发时，种胚的一端先形成无色或黄白色的细丝状幼芽，称菟丝。菟丝在空中来回旋转，遇到适当的寄主缠绕其上，在接触处形成吸根伸入寄主。当寄生关系建立后，菟丝就与地下部分脱离。吸根是从维管束鞘突出而形成的，和侧根产生方式相同。吸根进入寄主组织后，分化为导管和筛管，分别和寄主的导管和筛管相连，从寄主组织内吸取养分和水分。缠绕寄主上的菟丝不断生长蔓延，以后开花结果。从种子萌芽出土到产生种子约需 80~90 d。

最适宜于种子萌发的土壤温度为 25℃ 左右，土壤相对含水量 15% 以上。在 10℃ 以上即可萌芽，在 20~30℃ 范围内，温度越高，萌芽率越高，萌芽也越快。覆土深度以 1 cm 为宜，3 cm 以上很少出芽。

在生长季节 4~6 月份为种子萌发期，7~11 月份为开花结果期。

菟丝子一般夏末开花，秋季陆续结果，9~10 月成熟。成熟后蒴果破裂，散出种子。菟丝子结实量很大。据统计，每株菟丝子能产生 2 500~3 000 粒种子。发育好的植株，种子数量可以达数万粒。

四、检验检疫方法

菟丝子种子很小，千粒重不到 1 g。种子小而多，种子寿命长，可随作物种子调运而进行远距离传播。

具体检验工作，先按规定抽样，然后进行过筛，检查筛下的碎屑，并在解剖镜下按其特征从作物种子中区分出来。菟丝子种子的种皮由内外种皮构成，内种皮薄而透明，外种皮厚而坚硬，胚为线状，卷成两圈半，胚没有发达的子叶。若发现检疫对象应严格按检疫处理措施执行，并将空壳杂屑销毁。

如检查材料与菟丝子种子形态相似，可采用比重法、滑动法等进行区别，并在解剖镜下根据形态确认，计算混杂百分率。

五、检疫处理

①严禁从外地调运带有菟丝子的种苗，作繁殖用的种子，应彻底清除菟丝子种子后方能用作繁殖。

②加强栽培管理，合理进行轮作或间作、深翻耕地，使菟丝子种子深埋不能萌发。粪肥及各种农用有机肥需经高温处理或沤制，使菟丝子种子失去萌发能力才施用于田间。

③利用鲁保一号菌剂，在菟丝子危害初期喷洒，可减少菟丝子的数量和减轻其危害。此为生物防治在农业上应用的典型。

第三节 独 脚 金

独脚金（*Striga asiatica* (L.) O. Kuntze）为玄参科鼻花亚科独脚金属（*Striga*）营寄生生活的一年生草本植物，俗称火草或矮脚子。

一、分布及危害

独脚金约有 23 种，广布于热带、亚热带地区，在亚洲、非洲和大洋洲均有分布。南非、澳大利亚、印度、中国华南和西南一些省有分布。

寄主受害后，生长受阻，纤弱，萎垂、无活力。玉米受害减产 20%~60%，干旱年份受害更重，病地连作玉米 6 年，可造成颗粒无收。

二、主要种类及形态特征

独脚金茎上生黄色刚毛，茎高 10～20 cm，少分枝；叶狭长，披针形常退化成鳞片状，长约 1 cm，下部对生，上部互生，有少量叶绿素；花单生于叶腋，顶生稀疏穗状花序，花冠筒状，有 10 纵棱，5 裂，裂片钻形；花冠黄色、金黄色或红色，高脚碟状，长约 1～1.5 cm，近顶端急弯，唇形，上唇短 2 裂，下唇 3 裂；雄蕊 4 枚，内藏，花药 1 室（图 14-4）；蒴果卵球形，背裂，长约 3mm，种子极小，金黄色椭圆形，表面具有 2 排互生的突起或嵴，成熟后随风飞散。种子小，可黏附在寄主植物根上随运输而传播。

广布于热带的亚洲和非洲地区。中国分布于江西、广东、广西、贵州、云南。

变种宽叶独脚金（*S. asiatica* var. *humilis* (Benth.) Hong）叶较宽大；产广东西部。大独脚金（*S. masuria* (Buch.-Ham.) Benth.）茎高达 50 cm；萼 15 棱，花冠筒长 2 cm；产华南和西南。

图 14-4　独角金形态
（仿中国科学院北京植物研究所，1975）

三、适生性

（一）寄主范围

主要为禾本科植物，如玉米、甘蔗、水稻、高粱以及苏丹草和画眉草等。少数独脚金能寄生双子叶植物番茄、菜豆、烟草和向日葵等。

（二）生活习性

种子落入土中可存活 10～20 年，休眠期 1～2 年后，在寄主根分泌物刺激下，30～35℃下萌发，完成一个生长周期需 90～120 d。在刚萌发的一个月内，无寄主存在也能生长，但一个月后仍未建立寄生关系的植株就会死亡。

独脚金为半寄生，虽有叶绿素可进行光合作用制造养料，但仍不能自给。温暖、湿润的生态环境适于独脚金的生长，非洲一些国家因独脚金危害而荒芜了不少土地。诱发植物有棉花、蚕豆、亚麻、大豆等。

四、检验检疫和处理方法

参照本章第二节。

附：常见列当和独脚金种子形态在显微镜下的区别

1. 种子表面的网眼方形、矩形、多边形或近圆形，长宽比小于 4∶1，网纹不扭转，网脊上无突起

2. 种子多倒卵形，少数椭圆形、圆柱形或近球，网眼形，网壁平滑，网眼底部网状或小凹坑状

3. 网眼底部网状

    4. 种子倒卵形至椭圆形，长 0.3～0.4～0.5 mm ···················· 埃及列当（*O. aegyptiaca*）

    4. 种子椭圆形到宽椭圆形，长 0.26～0.34 mm ···················· 向日葵列当（*O. ramosa*）

3. 网眼底部小凹坑状

    5. 种子黑色至红褐色，油漆光泽，长 0.3～0.5×0.25（mm）··········· 锯齿列当（*O. crenata*）

    5. 种子黄褐色，无光泽，长 0.2～0.3×0.1～0.16 mm ·············· 弯管列当（*O. cemua*）

  2. 种子近球形或宽椭圆形，网眼深，方形至多边形，网壁上具多层环形棱，网眼底部为网状 ······

··· 野菰（*Aeginetia indica*）

1. 种子表面网眼长条形，长宽比超过 7:1，网纹稍扭转，网脊上有 2 排互生的突起 ··················

··· 独脚金（*Striga* sp.）

本 章 小 结

    检疫性寄生植物主要有列当、菟丝子、独脚金。

    列当以吸盘寄生在寄主植物的根上为害，多为害一年生草本植物。菟丝子则寄生在寄主的茎、枝干上，可为害一年生草本植物，也为害多年生木本植物。独脚金为半寄生的根寄生植物，为害热带地区的一年生作物。寄生性植物都以产生种子进行繁殖，数量大，在检疫上要严防疫区产品和种子传带。菟丝子可随种苗传播，但易于识别，不可忽视。

思 考 题

    1. 列当为害寄主的方式如何？有哪些种类，怎样区分？

    2. 菟丝子是怎样传播为害寄主的？中国菟丝子、亚麻菟丝子、日本菟丝子如何区别？

    3. 对寄生性植物怎样进行检疫？检疫处理措施有哪些？

参 考 文 献

艾森拜克等. 1981. 四种最常见根结线虫分类指南（附图检索）. 杨宝君译. 昆明：云南人民出版社

曹骥等. 1988. 植物捡疫手册. 北京：科学出版社

车晋滇. 2002. 紫花苜蓿栽培与病虫害防治. 北京：中国农业出版社

陈洪俊，范晓红，李尉民. 2002. 我国有害生物风险分析（PRA）的历史与现状. 植物检疫，16：28～32

陈京，胡伟贞，于嘉林等. 1996. 应用反转录聚合酶链式反应快速检测番茄环斑病毒. 病毒学报，12：190～192

陈克，范晓红，李尉民. 2002. 有害生物定性与定量风险分析. 植物检疫，16：257～261

陈忠斌. 1998. 分子信标核酸检测技术研究进展. 生物化学与生物物理研究进展，25：488～492

程瑚瑞，高学彪，方中达. 1989. 植物根腐线虫病的研究. 芝麻根腐线虫病病原鉴定. 植物病理学报，19（3）：
  151～154

董金皋等. 2001. 农业植物病理学. 北京：中国农业出版社

窦坦德. 2001. 植物病原真菌检测技术研究进展. 植物检疫，1：31～33

樊龙江，周雪平，胡秉民等. 2001. 转基因植物的基因漂流风险. 应用生态学报，12：630～632

方中达，许志刚. 1985. 蚕豆染色病毒的鉴定. 植物检疫，1：1～2

冯志新主编. 2001，植物线虫学. 北京：中国农业出版社

葛建军. 1997，剪股颖粒线虫. 中国进出境动植检，3：36～37

黑龙江农业科学院马铃薯研究所. 1994. 中国马铃薯栽培学. 北京：中国农业出版社，315～318

胡韦贞等. 1991. 蚕豆染色病毒的再次发生与鉴定. 植物保护，17：18～19

姬广海. 1999. 水稻上三种条斑病细菌DNA的多态性分析. 植物病理学报，29：120～125

孔宝华. 2000. RT-PCR检测李属坏死环斑病毒的研究. 植物检疫，14：257～260

乐海洋，李冠雄，喻国泉等. 1997. 应重视新熏蒸剂和熏蒸增效作用的研究. 植物检疫，11：363～364

李德山，段刚，赵汗青. 2003. 植物检疫除害处理研究现状及方向. 植物检疫，17：289～292

李玲，李伟平，杨桂珍. 2005. 有害生物风险分析及其植物检疫决策支持系统介绍. 植物检疫，19：58～60

李森等. 2002. 猕猴桃溃疡病研究进展. 安徽农业科学，30：391～393，401

李世贤，张义刚. 2004. 果树根癌病的发生为害及防治现状. 西南园艺，32：20～23

李尉民等. 1997. RT-PCR检测南方菜豆花叶病毒. 中国进出境动植物检疫，1：28～30

李尉民等. 1998. 南方菜豆花叶病毒（SBMV）两典型株系特异cDNA和RNA探针的制备及应用. 植物病理学报，
  28：243～247

李杨汉. 1979. 浙江农业大学汇编. 植物检疫. 上海科学技术出版社

廖晓兰，朱水芳，陈红运等. 2002. TaqMan探针实时荧光PCR检测和鉴定植原体方法的建立. 植物病理学报，32：
  361～367

廖晓兰，朱水芳，赵文军等. 2004. 柑橘黄龙病原16s rDNA克隆测序及实时荧光PCR检测方法的建立. 农业生物
  技术学报，12：80～85

廖晓兰，朱水芳，赵文军等. 2003. 水稻白叶枯病菌和水稻细菌性条斑病菌的实时荧光PCR快速检测鉴定. 微生物
  学报，43：167～171

刘万里. 1997. 浅谈溴甲烷和二氧化碳熏蒸. 植物检疫，11：60～62

刘维志. 2004. 植物线虫志. 北京：中国农业出版社

刘维志. 2004. 中国检疫性植物线虫. 北京：中国农业科学技术出版社

吕佩珂等. 1992. 中国蔬菜病虫原色图谱. 北京：中国农业出版社

宁红，秦蓁. 2001. 分子生物学技术在检疫性有害生物诊断中有应用. 植物检疫，15：87～91

农业部全国植物保护总站和浙江农业大学植保系编. 1991. 植物检疫学. 北京：中国农业出版社

农业部植物检疫实验所. 1988. 植物检疫性病虫杂草疫情数据

欧洲检疫性有害生物. 1997. 中国－欧盟农业技术中心译. 北京：中国农业科技出版社

彭发青, 赵艳丽, 胡加彬等. 2001. 水果的除害处理技术及其发展前景. 植物检疫, 15：363～367

漆艳香, 赵文军, 朱水芳等. 2003. 苜蓿萎蔫病菌 Tag Man 探针实时荧光 PCR 检测方法的建立. 植物检疫, 17：
5260～5264

全国农业技术推广服务中心编. 1998. 植物检疫对象手册. 北京：中国农业出版社

全国农业技术推广服务中心编. 2001. 植物检疫性有害生物图鉴. 北京：中国农业出版社

任自忠, 苑凤瑞, 张森. 2003. 新编植物保护实用手册. 北京：中国农业出版社

商鸿生. 1990. 苜蓿黄萎病检诊技术. 植物检疫, 4

商鸿生. 1997. 植物检疫学. 北京：中国农业出版社

沈其益. 1992. 棉花病害——基础研究与防治. 北京：农业出版社

孙龙华, 廖金铃, 李迅东等. 2005. 根结线虫种群的线粒体 DNA 分析. 植物病理学报. 35：134～140

汤德良, 张从仲, 徐国淦. 1997. 溴甲烷的替代技术初探. 植物检疫, 11：365～368

田家怡. 2004. 山东外来入侵有害生物与综合防治技术. 北京：科学出版社

王国平. 1991. 近期发现的果树类病毒及其检测方法. 植物检疫, 5：434～437

王金成, 马以桂, 周春娜等. 2005, 剪股颖粒线虫幼虫形态与分子检测方法. 植物检疫, 3：84～86

工利民, 杨立昌, 何丽鹃等. 2001. 贵州南方菜豆花叶病毒的 ELISA 检疫. 贵州师范大学学报（自然科学版）, 2：33 · 35

王明祖. 1998. 中国植物线虫研究. 武汉：湖北科学技术出版社

韦伯斯特著. 1988. 经济线虫学. 胡起宁译. 北京：中国农业出版社

闻伟刚, 赵秀玲, 翁志平等. 2003. 一步 RT-PCR 检测南芥菜花叶病毒方法的建立. 植物检疫, 6：330～332

吴新华. 1998. 应用聚合酶链式反应技术鉴定印度腥黑穗病菌. 植物检疫, 12：115～122

谢辉. 2000. 植物线虫分类学. 合肥：安徽科学技术出版社

徐朝哲, 王旭, 单松华. 2002. 溴甲烷、环氧乙烷混用熏蒸处理技术研究. 植物检疫, 16：212～215

徐国淦. 1998. 熏蒸剂硫酰氟及熏蒸处理设备在我国的开发研究. 植物检疫, 12：38～46

许志刚. 2003. 植物检疫学. 北京：中国农业出版社

姚文国. 1996. 中国进出境植物检疫手册. 中华人民共和国动植物检疫

张成良, 朱水芳, 黄文胜等. 1997. 类病毒植原体分子生物学检测技术. 北京：科学出版社

张宏达. 2004. 种子植物系统学. 北京：科学出版社

张立海. 2002. 松材线虫 rDNA 的测序和 PCR-SSCP 分析. 植物病理学学报, 31：84～89

张绍升. 1999. 植物线虫病害诊断与治理. 福州：福建科学技术出版社

张书圣, 焦奎, 陈洪渊等. 2000. MAP-H2O2-HRP 伏安酶联免疫分析测定南方菜豆花叶病毒. 高等学校化学学报,
（8）：1200～1204

张天宇等. 2002. 中国真菌志（第十六卷）链格孢属. 北京：科学出版社

张有才, 陈宪斌, 焦慧燕. 1994. 南芥菜花叶病毒（ArMV）. 植物检疫, （8）：284～285

赵廷昌, 孙福在, 李明远等. 2004. 番茄细菌性斑点病的发生与防治. 中国蔬菜, 4：6

赵廷昌, 孙福在, 王兵万. 2001. 西瓜细菌性果斑病研究进展. 植保技术与推广, 21：36～38

中国科学院北京植物研究所. 1975. 中国高等植物图鉴（第四册）. 北京：科学出版社

中华人民共和国动植物检疫总所. 1993. 植物检疫线虫鉴定. 动植物检疫参考资料

中华人民共和国动植物检疫局, 农业部植物检疫实验所. 1996. 中国进境植物检疫有害生物选编. 北京：中国农业
出版社, 324～326

钟国强, 郭权, 黎锦荣等. 1999. 广州口岸进境检疫截获的几种重要检疫性线虫. 云南农业大学学报, （增刊）：
42～46

周肇蕙. 1988. 中国植物检疫对象手册. 合肥：安徽科技出版社

朱建裕. 实时荧光 RT-PCR 和杂交诱捕 RT-PCR-ELISA 检测李坏死环斑病毒的研究. 中国优秀博硕士学位论文全文
数据库. 提交日期：2002－05－20 光盘号：DA200204；DD200204；12～21

朱水芳, 陈乃中, 李伟才等. 2004. 外来生物入侵及其国境控制体系构想. 植物检疫, 18：32～36

朱水芳, 沈淑琳. 1990. 类病毒病害及其检疫. 植物检疫, 4：421～426

朱水芳，相宁，张成良等．1995．PCR 和 Dig - cRNA 探针检测番茄环斑病毒．中国进出境动植物检疫，4：29～31

朱西儒，徐志宏，陈枝楠．2004．植物检疫学．北京：化学工业出版社

朱新产，张涌．1998．PCR 技术战略．生物技术通报，3：29～33

朱有勇．1998．棉花黄萎病 PCR 检测．云南农业大学学报，13（1）：161～163

朱振东，王晓鸣．1995．蚕豆染色病毒病在我国的发生情况与根除对策．植物保护，21：41～43

邹雪容等．1996．引进 ICARDA 蚕豆资源的隔离检疫研究．作物品种资源，1：39～41

邹雪容，胡伟贞．1997．蚕豆染色病毒检测技术标准化研究再报．植物检疫，11：64～69

Abraham A, Makkouk K M. 2002. The incidence and distribution of seed-transmitted viruses in pea and lentil seed lots in Ethiopia. Seed Science and Technology, 30: 567～574

Agarwal V K, Verma H S. 1983. A simple technique for the detection of Karnal Bunt infection in wheat seed samples. Seed Research, 11: 100～102

Agrios G N. 1997. Plant Pathology (4th ed). New York: APS Press, USA

Amplification. Nematologia Mediterreane. 29 (1): 131～135

Amy D C, Grau C R. 1985. Importance of Verticillium wilt of alfalfa in North America. Can. J. Plant Pathol

Andrade O. 2004. Characterization, in vitro culture, and molecular analysis of Thecaphora solani, the causal agent of potato smut. Phytopathology, 94

Aujla S S, Indu S, Sharma I. 1987. New host records of Neovossia indica. Indian Phytopathology, 40: 437

Barrus M F, Muller A S. 1943. An Andean disease of potato tubers. Photopathology, 33

Barrus M F. 1985. A Thecaphora smut on potatoes. Photopathology, 34

Bock K R. 1944. Description of plant viruses, 297

Busch L V, Smith E A. 1982. Reaction of a number of cultivated plants and weed species to an alfalfa isolate of Verticillium albo-atrum. Can. J. Plant Pathol, 4: 266～268

C. I. H. 1972. Description of plant-parasitic nematodes. UK: C. A. B. International

Cano R J et al. 1993. Fluorescent detection-polymerase chain reaction (FD-PCR) assay on microwell plates as a screening test for salmonellas infoods. J Appl Bacterid, 75: 247～253

Caroline M S et al. 2004. The response of the poplar transcriptome to wounding and subsequent infection by a viral pathogen. New Phytologist, 164: 123

Castro C, Schaad N W, Bonde M R. 1994. A technique for extracting *Tilletia indica* teliospores from contaminated wheat seeds. Seed Sci & Technol, 22: 91～98

Chevrier D, Rasmussen S R, Guesdon J L. 1993. PCR product quantification by non-radioactive hybridization procedures using an oligonucleotide covalently bound to microwells. Mol Cell Probe, 7: 187～197

Christen A A. 1982. Demonstration of Verticillium albo-atrum within alfalfa seed. Phytopathology, 72

Christian A et al. 1996. Real Time Quantitative PCR Genome Research, 6: 986～994

Compton J. 1991. Related Articles. Nature, 350: 91～92

Dhaliwal H S, Singh D V. 1989. Up-to-date life cycle of Neovossia indica. Current Science, India, 57: 675～ 677

Dhaliwal H S. 1989. Multip location of secondary sporidia of Tilletia indica on soil and wheat leaves and spikes and incidence of Karnal bunt. Canadian Journal of Botany, 67: 2387～2390

Dropkin V H. 1980. Introduction to plant nematology. New York Chichester Toronto: Awiley-Interscience Publication

EPPO quarantine pest Prepared by CABI and EPPO for the EU under Contract 90/399003, Data Sheets on Quaran

EPPO quarantine pest Prepared by CABI and EPPO for the EU under Contract 90/399003, Data Sheets on Quarantine Pests, Curtobacterium flaccumfaciens pv. flaccumfaciens

EPPO quarantine pest Prepared by CABI and EPPO for the EU under Contract 90/399003, Data Sheets on Quarantine Pests, Erwinia amylovora

EPPO quarantine pest Prepared by CABI and EPPO for the EU under Contract 90/399003, Data Sheets on Quarantine Pests, Citrus greening bacterium

EPPO quarantine pest Prepared by CABI and EPPO for the EU under Contract 90/399003, Data Sheets on Quarantine

Pests, Clavibacter michiganensis subsp

EPPO quarantine pest Prepared by CABI and EPPO for the EU under Contract 90/399003, Data Sheets on Quarantine Pests, Xanthomonas axonopodis pv. citri

EPPO quarantine pest Prepared by CABI and EPPO for the EU under Contract 90/399003, Data Sheets on Quarantine Pests, Xanthomonas oryzae

EPPO quarantine pest Prepared by CABI and EPPO for the EU, under Contract 90/399003, Data Sheets on Quarantine Pests, Pantoea stewartii subsp. stewartii

Eun A J, Wang S. 2000. Molecular beacons: a new approach to plant virus detection. Phytopathology, 90: 269~275

Evans K, Trudgill D L, Webster I M. 1993. Chapter 1. Extraction, Identification and Control of Plant Parasitic Nematodes. in Plant Paarasitic Nematodes in Temperate Agriculture. UK: CAB International

George M G, David R B. 2001. Bergey's Manual of Systematic Bacteriology Volume 1: The Archaea and the Deeply Branching and Phototrophic Bacteria (2 edition), Springer, 1~721

Hanold D, Randles J W. 1991. Coconut cadang-cadang disease and its viroid agent. Plant Disease, 75: 330~335

Haseloff J, Mohamed N A, Symons R H. 1982. Viroid RNAs of cadang-cadang disease of coconuts. Nature, 299: 316~321

Heale J B. 1985. Verticillium wilt of alfalfa, back ground and current research. Can. J. Plant Pathol, 7

Howard R J. 1985. Local and long distance spread of Verticillium species causing wilt of alfalfa. Can. J. Plant Pathol, 7

Huang H C et al. 1981. Aphid transmission of Verticillium albo-atrum to alfalfa. Can. J. Plant Pathol, 5

Hunt D J. 1993. Aphelenchida, Longidoridae and Trichodoridae: Their systematics and bionomics. Wallingford, UK: CAB International

Liao J L, Zhang L H, Feng Z X. 2001. A reliable Identification of *Bursaphelenchus xylophilus* by rDNA Amplification. Nematologia Mediterreane. 29 (1): 131~135

ICTVdB description. http://www.ncbi.nlm.nih.gov/ICTVdb

Imperial J S, Rodriguez M J B, Randles J W. 1981. Variation in the viroid-like RNA associated with cadang-cadang disease: evidence for an increase in molecular weight with disease progress. Journal of General Virology, 56: 77~85

IRPCM Phytoplasma/Spiroplasma Working Team--Phytoplasma Taxonomy Group. "Candidatus Phytoplasma", 2004. a taxon for the wall-less, non-helical prokaryotes that colonize plant phloem and insects. Int J Syst Evol Microbiol, 54: 1243~1255

Jacobs M V, Roda Husmann A M, van den Brule A J C, et al. 1995. Group-specific differentiation between high- and low-risk human papillomavirus genotypes by general primer-mediated PCR and two cocktails of oligonucleotide probes. J Clin Microbiol., 33: 901~905

Jones A T, Barker H. 1976. Properties and relationships of broad bean stain virus and Echtes Ackerbohnenmosaik-Virus. Ann Appl Biol, 83: 231~238

Keller G H, Huang D P, Manak M M. 1988. A sensitive nonisotopic hybridization assay for HIV-1 DNA. Anal Biochem, 177: 27~32

Kwok S, Higuchi R. 1989. Avoiding false positives with PCR. Nature, 339: 237

Martelli, G P, 1993. Graft-transmissible disease of grapevines, handbook for detection and diagnosis. FAO

Mordue J E M, CMI. 1988. Descriptions of Pathogenic Fungi and Bacteria, 966

Musil M, Gallo J. 1986. Immunoelectrophoretic characteristics of four broad bean stain virus isolates. Acta Virol, 30 (4): 332~336

Musil M, Gallo J. 1993. Determination of broad bean stain virus serotypes by enzyme-linked immunosorbent assay. Acta Virol, 37 (4): 265~270

Nemeth M. 1986. Virus, mycoplasma and richettsia diseases of fruit trees. Martinus Nijhoff Publishers

Nickle W R. 1991. Manual of Agricultural Nematology. New York, Marcel Dekker Inc. Press

Nickle WR. 1984. Plant and Insect Nematodes. New York: Marcel Dekker Inc. Press

Orlando C P, Pinzani M. 1998. "Developments in quantitative PCR." Clin Chem Lab Med, 36: 255~269

O'Bannon J H, Tomerlin A T. 1973. Citrus tree dedine caused by Pratylenchus coffeae. J. Nematol, 5: 311~316

Powers T O, Szalanski A L, Mullin P G, et al. 2001 Identification of seed gall nematodes of agronomic and regulatory concern with PCR-RFLP of ITS1. Journal of Nematology, 33 (4): 191~194

Pulawska J, Sobiczewski P. 2005. Development of a semi-nested PCR based method for sensitive detection of tumorigenic Agrobacterium in soil. J Appl Microbiol. , 98 (3): 710~721

Purcell D A. 1984. Annual ryegrass toxicity: a review [Lolium rigidum; sheep]. Australia-USA Poisonous Plants Symposium. Brisbane, Qld (Australia)

Randles J W. 1975. Association of two ribonucleic acid species with cadang-cadang disease of coconut palm. Phytopathology, 65: 163~167

Randles J W, Rodrignez M J B, Imperial J S. 1988. Cadang-cadang disease of coconut palm. Microbiological Sciences, 5: 18~22

Raymundo A K. 1995. Genetic diversity in Xanthomonas oryzea pv oryszeacola . IRRN, 20 (3): 12~13

Ricard C, Egan B T, Hughes C G. 1989. Disease of sugarcane - Major diseases. Amsterdam: Elsevier

Roberts C A et al. 2000. Real-time RT-PCR fluorescent detection of tomato apotted wilt virus. J Virus Methods, 88 (1): 1~8

Rodriguez M J B, Randles J W. 1993. Coconut cadang-cadang viroid (CCCVd) mutants associated with severe disease vary in both the pathogenicity domain and the central conserved region. Nucleic Acids Research, 21: 2771

Royer M H, Rytteo J. 1988. Comparison of host ranges of Tilletia indica and T. barclaana. Plant Disease, 72: 133~136

Saettler A W, Schaad N W, Roth D A. 1989. Detection of bacteria in seed and other planting materials. Minnesota: APS Press

Sasser J N, Carter C C. 1985. An advanced treatise on Meloidogyne Volume I, Biology and Control. Raleigh, USA: North Carolina State University Graphics

Schaad N W, Frederick R D. 2002. Real-time PCR and its application for rapid pland disease diagnostics. Can. J. Pathol, 24: 250~258

Schaad N W, Jones J B. 2001. Laboratory guide for identification of plant pathogenic bacteria (Third ed.). The American Phytopathological Society. St. Paul, Minnesota

Scott A. 2000. Tomato spotted wilt virus-positive steps towards negative success. Molecular Plant Pathology, 1: 151~157

Segundo E et al. 2004. First Report of Southern bean mosaic virus Infecting French Bean in Morocco. Plant Dis, 88: 1162

Shayesteh L, Lu Y, Kuo W L, et al. 1999. PIK3CA is implicated as an oncogene in ovarian cancer [see comments]. Nat. Genet. , 21: 99~102

Siddiqi M R. 2001. Tylenchida: Parasites of Plants and Insects. UK: CABI Publishing

Singh D H, Srivastava K D, Jo sh i L M. 1985. Present status of Karnal bunt of wheat in relation to its distribution and variety susceptibility. Indian Phytopathology, 38: 507~515

Smith C M, Campbell M M. 2004. Complete nucleotide sequence of the genomic RNA of Poplar mosaic virus (genus Carlavirus). Archives of Virology, 9: 1831~1841

Smith G J, et al. 1999. Fast and accurate method for quantitating E. coli host-cell DNA contamination in plasmid DNA preparations. BioTechniques, 26: 518~526

Smith H C. 1965. The morphology of Verticillium albo-atrum, V. dahliae and V. tricorpus. New Zealand J. Agri. Res. 8

Smith I M, Dunez J, Lelliott R A, et al. 1988. European handbook of plant diseases. London: Blackwell scientific publications

Smith O P. 1996. Development of a PCR Method for Indentification of Tilletia indica. Causal Agent of Karnal Bunt of Wheat. Phytopathology, 86: 115~ 122

Sooknanan R, Malek L T. 1995. Bio/Technology, 13: 563~564

Subr Z, Gallo J. 1994. Characterization of monoclonal antibodies against broad bean stain and red clover mottle viruses Acta VirolDec, 38: 317~320

Subr Z, Gallo J. 1994. Preparation and specificity of antibodies against coat proteins of broad bean stain virus. Acta Virol, 38: 129~132

University of Illinois Extension. 2000. Foliar nematode disease of ornamentals. RPD, No. 1102

Van Belkum A et al. 1995. Cell Mol Biol (Noisy-le-grand), 41 (5): 615～623

Warham E J. 1988. Screening for Karnal bunt (Tilletia indica) resistance in wheat, tritcale, rye and barely. Canadian Journal of Plant Pathology, 10: 57～60

Wetzel T, et al. 2002. Simultaneous RT-PCR detection and different isolation of arabis mosaic and grapevine fanleaf nepoviruses in grapevines with a single pair of primers. J. Virol. Methods, 101: 63～70

Ying H, et al. 1999. Cancer therapy using a self-replicating RNA vaccine. Nat. Med, 5: 823～827

Zachmann R, Baumann D. 1975. Thecaphora solani on potatoes in Peru: Present distribution and varietal resistance. Plant Disease Reporter, 59